p-진 정수환에서의 p-진 q-적분 표현

p-진 정수환에서의 p-진 q-적분 표현

임석훈, 김태균, 박진우

경북대학교출판부

임석훈
경북대학교 수학교육과 교수
shrim@knu.ac.kr

김태균
광운대학교 수학과 교수
tkkim@kw.ac.kr

박진우
경북대학교 외래강사
a0417001@knu.ac.kr

p-진 정수환에서의 p-진 q-적분 표현

초판 1쇄 2013년 5월 6일 | **초판 2쇄** 2014년 9월 17일
지은이 임석훈, 김태균, 박진우 | **펴낸이** 정성광 | **펴낸 곳** 경북대학교출판부
출판등록 1973년 10월 10일 ㉳97호 | **주소** 대구광역시 북구 대학로 80
전화 053-950-6741~3 | **팩스** 053-953-4692 | **E-mail** press@knu.ac.kr

ISBN 978-89-7180-372-1 93410

정가는 뒤표지에 있습니다.
잘못 만들어진 책은 바꾸어 드립니다.

머리말

p-진 q-적분 이론은 q-Volkenborn 적분이란 이름으로도 불리는데, 연구 결과가 국내외에서 많이 발표되고 있다. 지금도 그 영역을 확장해 가고 있고, 물리학 등에 응용분야를 갖고 있는 이론이라 생각된다. 이 책은 'p-진 정수환에서의 p-진 q-적분 표현'이란 제목으로 다음을 강조하였다.

Bernoulli 수와 다항식, Euler 수와 다항식, 그리고 Frobenius-Euler 다항식과 Gennocchi 다항식과 Bernstein 다항식과 연산자, 그리고 이들 모두를 quantum 화시킨 다항식과 수를 중심으로 여러 각도에서 항등식을 조명하였다. 위에서 언급한 여러 다항식과 수 사이의 항등식 관계를 확립하는 데, p-진 q-적분 이론을 사용하거나 복소적분을 직접 적용한 부분도 있으며 umbral calculus 이론을 이용하여 이론을 새롭게 전개하여 항등식을 밝히는 과정을 보인 곳도 있다. 즉 정수론과 p-진 q-적분 이론, 정수론과 고전적 해석학 이론과의 연결 문제를 다루었다. 응용으로 Radon-Nikodym 도함수에 대한 q-version을 소개하였고, 수론 문제와의 연관성을 설명하였다. q-Euler 수에서 von Staudt-Clausen의 정리의 소개, 그리고 다른 종류의 수에서의 확장 시도가 있음을 알 수 있다. 그리고 비선형 미분방정식을 이용한 고위의 Frobenius-Euler 다항식의 항등식 문제는 수론에 기초적인 미분방정식 이론의 사용을 소개하였다. 제1장과 제2장에서는 비아리키메디안 해석학의 기본 이론을 소개하였다. 이 개념에 익숙한 독자는 이 부분을 생략하고 다음 장부터 읽어 나가면 될 것이다.

제1장에서는 p-진 정수환과 p-진 함수, 그리고 p-진 적분과 p-진 측도를 소개하고 Bernoulli 수의 p-진 적분 표현을 보였다. 그리고 다음 장부터 필요한 이론을 소개하였다.

제2장에서는 p-진 q-적분 이론을 이용하여 무게 α인 q-Bernoulli 수를 소개하였다. Bernoulli 수 전반에 관하여 개괄해 볼 수 있으리라 판단된다. 그리고 무게가 0인 q-Euler 수 및 다항식을 체계적으로 소개하였다. 이 두 주제는 국제학술대회에서 김태균 교수가 여러 학자들에게 소개한 내용이다. 그리고 $\mathbb{Z}_p$ 위에 p-진 Genocchi 측도를 구성하였다. 이것을 이용한 p-진 적분과

$\mathbb{Z}_p$ 위에서 fermionic 적분과의 관련성을 보여 주며, Genocchi 수에 대한 Witt의 정리를 소개했다. q-Euler 수 또는 다항식에 대한 생성함수를 이용하여 q-Genocchi 수 및 다항식에 대한 생성함수를 구성할 수 있음을 소개하고, 일반화된 q-Genocchi 수에 대한 Witt 공식을 소개하였다.

제3장에서는 Bernoulli 수와 다항식 및 Euler 수와 다항식에 관한 여러 가지 항등식을 소개하였다. Bernoulli 및 Euler 다항식의 생성함수를 미분 연산자를 이용하든지, 다른 접근으로 p-진 적분을 이용하여 새로운 항등식도 유도할 수 있음을 보였다. 동시에 Bernoulli 다항식과 Euler 다항식의 곱, Bernoulli 다항식과 Bernstein 다항식의 곱, Euler 다항식과 Bernstein 다항식의 곱 및 Bernoulli 다항식, Euler 다항식 그리고 Bernstein 다항식의 세 개 다항식의 곱에 대한 p-진 적분을 계산하여 Bernoulli 수 및 Euler 수에 대한 새로운 항등식을 소개한다. Hermite 다항식과 Gegenbauer 다항식은 수리물리학에서 많이 취급되는 다항식이다. 여기에서는 Hermite 다항식의 직교성을 이용하여 Bernoulli 및 Euler 다항식에 대한 항등식과 산술적 성질을 유도한다. 또한 일반 다항식과 Bernoulli 다항식, 그리고 Gegenbauer 다항식의 곱과 Gegenbauer 다항식 그 자체에 대한 Gegenbauer 다항식의 일차결합으로 표현되는 항등식을 유도한다. 이때, 무게를 갖는 내적을 도입하여 Gegenbauer 다항식의 직교성을 이용한다. Chebyshev 다항식은 근사이론(approximation theory)의 필요에 의하여 구성되었다. 그러나 수학의 여러 분야, 대수학, 조합론, 수론 등에서 폭넓게 이용된다. Chebyshev 다항식의 직교성으로부터 Bernoulli 다항식과 Euler 다항식을 품는 새로운 항등식을 소개한다.

제4장에서는 Umbral calculus에서 일어나는 Euler 다항식 및 Bernoulli 다항식, Frobenius-Euler 다항식의 성질을 소개한다. $\mathbb{Z}_p$ 상의 p-진 불변적분 이론을 umbral calculus에 응용하여 Euler 다항식 및 Bernoulli 다항식, Frobenius-Euler 다항식, 의미 있는 결과가 유도된다. Sheffer 수열과 관련된 다항식의 성질을 소개하고 고위의 Frobenius-Euler 다항식에 관한 항등식을 유도한다. Umbral calculus에서 동반수열(associated sequence)의.성질로부터 여러 종류 다항식의 새롭고 흥미로운 항등식을 유도한다. 동시에 Bernoulli 다항식과 Euler 다항식의 곱, Bernoulli 다항식과 Bernstein 다항식의 곱, Euler 다항식과 Bernstein 다항식의 곱 및 Bernoulli 다항식, Euler 다항식 그리고 Bernstein 다항식의 세 개 다항식의 곱에 대한 p-진 적분값을 계산하여 Bernoulli 수 및 Euler 수에 대한 새로운 항등식을 소개한다.

제5장에서는 Kim에 의하여 정의된 q-Bernstein 다항식 및 q-Bernstein 연산자를 소개하였다. q-Bernstein 다항식의 생성함수 정의를 선적분해서 계산하면 Kim의 q-Bernstein 다항식의 생성

함수 정의가 자연스러운 것이라 생각할 수 있다. q-Bernstein 다항식을 fermionic p-진 적분을 하여 계산하였고 무게 α가 실린 q-Bernstein 연산자의 성질을 소개하였다. 이 정의는 앞에서 정의한 Kim의 q-Bernstein 연산자에서 아이디어를 확장한 것이다. 또한, Carlitz q-Bernoulli 수와는 다른 q-Bernoulli 수와 다항식에 대하여 q-Bernstein 다항식의 p-진 q-적분값과 관련지어서 재미있는 항등식을 유도하여 본다.

제6장에서는 p-진 q-적분의 응용을 소개한다. 첫 번째 주제는 Kim에 의하여 정의된 $\mathbb{Z}_p$ 위의 p-진 q-불변 초함수에 의한 Lebesgue-Radon-Nikodym 정리의 아날로그를 소개하고자 한다. Radon-Nikodym 정리는 측도론, 해석학 그리고 확률론의 많은 책에서 알려져 있다. 일반적으로 그 증명은 Hahn의 부호측도에 관한 분할정리, Hilbert 공간에서 Rietz 표현 정리 또는 마팅게일(martingale) 이론을 이용한다. 최근에 몇몇 저자들은 Lebesgue-Radon-Nikodym 정리와 관련된 이론들을 연구해 왔다. 여기에 적용된 아이디어를 이용하여 계속되는 여러 종류의 Lebesgue-Radon-Nikodym 정리의 아날로그를 유도해 나갈 것이다. 두 번째 주제는 Kim에 의해서 밝혀진 q-Euler 수에 대한 von Staudt-Clauser 정리를 상세히 소개한다. 그리고 q-Euler 수에 대한 Kummer 형태의 합동관계식을 설명한다. 그리고 약화된 무게 실린 q-Euler 수에 대한 Kummer 형태의 합동관계식을 설명한다. 세 번째 주제는 Frobenius-Euler 다항식과 관련된 비선형 미분방정식을 소개한다. Kim에 의해서 유도된 이 미분방정식을 이용하여 Frobenius-Euler 다항식 및 고위의 Frobenius-Euler 다항식의 곱과 합에 관한 새로운 항등식을 소개한다.

이 책은 기본원리를 설명하는 준비서는 아니다. 저자들은 지나치게 많은 시간을 기본원리를 익히는 데 보내지 않고 심오한 이론에 바로 뛰어드는 것이 연구력 향상에 도움이 된다는 생각을 갖고 이 책을 집필하였다. 따라서 이 책의 한 장을 택해서 읽고 나면, 다음 연구 문제가 무엇인지 알 수 있으리라 판단이 된다.

많은 책이 그러하듯이 이 저술 역시 다른 연구자들의 노력과 성과를 토대로 만들어진 책이다. 따라서 다음 몇 분에 대해 특별히 감사의 뜻을 표하고자 한다. 먼저 새로운 논문이 발간되기 전의 연구물을 기꺼이 제공해 주신 김태균 교수와 김대산 교수에게 감사드린다. 특별히 제4장의 집필에 도움을 많이 받았다. 그리고 국내의 비아르키메디언 해석학의 저변 확대를 위해서 우리말로 된 책의 발간에 힘을 기울이신 동료 교수, 장이채 교수, 유천성 교수, 박홍경 교수 등 여러분들에게도 도움을 많이 받았다. 덧붙여 독자층이 제한되어 있음에도 불구하고 꼼꼼한 교열을 통한 '독자친

화적인 책'을 만드는 일에 노고를 아끼지 않은 경북대학교출판부 편집진들에게도 감사의 뜻을 표한다. 물론 잘못된 부분은 전적으로 필자들의 몫이므로, 독자 제현의 질정을 겸허히 받아들여 향후 개선의 노력을 다할 것임을 다짐한다.

2013년 봄

대표저자 임석훈

목차

제1장

p-진 정수와 p-진 적분

1. p-진 수
2. p-진 함수
3. p-진 측도
4. p-진 적분

제1장 | p-진 정수와 p-진 적분

1. p-진 수

진법과 p-진 수

(1) 이 절에서는 일반적인 진법과 p-진법에 대하여 간단히 논하기로 한다. 일반적인 진법은 다음에 그 근거를 두고 있다.

$a \in \mathbb{Z}$, $a \geqq 2$일 때, 임의의 양의 정수 b에 대하여 다음 등식을 만족시키는 정수 $m, r_0, r_1, \cdots, r_m$이 존재한다.

$$b = r_m a^m + r_{m-1} a^{m-1} + \cdots + r_1 a + r_0 .$$

여기서 $m \geqq 0$, $0 \leqq r_m < a$, $0 \leqq r_i < a$ $(0 \leqq i \leqq m-1)$이다.

$$b = r_m a^m + r_{m-1} a^{m-1} + \cdots + r_1 a + r_0$$

일 때, 양의 정수 b를

$$b = r_m r_{m-1} \cdots r_1 r_{0(a)} \quad \text{또는 } b = r_m r_{m-1} \cdots r_1 r_0 (a)$$

로 나타내고, b를 a진법으로 나타내면 $r_m r_{m-1} \cdots r_1 r_{0(a)}$이다. 특히, 정수를 10진법으로 나타낼 때에는 밑 10을 생략한다.

(2) 정수환 $\mathbb{Z}$

임의의 정수 a와 b에 대하여 정수 $a+b$와 정수 ab가 유일하게 정해진다. 또 이 두 연산에 관하여 정수 집합 $\mathbb{Z}$는 다음과 같은 기본성질을 갖는다.

A.1 $a+b=b+a$(덧셈의 교환법칙);

A.2 $(a+b)+c=a+(b+c)$(덧셈의 결합법칙);

A.3 임의의 정수 a에 대하여 $a+0=0+a=a$인 정수 0(영, zero)이 존재한다. 이 0을 덧셈에 관한 *항등원(additive identity)*이라 한다;

A.4 임의의 정수 a에 대하여 $a+x=x+a=0$인 정수 x가 단 하나 존재한다. 이 x를 $-a$로 나타내고, 이것을 덧셈에 관한 a의 *역원(additive inverse)*이라 한다;

M.1 $ab=ba$(곱셈의 교환법칙);

M.2 $(ab)c=a(bc)$(곱셈의 결합법칙);

M.3 임의의 정수 a에 대하여 $a \cdot 1=1 \cdot a=a$인 정수 1이 존재한다. 이 1을 곱셈에 관한 항등원(multiplicative identity) 또는 *단위원(unity)*이라 한다;

D $a(b+c)=ab+ac$, $(a+b)c=ac+bc$(분배법칙).

정수집합 $\mathbb{Z}$가 덧셈 및 곱셈에 관하여 성질 A.1–A.4, M.1–M.3, D를 만족한다는 의미에서 $\mathbb{Z}$를 *정수환(the ring of integers)*이라 한다.

(3) 유리수 체 $\mathbb{Q}$

유리수집합 $\mathbb{Q}$는 성질 A.1–A.4, M.1–M.3, D뿐만 아니라 다음 성질을 만족한다.

M.4 임의의 유리수 $a \neq 0$에 대하여 $ay=ya=1$인 유리수 y가 단 하나 존재한다. 이 y를 a^{-1}로 나타내고, 이것을 곱셈에 관한 a의 *역원(multiplicative inverse)*이라 한다.

유리수집합 $\mathbb{Q}$가 덧셈 및 곱셈에 관하여 성질 A.1–A.4, M.1–M.4, D를 만족시킨다는 의미에서

$\mathbb{Q}$를 *유리수 체(rational number field)*라 한다.

(4) 유리수 체 $\mathbb{Q}$ 위에 정의된 크기(norm)와 거리(distance)

실수(또는 유리수) x의 절대값 $|x|$의 정의는 다음과 같다:

$x \geq 0$일 때 $|x| = x$; $x < 0$일 때 $|x| = -x$.

절대값 $|\cdot|$은 실수(또는 유리수)의 크기(norm)를 의미한다. 즉, 아래의 성질 N.1–N.3을 만족하는 함수 $|\cdot|: \mathbb{R}(\text{또는 } \mathbb{Q}) \to \mathbb{R}$, $|\cdot|(x) = |x|$이다:

N.1 $|x| \geq 0; |x| = 0 \Leftrightarrow x = 0$,

N.2 $|xy| = |x||y|$,

N.3 $|x+y| \leq |x| + |y|$ (삼각부등식).

이러한 의미에서 $|\cdot|$는 *아르키메디언 노름(Archimedean norm)*이다. 이 절에서는 비아르키메디언 노름(Non-Archimedean norm)을 고려한다. 앞으로 $\mathbb{N}, \mathbb{Z}, \mathbb{Q}, \mathbb{R}, \mathbb{C}$를 각각 자연수, 정수, 유리수, 실수, 복소수의 집합으로 표기하자.

(5) 실수 체 $\mathbb{R}$을 절대값(크기) $|\cdot|$를 이용하여 정의

동치관계, 동치류 그리고 코시수열에 관한 개념들은 알고 있는 것으로 한다.

유리수 체 $\mathbb{Q}$의 원소들로 이루어진 코시수열 $s_j = \{a_k^j\}$의 집합을 S라 하고 S의 두 원소 $s_i = \{a_k^i\}$와 $s_j = \{a_k^j\}$의 동치관계 $\sim$를 다음과 같이 정의하자:

$$s_i \sim s_j \Leftrightarrow |a_k^i - a_k^j| \to 0 \ (k \to \infty).$$

동치류의 집합 $S/\sim = \{[s_i] \mid s_i \in S\}$을 *실수 체* $\mathbb{R}$로 정의한다.

(6) 실수 α에 수렴하는 코시 유리수열이 반드시 존재함을 보이고 이것으로부터 실수 α의 10진법 표현을 얻을 수 있다: 모든 양의 실수 α의 10진법 표현은 다음과 같다:

$$\alpha = \sum_{n=k}^{\infty} c_n 10^{-n} \quad (c_n = 0,1,\cdots,9,\ k \in \mathbb{Z}).$$

(7) 유리수 체 $\mathbb{Q}$ 위에 다른 크기

조건 N.1-N.3를 만족하는 $\mathbb{Q}$에서 $\mathbb{R}$로의 새로운 함수(크기)를 만들어 보자: 소수 p를 한 개 고정시키고 0이 아닌 정수 a에 대하여, a를 소인수분해했을 때 p의 최고 멱을 $\mathrm{ord}_p\, a$라 쓰자.

만약 $a=0$이면, $\mathrm{ord}_p\, 0 = \infty$ (무한대)로 정의한다.

$$\mathrm{ord}_p\,(ab) = \mathrm{ord}_p\, a + \mathrm{ord}_p\, b$$

임을 확인할 수 있다. 이번엔 유리수 $x = \dfrac{a}{b}$에 대하여, $\mathrm{ord}_p\, x$를 다음과 같이 정의하자:

$$\mathrm{ord}_p\, x = \mathrm{ord}_p\, \frac{a}{b} = \mathrm{ord}_p\, a - \mathrm{ord}_p\, b.$$

이 정의는 x에만 종속하고, x를 표현하는 a, b와는 무관함을 보일 수 있다.

새로운 함수 $|\cdot|_p : \mathbb{Q} \to \mathbb{R}$를

$$|x|_p = p^{-\mathrm{ord}_p x}\ (0 \neq x \in \mathbb{Q}), \quad |0|_p = 0$$

와 같이 정의하면 $|\cdot|_p$는 조건 N.1-N.3을 만족한다. $|x|_p$을 x의 p-*진 절대값(p-adic absolute value of x)*이라 부른다.

크기 $|x|_p$가 취하는 값은 $\{p^r \mid r \in \mathbb{Z}\} \cup \{0\}$임에 주의하자.

(8) p-진 절대값의 성질

(i) $|1|_p = 1$; $|x|_p = |-x|_p$; $|x^{-1}|_p = |x|_p^{-1}$,

(ii) 임의의 자연수 $g \geq 2$에 대하여 $|xy|_g \leq |x|_g |y|_g$,

(iii) $|x_1 + \cdots + x_n|_p \leq \max\{|x_1|_p, \cdots, |x_n|_p\}$,

(iv) $|n|_p \leq 1 \ (n \in \mathbb{N}) \Leftrightarrow |x+y|_p \leq \max\{|x|_p, |y|_p\}$

$\Leftrightarrow [|x|_p \leq 1 \Rightarrow |1+x|_p \leq 1]$.

만약 어떤 크기 $\|\cdot\|$가 부등식 $\|x+y\| \leq \max(\|x\|, \|y\|)$을 만족할 때 크기 $\|\cdot\|$를 *비아르키메디언*이라 부른다. 대표적인 예를 들면, 크기 $\|x\| = 1 (x \neq 0)$, $\|0\| = 0$와 p-진 절대값 $|\cdot|_p$은 모두 비아르키메디언이다. 반면에 절대값 $|\cdot|$은 비아르키메디언이 아니다. 반대로 *아르키메디언*이라 부른다.

(9) 잘 알려진 중요한 정리를 증명 없이 소개만 하기로 한다.

[정리] (Ostrowski) 유리수 체 $\mathbb{Q}$ 위에서 정의된 자명하지 않은 크기는 절대값 $|\cdot|$ 또는 적당한 소수 p에 대하여, p-진 절대값 $|\cdot|_p$과 일치한다.

위 정리는 $\mathbb{Q}$ 위에 본질적으로 절대값은 두 종류밖에 없다는 것이다.

(10) p-진 체 $\mathbb{Q}_p$

p-진 체 $\mathbb{Q}_p$를 정의해 보자. 유리수 체 $\mathbb{Q}$에서 실수 체 $\mathbb{R}$를 만드는 과정과 유사하게, 유리수 체 $\mathbb{Q}$의 원소들로 이루어진 코시수열 $s_j = \{a_k^j\}$의 집합을 S라 하자. S의 두 원소 $s_i = \{a_k^i\}$와 $s_j = \{a_k^j\}$의 동치관계 $\sim$를 다음과 같이 p-진 절대값을 이용하여 정의하자:

$$s_i \sim s_j \Leftrightarrow |a_k^i - a_k^j|_p \to 0 \ (k \to \infty).$$

동치류의 집합 $S/\sim = \{[s_i] \mid s_i \in S\}$을 $\mathbb{Q}_p$로 표시한다.

(11) 집합 $\mathbb{Q}_p$

유리수 체 $\mathbb{Q}$에 p-진 절대값을 사용하면

$$\mathbb{Q} = \left\{ \sum_{n=k}^{\infty} a_n p^n \mid k \in \mathbb{Z},\ 0 \le a_k \le p-1,\ \{\mathrm{a_k}\} \text{는 어떤 항 이후부터 반복됨} \right\}$$

이 된다. 만약 $\{a_k\}$가 어떤 항 이후부터 반복되지 않는다고 하자. $x_m = \sum_{n=k}^{m} a_n p^n \in \mathbb{Q}$이지만, m이 한없이 커지면 $\sum_{n=k}^{\infty} a_n p^n = a_k p^k + a_{k+1} p^{k+1} \cdots \notin \mathbb{Q}$이다. 따라서 유리수 체 $\mathbb{Q}$보다 더 크고, 어떤 항 이후 반복되지 않는 수 $\sum_{n=k}^{\infty} a_n p^n = a_k p^k + a_{k+1} p^{k+1} \cdots$을 포함하는 집합이 필요하다. 그러한 집합이 바로 $\mathbb{Q}_p$이다. 즉,

$$\mathbb{Q}_p = \left\{ \sum_{n=k}^{\infty} a_n p^n \mid k \in \mathbb{Z},\ 0 \le a_n \le p-1 \right\}.$$

집합 $\mathbb{Q}_p$가 성질 A.1–A.4, M.1–M.4, D를 만족하기 때문에 이 집합을 *p–진 체(p–adic field)*라 부른다. $x = \sum_{n=k}^{\infty} a_n p^n \in \mathbb{Q}_p (0 \le a_n \le p-1, a_k \ne 0)$에 대하여 $|x|_p = p^{-k}$라 하면 p–진 절대값은 $\mathbb{Q}_p$로 자연스럽게 확장될 수 있다.

(12) p–진 정수환 $\mathbb{Z}_p$

집합 $\mathbb{Q}_p$의 가장 중요한 부분집합은

$$\mathbb{Z}_p = \left\{ \sum_{n=0}^{\infty} a_n p^n \mid 0 \le a_n \le p-1 \right\} = \{ x \in \mathbb{Q}_p \mid |x|_p \le 1 \}$$

이다. 이것은 성질 A.1–A.4, M.1–M.3, D를 만족하기 때문에 가환환이고, *p–진 정수환(the ring of p–adic integers)*이라 부른다.

(13) $\mathbb{Q}_p$의 대수적 닫힘과 완비화는 $\mathbb{C}_p$로 표기한다.

(14) 실수 체 $\mathbb{R}$과 p–진 체 $\mathbb{Q}_p$의 차이점

실수 체와 p–진 체는 대부분 같은 성질을 갖지만, 삼각부등식보다 더 강력한 부등식 $|x+y|_p \le \max(|x|_p, |y|_p)$의 성질 때문에 많은 부분이 다르다. 그 예로서 두 가지만 설명하면,

(i) 모든 삼각형은 이등변 삼각형이다

세 점 $0, x, y \in \mathbb{Q}_p$을 꼭지점으로 갖는 삼각형을 생각하자. 변 x와 y가 다른 길이, 즉 $|x|_p < |y|_p$를 갖는다고 가정하면 세 번째 변 $x-y$의 길이는

$$|x-y|_p \leq \max(|x|_p, |y|_p) = |y|_p$$

이다. 그러나

$$|y|_p = |x-(x-y)|_p \leq \max(|x|_p, |x-y|_p) \leq |y|_p$$

이기 때문에 $|x-y|_p = |y|_p$을 얻는다.

(ii) 원 안의 모든 점은 그 원의 중심이 된다.

중심이 $a \in \mathbb{Q}_p$이고 반지름이 $r \in \mathbb{R}$, $r \geq 0$인 (개)원을 $D(a, r^-) = \{x \in \mathbb{Q}_p \mid |x-a|_p < r\}$이라 하자. b를 $D(a, r^-)$의 한 원소라 하면, 다음 식을 얻는다.

$$\begin{aligned} x \in D(a, r^-) &\Rightarrow |x-a|_p < r \\ &\Rightarrow |x-b|_p = |(x-a)+(a-b)|_p \leq \max(|x-a|_p, |a-b|_p) \leq r \\ &\Rightarrow x \in D(b, r^-). \end{aligned}$$

따라서 $D(a, r^-) \subset D(b, r^-)$이다. 정확히 마찬가지 방법으로 $D(b, r^-) \subset D(a, r^-)$을 얻는다. 즉, $D(a, r^-) = D(b, r^-)$이다.

(15) $\mathbb{Q}_p$의 표준 급수 표현과 성질

$\mathbb{Q}_p$에 대해서 표준(canonic) 급수에 의해 핸젤(Hansel) 형태로 나타낼 수 있다. 즉 모든 p-진수 A, $|A|_p = p^f$는

$$A = a_{-f}p^{-f} + a_{-f+1}p^{-f+1} + \cdots + a_0 + a_1 p + a_2 p^2 + \cdots$$
$$= a_{-f}a_{-f+1} \cdots a_0 a_1 a_2 \cdots \ (p).$$

여기서 계수 a_n은 숫자 $0, 1, \cdots, p-1$이고 $a_{-f} \neq 0$이다. 특히, $A \in \mathbb{Z}_p$이면, p의 음의 멱의 항은 없기 때문에

$$A = a_0 + a_1 p + a_2 p^2 + \cdots = a_0 a_1 a_2 \cdots \ (p)$$

가 된다. $|A|_p < 1$에 대해 $a_0, a_1, a_2, \cdots$ 중에는 0인 것도 있다.

A, B가 p-진 수로서 $|A|_p = p^f$, $|A|_p \geq |B|_p$라고 하자. 이들의 표준 급수를

$$A = \sum_{n=-f}^{\infty} a_n p^n \ (p), \quad B = \sum_{n=-f}^{\infty} b_n p^n \ (p)$$

(a_n, b_n은 숫자 $0, 1, \cdots, p-1$)이라 하자. 여기서 $a_{-f} \neq 0$이지만 $a_{-f+1}, a_{-f+2}, \cdots$ 중 하나 이상이 0일 수 있다. 또한

$$A \pm B = \sum_{n=-f}^{\infty} (a_n \pm b_n) p^n \ (p)$$

은 수렴한다. 일반적으로 이것은 표준이 아니다. 하지만 축소과정에 의해 표준 급수로 변형할 수 있다. 곱셈에 관해서도 거의 같은 방법으로 전개할 수 있다. 표준 형태의 두 p-진 수

$$A = \sum_{n=-f}^{\infty} a_n p^n \ (p), \quad B = \sum_{n=-\beta}^{\infty} b_n p^n \ (p)$$

($|A|_p = p^f$, $|B|_p = p^\beta$)를 고려하자. 항별로 곱하고 이를 정리하면

$$AB = \sum_{n=-f-\beta}^{\infty} u_n p^n \ (p)$$

의 형태로 나타낼 수 있다. 이때

$$u_{-f-\beta} = a_{-f} b_{-\beta},$$
$$u_{-f-g+1} = a_{-f+1} b_{-g} + a_{-f} b_{-g+1},$$
$$u_{-f-g+2} = a_{-f+2} b_{-g} + a_{-f+1} b_{-g+1} + a_{-f} b_{-g+2}$$

이다. 일반적으로 AB는 표준이 아니지만 표준 축소가 가능하다. $A = a_0, a_1 a_2 \cdots \ (p)$가 p-진 수로서 $|A|_p = 1$, 즉 $a_0 \neq 0$이라 하자. 그러면 A의 역 A^{-1}이 존재할 것인지의 문제가 발생한다. 사실, p가 소수이고 $a_0 \neq 0, (a_0, p) = 1$이기 때문에 $A \neq 0$는 역수(reciprocal)를 가진다. 다시 $A = a_0, a_1 a_2 \cdots \ (p)$, $B = b_0, b_1 b_2 \cdots \ (p)$가 표준형태로 표시된 p-진 정수라고 하자. A/B가 존재할 것인가에 관한 문제가 발생한다. BB^{-1}인 B^{-1}가 존재하므로 $A/B = AB^{-1}$로 주어진다.

2. p-진 함수

전 절에서는 p-진 수와 그들의 연산에 대해 살펴보았다. 이 절에서는 p-진 수의 함수들에 대해 논의한다. 주로 $\mathbb{Z}_p$나 $\widetilde{\mathbb{N}} = \mathbb{Z}_+ = \{0,1,2,3,\cdots\}$ 위의 1변수 p-진 함수를 환 K 위에서 설명한다(K는 $\mathbb{Z}_p$, $\mathbb{Q}_p$ 또는 $\mathbb{C}_p$의 부분환). 이때, p-진 절대값을 취하는 것으로 하고 p-진 함수의 성질을 소개한다.

(1) $f : K \to K$가 함수라 하고 $E \subseteq K$라 하자.

(i) f가 E 위에서 *유계(bounded)*란 모든 $x \in E$에 대해 $|f(x)|_p \le C$인 상수 $C > 0$가 존재할 때이다.

(ii) 함수 f가 $x_0 \in K$에서 *연속*(continuous at x_0)이란 임의의 실수 $\epsilon > 0$에 대해 ϵ과 x_0에만 의존하는 실수 $\delta = \delta(\epsilon, x_0) > 0$가 존재하여

$$|x-x_0|_p < \delta \text{ 이면 } |f(x)-f(x_0)| < \epsilon$$

를 만족할 때이다.

(iii) f가 E 위에서 연속(continuous on E)이란 f가 모든 $x_0 \in E$에 대해 연속일 때이다.

(iv) 연속이 아닌 함수를 *불연속(discontinuous)*이라 한다.

(v) f가 E 위에서 *평등 연속(uniformly continuous)*이란 임의의 실수 $\epsilon > 0$에 대해 ϵ에만 의존하는 실수 $\delta = \delta(\epsilon)$가 존재하여

$$x, x_0 \in E \text{이고 } |x-x_0| < \delta \text{이면 } |f(x)-f(x_0)| < \epsilon$$

를 만족할 때이다.

$E \subseteq K$가 콤팩트(compact)라 하고 함수 $f: E \to K$가 E 위에서 연속이라 하자. 그러면 f는 E 위에서 평등 연속이고 유계이다.

(2) 다음 사실은 실해석학에서 잘 알려진 사실이다.

$I = [a,b] \subseteq \mathbb{R}$가 구간이라 하고 $f: I \to \mathbb{R}$가 함수라고 하자.

(i) f가 I에서 연속이고 $f(a) \neq f(b)$이면 $f(a)$와 $f(b)$ 사이의 임의의 수 c에 대해 $f(x_0) = c$가 되는 해 $x_0 \in I$가 적어도 하나 존재한다.

(ii) f가 I에서 연속이면 f는 I에서 최대값과 최소값을 갖는다. 즉 모든 $x \in I$에 대해 $f(c) \leq f(x) \leq f(d)$인 $c, d \in I$가 존재한다.

(iii) (Rolle의 정리) f가 I에서 연속이고 I의 내부에서 미분 가능이라 하자. $f(a) = f(b)$이면 $f'(x_0) = 0$인 $x_0 \in (a,b)$가 적어도 하나 존재한다.

(iv) (평균값 정리) f가 I에서 연속이고 I의 내부에서 미분 가능이면

$$f(b) - f(a) = f'(x_0)(b-a)$$

인 $x_0 \in (a,b)$가 적어도 하나 존재한다.

(v) f가 I에서 연속이고 I의 모든 내부점 x에 대해 $f'(x) = 0$이면 f는 I에서 상수이다.

위의 증명에는 $\mathbb{R}$이 전순서 집합(totally ordered set)이라는 사실을 본질적으로 사용한다. 한편, p-진 체 $\mathbb{Q}_p$는 전순서가 아니다. 따라서 p-진 함수에 대해 위와 유사한 결과를 직접 얻을 수는 없다. 하지만 p-진 연속함수의 경우에도 유사하게 성립하는 연속함수의 한 가지 중요한 성질이 있다. 그것은 연속함수의 다항식 근사에 관한 바이어슈트라스 정리(Weierstrass Theorem)이다.

[정리] f가 I에서 연속이고 $\delta > 0$이 임의의 실수이면 모든 $x \in I$에 대해 $|f(x) - p(x)| < \delta$인 실계수 다항식 $p(x)$가 존재한다.

때때로 실 연속함수를 콤팩트 구간 $I = [a,b]$이 아니라 I에서 조밀한 콤팩트 부분집합 $E \subseteq I$ 위에서 고려할 필요가 있다. 가령 $E = I \bigcap \mathbb{Q}$를 I 위의 모든 유리수의 집합이라 하자. 그러면 E 위에서 연속인 함수 $f : E \to \mathbb{R}$가 반드시 유계이거나 평등 연속이지는 않다. 예를 들어, $f(x) = \dfrac{1}{x - \sqrt{2}}$을 고려하면 된다.

p-진 함수의 경우에도 마찬가지 어려움이 있다. $\widetilde{\mathbb{N}} = \{0, 1, 2, \cdots\}$은 $\mathbb{Z}_p$에서 조밀하지만 폐집합도 아니며 콤팩트하지도 않다. 그러므로 $\widetilde{\mathbb{N}}$ 위에서 유계도 아니고 평등 연속도 아닌 연속함수가 존재한다. 그러나 만약 $f : \widetilde{\mathbb{N}} \to \mathbb{Q}_p$가 일양 연속이면 f는 연속함수 $F : \mathbb{Z}_p \to \mathbb{Q}_p$로 확장할 수 있다. $\mathbb{Z}_p$의 모든 점이 $\widetilde{\mathbb{N}}$의 원소의 기본수열의 p-진 극한이므로 평등 연속성으로부터 F는 $\widetilde{\mathbb{N}}$의 값에 의해 유일하게 결정된다.

(3) $f_n(x)$을 함수 $f_n : E \subseteq K \to K$의 무한수열이라 하자. 다음 사실이 성립한다.

(i) 모든 $x \in E$에 대해 $f_n(x)$의 극한

$$\lim_{n \to \infty} |f_n(x)|_p = s(x)$$

이 존재할 필요충분조건은 임의의 실수 $\epsilon > 0$에 대해 ϵ과 x에만 의존하는 자연수 $N = N(\epsilon, x)$가 존재하여 모든 자연수 $n \geq N$에 대해 $|f_n(x) - s(x)|_p < \epsilon$을 만족할 때이다.

(ii) 자연수 N이 모든 $x \in E$에 무관하면 극한은 E에서 *평등수렴*한다고 정의한다. 이 정의는 실해석학에서의 함수열의 수렴이나 일양수렴의 개념과 본질적으로 다르지 않다.

(4) $a_k : E \to K$가 함수일 때

$$f_n(x) = \sum_{k=1}^{n} a_k(x)$$

형태의 수열 $\{f_n(x)\}$을 고려하자. $\{f_n(x)\}$이 E에서 *일양수렴*이란 무한급수

$$s(x) = \sum_{n=1}^{\infty} |a_n(x)|_p$$

가 E에서 평등수렴할 때이다. 동치로는 임의의 실수 $\epsilon > 0$에 대해 x에 무관한 자연수 $N = N(\epsilon)$가 존재하여 모든 $n \geq N$와 $x \in E$에 대해

$$|f_n(x) - s(x)|_p < \epsilon$$

을 만족할 때이다.

(i) 급수 $C = \sum_{n=1}^{\infty} c_n$, $c_n > 0$이 수렴하고, $\{a_n(x)\}$이

$$|a_n(x)|_p \leq c_n, \ x \in E, \ n \in \mathbb{N}$$

을 만족하는 함수 $a_n : E \to K$로 이루어진 수열이라 하자. 그러면 $\sum_{n=1}^{\infty} |a_n(x)|_p$는 E에서 평등수렴한다.

(5) $E \subseteq \mathbb{Z}_p$라 하고 $f : E \to \mathbb{Q}_p$가 함수라 하자. 이때 f가 $x_0 \in E$에서 연속이란 임의의 자연수 t에 대해 x_0에 무관한 자연수 $s = s(t)$가 존재하여

$$x \in E\text{이고 } |x - x_0|_p \leq p^{-s}\text{이면 } |f(x) - f(x_0)|_p \leq p^{-t}$$

를 만족할 때이다.

함수 $f: E \subseteq \mathbb{Z}_p \to \mathbb{Q}_p$가 x_0에서 연속일 필요충분조건은 $\lim_{n\to\infty} x_n = x_0$을 만족하는 모든 수열 $\{x_n\} \subseteq E$에 대해

$$\lim_{n\to\infty} f(x_n) = f(x_0)$$

일 때이다.

다음 사실이 성립한다.

(i) 함수 $f, f^*: E \subseteq \mathbb{Z}_p \to \mathbb{Q}_p$가 x_0에서 연속이면 $f \pm f^*$, ff^*도 x_0에서 연속이다.

(ii) $f^*(x_0) \neq 0$일 때에는 f/f^*도 x_0에서 연속이다. 특히 모든 $x \in E$에 대해 $f^*(x) \neq 0$일 때에는 f/f^*는 E에서 연속이다.

(6) 함수 $f: E \subseteq \mathbb{Z}_p \to \mathbb{Q}_p$가 E에서 *평등 연속*이란 임의의 실수 $\epsilon > 0$에 대해 x나 x_0에 무관한 실수 $\delta = \delta(\epsilon)$가 존재하여

$$x,\ x_0 \in E\text{이고 } |x - x_0|_p < \delta\text{이면 } |f(x) - f(x_0)|_p < \epsilon$$

을 만족할 때이다.

평등 연속함수에 대하여 다음이 성립한다.

(i) $\mathbb{Z}_p$에서 연속인 함수 $f: \mathbb{Z}_p \to \mathbb{Q}_p$는 평등 연속이고 유계이다.

(ii) $f, f^*: E \subseteq \mathbb{Z}_p \to \mathbb{Q}_p$가 평등 연속이라 하자. 그러면 $f \pm f^*$, ff^*도 E에서 일양 연속이다.

(7) 함수 $f: E \subseteq \mathbb{Z}_p \to \mathbb{Q}_p$가 E에서 *국소적 상수(locally constant)*란 모든 $x_0 \in E$에 대해 자연수 $s = s(x_0)$가 존재하여

$$x \in E\text{이고 } |x - x_0|_p \leq p^{-s}\text{이면 } f(x) = f(x_0)$$

를 만족할 때이다.

(i) 정의로부터 E에서 국소적 상수인 함수는 연속임을 쉽게 알 수 있다.

(8) 함수 $f: E \subseteq \mathbb{Z}_p \to \mathbb{Q}_p$가 *계단함수(step function)*란 x나 x_0에 무관한 자연수 s가 존재하여

$$x, x_0 \in E\text{이고 } |x - x_0|_p \le p^{-s}\text{이면 } f(x) = f(x_0)$$

를 만족할 때이다. 이러한 성질을 만족하는 최소의 자연수 s를 f의 *위수(order)*라고 한다.

분명 E에서 계단함수는 평등 연속이고 국소적 상수이다. 역으로 E가 콤팩트일 때 f가 E에서 국소적 상수이면 f는 E에서 계단함수이다.

(9) p-진 함수의 이론은 보간함수 $\sum_{n=0}^{\infty} a_n \binom{x}{n}$에 의해 전개된다. 여기서 이항계수 $\binom{x}{n}$은

$$\binom{x}{n} = \frac{x(x-1)\cdots(x-n+1)}{n!}, \quad x, n \in \widetilde{\mathbb{N}}$$

으로 정의된다.

$n \in \widetilde{\mathbb{N}}$이고 $x \in \mathbb{Z}_p$이면 $\left|\binom{x}{n}\right|_p \le 1$이다.

$f: \widetilde{\mathbb{N}} \to \mathbb{Q}_p$를 p-진 함수라 하자. 이때

$$a_n = \sum_{k=0}^{n} (-1)^k \binom{n}{k} f(n-k) = \sum_{k=0}^{n} (-1)^{n-k} \binom{n}{k} f(k)$$

를 f의 *계수(coefficient)*라 한다.

함수 f의 계수의 의존성을 강조할 때에는 a_n 대신 $a_n(f)$으로 표기하기도 한다. 차분해석학에서는 f의 계수 a_n은 $x=0$에서의 $f(x)$의 연속된 차분

$$a_n = \Delta^n f(0)$$

이다. 여기서 $\Delta f(x) = f(x+1) - f(x)$이다. x에서의 f의 n차 *차분*은

$$\Delta^n f(x) = \sum_{k=0}^{n} (-1)^{n-k} \binom{n}{k} f(k+x)$$

으로 정의한다. 여기서 $\triangle_h^n = (1+\triangle)^h \triangle^n$이다. 변수가 임의의 p-진 수 h이면

$$\Delta_h^n f(x) = \sum_{k=0}^{n} (-1)^{n-k} \binom{n}{k} f(x+hk)$$

로 정의한다.

f에 보간함수

$$f^*(x) = \sum_{n=0}^{\infty} a_n \binom{x}{n}, \ x \in \widetilde{\mathbb{N}}$$

를 대응시키자. 그러면 $n > x$에서 $\binom{x}{n} = 0$이므로 f는 유한 합

$$f^*(x) = \sum_{n=0}^{x} a_n \binom{x}{n}, \ x \in \widetilde{\mathbb{N}}$$

으로 축소된다. 이것은 전체 $\widetilde{\mathbb{N}}$ 위에서 정의될 수 있다. 그 값은 다음과 같이 구할 수 있다. 따라서

$$f^*(x) = \sum_{n=0}^{x} (\sum_{k=0}^{n} (-1)^k \binom{n}{k} f(n-k)) \binom{x}{n}$$

이다. 여기에 $j = n-k$를 대입하면

$$f^*(x) = \sum_{j=0}^{x} f(j) \sum_{k=0}^{x-j} (-1)^k \binom{j+k}{j} \binom{x}{j+k}$$

를 얻는다. 여기서

$$\binom{j+k}{k} \binom{x}{j+k} = \frac{(j+k)!}{j!k!} \frac{x!}{(j+k)!(x-j-k)!}$$

$$= \frac{x!}{j!k!(x-j-k)!}$$

$$= \frac{x!}{(x-j)!j!}\frac{(x-j)!}{k!(x-j-k)!}$$

$$= \binom{x}{j}\binom{x-j}{k}$$

이다. 따라서

$$f^*(x) = \sum_{j=0}^{x} f(j)\binom{x}{j}\sum_{k=0}^{x-j}(-1)^k\binom{x-j}{k}$$

가 된다. 한편

$$\sum_{k=0}^{x-j}(-1)^k\binom{x-j}{k} = (1-1)^{x-j} = \begin{cases} 1 & \text{if } j = x, \\ 0 & \text{if } 0 < j < x, \end{cases}$$

임을 관찰한다. 이로부터 $x \in \widetilde{\mathbb{N}}$일 때 $f^*(x) = f(x)$를 얻는다. $n > x$일 때 모든 계수는 0이기 때문에

$$f(x) = \sum_{n=0}^{x} a_n\binom{x}{n} = \sum_{n=0}^{\infty} a_n\binom{x}{n}, \ x \in \widetilde{\mathbb{N}}$$

이다.

(10) 평등 연속함수에서 다음의 결과를 소개한다.

함수 $f : \widetilde{\mathbb{N}} \to \mathbb{Q}_p$와 $F : \mathbb{Z}_p \to \mathbb{Q}_p$가 평등 연속이고 같은 계수 a_n를 가진다고 하자. 다음은 동치이다.

(i) $\lim_{n \to \infty} a_n = 0$이고

(ii) f와 F는 다항식 근사에 의해 일양으로 점근될 수 있다.

(11) $E \subseteq \mathbb{Z}_p$의 *특성함수(characteristic function)*란

$$\chi_E : \mathbb{Z}_p \to \mathbb{Q}_p,\ \chi_E(x) = \chi(x|E) = \begin{cases} 1 & \text{if } x \in E, \\ 0 & \text{if } x \in \mathbb{Z}_p \text{ 이고 } x \notin E, \end{cases}$$

를 말한다.

3. p-진 측도

p-진 위상과 해석적 함수

$B_r(a)$를 한 점 $a \in \mathbb{Q}_p$을 중심으로 반경이 p^r인 원반이라 하고 그 경계(원)를 $S_r(a)$라 하자. 즉

$$B_r(a) = \{x|\ |x-a|_p \le p^r\},\ S_r(a) = \{x|\ |x-a|_p = p^r\}$$

이다. 그럼, $B_r(a)$은 가환 덧셈군이며

$$\{x|\ |x-a|_p < p^r\} = B_{r-1}(a) \subseteq B_r(a),$$

$$S_r(a) = B_r(a) - B_{r-1}(a),\ B_r(a) \subseteq B_{r'}(a) \quad (r < r'),$$

$$B_r(a) = \bigcup_{r' \le r} S_{r'}(a),\ \bigcap_{r \in \mathbb{Z}} B_r(a) = a,\ \bigcup_{r \in \mathbb{Z}} B_r(a) = \bigcup_{r \in \mathbb{Z}} S_r(a) = \mathbb{Q}_p$$

이다. $a = 0$일 때에는 $B_r(0) = B_r$, $S_r(0) = S_r$로 간단히 표기한다.
개집합인 동시에 폐집합을 개폐집합(clo-open set)이라 하자.

(1) 다음 사실들이 성립한다. 증명 없이 성질만 소개한다.

(i) 만약 $b \in B_r(a)$이면 $B_r(a) = B_r(b)$이다.

(ii) 원반 $B_r(a)$와 원 $S_r(a)$는 $\mathbb{Q}_p$에서 개폐집합이다.

(iii) 원반 $B_r(a)$의 모든 점은 중심이다.

(iv) $\mathbb{Q}_p$의 어떠한 두 원반도 서로소이거나 한쪽이 다른 쪽에 포함된다.

(v) $\mathbb{Q}_p$의 모든 개집합은 기껏해야 가산개의 서로소인 원반들의 합집합으로 나타낼 수 있다.

(2) 만약 집합 $M \subseteq \mathbb{Q}_p$가 a, b $(a \neq b)$를 포함하면 M은 $a \in M_1$, $b \in M_2$가 되는 서로소인 개폐집합 M_1, M_2의 합집합으로 표현될 수 있다.

위 사실은 $\mathbb{Q}_p$에서 단원소집합이 아닌 모든 부분집합은 비연결임을 의미한다. 다시 말하면, 한 원소의 연결성분은 그 자신의 단원소집합이다. 따라서 $\mathbb{Q}_p$는 완전 비연결(totally disconnected)이다. 또한 $\mathbb{Q}_p$가 하우스도르프(Hausdorff) 공간임도 알 수 있다.

(3) 함수 f가 원반 B_r에서 *해석적(analytic)*이란 f가 B_r에서 수렴하는 멱급수로 표현될 수 있을 때이다.

원반에서의 해석함수는 실해석학에서와 유사한 성질을 가진다. 가령 이들은 덧셈과 곱에 관해 환의 구조를 가진다. 그러나 다른 점도 있다. 예를 들어 해석함수의 중첩(super position)은 일반으로 해석함수가 아니다. 이제 $n = 0, 1, 2, \cdots$에 대해 다음의 급수를 고려하자.

$$f(x) = \sum_{n \le k < \infty} f_k x^k, \ f_k \in \mathbb{Q}_p,$$

$$f^{(n)}(x) = \sum_{n \le k < \infty} k(k-1) \cdots (k-n+1) f_k x^{k-n},$$

$$f^{(-n)}(x) = \sum_{0 \le k < \infty} \frac{1}{(k+1)(k+2) \cdots (k+n)} f_k x^{k+n}.$$

이때 수 $R = R(f)$가 급수 $f(x)$의 *수렴반경(radius of convergence)*이란 그것이 모든 $|x|_p \le R$에 대해서는 수렴하고 $|x|_p > R$에 대해서는 발산할 때이다.

이 경우 급수 $f^{(n)}(x)$와 $f^{(-n)}(x)$는 각각 ($f(x)=f^{(0)}(x)$로 하고) 항별 미분과 항별 적분에 의해 $f(x)$로부터 나온다. 이 함수를 각각 계수 n의 *도함수(derivative)*와 *원시함수(primitive function)*라고 한다. 그러면

$$R(f^{-n}) \le R(f) \le R(f^{(n)}) \qquad n=1,2,3,\cdots$$

이 성립한다.

(4) $k \in \mathbb{N}$에 대해 $|k|_p \ge \frac{1}{k}$이고

$$\lim_{k \to \infty\,(k \in \mathbb{N})} |k|_p^{\frac{1}{k}} = 1.$$

(5) 단위원반 B_0에서의 모든 해석함수의 집합을 A로 표기한다. 그러한 함수들은 조건

$$k \to \infty \text{ 이면 } |f_k|_p \to 0$$

을 만족하는 급수로 유일하게 정의되는 것들이다. A는 체 $\mathbb{Q}_p$ 위에서 선형성을 만족한다. 또한 A 위에 노름을

$$\|f\| = \max_{0 \le k < \infty} |f_k|_p, \ f \in A$$

로 정의하자.

다음 사실이 성립한다.

(6) 주어진 $\|\cdot\|$은 비아르키메디언 노름이다.

(7) A는 바나하대수이다.

Dirichlet 지표

이제 디리클레 지표(Dirichlet character)에 대해 고려하자. Dirichlet 지표는 기본적으로 승법적인 준동형사상 $\chi : (\mathbb{Z}/n\mathbb{Z})^{\times} \to \mathbb{C}^{\times}$ 이다. 만약 $n|m$ 이면 χ는 자연스러운 사상 $(\mathbb{Z}/m\mathbb{Z})^{\times} \to (\mathbb{Z}/n\mathbb{Z})^{\times}$ 과의 합성에 의해 준동형사상 $(\mathbb{Z}/m\mathbb{Z})^{\times} \to \mathbb{C}^{\times}$ 를 유도한다. 따라서 χ는 mod m 이나 mod n에 관해 정의할 수 있다. 이러한 의미에서 최소의 수를 택하는 것이 편리하다. 이 수를 χ의 *도수(conductor)*라 하고 f 또는 f_{χ}로 표기한다.

지표를 다음과 같이 두 가지 유형으로 나누는 것이 편리하다. $\chi_{(-1)} = 1$과 $\chi_{(-1)} = -1$인 지표 χ를 각각 짝수(even)와 홀수(odd)라 한다.

$(a, f_{\chi}) \neq 1$일 때 $\chi(a) = 0$로 둠으로써 종종 χ를 함수 $\mathbb{Z} \to \mathbb{C}$로 간주할 수 있다. 물론 χ의 정의에서 법의 의미로 고려하는 것이 중요하다. 우리는 항상 χ는 도수를 법으로 하는 것으로 간주한다. 그러한 지표를 *원시(primitive)*라고 한다. 본질적으로 이러한 선택에 의해 $\chi(a) = 0$는 가능한 한 일어나지 않는다. 말하자면 χ는 주기가 도수 f_{χ}인 주기함수이다.

지표의 곱을 정의하자. 통상 고려하는 모든 지표는 원시적이라고 간주한다. χ와 ψ를 도수 f_{χ}와 f_{ψ}를 가진 Dirichlet 지표라고 하자. 이때 $\chi\psi$는 준동형사상

$$\gamma : \mathbb{Z}/\mathrm{lcm}(f_{\chi}, f_{\psi})\mathbb{Z})^{\times} \to \mathbb{C}^{\times}, \quad \gamma(a) = \chi(a)\psi(a)$$

으로 정의한다.

체 $\mathbb{Q}_p$의 가법적 지표

χ가 체 $\mathbb{Q}_p$의 *가법적 지표(additive character)*란 $\mathbb{Q}_p$ 위에 정의된 연속인 (복소)함수로서 $|\chi(x)| = 1$이고

$$\chi(x+y) = \chi(x)\chi(y), \ (x, y \in \mathbb{Q}_p)$$

을 만족할 때이다.

체 $\mathbb{Q}_p$의 모든 가법적 지표는 $\mathbb{Q}_p$의 어떤 부분군의 B_r, $(r \in \mathbb{Z})$의 지표이다. 만약 p-진 수 $x(\neq 0)$의 표준 형태가

$$x = p^r(x_0 + x_1 p + x_2 p^2 + \cdots), \qquad r = r(x) \in \mathbb{Z}$$

$(0 \leq x_j \leq p-1,\ x_0 > 0,\ j = 0,1,2,\cdots)$라고 할 때 x의 *분수부분(fractional part)*이란

$$x_p = \begin{cases} 0 & \text{if } r(x) \geq 0 \text{ 혹은 } x = 0, \\ p^r(x_0 + x_1 p + \cdots) & \text{if } r(x) < 0, \end{cases}$$

을 말한다. 그러면 $r(x) < 0$일 때에는

$$p^r \leq x_p \leq 1 - p^r$$

이다.

체 $\mathbb{Q}_p$의 승법적 지표

π가 체 $\mathbb{Q}_p$의 *승법적 지표(multiplicative character)*란 $\mathbb{Q}_p$ 위에 정의된 연속인 (복소)함수로서

$$\pi(xy) = \pi(x)\pi(y), \ \ x \in \mathbb{Q}^*$$

을 만족할 때이다.

$\mathbb{Q}_p$의 임의의 승법적 지표는

$$\pi(x) = |x|_p^{\alpha - 1}\pi_0(|x|_p x), \quad |\pi_0(x')|_p = 1, \ \ x' \in S_0, \quad \alpha \in \mathbb{C}$$

의 형태이다. 여기서 π_0는 군 S_0의 지표이다. 역으로 군 S_0의 임의의 승법적 지표는 $\mathbb{Q}_p$의 승법적 지표로 확장할 수 있다.

Bernoulli 수

(8) 음이 아닌 실수 k에 대하여 k번째 Bernoulli 수 B_k는 다음과 같이 실함수 $\frac{t}{e^t-1}$의 $t=0$에서 Taylor 급수를 이용하여 정의한다. 즉, $\frac{t}{e^t-1}$는 Bernoulli 수의 생성함수이다. $\frac{t}{e^t-1}=\sum_{k=0}^{\infty} B_k \frac{t^k}{k!}$의 정의로부터 처음 몇 항을 계산해 보면 다음과 같다.

$$B_0=1,\ B_1=-\frac{1}{2},\ B_2=\frac{1}{6},\ B_4=-\frac{1}{30},\ \cdots,\ B_{2n+1}=0,\ n=1,2,3,\cdots$$

등을 알 수 있다. 이 Bernoulli 수는 수론에서 중요한 역할을 한다. 예를 들면 Riemann ζ-함수의 음의 정수에서의 값은 다음과 같음이 알려져 있다.

$$\zeta(1-k)=-\frac{B_k}{k},\ k\geq 0.$$

Bernoulli 수의 성질과 관련된 주요 결과를 먼저 소개한다. 증명은 뒤에서 일부 시도할 것이다.

(9) $k\in\mathbb{Z}^+$, p는 소수일 때, 다음이 성립한다.

(i) $a\in\mathbb{Z}$이면, $a(a^k-1)B_k\in\mathbb{Z}$.

(ii) (Sylvester-Lipschitz)

$$a\in\mathbb{Z}\text{이면, } a^k(a^k-1)\frac{B_k}{k}\in\mathbb{Z}.$$

(iii) (Adams)

$$k\not\equiv 0\ (\mathrm{mod}\ p-1)\text{이면, } \frac{B_k}{k}\in\mathbb{Z}_p.$$

(iv) (Kummer)

$$k_1, k_2\in 2\mathbb{Z}\text{이고, } k_1\equiv k_2\not\equiv 0\ (\mathrm{mod}\ \mathrm{p}-1)\text{이면}$$
$$\frac{B_{k_1}}{k_1}\equiv\frac{B_{k_2}}{k_2}\ (\mathrm{mod}\, p).$$

(v) (Clausen-Von Staudt)

$$k\text{는 짝수 또는 } k=1\text{일 때, } B_k+\sum_{(p-1)|k}\frac{1}{p}\in\mathbb{Z}.$$

p-진 초함수

(10) Compact-개부분 집합 $X\subset\mathbb{Q}_p$에 대하여 $\mu: X\to\mathbb{Q}_p$가 p-*진 초함수(p-adic distribution)* 란 다음을 만족할 때이다.

$$\mu\left(\bigcup_{k=1}^{n}U_k\right)=\sum_{k=1}^{n}\mu(U_k).$$

단, 여기서 $n\geq 1$, $\{U_1, U_2, \cdots, U_n\}$는 교집합이 없는 compact-개부분 집합이다.

(i) Q_p 위상공간에서 기본 compact-개부분 집합은 $a+p^n\mathbb{Z}_p$, $a\in Q_p$, $n\in\mathbb{Z}$, 형태이다. 따라서 $X=\bigcup_{j=1}^{k}(a_j+p^n\mathbb{Z}_p)$ 형태로 쓸 수 있다. 여기서 $a_1, a_2, \ldots, a_n\in Q_p$, $n\in\mathbb{Z}$이며, $\mathbb{Z}_p=\bigcup_{j=1}^{p^n-1}(a+p^n\mathbb{Z}_p)$도 compact-개부분 집합의 예이다. 이때, $a\in Q_p$, $n\in\mathbb{Z}$.

(ii) p-진 개원(open ball) $a+p^n\mathbb{Z}_p$는 더 작은 open-ball의 합집합으로 나타낼 수 있다.

$$a+p^n\mathbb{Z}_p=\bigcup_{b=0}^{p-1}\left(a+bp^n+p^{n+1}\mathbb{Z}_p\right).$$

(11) $X=\{\text{compact- 개부분 집합}\subset\mathbb{Q}_p\}$, $a+p^n\mathbb{Z}_p\subset X$, 함수 $\mu: X\to\mathbb{Q}_p$ 가

$$\mu\left(a+p^n\mathbb{Z}_p\right)=\bigcup_{b=0}^{p-1}\left(a+bp^n+p^{n+1}\mathbb{Z}_p\right)$$

를 만족한다면, μ는 X 위에서 p-진 초함수가 된다.

다음 예를 살펴보자.

(i) (Haar 초함수) $a+p^n\mathbb{Z}_p$에 정의된 $\mu_{Haar}\left(a+p^n\mathbb{Z}_p\right)=\dfrac{1}{p^n}$,

$a \in \mathbb{Z}_p$, $n \in \mathbb{N}$은 $\mathbb{Z}_p$ 위에서 distribution relation을 만족한다.

$$\sum_{b=0}^{p-1} \mu_{Haar}\left(a+bp^n+p^{n+1}\mathbb{Z}_p\right)=\sum_{b=0}^{p-1}\frac{1}{p^{n+1}}=\frac{1}{p^n}.$$

따라서 μ_{Haar}는 $\mathbb{Z}_p$ 위에서 초함수가 된다. μ_{Haar}는 μ_1으로 기록되기도 한다.

(ii) p가 홀수인 소수일 때, $\mu_{-1}\left(a+p^n\mathbb{Z}_p\right)=(-1)^a$, $a \in \mathbb{Z}_p$, $n \in \mathbb{N}$이고 μ_{-1}는 $\mathbb{Z}_p$에서 분포관계를 만족한다.

$$\sum_{b=0}^{p-1} \mu_{-1}\left(a+bp^n+p^{n+1}\mathbb{Z}_p\right)$$
$$=\sum_{b=0}^{p-1}(-1)^{a+bp^n}=(-1)^a\sum_{a=0}^{p-1}(-1)^b=(-1)^a.$$

(12) $\mathbb{Z}_p$ 위에서 p-진 초함수를 구성할 수 있는 방법은 무엇인가? 다항식 x^k 또는 q-다항식 $[x]_q^k$를 이용하여 구성할 수 있는가?

$a+p^n\mathbb{Z}_p$ 개집합 위에 함수 μ_k를 다음과 같이 정의하자.

$$\mu_k\left(a+p^n\mathbb{Z}_p\right)=p^{n(k-1)}f_k\left(\frac{a_n}{p^n}\right),$$

$\{a_n\} \in \{0, 1, 2, \ldots, p^{n-1}\}$ (단, $\{a_n\}$는 $\{a_n\} \equiv a_n \pmod{p^n}$ 되는 유일한 수를 대응시킨다).

(13) 이때, 다음과 같은 질문을 제기해 보자.

(i) 함수 f_k의 모양은?

(ii) μ_k는 distribution relation을 만족하는가?

(iii) a는 어떤 범위에 있는 수일까?

$$p^{n(k-1)}f_k\left(\frac{a_n}{p^n}\right) = \sum_{b=0}^{p-1}\mu_k\left(a+bp^n+p^{n+1}\mathbb{Z}_p\right)$$
$$= \sum_{b=0}^{p-1}p^{(n+1)(k-1)}f_k\left(\frac{a+bp^n}{p^{n+1}}\right).$$

따라서 $\mu_k\left(a+bp^n\mathbb{Z}_p\right)=(-1)^a p^{n(k-1)}f_k\left(\frac{a_n}{p^n}\right)$,

$\{a_n\}\in\{0,1,2,\ldots,p^{n-1}\}$ (단, $\{a_n\}$는 $\{a_n\}\equiv a_n\ (\mathrm{mod}\,p^n)$를 만족하는 유일한 수를 대응시킨다).

$a\in\mathbb{Z},\ 0\le a\le p^n-1$일 때,

$$(-1)^a p^{n(k-1)}f_k\left(\frac{a_n}{p^n}\right) = \sum_{b=0}^{p-1}\mu_k\left(a+bp^n+p^{n+1}\mathbb{Z}_p\right)$$
$$= \sum_{b=0}^{p-1}(-1)^{a+bp^n}p^{(n+1)(k+1)}f_k\left(\frac{a+bp^n}{p^{n+1}}\right)$$
$$= (-1)^a\sum_{b=0}^{p-1}(-1)^b p^{(n+1)(k+1)}f_a\left(\frac{a+bp^n}{p^{n+1}}\right).$$

그러므로 $f_k\left(\frac{a}{p^n}\right)=p^{k-1}\sum_{b=0}^{p-1}(-1)^b f_k\left(\frac{\frac{a}{p^n}+b}{p}\right)$. 따라서 초함수가 되기 위해서는 다음을 만족하여야 한다.

$$f_k\left(\frac{a}{p^n}\right)=p^{k-1}\sum_{b=0}^{p-1}(-1)^b f_k\left(\frac{\frac{a}{p^n}+b}{p}\right).$$

즉, $a\in\mathbb{Z},\ 0\le a<p^n-1$에 대하여 μ_k가 $\mathbb{Z}_p$에서 초함수(distribution)가 될 필요충분조건은 f_k가 다음 조건을 만족한다.

$$f_k(x)=p^{k-1}\sum_{b=0}^{p-1}(-1)^b f_k\left(\frac{x+b}{p}\right).$$

(14) 다음 예를 관찰해 보자. 위의 관계식을 만족하는 $f_k(x)$를 찾아보자.

(i) $k \in \mathbb{N}$에 대하여 위의 조건을 만족하는 monic k-차 다항식은 $B_k(x)$이다.($B_k(x)$는 k번째 Bernoulli 다항식)

(ii) $k \in \mathbb{N}$에 대하여 위의 조건을 만족하는 monic k-차 다항식은 $G_k(x)$이다.($G_k(x)$는 k번째 Genocchi 다항식)

왜냐하면, $B_k(x)$는 다음 식을 만족한다.

$$\text{임의의 } M \in \mathbb{N}\text{에 대하여, } B_k(x) = M^{k-1} \sum_{b=0}^{M-1} B_k\left(\frac{x+b}{M}\right).$$

한편, $G_k(x)$는 다음 식을 만족한다.

$$\text{임의의 } M \in \mathbb{N}\text{에 대하여 } G_k(x) = M^{k-1} \sum_{b=0}^{M-1} G_k\left(\frac{x+b}{M}\right)(-1)^a.$$

(15) 따라서 Bernoulli 다항식에 대하여 먼저 생각해 보자.

이 문제와 관련하여 Genocchi 다항식에 대하여서는 제2장 뒷부분에서 취급할 것이다.

$k \in \mathbb{N}$에 대하여 k번째 Bernoulli 다항식 $B_k(x)$는 다음과 같이 Bernoulli 수와 관계식을 만족한다.

$$\begin{aligned} B_k(x) &= \sum_{j=0}^{k} \binom{k}{j} B_{k-j} x^j, \; k \geq 0 \\ &= B_0 x^k + k B_1 x^{k-1} + \frac{k(k-1)}{2} B_2 x^{k-2} + \cdots + B_n. \end{aligned}$$

Bernoulli 다항식의 처음 몇 항을 계산해 보면 다음과 같다.

$$B_0(x) = 1,\; B_1(x) = x - \frac{1}{2},\; B_2(x) = x^2 - x + \frac{1}{6},\; B_3(x) = x^3 - \frac{3}{2}x^2 + \frac{1}{2}x,\; \cdots.$$

$k \in \mathbb{N}$, $x \in \mathbb{Q}_p$에 대하여 다음을 관찰할 수 있다.

(i) $B_k(0) = B_k$

(ii) $B_k'(x) = k B_{k-1}(x)$, $x \in \mathbb{Q}_p$.

*Bernoulli 다항식*은 Bernoulli 수의 정의를 확장해서 다음과 같은 형식으로 정의한다. 즉, Bernoulli 다항식의 생성함수는 다음과 같다.

$$\frac{t}{e^t - 1} e^{xt} = \sum_{k=0}^{\infty} B_k(x) \frac{t^k}{k!} \ .$$

(16) 다음과 같이 정의된 μ_k는 $\mathbb{Z}_p$ 위에서 초함수가 됨을 보일 수 있다.

$$\mu_k(a + p^n \mathbb{Z}_p) = p^{n(k-1)} B_k\left(\frac{a_n}{p^n}\right) \ .$$

$k = 0,\ 1,\ 2$일 때, μ_k는 $\mathbb{Z}_p$ 위에서 초함수가 됨을 밝혀 보자. 여기에서 $a \in \mathbb{Z},\ 0 \leq a < p^n - 1$.

(i) $k = 0$일 때

$$\mu_0(a + p^n \mathbb{Z}_p) = p^{n(0-1)} B_0\left(\frac{a_n}{p^n}\right).$$

즉, Haar 초함수가 된다.

(ii) $k = 1$일 때

$$\mu_1(a + p^n \mathbb{Z}_p) = p^{n(1-1)} B_1\left(\frac{a_n}{p^n}\right).$$

이것은 Mazur 초함수로 알려져 있고, μ_{Mazur}로 기록한다.

(iii) $k = 2$일 때

$$\mu_2(a + p^n \mathbb{Z}_p) = p^{n(2-1)} B_2\left(\frac{a_n}{p^n}\right).$$

참고로 $B_2\left(\frac{a}{p^n}\right) = \left(B + \frac{a}{p^n}\right)^2 = B_2 + \frac{2a}{p^n} B_1 + \frac{a^2}{p^{2n}}.$

(iv) $k \in \mathbb{Z}^+$일 때, μ_k의 모양은 다음과 같다.

$$\mu_k(a+p^n\mathbb{Z}_p)=\frac{a^k}{p^n}+\left(\frac{1}{d_k}\mathbb{Z}_p\text{의 항들}\right).$$

단, $d_k=\mathrm{lcm}\{B_0\text{의 분모}, B_1\text{의 분모},\ldots,B_k\text{의 분모}\}$.

여기에서 d_k는 a와 n에 무관하다.

일반적으로 $\mu_k(a+p^n\mathbb{Z}_p)\equiv(-1)^a a^k\ (\mathrm{mod}\, p^n)$이 성립한다. k의 선택에 상관없다. $a\in\mathbb{Z}_p^*$이고,

$$|\mu_k(a+p^n\mathbb{Z}_p)|_p=1.$$

p-진 측도

$X(\subseteq Q_p)$는 compact-open 부분집합이다. 예를 들면 $X=\mathbb{Z}_p$ 또는 $X=\mathbb{Z}_p^*=\mathbb{Z}_p-p\mathbb{Z}$.

$\mu: X\to\mathbb{C}_p$를 p-진 초함수가 p-진 측도(measure)가 되기 위해서는 $|\mu(U)|_p\le M$이 성립할 때이다. 단, $U\subset X$(모든 compact-open 부분집합)이고, $M\in\mathbb{R}$(실수 M이 존재)이다.

$|\mu(U)|$의 최소 상계를 $\|\mu\|$로 정의한다.

(17) Dirac 초함수 μ_α

α에 중심을 둔 Dirac 초함수 μ_α는 다음과 같이 정의한다.

$$\mu_\alpha(U)=\begin{cases}1 & \text{if } \alpha\in U,\\ 0 & \text{if } \alpha\notin U.\end{cases}$$

정의에 의해 측도가 된다.

(18) Bernoulli 초함수는 매우 흥미롭다. 그러나 유계(bounded)가 아니다. 그래서 p-진 측도가 될 수 없다. 이 문제를 피해 가는 방법이 있다. $\alpha\in\mathbb{Z}_p^*$, $k\in\mathbb{N}$에 대하여 $\mathbb{Z}_p$ 상에서 k번째 정칙화된 Bernoulli 초함수를 다음과 같이 정의한다.

$$\mu_{k,\alpha}(U)=\mu_k(U)-\alpha^k U_k(\alpha^{-1}U).$$

위 k번째 정칙화된 Bernoulli 초함수는 유계이다. 따라서 측도가 된다.

(19) $k=0$인 경우는 유일하게 값이 결정되고, 쉽게 설명된다. 임의의 $n\in\mathbb{N}$, $0\le a\le p^n-1$에 대하여

$$\begin{aligned}\mu_{0,\alpha}(a+p^n\mathbb{Z}_p) &= \mu_0(a+p^n\mathbb{Z}_p)-\alpha^0\mu_0(\alpha^{-1}a+p^n\mathbb{Z}_p)\\ &= \frac{1}{p^n}-1\cdot\frac{1}{p^n}=0.\end{aligned}$$

따라서 $\mu_{0,\alpha}=0$이므로 측도가 된다.

(20) 참고로 k번째 Bernoulli 초함수는

$$\mu_k(a+p^n\mathbb{Z}_p)=p^{n(k-1)}B_k\left(\frac{\{a\}_n}{p^n}\right)$$

이다.

$\alpha\in\mathbb{Z}_p^*$, $k=1$인 경우를 살펴보자.

$$\left|\mu_{1,\alpha}(a+p^n\mathbb{Z}_p)\right|_p\le 1$$

이 됨을 알 수 있다. 왜냐하면, $n\in\mathbb{N}$, $0\le a\le p^n-1$에 대하여,

$$\begin{aligned}\mu_{1,\alpha}(a+p^n\mathbb{Z}_p) &= \frac{a}{p^n}-\frac{1}{2}-\alpha\left(\frac{\{\alpha^{-1}a\}_n}{p^n}-\frac{1}{2}\right)\\ &= \frac{a-\alpha\{\alpha^{-1}a\}_n}{p^n}+\frac{\alpha-1}{2}.\end{aligned}$$

여기에서, $\{\alpha^{-1}a\}_n$은 $\alpha^{-1}a+p^n\mathbb{Z}_p$의 coset 표현으로 $\{0,1,2,\ldots,p^n-1\}$ 중 한 개 원소이다. 즉 $\{\alpha^{-1}a\}_n\equiv\alpha^{-1}a\ (\mathrm{mod}\,p^n)$, $0\le\alpha^{-1}a\le p^n-1$.

$\mu_{1,\alpha}$의 1에 의한 유계성(boundedness)를 밝혀 보자. 먼저 두 번째 항을 관찰하라.

$$\frac{\alpha-1}{2}=(\alpha-1)\frac{1}{2}.$$

$p \neq 2$이면, $\frac{1}{2}\in\mathbb{Z}_p$, $\alpha-1\in\mathbb{Z}_p$이다(왜냐하면, $\alpha\in\mathbb{Z}_p^x=\mathbb{Z}_p-p\mathbb{Z}_p$, $|\alpha-1|\leq\max\{|\alpha|_p,1\}\leq 1$. 따라서 $\alpha-1\in\mathbb{Z}_p$).

$p=2$인 경우, $\alpha\in\mathbb{Z}_2^x=\mathbb{Z}_2-2\mathbb{Z}_2$

$\Leftrightarrow \alpha-1$은 2의 배수

$\Leftrightarrow \frac{\alpha-1}{2}\in\mathbb{Z}_2$.

어떤 경우든, $\frac{\alpha-1}{2}\in\mathbb{Z}_p$이므로, $\left|\frac{\alpha-1}{2}\right|_p<1$.

첫 번째 항을 관찰하자; $\frac{a-\alpha\{\alpha^{-1}a\}_n}{p^n}$.

정의에서 $\{\alpha^{-1}a\}_{m=\alpha}^{-1}a+Ap^n$, ($A$는 $\mathbb{Z}_p$의 원소). A에 관해서 식을 풀어 보자.

$$A=\frac{\alpha^{-1}a}{p^n}-\frac{\{\alpha^{-1}a\}_n}{p^n}$$

또는 $\alpha A=\frac{\alpha\alpha^{-1}a}{p^n}-\frac{\alpha\{\alpha^{-1}a\}_n}{p^n}=\frac{a-\alpha\{\alpha^{-1}a\}_n}{p^n}$. 따라서

$$\left|\frac{a-\alpha\{\alpha^{-1}a\}_n}{p^n}\right|_p=|\alpha A|_p\leq 1$$

이다. 부등호는 $\alpha\in\mathbb{Z}_p$, $A\in\mathbb{Z}_p$에서 나온다. 따라서

$$|\mu_{1,\alpha}(a+p^n\mathbb{Z}_p)|_p\leq 1$$

이다.

(21) $\mu_{k,\alpha}$가 유계임을 보이자.($k>1$)

$d_k = \text{lcm}\{B_k(x)$의 계수 집합$\}$이라 하자.

$$d_k\mu_{k,\alpha}(a+p^n\mathbb{Z}_p) \equiv d_k k a^{k-1}\mu_{1,\alpha}(a+p^n\mathbb{Z}_p) \pmod{p^n}.$$

양변 원소 모두 $\mathbb{Z}_p$에 있다.

위 (21)은 $\mu_{k,\alpha}(a+p^n\mathbb{Z}_p)$의 값이 $ka^{k-1}\mu_{1,\alpha}(a+p^n\mathbb{Z}_p)$ 값에 매우 가깝게 있다는 말이다.

증명

$$\begin{aligned} & d_k\mu_{k,\alpha}(a+p^n\mathbb{Z}_p) \\ =\ & d_k\left[\mu_k(a+p^n\mathbb{Z}_p) - \alpha^k\mu_k(\alpha^{-1}a+p^n\mathbb{Z}_p)\right] \\ =\ & d_k\left[p^{n(k-1)}B_k\left(\frac{a}{p^n}\right) - \alpha^k p^{n(k-1)}B_k\left(\frac{\{\alpha^{-1}a\}_n}{p^n}\right)\right]. \end{aligned}$$

이 식을 전개해서 살펴보자. 익숙하지 않은 항들이 계속 발생하게 된다.

$$\begin{aligned} & d_k p^{n(k-1)}\left(\left[\left(\frac{a}{p^n}\right)^{k-} \frac{k}{2}\left(\frac{a}{p^n}\right)^{k-1} + \cdots + \right]\right. \\ & \left. -\alpha^k\left[\left(\frac{\{\alpha^{-1}a\}_n}{p^n}\right)^k - \frac{k}{2}\left(\frac{\{\alpha^{-1}a\}_n}{p^n}\right)^{k-1} + \cdots\right]\right). \end{aligned}$$

세 번째 항부터 분모는 $\{p^{n(k-2)}, p^{n(k-3)}, \ldots, p^n, 1\}$. d_k 구성으로, 다항식 $d_kB_k(x)$의 계수는 정수이다. (세 번째 항부터 $\cdots$) $\times p^{n(k-1)=p^{nj}}(j=1,2,\ldots,k-1)$의 곱이 계속 더해진다. $(\text{mod}\, p^n)$으로 읽으면 (세 번째 항 $+\cdots) \equiv 0$. 따라서

$$\begin{aligned} & d_k\mu_{k,\alpha}(a+p^n\mathbb{Z}_p) + (p^n\mathbb{Z}_p \text{ 내의 항들}) \\ =\ & d_k\left[\frac{a^k}{p^n} - \frac{k}{2}a^{k-1} + \frac{\alpha^k\{\alpha^{-1}a\}_n^k}{p^n} \frac{+k}{2}\alpha^k\{\alpha^{-1}a\}_n^{k-1}\right] \\ =\ & d_k\left[\frac{a^k - \alpha^k\{\alpha^{-1}a\}_n^k}{p^n} - \frac{k}{2}\left(a^{k-1} - \alpha^k\{\alpha^{-1}a\}_n^{k-1}\right)\right], \end{aligned}$$

$\{\alpha^{-1}a\}_n \equiv \alpha^{-1}a \pmod{p^n}$이므로

$$\text{두 번째 항 } \frac{k}{2}\left(a^{k-1}-\alpha^k\{\alpha^{-1}a\}_n^{k-1}\right) \equiv \frac{k}{2}\left(a^{k-1}-\alpha^k(a\alpha^{-1})^{k-1}\right) = \frac{k}{2}a^{k-1}(1-\alpha) \pmod{p^n}.$$

첫 번째 항은 분모 p^n이 있다.

$$\{\alpha^{-1}a\}_n = \alpha^{-1}a - Ap^n \quad (A \in \mathbb{Z}_p).$$

따라서 $\{\alpha^{-1}a\}_n^k = (\alpha^{-1}a - Ap^n)^k = \sum_{j=0}^{k}\binom{k}{j}(\alpha^{-1}a)^{k-j}(-Ap^n)^j.$

$$\begin{aligned}\frac{\{\alpha^{-1}a\}_n^k}{p^n} &= \sum_{j=0}^{k}\binom{k}{j}(\alpha^{-1}a)^{k-j}(-A)^j(p^n)^{j-1} \\ &= \frac{(\alpha^{-1}a)^k}{p^n} + k(\alpha^{-1}a)^{k-1}(-A)+\cdots \\ &= \frac{(\alpha^{-1}a)^k}{p^n} - k(\alpha^{-1}a)^{k-1}A \pmod{p^n}.\end{aligned}$$

따라서

$$\begin{aligned}\alpha^k\frac{\{\alpha^{-1}a\}_n^k}{p^n} &\equiv \frac{\alpha^k(\alpha^{-1}a)^k}{p^n} - k\alpha^k(\alpha^{-1}a)^{k-1}A \pmod{p^n} \\ &= \frac{a^k}{p^n} - k\alpha a^{k-1}A.\end{aligned}$$

첫 번째 항

$$\begin{aligned}\frac{a^k-\alpha^k\{\alpha^{-1}a\}_n^k}{p^n} &= \frac{a^k}{p^n} - \frac{\alpha^k\{\alpha^{-1}a\}_n^k}{p^n} \\ &\equiv \frac{a^k}{p^n} - \left(\frac{a^k}{p^n} - k\alpha a^{k-1}A\right) \pmod{p^n}\end{aligned}$$

$$= k\alpha a^{k-1}A \quad \left(A = \frac{\alpha^{-1}a - \{\alpha^{-1}a\}_n}{p^n} \text{ 이므로}\right)$$

$$= ka^{k-1}\left(\frac{\alpha^{-1}a - \{\alpha^{-1}a\}_n}{p^n}\right)$$

$$= ka^{k-1}\left(\frac{a - \alpha\{\alpha^{-1}a\}_n}{p^n}\right).$$

따라서

$$\begin{aligned} & d_k\mu_{k,\alpha}(a+p^n\mathbb{Z}_p) + (p^n\mathbb{Z}\text{의 항들}) \\ = \quad & d_k\left[ka^{k-1}\left(\frac{a-\alpha\{\alpha^{-1}a\}_n}{p^n}\right) - \frac{k}{2}a^{k-1}(1-\alpha)\right] \\ = \quad & d_kka^{k-1}\left[\frac{a-\alpha\{\alpha^{-1}a\}_n}{p^n} + \frac{\alpha-1}{2}\right] \\ = \quad & d_kka^{k-1}\mu_{1,\alpha}(a+p^n\mathbb{Z}_p). \end{aligned}$$

(22) $k \geq 1$, $\alpha \in \mathbb{Z}_p^*$에 대하여 Bernoulli 초함수 $\mu_{k,\alpha}$는 유계이다. 따라서 $\mu_{k,\alpha}$는 p-진 측도이다.

증명 $U(\subset X)$를 compact-open 집합이라 하자. 일반성을 잃지 않고 $U = a + p^n\mathbb{Z}_p$로 잡자. $n \in \mathbb{N}$, $a \leq a \leq p^n - 1$. 정리에 의하여, 적당한 값 $A \in \mathbb{Z}_p$가 존재하여 다음 식을 만족한다.

$$\begin{aligned} d_k\mu_{k,\alpha}(U) &= d_k\mu_{k,\alpha}(a+p^n\mathbb{Z}_p) \\ &= d_kka^{k-1}\mu_{1,\alpha}(a+p^n\mathbb{Z}_p) + Ap^n, \end{aligned}$$

$$\begin{aligned} |\mu_{k,\alpha}(U)|_p &\leq \max\left\{|ka^{k-1}\mu_{1,\alpha}(a+p^n\mathbb{Z}_p)|_p,\ \left|A\frac{p^n}{d_k}\right|_p\right\} \\ &\leq \max\left\{|\mu_{1,\alpha}(a+p^n\mathbb{Z}_p)|_p,\ \left|\frac{p^n}{d_k}\right|_p\right\}. \\ &(k,\ a,\ A \in \mathbb{Z}_p \text{ 이용}) \end{aligned}$$

$n \gg 0$에 대하여, $\left|\dfrac{p^n}{d^k}\right| < 1$. 따라서 $\left|\dfrac{p^n}{d^k}\right|_p < 1$.
그러므로

$$|\mu_{k,\alpha}(U)|_p \leq 1.$$

4. p-진 적분

p-진 측도를 구성하는 주된 이유는 함수를 적분하는 데 있다. p-진 적분은 Riemann 적분의 아이디어와 평행되게 이론이 전개된다.

$X(\subset \mathbb{Q}_p)$는 compact-open 집합이고, μ는 X 위에서 p-진 측도(예를 들면, $X = \mathbb{Z}_p$ 또는 $\mathbb{Z}_p^*$), $f \in C(\mathbb{Z}_p, K)$는 K 값을 갖는 연속함수로서 K는 $\mathbb{Q}_p$의 유한 확대체($\mathbb{Q}_p$ 자체도 가능)라 하자. $N \in \mathbb{N}$은 고정된 수이고, $x_{a,N} \in a + p^n\mathbb{Z}_p (\subset X)$는 대표원소라 하자.

$\{a_{a,N}\}$ 위에서 N번째 Riemann 합은 다음과 같이 정의한다.

$$S_{N,\{x_{a,N}\}} = \sum_{a+p^N\mathbb{Z}_p \subset X} f(x_{a,N})\mu\left(a + p^N\mathbb{Z}_p\right).$$

(1) X, μ, f는 위에서 약속한 것과 같다. $f: X \to K$가 연속함수이면, Riemann 합은 K에서 극한이 존재한다.

이 극한은 $x_{a,N}$의 선택과 무관하다.

이 극한값을 $\int_X f(x)d\mu(x)$ 또는 $\int_X f d\mu$로 쓴다.

증명 μ는 p-진 측도이므로 유계이다. $B > 0$이 존재하여 $\mu(U) \leq B$를 만족한다. $U(\subset X)$는 임의의 compact-open 집합이다.

먼저 특별한 경우부터 해 보자. 주어진 $n \in \mathbb{N}$에 대하여 다음과 같은 식이 성립한다.

$$\mathbb{Z}_p = \bigcup_{0 \leq a \leq p^n - 1} \left(a + p^n\mathbb{Z}_p\right)$$

이다. 따라서 각각 $a \in \{0, 1, 2, \ldots, p^n - 1\}$에 대하여 $a + p^n\mathbb{Z}_p$의 대표원을 $a = x_{a,n}$로 잡자. $\{S_{N,\{a\}}\}$는 Cauchy 수열이 된다. $\epsilon > 0$에 대하여 집합 X가 compact이므로 f는 연속함수로서 일양 연속(uniformly continuous) 함수가 된다.

$N_0 \in \mathbb{N}$은 $|f(x) - f(y)| < \dfrac{\epsilon}{3}$로서 모든 $N > N_0$에 대하여 다음이 성립한다.

$$|x - y|_p = p^{-N} \text{ 또는 } x \equiv y \,(\mathrm{mod}\, p^N).$$

N을 다음 조건을 만족하도록 선택할 수 있다.

$N \geq N_0$에 대하여 모든 개집합 $a + p^N\mathbb{Z}_p$가 다음을 만족한다.

$$a + p^N\mathbb{Z}_p \subset X \text{ 또는 } a + p^N\mathbb{Z}_p \bigcap X = \varnothing.$$

$M(> N)$을 선택하자. 두 개의 p-진 개집합이 만날 조건은 한 개의 개집합이 다른 개집합에 포함될 때이다. 따라서 각각의 a에 대하여 다음 식이 성립한다.

$$a + p^N\mathbb{Z}_p = \bigcup_{\substack{a \leq \hat{a} \leq p^M - 1, \\ \hat{a} = a \,(\mathrm{mod}\, p^N)}} \left(\hat{a} + p^M\mathbb{Z}_p\right).$$

μ의 유한 덧셈성(finite additivity)에 의하여 다음 식이 성립한다.

$$\mu\left(a + p^N\mathbb{Z}_p\right) = \sum_{\substack{0 \leq \hat{a} \leq p^M - 1 \\ \hat{a} \equiv a \,(\mathrm{mod}\, p^N)}} \mu\left(\hat{a} + p^M\mathbb{Z}_p\right).$$

Riemann 합의 정의를 적용해 보자.

$$\begin{aligned} S_{N,\{a\}} &= \sum_{a + p^N\mathbb{Z}_p \subset X} f(a)\mu\left(a + p^N\mathbb{Z}_p\right) \\ &= \sum_{\hat{a} + p^M\mathbb{Z}_p \subset X} f(a)\mu\left(\hat{a} + p^M\mathbb{Z}_p\right). \end{aligned}$$

단, $a \in \{0, 1, 2, ..., p^N - 1\}$, $a \equiv \hat{a} (\mathrm{mod}\, p^N)$.

구성상 각각의 $\hat{a} \in \{0, 1, 2, ..., p^M - 1\}$에 대하여, 대응되는 Riemann 합의 대표원은 $x_{\hat{a}, M} = \hat{a}$ 이다. 따라서

$$S_{M, \{\hat{a}\}} = \sum_{\hat{a} + p^M \mathbb{Z}_p \subset X} f(\hat{a}) \mu(\hat{a} + p^M \mathbb{Z}_p).$$

$$\begin{aligned} |S_{N, \{a\}} - S_{M, \{\hat{a}\}}|_p &= \left| \sum_{\hat{a} + p^M \mathbb{Z}_p} |f(a) - f(\hat{a})| \mu(\hat{a} + p^M \mathbb{Z}_p) \right|_p \\ &\le \max\{ |f(a) - f(\hat{a}) \times \mu(\hat{a} + p^M \mathbb{Z}_p)| \}. \end{aligned}$$

$a \equiv \hat{a} (\mathrm{mod\,p^N})$ 이면 $|f(a) - f(\hat{a})|_p < \frac{\epsilon}{3}$ 이므로

$$|S_{N, \{a\}} - S_{M, \{\hat{a}\}}|_p < \epsilon.$$

가 대표원의 선택과는 무관함을 보여야 한다.

두 개의 대표원이 $a + p^N \mathbb{Z}_p$에 있다고 하자. 즉, $x_{N, \{a\}}$와 $x'_{N, \{a\}} \in a + p^N \mathbb{Z}_p$라 하자.

$$\begin{aligned} |S_{N, \{a\}} - S_{M, \{x'_{N, \{a\}}\}}|_p &= \left| \sum_{\hat{a} + p^N \mathbb{Z}_p} (f(a) - f(x'_{N, a})) \mu(\hat{a} + p^M \mathbb{Z}_p) \right|_p \\ &\le \max\{ |f(a) - f(x'_{N, a})|_p \times |\mu(\hat{a} + p^M \mathbb{Z}_p)|_p \} \\ &< \epsilon \end{aligned}$$

왜냐하면, 충분히 큰 N에 대하여

$$|f(a) - f(x'_{N, a})|_p < \frac{\epsilon}{B}$$

가 성립한다.

(2) $f: X \to K$ 가 연속함수이고, $x \in X$에 대하여 $|f(x)|_p \le A$라 하자.

모든 $U \subset X$(compact-open 부분집합)에 대하여,

$$|\mu(U)| \le B\text{이면 } \left|\int_X f(x)d\mu(x)\right|_p \le AB\text{이다.}$$

즉, f가 X에서 유계인 함수이고, μ가 p-진 측도이면 p-진 적분값은 유계라는 것을 말한다.

(3) $f: X \to K$가 연속함수로서 $\|f\|_\infty \le A$이면,

$$\left|\int_X f(x)d\mu(x)\right| \le A\text{이다.}$$

(4) $f: X \to K$가 연속함수이면,

$$\int_{\mathbb{Z}_p} f(x)\mu_{k,\alpha}(x) = \int_{\mathbb{Z}_p} f(x)kx^{k-1}d\mu_{1,\alpha}(x)\text{이다.}$$

증명 p-진 개집합$(a+p^n\mathbb{Z}_p)$ 상에서 특성함수 집합은 $C(\mathbb{Z}_p, K)$에서 조밀하다. 따라서 일반성을 잃지 않고 적당한 $n \in \mathbb{N}$에 대하여 $f = \chi_{a+p^n\mathbb{Z}_p}$라 두고 위 정리 내용이 성립함을 보이면 충분하다. 여기서 $0 \le a \le p^n - 1$이다.

$$\int_{\mathbb{Z}_p} fd\mu_{k,\alpha}(x) = \lim_{N\to\infty}\sum_{a=0}^{p^N-1} f(a)\mu_{k,\alpha}(a+p^n\mathbb{Z}_p).$$

각각의 N과 $a \in \{0,1,2,\dots,p^N-1\}$에 대하여 $A_{N,a} \in \mathbb{Z}_p$가 존재하여 다음 식을 만족함이 알려져 있다.

$$d_k\mu_{k,\alpha}(a+p^N\mathbb{Z}_p) = d_k ka^{k-1}\mu_{1,\alpha}(a+p^N\mathbb{Z}_p) + p^N A_{n,a},$$

$$d_k \sum_{a=0}^{p^N-1} f(a)\mu_{k,\alpha}(a+p^N\mathbb{Z}_p)$$

$$= \sum_{a=0}^{p^N-1} f(a)\left[d_k k a^{k-1}\mu_{1,\alpha}(a+p^n\mathbb{Z}_p)+p^N A_{N,a}\right]$$

$$= d_k k \sum_{a=0}^{p^N-1} f(a)a^{k-1}\mu_{1,\alpha}(a+p^N\mathbb{Z}_p)+p^N \sum_{a=0}^{p^N-1} f(a)A_{N,a}.$$

두 번째 항 $p^N \sum_{a=0}^{p^N-1} f(a)A_{N,a}$는 $p^N\mathbb{Z}_p$의 원소이다. 왜냐하면 $|f|\leq 1$이고 $A_{N,a}\in\mathbb{Z}_p$이기 때문이다. 따라서

$$\lim_{N\to\infty} p^N \sum_{a=0}^{p^N-1} A_{N,a}f(a)=0.$$

따라서

$$\lim_{N\to\infty} d_k \sum_{a=0}^{p^N-1} f(a)\mu_{k,\alpha}(a+p^N\mathbb{Z}_p)$$

$$= \lim_{N\to\infty} d_k k \sum_{a=0}^{p^N-1} f(a)a^{k-1}\mu_{1,\alpha}(a+p^N\mathbb{Z}_p).$$

그러므로

$$d_k \int_{\mathbb{Z}_p} f(x)d\mu_{k,\alpha}(x) = d_k k \int_{\mathbb{Z}_p} f(x)x^{k-1}d\mu_{1,\alpha}(x).$$

(5) 각 $k\in\mathbb{N}$, $\alpha\in\mathbb{Z}_p^*$(1의 원시근이 아님)라 하자. 그럼,

$$B_k = \frac{k}{1-\alpha^k}\int_{\mathbb{Z}_p} x^{k-1}d\mu_{1,\alpha}(x).$$

증명 다음 사항을 기억해 보자.

$$\mu_k(a+p^n\mathbb{Z}_p)=p^{n(k-1)}B_k\left(\frac{\{a\}_n}{p^n}\right),$$

$$\mu_{k,\alpha}(U)=\mu_k(U)-\alpha^k\mu_k(\alpha^{-1}U).$$

위 식에 $a=0$, $n=0$을 대입하여 보자. 모든 $k\in\mathbb{Z}^+$와 $\alpha\in\mathbb{Z}_p^*$에 대하여 다음이 성립한다.

$$\begin{aligned}\mu_{k,\alpha}(\mathbb{Z}_p) &= \mu_k(\mathbb{Z}_p)-\alpha^k\mu_k(\mathbb{Z}_p)\\ &= B_k(0)-\alpha^kB_k(0)\\ &= (1-\alpha)^kB_k(0)\\ &= (1-\alpha^k)B_k.\end{aligned}$$

(4)에 의하여 다음이 각각 성립한다.

$$\int_{\mathbb{Z}_p}1d\mu_{k,\alpha}(x)=\int_{\mathbb{Z}_p}1\cdot kx^{k-1}d\mu_{1,\alpha}(x),$$

$$\begin{aligned}\int_{\mathbb{Z}_p}1d\mu_{k,\alpha}(x) &= \lim_{N\to\infty}\sum_{a=0}^{p^N-1}1\cdot\mu_{k,\alpha}(a+p^N\mathbb{Z}_p)\\ &= \mu_{k,\alpha}(\mathbb{Z}_p)\\ &= (1-\alpha^k)B_k.\end{aligned}$$

따라서 $\int_{\mathbb{Z}_p}kx^{k-1}d\mu_{1,\alpha}(x)=(1-\alpha^k)B_k$.

[참고] 다음 사실을 예상해 보자.

$$\int_{\mathbb{Z}_p} 1 \cdot x^k d\mu_{-1}(x) = E_k$$
$$= \int_{\mathbb{Z}_p} 1 \cdot d\mu_k(x).$$

(6) 유계성의 중요성에 대해서 알아보자.

p-진 적분론에서 초함수의 유계성은 중요한 문제일까? 다음 예는 중요하다. $\mu = \mu_{Haar}$이고 $f(x) = x$라 하자.

$$N \in \mathbb{N},\ \mathbb{Z}_p = \bigcup_{a=0}^{p^N-1} \left(a + p^N \mathbb{Z}_p\right).$$

다음과 같은 부분합 수열을 생각해 보자.

$$\sum_{a=0}^{p^N-1} f(x_{a,N}) \mu\left(a + p^N \mathbb{Z}_p\right) = \sum_{a=0}^{p^N-1} x_{a,N} \frac{1}{p^N},$$

$x_{a,N}$은 개집합 $a + p^N \mathbb{Z}_p$의 대표원소이다.

p-진 적분값이 존재하기 위하여 $\lim_{N \to \infty} \sum_{a=0}^{p^N-1} f(x_{a,N}) \mu\left(a + p^N \mathbb{Z}_p\right)$의 값이 특정한 $x_{a,N}$의 값에 영향을 받아서는 안 된다.($x_{a,N}$의 선택에 무관해야 된다.)

(i) 먼저 $x_{a,N} = a$.

$a \in a + p^N \mathbb{Z}_p,\ a \in \{0, 1, 2, \ldots, p^n - 1\}$이므로,

$$\sum_{a=0}^{p^N-1} x_{a,N} \frac{1}{p^N} = \frac{1}{p^N} \sum_{a=0}^{p^N-1} a = \frac{1}{p^N} \frac{(p^N-1)p^N}{2} = \frac{p^N-1}{2}.$$

$\mathbb{Q}_p$에서 $\lim_{N \to \infty} \frac{p^N-1}{2} = -\frac{1}{2}$하다.

(ii) 각 N에 대하여, 각 개집합 $a + p^N \mathbb{Z}_p$에서 대표원을 선택하자. $x_{a,N} = a + a_0 p^N$ $(a_0 \in \mathbb{Z}_p$

고정된 값을 취하고, 앞 항은 a로 고정시키자.)

$$\sum_{a=0}^{p^N-1} x_{a,N}\frac{1}{p^N} = \frac{1}{p^N}\sum_{a=0}^{p^N-1}(a+p^Na_0)$$

$$= \frac{p^N-1}{2}+a_0 \in \mathbb{Q}.$$

그러므로 $\lim_{N\to\infty}\left(\frac{p^N-1}{2}+a_0\right)=a_0-\frac{1}{2}.$

위 (i), (ii)에서 극한이 유일하지 않다. 따라서 $f(x)=x$의 적분값이 μ에 대하여 존재하지 않는다.

측도 중에서 특이한 함수에 대한 적분값이 존재하지 않는 경우가 있다. 그러나 $f(x)=x$처럼 연속함수가 이런 현상이 발생하지는 않는다. 따라서 p-진 초함수의 유계의 조건이 필요하게 된다.

(7) Bernoulli 수와 관련된 정리

도입 부분에서 Bernoulli 수에 관한 몇 가지 명제를 제시하였는데, 이제 이 명제를 증명할 수 있는 이론적 바탕이 충분히 마련되었다고 생각된다.

$k\in\mathbb{N}$, $\alpha\in\mathbb{Z}_p^*$이며, α는 단위원의 근이 아닐 때 k번째 Bernoulli 수의 적분 표현은 다음과 같다.

$$B_k = \frac{k}{1-\alpha^k}\int_{\mathbb{Z}_p} x^{k-1}d\mu_{1,\alpha}(x).$$

이러한 적분 표현의 값은 α와 k의 잡는 방법에 의존하지 않는다.

여기에서 두 개의 정리를 예를 들어 가면서 증명해 볼 것이다.

(8) $k\in\mathbb{Z}^+$, p는 소수일 때, $a\in\mathbb{Z}$이면, $a(a^k-1)B_k\in\mathbb{Z}$.

증명 $k=1$인 경우, a 또는 $a-1$ 둘 중 하나는 짝수이다.

$$a(a-1)B_1 = a(a-1)\left(-\frac{1}{2}\right) \in \mathbb{Z}.$$

$k>1$으로서, k가 홀수이면 $B_k=0$이 된다. 따라서 결과는 자명하게 성립한다. 따라서 k는 짝수라고 가정하자.

(*) 모든 소수 p에 대하여, $A \in \mathbb{Z}_p$이면 $A \in \mathbb{Z}$이다.

위의 명제가 성립한다면, 모든 소수 p에 대하여 $a(a^k-1)B_k \in \mathbb{Z}_p$를 보이면 증명이 된다. 고정된 소수 p를 생각하자.

(**) $$a(a^k-1)B_k = \frac{1(a^k-1)k}{1-\alpha^k}\int_{\mathbb{Z}_p} x^{k-1} d\mu_{1,\alpha}(x).$$

여기서 $\alpha \in \mathbb{Z}_p^*$ (α는 단위원의 근이 아니다. 분모가 0이 되는 것을 방지하기 위해서이다.) 임의의 k, α에 대하여

$$\begin{aligned}\left|\int_{\mathbb{Z}_p} x^{k-1} d\mu_{1,\alpha}(x)\right| &\le \max_{x\in\mathbb{Z}_p}\{|x|_p^{k-1}, \|\mu\|\} \\ &\le 1.\end{aligned}$$

이 성립한다. 따라서 $\dfrac{a(a^k-1)k}{1-\alpha^k} \in \mathbb{Z}_p$를 보이면 충분하다. 임의의 값 α를 잘 선택하여 위의 식(α 표현 없음)이 성립하도록 하자.

$r \nmid a$이면, $a \in \mathbb{Z}_p^*$이므로 $\alpha = a$를 취한다. 그러면,

$$\frac{a(a^k-1)k}{1-\alpha^k} = \frac{a(a^k-1)k}{1-a^k} = -ak \in \mathbb{Z}_p.$$

$r|a$이면, $|a|_p \le \dfrac{1}{p}$이므로 $a \notin \mathbb{Z}_p^*$이다.($\alpha \in \mathbb{Z}_p^*$이므로) $\alpha = a$를 취할 수 없다. 따라서 α 값은 a와 다르게 선택을 해야 한다. $\alpha = 1 + p$를 취하자. 이 α의 선택은 다음 (9) 사실(증명 없이 받아들이자)을 이용하면 문제 해결이 된다.

(9) (i) $m, n \in \mathbb{Z}$이고, $p \neq 2$, $x \in 1 + p\mathbb{Z}_p$이면,

$|x^m - x^n|_p = |x-1|_p |m-n|_p$이다.

(ii) $p = 2$이고 $x \in 1 + 4\mathbb{Z}_2$이면, $|x^m - x^n|_2 = |x-1|_2 |m-n|_2$이다.

$p \neq 2$, $\alpha = 1 + p \in \mathbb{Z}_p^*$라 두자. (9)에 의하여,

$$|1-\alpha^k|_p = |1-\alpha|_p |-k|_p = \frac{1}{p}|k|_p,$$

$$\left|\frac{a \cdot k}{1-\alpha^k}\right|_p = \frac{|a|_p |k|_p}{\frac{1}{p}|k|_p} = p|a|_p\,.$$

$a \in p\mathbb{Z}_p$이므로 $p|a|_p \le 1$이다. 따라서 $\left|\dfrac{a \cdot k}{1-\alpha^k}\right|_p \le 1$이다. 즉 $\dfrac{a^k}{1-\alpha^k} \in \mathbb{Z}_p$.

$a^k - 1 \in \mathbb{Z}_p$.(비아르키메디언 부등식을 이용한다.) 즉 $\dfrac{a \cdot k(a^k-1)}{1-\alpha^k} \in \mathbb{Z}_p$.

$p = 2$인 경우, $\alpha = 1 + 2 = 3$이라 두자. $p = 2$일 때, 보조정리는 $\alpha \equiv 1 \pmod{4\mathbb{Z}_2}$인 경우에 적용이 된다. 그러나 $3 \not\equiv 1 \pmod{4\mathbb{Z}_2}$이다. 한편, $3^k = 9^{\frac{k}{2}}$이고 $9 \equiv 1 \pmod 4$가 된다. k는 짝수라고 가정되어 있으므로

$$\begin{aligned}|1-\alpha^k|_p &= |1-3^k|_2 = \left|1-9^{\frac{k}{2}}\right|_2 \\ &= |1-9|_2\left|\frac{k}{2}\right|_2 = \left|\frac{8}{2}\right|_2 |k|_2 = \frac{1}{4}|k|_2.\end{aligned}$$

따라서 $\left|\dfrac{ak}{1-\alpha^k}\right|_2 = \dfrac{|a|_2|k|_2}{\frac{1}{4}|k|_2} = a|a|_2\,.$

앞에서처럼 $a^k-1\in\mathbb{Z}_2$, $a\in 2\mathbb{Z}_2$이므로 $|a|_2\le\frac{1}{2}$이다. 따라서

$$\left|\frac{ak(a^k-1)}{1-\alpha^k}\right|_p\le 2.$$

위의 상계치(upper bound) 2는 (**)를 보이는 데 충분하지 않다. 다음을 보이는 것이 목표임을 다시 생각하자.

$$a(a^k-1)B_k=\frac{ak(a^k-1}{1-\alpha^k}\int_{\mathbb{Z}_p}x^{k-1}d\mu_{1,\alpha}(x)\in\mathbb{Z}_2.$$

따라서 $\left|\int_{\mathbb{Z}_p}x^{k-1}d\mu_{1,\alpha}(x)\right|_2\le\frac{1}{2}$임을 보이면 된다.

$x\in\mathbb{Z}_2$에 대하여, $x^{k-1}\equiv x\ (\mathrm{mod}\ 2\mathbb{Z}_2)$가 항상 성립한다.(간단히 몇 개를 검토해 보자. k는 짝수이므로 $x^{2-1}=x\equiv 2\ (\mathrm{mod}\ 2\mathbb{Z}_2)$는 자명하다. $x^{4-1}=x^3\equiv x^2\equiv x\ (\mathrm{mod}\ 2\mathbb{Z}_2),\ldots$)

$$\int_{\mathbb{Z}_2}x^{k-1}d\mu_{1,3}(x)\equiv\int_{\mathbb{Z}_2}xd\mu_{1,3}(x)\ (\mathrm{mod}\ 2\mathbb{Z}_2).$$

따라서 $\alpha=1+p\in\mathbb{Z}_p^*$이므로 $\alpha=1+2=3$을 취했다.

$k=2,\ \alpha=3$을 대입해 보자.

$$\int_{\mathbb{Z}_2}xd\mu_{1,3}(x)=\frac{1}{2}\int_{\mathbb{Z}_p}d\mu_{2,3}(x)=\frac{1}{2}\mu_{2,3}(\mathbb{Z}_2).$$

이 마지막 표현을 계산하기 위하여 Bernoulli 초함수의 정의로 돌아가야만 한다. 모든 $a\in\mathbb{Z}_p$에 대하여 다음 식이 성립된다.

$$\mu_k\left(a+p^n\mathbb{Z}_p\right)=p^{n(k-1)}B_k\left(\frac{\{a\}_n}{p^n}\right).$$

따라서 $n=0,\ a=0$이면, $\mu_k(\mathbb{Z}_p)=B_k(0)=B_k$.

한편 $\mu_{k,\alpha}(a+p^n\mathbb{Z}_p)=\mu_k(a+p^n\mathbb{Z}_p)-\alpha^k\mu_k(a+p^n\mathbb{Z}_p)$에서

$$\begin{aligned}\mu_{k,\alpha}(\mathbb{Z}_p)&=\mu_k(\mathbb{Z}_p)-\alpha^k\mu_k(\mathbb{Z}_p)\\&=(1-\alpha^k)B_k.\end{aligned}$$

이 경우에 특별히 $k=2,\ \alpha=3$을 생각해 보자.

$$\frac{1}{2}\mu_{2,3}(\mathbb{Z}_2)=\frac{1}{2}(1-3^2)B_2=\frac{1}{2}(-8)\frac{1}{6}=-\frac{2}{3}.$$

그러나 $-\frac{2}{3}=2\left(-\frac{1}{3}\right)\equiv 0\ (\mathrm{mod}\ 2\mathbb{Z}_2)$이다. 따라서

$$\int_{\mathbb{Z}_p}x^{k-1}d\mu_{P1,3}(x)\equiv 0\ (\mathrm{mod}\ 2\mathbb{Z}_2).$$

위 계산의 의미는 다음과 같다.

$$\left|\int_{\mathbb{Z}_p}x^{k-1}d\mu_{1,3}(x)\right|_2\le\frac{1}{2}.$$

$$\begin{aligned}|a(a^k-1)B_k|_2&=\left|\frac{ak(\alpha^k-1)}{1-\alpha^k}\right|_2\left|\int_{\mathbb{Z}_2}x^{k-1}d\mu_{1,\alpha}(x)\right|_2\\&\le 2\cdot\frac{1}{2}=1.\end{aligned}$$

따라서 $a(a^k-1)B_k\in\mathbb{Z}_2$이다.

(10) (Sylvester-Lipschitz)

$$a\in\mathbb{Z}\text{이면, } a^k(a^k-1)\frac{B_k}{k}\in\mathbb{Z}.$$

증명 (9)의 (i)의 증명에 의해서 다음 사항을 보이면 충분하다.

$$a^k(a^k-1)\frac{B_k}{k}=\frac{a^k(a^k-1)}{1-\alpha^k}\int_{\mathbb{Z}_p} x^{k-1}d\mu_{1,\alpha}(x)\in\mathbb{Z}_p .$$

앞 식에서처럼, $\left|\int_{\mathbb{Z}_p} x^{k-1}d\mu_{1,\alpha}(x)\right|_p \le 1$이므로 다음 사항만 보이면 된다.

$$\left|\frac{a^k(a^k-1)}{1-\alpha^k}\right|_p \le 1 .$$

(i) $p \nmid a$이면, $|a|_p=1$이 되어 $a\in\mathbb{Z}_p^*=\mathbb{Z}_p\setminus p\mathbb{Z}_p$이다. 이 경우에 $\alpha=a$를 취하자. 그러면 다음 식이 성립한다.

$$\left|\frac{a^k(a^k-1)}{1-\alpha^k}\right|_p = |a^k|_p\left|\frac{a^k-1}{1-a^k}\right|_p \le 1 .$$

(ii) $p \mid a$인 경우 $\alpha=1+p$라 두자. 앞에서 밝힌 대로 $\alpha\in\mathbb{Z}_p^x=\mathbb{Z}_p-p\mathbb{Z}_p$이기 때문에 위와 같이 둘 수 있다. $a=p^e a'$이고 $(p,a')=1$인 $e\in\mathbb{N}$와 a'이 존재한다. 이때, 다음이 성립한다.

$$|a^k|_p=|(p^e a')^k|_p=|p^{ek}(a')^k|_p=\frac{1}{p^{ek}} .$$

다음 사실을 이용하고자 한다.

$$x\in\mathbb{Z}_p^* \Leftrightarrow x\in 1+p\mathbb{Z}_p .$$

따라서 $|x^m-x^n|_p=|x-1|_p|m-n|_p$.

$\alpha \in \mathbb{Z}_p^*$임을 생각하면,

$$|1-\alpha^k|_p = |1-\alpha|_p |k|_p = |p|_p |k|_p .$$

한편, $k = p^f k'$로 표현할 수 있다. 이때, $f \in \mathbb{Z}^+$, $k' \in \mathbb{Z}_p^*$. 따라서

$$\left| \frac{a^k(a^k-1)}{1-\alpha^k} \right|_p = \frac{|a^k|_p |a^k-1|_p}{\frac{1}{p}|k|_p} \leq \frac{p}{p^{ek}|p^f|_p} = p^{1+f-ek} .$$

체 $\mathbb{Q}_p$ 위의 이동불변측도

체 $\mathbb{Q}_p$는 국소적 콤팩트 가환군이므로 하르(Haar) 측도 dx가 존재한다. 이것은 이동(shift)에 관해 불변인 측도이다. 즉 $d(x+a) = dx$이다. 이 측도를

$$\int_{|x|_p \leq 1} dx = 1$$

에 의해 정규화하자. 이러한 의미에서 dx는 유일하다. 다음이 성립함을 쉽게 알 수 있다.

$a \in \mathbb{Q}_p^*$ 에 대하여, $d(xa) = |a|_p dx$.

임의의 콤팩트 집합 $K \subseteq \mathbb{Q}_p$에 대해 측도 dx는 $C(K)$ 위에

$$\int_K f(x) dx \quad (f \in C(K))$$

에 의해 양의 선형 연속 범함수를 정의한다. $C(K)$ 위에 노름

$$||f||_{C(K)} = \max_{x \in K} |f(x)|$$

을 정의하자.

함수 f가 $\mathbb{Q}_p$에서 *적분 가능(integrable)*이란 극한

$$\lim_{N\to\infty}\int_{B_N} f(x)dx=\lim_{N\to\infty}\sum_{-\infty<\gamma\le N}\int_{S_\gamma} f(x)\,dx$$

이 존재할 때이다. 이를 $\mathbb{Q}_p$ 위의 f의 *p-진 적분*이라 하고 $\int_{\mathbb{Q}_p} f(x)dx$으로 표기한다. 즉

$$\int_{\mathbb{Q}_p} f(x)dx=\sum_{-\infty<\gamma<\infty}\int_{S_\gamma} f(x)dx$$

$\mathbb{Q}_p$ 위의 모든 적분 가능 함수의 집합은 L^1_{loc}로 표기한다. 이제 실해석학에서와 유사하게 $\mathbb{Q}_p$ 위의 이상적분을 정의해 보자. $a\in\mathbb{Q}_p$에 관한 $f\in L^1_{loc}(\mathbb{Q}_p-a)$의 *이상적분(improper integral)*이란

$$\int_{\mathbb{Q}_p} f(x)dx=\lim_{N\to\infty,M\to\infty}\sum_{M\le\gamma\le N}\int_{S_\gamma(a)} f(x)dx$$

로 정의한다. 다음 사실을 확인할 수 있다.

$f\in L^1_{loc}(\mathbb{Q}_p)$이면

(11) $$\int_{\mathbb{Q}_p} f(x)dx=\int_{\mathbb{Q}_p}\frac{1}{|y|_p^2}f(\frac{1}{y})\,dy.$$

$\sum_{0\le\gamma<\infty}|f(p^{-\gamma})|p^{-\gamma}<\infty$이면 $\xi\neq 0$에 대해,

(12) $$\int_{\mathbb{Q}_p} f(|x|_p)\chi_p(\xi x)dx=(1-\frac{1}{p})|\xi|_p^{-1}\sum_{0\le\gamma<\infty}p^{-\gamma}f(p^{-\gamma}|\xi|_p^{-1})-|\xi|_p^{-1}f(p|\xi|_p^{-1})$$

이다. 왜냐하면, $|\xi|_p = p^N$이라 두고 직접 계산한다. 그러면

$$\begin{aligned}\int_{\mathbb{Q}_p} f(|x|_p)\chi_p(\xi x)dx &= \sum_{-\infty<\gamma<\infty} f(p^\gamma)\int_{S_\gamma}\chi_p(\xi x)dx \\ &= \left(1-\frac{1}{p}\right)\sum_{-\infty<\gamma<-N} f(p^\gamma)p^\gamma - f(p^{-N+1})p^{-N} \\ &= \left(1-\frac{1}{p}\right)p^{-N}\sum_{0\le\gamma<\infty} f(p^{-\gamma-N})p^{-\gamma} - p^{-N}f(p^{-N+1})\end{aligned}$$

을 얻는다.

일반화된 Bernoulli 수

(13) 일반화된 Bernoulli 수를 도입한다. 통상의 Bernoulli 수 B_n를 확장하여 일반화된 Bernoulli 수 $B_{n,\chi}$는

$$\sum_{a=1}^{f}\frac{\chi(a)te^{at}}{e^{ft}-1} = \sum_{n=0}^{\infty} B_{n,\chi}\frac{t^n}{n!}$$

으로 정의된다. $\chi = \chi_0$가 자명지표일 때에는

$$\sum_{n=0}^{\infty} B_{n,\chi_0}\frac{t^n}{n!} = \frac{te^t}{e^t-1} = \frac{t}{e^t-1}+t$$

임을 관찰한다. 이로부터 $n=1$을 제외하고

$$B_{n,1} = B_n$$

임을 알 수 있다. $n=1$일 때는 $B_{1,1} = \frac{1}{2}$, $B_1 = -\frac{1}{2}$이다. 또한 $\chi \neq \chi_0$이면 $\sum_{a=1}^{f}\chi(a) = 0$이므로 $B_{0,\chi} = 0$이다.

더욱이 Bernoulli 다항식의 생성함수 표현은 다음과 같다.

$$\frac{te^{xt}}{e^t-1}=\sum_{n=0}^{\infty}B_n(x)\frac{t^n}{n!}$$

을 고려하자.

$$B_n(1-x)=(-1)^nB_n(x)$$

을 만족한다. 정의에서 알 수 있듯이

$$\frac{t}{e^t-1}=\sum_{n=0}^{\infty}B_n\frac{t^n}{n!} \text{와 } e^{xt}=\sum x^n\frac{t^n}{n!}$$

의 곱이므로

$$B_n(x)=\sum_{i=0}^{n}\binom{n}{i}B_ix^{n-i}$$

를 얻는다.

(14) p를 소수라 하고 $d\in\mathbb{N}$라고 하자. 이때

$$X=\lim_{\substack{\leftarrow \\ N}}(\mathbb{Z}/lp^N\mathbb{Z})$$

$$X^*=\bigcup_{\substack{0<a<lp \\ (a,p)=1}}(a+lp\mathbb{Z}_p)$$

$$a+dp^N\mathbb{Z}_p=\{x\in X\mid x\equiv a\ (\mathrm{mod}\, dp^N)\}$$

를 정의하자. 여기서 $a \in \mathbb{Z}$이고 $0 \leq a < dp^N$이다.

임의의 자연수 N에 대해

$$\mu_1(a + dp^N \mathbb{Z}_p) = \frac{1}{dp^N}$$

으로 정의하면 μ_1은 X 위의 초함수(distribution)로 확장할 수 있다. 이 초함수는 $m \in \widetilde{\mathbb{N}}$에 대해 적분

$$\int_X x^m d\mu_1(x) = B_m$$

을 만족한다. 여기서 B_m은 Bernoulli 수이다.

(15) *위수 k인 Bernoulli 수* $B_m^{(k)}$는

$$\left(\frac{t}{e^t - 1}\right)^k = \sum_{n=0}^{\infty} B_n^{(k)} \frac{t^n}{n!}$$

으로 정의한다.

이제 고위의 Bernoulli 수의 쿠머(Kummer) 형태의 합동식에 관해 고려하자. 이것은 말러(Mahler, 1981)가 제기한 문제의 부분해답을 제공한다.

먼저 p-진 적분을 이용하면

$$\frac{t}{e^t - 1} = \sum_{n=0}^{\infty} \int_{\mathbb{Z}_p} x^n d\mu_0(x) \frac{t^n}{n!}$$

을 얻을 수 있다. 위수 k인 Bernoulli 수의 생성함수 표현은 다음과 같다.

$$\left(\frac{t}{e^t - 1}\right)^k = \sum_{n=0}^{\infty} \int_X \cdots \int_X (x + x_1 + \cdots + x_k)^n d\mu_1(x_1) \cdots d\mu_1(x_k) \frac{t^n}{n!}$$

이 성립한다.

위수 k인 Bernoulli 다항식은

$$B_n^{(k)}(x) = \sum_{n=0}^{\infty} \int_X \cdots \int_X (x + x_1 + \cdots + x_k)^n d\mu_1(x_1) \cdots d\mu_1(x_k)$$

으로 정의된다. $x = 0$인 경우에는 $B_m^{(k)}(0) = B_m^{(k)}$로 표기한다.

χ를 도수 $f \in \mathbb{N}$를 가진 Dirichlet 지표라 하자. 또한

$$p^* = \begin{cases} p & \text{if } p \geq 2, \\ 4 & \text{if } p = 2, \end{cases}$$

라 두고 $\overline{f} = \text{lcm}(f, p^*)$라 하자. 이때 지표 χ를 가진 위수 m인 *일반화된 Bernoulli 수는*

$$B_{n,\chi}^{(m)} = \int_X \cdots \int_X \chi(x_1 + \cdots + x_m) d\mu_1(x_1) \cdots d\mu_1(x_m)$$

으로 정의된다. 그러면

$$B_{n,\chi}^{(m)} = l^{n-m} \sum_{x_1, \cdots, x_m = 0}^{l-1} B_n^{(m)} \left(\frac{x_1 + \cdots + x_m}{l} \right) \chi(x_1 + \cdots + x_m)$$

을 알 수 있다.

유사한 Bernoulli 수와 관련된 합동식

이제 p-진 불변측도로부터 나오는 새로운 Bernoulli 수에 대해 논의하자. 이것은 흥미로운 관계식을 제공한다.

$C(\mathbb{Z}_p, \mathbb{C}_p)$와 $UD(\mathbb{Z}_p, \mathbb{C}_p)$를 각각 $\mathbb{Z}_p$에서 $\mathbb{C}_p$로의 모든 연속함수와 모든 일양으로 미분 가능인 함수들의 집합이라 하자. C_{p^n}을 $n \in \mathbb{N}$에 대해 $\mathbb{C}_p$에서 모든 p^n-차 단위근으로 구성된 순환군이라

하고 T_p는 자연스러운 사상에 관한 C_{p^n}의 직접적 극한이라 하자. 그러면 T_p는 이산적 위상을 가진 모든 C_{p^n}의 합집합이 된다. U_p를 $\mathbb{C}_p$에서 모든 주 단위의 군이라 하고 v_p를 $|p|_p = p^{-v(p)} = p^{-1}$인 $\mathbb{C}_p$의 정규화된 부치라고 하자. 이때 $\mathbb{Q}_p$의 대수적 닫힘에 포함되는 매개변수 u에 대해 u에 속하는 n*차 Frobenius–Euler 수* $H^n(u)$란 생성함수

$$e^{H(u)t} = \frac{1-u}{e^t - u}$$

에 의해 정의된다:

$$\frac{1-u}{e^t-u} = \sum_{n=0}^{\infty} \frac{H^n(u)}{n!} t^n.$$

그러면 $n \geq 1$에 대해

$$(H(u)+1)^n = uH^n(u)$$

이다. 따라서 $u \neq 1$에 대해

$$H^n(u) = \frac{1}{u-1} \sum_{j=0}^{n-1} \binom{n}{j} H^j(u)$$

를 얻는다.

ω-*유사한 Bernoulli 수* $B_m(\omega)$를

$$e^{B(\omega)t} = \frac{t}{we^t - 1}$$

으로 정의한다. 그러면 $B_m(\omega)$는 다음과 같이 귀납적으로 결정될 수 있다.

$$\omega(B(\omega)+1)^k - B^k(\omega) = \begin{cases} 1 & \text{if } k=1, \\ 0 & \text{if } k>1. \end{cases}$$

여기서 $B^i(\omega)$는 $B_i(\omega)$로 치환한다. 정의로부터

$$\frac{t}{\omega e^t - 1} = \sum_{m=0}^{\infty} \frac{1}{(m+1)!} \cdot \frac{(m+1)H^m(w^{-1})}{w-1} t^{m+1}$$

임을 알 수 있다.

참고문헌

1. 김태균, 박달원, 박홍경, 임석훈, 유천성, 장이채, 정인철(2004), 비아르키메디언 해석학입문, 교우사.
2. 김태균, 박달원, 박홍경, 임석훈, 유천성, 장이채(2005), 초월함수 개론, 교우사.
3. 김태균,박홍경,유천성,임석훈,장이채(2006), q-정수의 세계와 그 응용, 교우사.
4. L. Carlitz, *An analogue of the Bernoulli polynomials*, Duke Math. J. 8, (1941), 405-412.
5. L. Carlitz, *Generalized Bernoulli and Euler numbers*, Duke Math. J. 8, (1941), 585-589.
6. L. Carlitz, *q-Bernoulli numbers and polynomials,* Duke Math. J. 15, (1948), 987-1000.
7. K. Dilcher, A Bibliography of Bernoulli Numbers, http://www.mscs.dal.ca/~dilcher/bernoulli.html, (2004) December 31.
8. A. Khrennikov, Non-Archimedean Analysis:quantum paradoxes, dynamical systems and biological models, Klumer, 1997.
9. T. Kim, *q-Volkenborn integration,* Russ. J. Math. Phys. 9, (2002), 288-299.
10. T. Kim, *p-adic integration*, Lecture note.
11. H. L. Royden, Real Analysis, Prentice-Hall, 1998.
12. C. F. Woodcock, *A spectral properties of tame functions on the ring of p-adic integers*, J. London Math. Soc. 30(1984), 407-418.

제2장

p-진 q-적분 표현

제2장 | p-진 q-적분 표현

1. Kim의 비아르키메디언 q-적분

p를 소수라 하고 $d\in\mathbb{N}$가 p와 서로소라고 하자. 이때

$$X = X_d = \lim_{\overleftarrow{N}} \mathbb{Z}/dp^N\mathbb{Z}, \quad X_1 = \mathbb{Z}_p$$

$$X^* = \bigcup_{\substack{0<a<dp \\ (a,p)=1}} a + dp\mathbb{Z}_p$$

$$a + dp^N\mathbb{Z}_p = \left\{x\in X \mid x \equiv a \pmod{dp^N}\right\}$$

를 정의하자. 여기서 $a\in\mathbb{Z}$는 $0 \le a < dp^N$이다.

$\mathbb{C}_p$에서 p-진 절대값은 $|p|_p = \frac{1}{p}$에 의해 정규화된다. $C(\mathbb{Z}_p, \mathbb{C}_p)$를 모든 연속함수 $f : \mathbb{Z}_p \to \mathbb{C}_p$의 집합이라 하자. $U_1 \subseteq \mathbb{C}_p$을 중심이 1인 단위 개원반이라 하고

$$U_d = \left\{u\in\mathbb{C}_p \,\middle|\, |u^d - 1|_p < 1\right\}, \qquad U^m = U_d \times U_1^{m-1}$$

이라 두자.

q-확장을 말할 때에는 q는 복소수나 p-진 수를 대상으로 한다. $q\in\mathbb{C}$이면 $|q| < 1$으로, $q\in\mathbb{C}_p$이면 $|q-1|_p < p^{-\frac{1}{p-1}}$로 가정한다. 그러면 $|x|_p \le 1$에 대해 $q^x = \exp(x\log q)$이다.

$$[x]=[x:q]=\frac{1-q^x}{1-q}$$

라고 표기하자. $f\in C^{(1)}(\mathbb{Z}_p)$ ($\mathbb{Z}_p$ 위의 강 미분 가능 함수의 집합)에 대해 F의 $\mathbb{Q}_p$-Riemann 합

$$\frac{1}{[p^N]}\sum_{0\le j<p^N} q^j f(j)=\sum_{0\le j<p^N} f(j)\mu_q(j+p^N\mathbb{Z}_p)$$

을 고려하자. $\mathbb{Z}_p$ 위에서 F의 적분이란 그 극한($N\to\infty$)이 존재할 때 이 합의 극한으로 정의한다. 다시 말하면, $f\in C^{(1)}(\mathbb{Z}_p)$의 *$p$-진 q-적분*이란

$$I_q(f)=\int_{\mathbb{Z}_p} f(x)d\mu_q(x)=\lim_{N\to\infty}\frac{1}{[p^N]}\sum_{0\le j<p^N} f(j)q^j$$

이다. 그러면

$$\left|\int_{\mathbb{Z}_p} f(x)\,d\mu_q(x)\right|_p\le p\ \|f\|_1$$

임을 쉽게 알 수 있다. 여기서 $\|f\|_1=\sup\left\{|f(0)|_p,\ \sup_{x\neq y}\left|\frac{f(x)-f(y)}{x-y}\right|_p\right\}$이다. 또한 $C^{(1)}$에서 $f_n\to f$이면, 즉 $\|f_n-f\|_1\to 0$이면

$$\int_{\mathbb{Z}_p} f_n(x)\,d\mu_q(x)\to\int_{\mathbb{Z}_p} f(x)d\mu_q(x)$$

이다. 더욱이 고정된 값 $d\in\mathbb{N}$에 대해

$$\frac{1}{[p:q^{dp^N}]}\sum_{i=0}^{p-1} q^{idp^N}=1$$

이 된다.

임의의 $N > 0$에 대해

$$\mu_q(a+dp^N\mathbb{Z}_p) = \frac{q^p}{[dp^N]} = \frac{q^a}{[dp^N : q]}$$

를 정의하자. 이것은 다음과 같이 X 위의 초함수로 확장할 수 있다.

$$\mu_1(a+dp^N\mathbb{Z}_p) = \frac{1}{dp^N}$$

에 의해 정의된 통상의 p-진 초함수 μ_1에 대해

$$\lim_{q\to 1}\mu_q = \mu_1$$

이 성립한다. 뿐만 아니라 μ_q는 X 위의 초함수이다. 사실

$$\sum_{i=0}^{p-1}\mu_q(a+idp^N+dp^{N+1}\mathbb{Z}_p) = \mu_q(a+dp^N\mathbb{Z}_p)$$

을 보이면 된다. 위 식의 좌변은

$$\begin{aligned}
&\sum_{i=0}^{p-1}\frac{1}{[dp^{N+1}]}q^{a+idp^N} \\
=\ &\frac{1}{[dp^{N+1}]}\sum_{i=0}^{p-1}q^{a+idp^N} \\
=\ &\frac{q^a}{[dp^{N+1}]}\sum_{i=0}^{p-1}q^{idp^N}
\end{aligned}$$

이다.

$$[dp^{N+1}]=\frac{1-q^{dp^{N+1}}}{1-q}=[dp^N][p:q^{dp^N}]$$

이므로

$$\begin{aligned}\sum_{i=0}^{p-1}\mu_q\big(a+idp^N+dp^{N+1}\mathbb{Z}_p\big) &= \frac{q^a}{[dp^{N+1}]}\sum_{i=0}^{p-1}q^{idp^N}\\ &= \frac{q^a}{[dp^N]}\frac{1}{[p:q^{dp^N}]}\sum_{i=0}^{p-1}q^{idp^N}\\ &= \frac{q^a}{[dp^N]}=\mu_q(a+dp^N\mathbb{Z}_p)\end{aligned}$$

이 된다.

$UD(\mathbb{Z}_p)$를 모든 일양미분 가능 함수 $\mathbb{Z}_p\to\mathbb{C}_p$의 집합이라 하면 $C^{(1)}(\mathbb{Z}_p)\subseteq UD(\mathbb{Z}_p)$이고 $UD(\mathbb{Z}_p)$에서 $f_n\to f$일 때

$$\int_{\mathbb{Z}_p}f_n(x)\,d\mu_q(x)\to\int_{\mathbb{Z}_p}f(x)d\mu_q(x)$$

이 된다. 더욱이 다음이 성립한다.

$f\in UD(\mathbb{Z}_p)$이면 $I_1(f_1)=I_1(f)+f'(0)$이 된다. 여기서 $f_1(x)=f(x+1)$이다.

$f\in UD(\mathbb{Z}_p)$에 대해 다음과 같은 식이 성립한다.

$$\int_{\mathbb{Z}_p}f(x)\,d\mu_1(x)=\frac{1}{m}\sum_{j=0}^{m-1}\int_{\mathbb{Z}_p}f(j+mx)\mu_1(x).$$

이 초함수는 $d=1$인 경우에 음이 아닌 정수 m에 대해 적분을 유도한다.

$$\int_{\mathbb{Z}_p}[a^m]\,d\mu_q(a)=\lim_{N\to\infty}\sum_{a=0}^{p^N-1}[a]^m\frac{q^a}{[p^N]}=I_q([a]^m).$$

2. p-진 q-적분과 수 표현

q-Bernoulli 수

(1) p-진 q-적분을 이용하여 *q-Bernoulli 수*는

$$I_q([a^m]) = B_{m,q}$$

으로 정의한다. 그러면

$$\lim_{q\to 1} B_{m,q} = B_m$$

이 된다. q-Bernoulli 수 $B_{k,q}$의 생성함수 $F_q(t) = \sum_{k=0}^{\infty} B_{k,q}\frac{t^k}{k!}$는

$$F_q(t) = \lim_{\rho\to\infty}\frac{1}{[p^\rho]}\sum_{i=0}^{p^\rho-1} q^i e^{[i]t}$$

으로 주어진다. 이것은 q-차분 방정식

$$F_q(t) = qe^t F_q(qt) + 1 - q - t$$

을 만족한다. 특히 $q = 1$이면

$$F_q(t) = \frac{\log e^t}{e^t - 1} = \frac{t}{e^t - 1} = e^{Bt}.$$

(2) χ를 도수 $d\in\mathbb{N}$를 가진 원시 Dirichlet 지표라 하자. 이때 *일반화된 q-Bernoulli 수*는

$$\begin{aligned} B_{m,\chi,q} &= \int_X \chi(a)[a]^m d\mu_q(a) \\ &= \lim_{N\to\infty} \sum_{a=0}^{dp^N-1} [a]^m \chi(a) \frac{q^a}{[dp^N]} \\ &= I_q([a]^m \chi(a)) \end{aligned}$$

으로 정의한다. 그러면

$$\begin{aligned} \int_{\mathbb{Z}_p} [x+t]^n d\mu_q(a) = \int_{\mathbb{Z}_p} ([x]+q^x[t])^n d\mu_q(t) &= \sum_{k=0}^{n} \binom{n}{k} [x]^{n-k} q^{kx} \int_{\mathbb{Z}_p} [t]^k d\mu_q(t) \\ &= \sum_{k=0}^{n} \binom{n}{k} [x]^{n-k} q^{kx} B_{k,q} \\ &= (q^x B_q + [x])^n \end{aligned}$$

이다. 또한 적분 I_q에 대해 다음이 성립한다.

(3) $m \ge 0$에 대해

$$B_{m,q} = \frac{1}{(1-q)^m} \sum_{j=0}^{m} \binom{m}{j} (-1)^j \frac{j+1}{[j+1]}.$$

$\overline{\mathbb{Q}}$를 $\mathbb{Q}$의 대수적 닫힘이라 하자. 이때 $q \in \overline{\mathbb{Q}} \bigcap \mathbb{C}_p$이면 $B_{m,q}$는 Carlitz q-Bernoulli 수와 같다.

다음 사실은 매우 유용하다.

(4) $m \in \mathbb{N}$에 대해,

$$\int_X [a]^m d\mu_q(a) = \int_{\mathbb{Z}_p} [a]^m d\mu_q(a)$$

이다. 또한 분포식은 다음과 같다.

(5) $m \in \mathbb{N}$에 대해,

$$[m]^{k-1}\sum_{i=0}^{m-1} q^i B_{k,q^m}\left(\frac{x+i}{m}\right) = B_{k,q}(x), \quad \forall k \geq 0$$

이다. $q \in \overline{\mathbb{Q}} \bigcap \mathbb{C}_p$이면 $B_{m,q}(x)$는 Carlitz q-Bernoulli 다항식과 같다.

p-진 Carlitz q-Bernoulli 수

(6) *Carlitz q-Bernoulli* 수는 귀납적으로 결정될 수 있다. 즉

$$\beta_0 = 1,\ q(q\beta(q)+1)^k - \beta_k = \begin{cases} 1 & \text{if } k=1, \\ 0 & \text{if } k>1, \end{cases}$$

이고 β^i는 β_i로 간주한다.

$q \in \mathbb{C}_p$, $|1-q|_p < p^{-\frac{1}{p-1}}$에 대해 $\beta_{i,q}$의 생성함수를 Carlitz가 다음과 같이 정의하였다.

$$\begin{aligned} G_q(t) &= \sum_{k=0}^{\infty} \beta_{k,q} \frac{t^k}{k!} \\ &= e^{\frac{t}{1-q}} \sum_{j=0}^{\infty} \frac{j+1}{[j+1]}(-1)^j \left(\frac{1}{1-q}\right)^j \frac{t^j}{j!}. \end{aligned}$$

한편 $n \geq 0$에 대해

$$\beta_{n,q}(x) = \int_{\mathbb{Z}_p} [x+t]^n d\mu_q(t) = (q^x\beta + [x])^n,\ n \geq 0$$

이다. 그러면

$$\beta_{n,q}(x) = \frac{1}{(1-q)^n}\sum_{k=0}^{n}\binom{n}{k}\frac{k+1}{[k+1]}q^{kx}(-1)^k$$

이 된다.

(7) $q\in\mathbb{C}_p$, $|1-q|_p < p^{-\frac{1}{p-1}}$에 대해 $\beta_{i,q}(x)$의 생성함수는 다음과 같다.

$$\begin{aligned} G_q(x,t) &= \sum_{n=0}^{\infty}\frac{\beta_{n,t}(x)}{n!}t^n \\ &= e^{\frac{t}{1-q}}\sum_{j=0}^{\infty}\frac{j+1}{[j+1]}(-1)^j\left(\frac{1}{1-q}\right)^j q^{jx}\frac{t^j}{j!} \end{aligned}$$

확장된 *q*-Bernoulli 수

이제 $q\in\mathbb{C}_p$, $|1-q|_p < p^{-\frac{1}{p-1}}$에 대해 *고계의* q-*Bernoulli 수*

$$\beta_m^{(h,k)} = \int_{\mathbb{Z}_p}\cdots\int_{\mathbb{Z}_p}[x_1+\cdots+x_k]^m q^{x_1(h-1)+\cdots+x_k(h-k)}d\mu_q(x_1)\cdots d\mu_q(x_k)$$

를 정의하자. 그러면

$$\beta_m^{(h,k)} = \frac{1}{(1-q)^m}\sum_{j=0}^{m}\binom{m}{j}(-1)^j\frac{(j+h)_k}{[j+h]_k}$$

가 성립한다. 여기서

$$(j+h)_k = (j+h)(j+h-1)\cdots(j+h-k+1),$$

$$[j+h]_k = [j+h]\cdots[j+h-k+1].$$

이다.

$\beta_m^{(1,1)}$은 p-진의 경우에 Carlitz q-Bernoulli 수임을 관찰한다.
또한 고계의 q-Bernoulli 다항식

$$\beta_m^{(h,k)}(x) = \int_{\mathbb{Z}_p} \cdots \int_{\mathbb{Z}_p} [x + x_1 + \cdots + x_k]^m q^{x_1(h-1)+\cdots+x_k(h-k)} d\mu_q(x_1) \cdots d\mu_q(x_k)$$

를 정의하자. 다음과 같은 값을 구할 수 있다.

(8) $h, k \in \mathbb{N}$에 대해

$$\beta_m^{(h,k)} = \frac{1}{(1-q)^m} \sum_{j=0}^{m} \binom{m}{j} (-1)^j \frac{(j+h)_k}{[j+h]_k},$$

$$\beta_m^{(h,k)}(x) = \frac{1}{(1-q)^m} \sum_{j=0}^{m} \binom{m}{j} (-1)^j \frac{(j+h)_k}{[j+h]_k} q^{jx}$$

이고 특히, $k=1$인 경우에는 $m \geq 1$에 대해

$$\begin{aligned}\beta_m^{(h,1)}(x) &= \int_{\mathbb{Z}_p} [x + x_1]^m q^{(h-1)x_1} d\mu_q(x_1) \\ &= \sum_{j=0}^{m} \binom{m}{j} [x]^{n-j} q^{jx} \beta_j^{(h,1)} \\ &= (q^x \beta^{(h,1)} + [x])^m,\ m \geq 1.\end{aligned}$$

(9) 다음과 같이 점화식이 성립한다.

$$q^h (q\beta^{(h,1)} + 1)^m - \beta_m^{(h,1)} = \begin{cases} 1 & \text{if } m = 1, \\ 0 & \text{if } m > 1, \end{cases}$$

을 얻는다.
또한

$$\beta_0^{(h,1)} = \int_{\mathbb{Z}_p} q^{(h-1)x} d\mu_q(x) = \frac{h}{[h]}$$

임을 관찰한다.

$q \in \mathbb{C}_p$, $|1-q|_p < p^{-\frac{1}{p-1}}$에 대해 $\beta_{i,q}^{(h,1)}$의 생성함수를 $G_q^{(h,1)}(t)$라 하자. 그러면

$$G_q^{(h,1)}(t) = \sum_{k=0}^{\infty} \beta_{k,q}^{(h,1)} \frac{t^k}{k!}$$

이다. 따라서 양변을 t에 관해 미분하고 계수를 비교하면 $m \ge 0$에 대해

$$\begin{aligned}
\beta_{m,q}^{(h,1)} &= \lim_{\rho\to\infty} \frac{1}{[p^\rho]} \sum_{i=0}^{p^\rho - 1} q^i e^{[i]t} q^{(h-1)t} \\
&= \int_{\mathbb{Z}_p} e^{[x]t} q^{(h-1)x} d\mu_q(x) \\
&= e^{\frac{t}{1-q}} \sum_{j=0}^{\infty} \frac{j+h}{[j+h]} (-1)^j \left(\frac{1}{1-q}\right)^j \frac{t^j}{j!}
\end{aligned}$$

가 된다.

한편 $\beta_m^{(h,k)}$의 정의에 의해

$$\begin{aligned}
\beta_m^{(k,k)} &= \int_{\mathbb{Z}_p} \cdots \int_{\mathbb{Z}_p} [x_1 + \cdots + x_k]^m q^{x_1(k-1) + \cdots + x_{k-1}} d\mu_q(x_1) \cdots d\mu_q(x_k) \\
&= \sum_{j=0}^{m} \binom{m}{j} q^{xj} \int_{\mathbb{Z}_p} \cdots \int_{\mathbb{Z}_p} [x_k]^j [x_1 + \cdots + x_{k-1}]^{m-j} \\
&\quad \times q^{(k+i-1)x_1 + \cdots + (i+1)x_{k-1}} d\mu_q(x_1) \cdots d\mu_q(x_k) \\
&= \sum_{j=0}^{m} \binom{m}{j} q^{xj} \beta_j^{(1,1)} \beta_{m-j}
\end{aligned}$$

임을 알 수 있다. 또한 다음이 성립한다.

(10) $k \in \mathbb{N}$에 대해

$$\beta_m^{(h,k)} = \sum_{i=0}^{m} \binom{m}{i} \beta_i^{(1,1)} \beta_{m-i}^{(i+k,k-1)}$$

이다.

고계 Carlitz q–Bernoulli 수

이제 다중 p–진 q–적분을 사용하여 *고계의 Carlitz q–Bernoulli 수* $\beta_{m,q}^{(k)} \in \mathbb{C}_p$를

$$\beta_{m,q}^{(k)} = \int_{\mathbb{Z}_p} \cdots \int_{\mathbb{Z}_p} [x_1 + \cdots + x_k]^m d\mu_q(x_1) \cdots d\mu_q(x_k)$$

에 의해 정의하자. 그러면 $\lim_{q \to 1} \beta_{m,q}^{(k)} = B_m^{(k)}$가 성립한다([9]). 또한 $k=1$이면 $\beta_{m,q}^{(k)}$는 위수 k의 m–차 Carlitz q–Bernoulli 수가 된다.

(11) $m \geq 0$에 대해

$$\beta_{m,q}^{(k)} = \frac{1}{(1-q)^m} \sum_{j=0}^{m} \binom{m}{j} (-1)^j \left(\frac{j+1}{[j+1]} \right)^k.$$

$m, k \in \mathbb{N}$에 대해

$$\beta_{m,q}^{(k)}(x) = \int_{\mathbb{Z}_p} \cdots \int_{\mathbb{Z}_p} [x + x_1 + \cdots + x_k]^m d\mu_q(x_1) \cdots d\mu_q(x_k)$$

를 정의하자. 이를 *위수 k의 m–차 Carlitz q–Bernoulli 다항식*이라 한다.

(12) 임의의 $m \in \mathbb{N}$에 대해

$$\beta_{m,q}^{(k)}(x)=\frac{1}{(1-q)^m}\sum_{j=0}^{m}\binom{m}{j}(-1)^j\left(\frac{j+1}{[j+1]}\right)^k q^{xj}$$

이 성립하고, 다음 사실을 확인할 수 있다.

(i) $\beta_{m,q}^{(1)}(x)$는 다름 아닌 m-차 Carlitz q-Bernoulli 수이다.

(ii) $\lim_{q\to 1}\beta_{m,q}^{(k)}(x)=B_m^{(k)}(x)$이다.

(13) 임의의 $m,k\in\mathbb{N}$에 대해

$$\beta_{k,q}^{(l)}(x)=[m]^{k-l}\sum_{i_1,\cdots i_l=0}^{m-1}q^{i_1+\cdots+i_l}\beta_k^{(l)}\left(\frac{x+i_1+\cdots+i_l}{m},q^m\right)$$

이 성립한다. 특히,

$$\beta_{k,q}^{(l)}(mx)=[m]^{k-l}\sum_{i_1,\cdots i_l=0}^{m-1}q^{i_1+\cdots+i_l}\beta_k^{(l)}\left(x+\frac{i_1+\cdots+i_l}{m},q^m\right).$$

(14) $m,n\in\mathbb{N}$과 $\alpha_1,\cdots,\alpha_m\in\mathbb{C}_p$에 대해

$$\begin{aligned}&\beta_n^{(m)}(\alpha_1+\cdots+\alpha_m,q)\\ &=\sum_{\substack{i_1,\cdots,i_m\geq 0\\ i_1+\cdots+i_m=n}}\sum_{k_1=0}^{n-i_1}\cdots\sum_{k_{m-1}=0}^{n-i_1-\cdots-i_{m-1}}\binom{n}{i_1,\cdots,i_m}\binom{n-i_1}{k_1}\cdots\binom{n-i_1-\cdots-i_{m-1}}{k_{m-1}}\\ &\quad\times\beta_{k_1+i_1}(\alpha_1,q)\cdots\beta_{k_{m-1}+i_{m-1}}(\alpha_{m-1},q)\beta_{i_m}(\alpha_m,q)(q-1)^{k_1+\cdots+k_{m-1}}.\end{aligned}$$

(15) 만약 $q\to 1$이면 다음이 성립한다.

$$B_n^{(m)}(\alpha_1+\cdots+\alpha_m)=\sum_{\substack{i_1,\cdots,i_m\geq 0\\ i_1+\cdots+i_m=n}}\binom{n}{i_1,\cdots,i_m}B_{i_1}(\alpha_1)\cdots B_{i_m}(\alpha_m).$$

3. *p*–진 *q*–함수

다음의 정의와 기호약속이 필요하다. 연속함수 $f: \mathbb{Z}_p \to K$, K는 p-진 절대값을 갖는 환이라 하자. f는 다음과 같이 유일한 전개를 갖는다.

$$f(x) = \sum_{n \geq 0} (\triangle_q^n f)(0) \binom{x}{n}_q.$$

여기에서 $(\triangle_q^n f)(0) \in K$, $(\triangle_q^n f)(0) \to 0$ $n \to \infty$, $\triangle$는 q-차분 연산자이다. 동시에 다음 식이 성립한다.

$$\binom{m}{n}_q = \frac{[m]!}{[n]![m-n]!} \quad (m \geq n \geq 0)$$

(1) 다음 조건을 만족하는 함수 f를 *평등 미분 가능(uniformly differentiable)*이라 한다.

(i) $F_f: \mathbb{Z}_p \times \mathbb{Z}_p \to \mathbb{C}_p$이고 $F_f(x, y) = \dfrac{f(x) - f(y)}{x - y}$.

(ii) $\lim\limits_{x \to y} F_f(x, y) = f'(y)$.

(2) 함수 $f: \mathbb{Z}_p \to \mathbb{Z}_p$가 주어졌다고 할 때, f는 다음과 같이 쓸 수 있다.

$$f(x) = \sum_{n=0}^{\infty} \binom{x}{n}_q \triangle^n f(0), \quad \triangle^n f(0) = \sum_{j=0}^{n} \binom{n}{j}_q (-1)^{n-j} f(j).$$

다음 사실들이 성립한다.

(i) f가 연속함수 $\Leftrightarrow$ $|\triangle^n f(0)|_p \to 0$, $n \to \infty$;

(ii) f가 미분 가능 함수 $\Leftrightarrow$ $|\triangle^n f(0)/n|_p \to 0$, $n \to \infty$;

(iii) f가 해석적 함수 $\Leftrightarrow$ $|\triangle^n f(0)/n!|_p \to 0$, $n \to \infty$;

(iv) f가 일양미분 가능 함수 $\Leftrightarrow$ $n|\triangle^n f(0)|_p \to 0$, $n \to \infty$;

(v) $f \in C^{(n)}$ $\Leftrightarrow$ $m^n|\triangle^m f(0)|_p \to 0$.

여기에서 $C^{(n)}=C^{(n)}(\mathbb{Z}_p, K)=\{f \mid f: \mathbb{Z}_p \to K$이고 f는 n번 강 미분 가능 함수$\}$이다. $(\triangle_q^n f)(0)$는 $q=1$에서 n번째 f의 말러(Mahler) 계수임을 알 수 있다. $x \in \mathbb{Z}_p$에 대하여 함수 f가 *미분 가능*이란 말은 다음이 성립할 때이다.

$$\lim_{m \to \infty}\left(\left(\triangle_q^m f(0)\right)/[m]\right)=0.$$

여기에서 다음이 얻어진다.

$$f^{(n)}(x)=\frac{\log q}{q-1}\sum_{m=1}^{\infty}((\triangle_m^q f)(0)/[m])(-1)^{m-1}q^{-\binom{m}{2}}.$$

(3) f가 $a \in \mathbb{Z}_p$에서 엄격히 미분 가능(strictly differentiable)이란 말은 차의 몫 $F_f(x, y)=\frac{f(x)-f(y)}{x-y}$이 극한값 $l=f'(a)$을 가질 때이다. 단, $(x, y) \to (a, a)$이다. 이런 경우 $f \in C^{(1)}$으로 쓴다. $f \in C^{(1)}(\mathbb{Z}_p, \mathbb{C}_p)$이면, 유일한 연속함수 sf가 다음과 같이 주어진다.

$$(sf)=\sum_{k(\bmod x)} f(k).$$

함수 sf는 다음 두 조건을 만족시킨다.

(i) $(sf)(x+1)-(sf)(x)=f(x)$;

(ii) $f \in C^{(1)}(\mathbb{Z}_p, \mathbb{C}_p)$이면 $(sf) \in C^{(1)}(\mathbb{Z}_p, \mathbb{C}_p)$이고, $\|sf\| \leq p\|f\|_1$ 이다.

여기에서 $\|f\|_1=\|f\|_p \vee \|\triangle_n f\|_\infty$, $\|f\|_m=|f^{(m-1)}|_{sup}|F_{f^{(m-1)}}(x, y)|_{sup}$, $\|f\|_\infty=\sup\{|f(x)| \mid x \in \mathbb{Z}_p\}$이다.

다음 사실이 성립한다.

(i) $\triangle_n f(m_1, \cdots, m_n; x)=\triangle_1\left(\triangle_{(n-1)} f(m_1, \cdots, m_{n-1}; x)\right)$

$$\triangle_1 f(m, x)=\frac{f(x+m)-f(x)}{n}.$$

(ii) $\int_{\mathbb{Z}_p} q^{-x} f(x) d\mu_q(x) = \lim_{N\to\infty} \frac{sf(p^N) - sf(0)}{[p^N]} = \frac{q-1}{\log q}(sf)'(0).$

(iii) $f \in C^{(1)}(\mathbb{Z}_p, \mathbb{C}_p)$이면 다음이 성립한다.

$$\int_{\mathbb{Z}_p} q^{-x} f(x) d\mu_q(x) \leqq p\|f\|_1.$$

즉, q-Volkenborn 적분은 $C^{(1)}(\mathbb{Z}_p, \mathbb{C}_p)$ 위에서 선형 연속함수이다.

(4) 다음이 성립한다고 하자.

$$f(x) = \sum_{n=0}^{\infty} \binom{x}{n} \triangle^n f(0).$$

그러면 $C^{(1)}$-함수 f의 q-말러 표현은 다음을 만족한다.

$$\int_{\mathbb{Z}_p} f(x) d\mu_q(x) = \sum_{n=0}^{\infty} (\triangle^n f)(0) \frac{(-1)^n}{[n+1]} q^{n+1-\binom{n+1}{2}}.$$

(5) 만일 $f \in C^{(1)}(\mathbb{Z}_p, \mathbb{C}_p)$, $n \geqq 0$, $j \in \{0, 1, \cdots, p-1\}$, $\boldsymbol{T_p} = \mathbb{Z}_p \setminus p\mathbb{Z}_p$이면, 다음이 성립한다.

$$\begin{aligned}\int_{j+p^n\mathbb{Z}_p} q^{-(j+xp^n)} f(x) d\mu_q(x) &= \lim_{N\to\infty} \sum_{x=0}^{p^N-1} f(j+p^n x) \frac{1}{[p^{n+N}]} \\ &= \frac{1}{[p^n]} \lim_{N\to\infty} \frac{1}{[p^N : q^{p^n}]} \sum_{x=0}^{p^N-1} f(j+p^n x) \\ &= \frac{1}{[p^n]} \int_{\mathbb{Z}_p} q^{-xp^n} f(j+p^n x) d\mu_{q^{p^n}}(x).\end{aligned}$$

위 (5)는 Lebesgue-Radon-Nikodym 도함수의 q-아날로그 연구에 사용된다.

4. 무게 있는 Bernoulli 수 및 다항식

이 절에서는 Kim에 의해 연구된 p-진 q-적분 표현을 이용하여 최근 수론에서 다루는 무게를 갖는 q-Bernoulli 수 및 다항식과 무게가 0인 q-Euler 수 및 다항식, 그리고 q-Genocchi 수 및 다항식과 관련된 이론을 소개한다([11, 13, 15]).

위에서 보면 Bernoulli, Euler, Genocchi를 서로 자리를 바꾸어 가면서 연구해도 재미있는 결과가 유도되리라 생각한다([12, 14]).

(1) Bernoulli 수 B_n의 생성함수를 이용한 표현은 다음과 같다.

$$\frac{t}{e^t-1}=\sum B_n\frac{t_n}{n!}.$$

$I(f)=\int_{\mathbb{Z}_p}f(x)d\mu(x)$에 대하여, $f(x)=e^{tx}\in UD(\mathbb{Z}_p)$를 다음 적분방정식 $I(f_1)-I(f)=f'(0)$에 대입하자.

$$\int_{\mathbb{Z}_p}e^{tx}d\mu(x)=\frac{t}{e^t-1}=\sum_{n=0}^{\infty}B_n\frac{t^n}{n}.$$

따라서 Bernoulli 수에 대한 다음과 같은 Witt의 공식이 도출된다.

$$\int_{\mathbb{Z}_p}x^n d\mu(x)=B_n.$$

(2) Bernoulli 다항식 $B_n(x)$의 생성함수를 이용한 표현은 다음과 같다.

$$\frac{t}{e^t-1}e^{xt}=\sum B_n(x)\frac{t^n}{n!}.$$

같은 방법으로 Bernoulli 다항식의 p-진 q-적분 표현은 다음과 같다.

$$\int_{\mathbb{Z}_p} e^{t(x+y)} d\mu(y) = \frac{t}{e^t - 1} e^{xt} = \sum_{n=0}^{\infty} B_n(x) \frac{t^n}{n!}.$$

따라서 Bernoulli 다항식에 대한 Witt의 공식은 다음과 같다.

$$\int_{\mathbb{Z}_p} (x+y)^n d\mu(y) = B_n(x).$$

Bernoulli 수의 점화식

$$t = e^{(B+1)t} - e^{Bt} = \sum_{n=0}^{\infty} \left\{ (B+1)^n - B_n \right\} \frac{t^n}{n!}$$

에서 양변의 계수를 비교한다.

$$B_0 = 1,\ (B+1)^n - B_n = \begin{cases} 1 & \text{if } n = 1, \\ 0 & \text{if } n > 1. \end{cases}$$

B^n을 B_n으로 편리하게 기록한다.

다음은 Bernoulli 다항식과 Bernoulli 수의 관계식이다.

$$B_n(x) = \sum_{l=0}^{n} \binom{n}{l} x^{n-l} B_l = (B+x)^n.$$

(3) 1948년, L. Carlitz는 q-Bernoulli 수 $B_{n,q}$를 정의하고 연구하였다.

$$B_{0,q} = 1,\ (qB_q + 1)^n - B_{n,q} = \begin{cases} 1 & \text{if } n = 1, \\ 0 & \text{if } n > 1. \end{cases}$$

B_q^n을 $B_{n,q}$로 기록한다.

이 결과는 Bernoulli 수의 점화식을 q-화시켰다고 볼 수 있다.

그러나 $q=1$인 경우 $B_{n,q}$ 값이 유한이 아니다.

$$B_{n,q}=\frac{1}{(1-q)^n}\sum_{l=0}^{n}\binom{n}{l}(-1)^l\frac{l}{[l]_q}.$$

왜냐하면, $\lim_{q\to 1}B_{n,q}$는 발산하기 때문이다.

(4) L. Carlitz는 *modified q-Bernoulli 수*를 정의하여 Bernoulli 수를 새롭게 q-화하였고 연구하였다.

$$\beta_{0,q}=1,\ q(q\beta+1)^n-\beta_{n,q}=\begin{cases}1 & \text{if } n=1\\ 0 & \text{if } n>1.\end{cases}$$

β_q^n는 $\beta_{n,q}$로 기록한다.
이 정의에서 다음이 성립한다.

$$\lim_{q\to 1}\beta_{n,q}=B_n,\ \beta_{0,q}=1,\ \beta_{n,q}=\frac{1}{(1-q)^n}\sum_{l=0}^{n}\binom{n}{l}(-1)^l\frac{l+1}{[l+1]_q}.$$

이 q-Bernoulli 수 $\beta_{n,q}$를 *Carlitz q-Bernoulli 수*라 한다.
Carlitz는 q-Bernoulli 다항식을 다음과 같이 정의하였다.

$$\begin{aligned}\beta_{n,q}(x)&=\sum_{l=0}^{n}\binom{n}{l}[x]_q^{n-l}q^{lx}\beta_{l,q}\\ &=([x]_q+qx\beta_q)^n.\end{aligned}$$

단, β_q^l을 $\beta_{l,q}$로 기록한다. 이 $\beta_{n,q}(x)$를 *Carlitz q-Bernoulli 다항식*이라 한다.

(5) 1958년 L. Carlitz는 위 (4)의 Carlitz q-Bernoulli 수 $\beta_{n,q}$를 다음과 같이 확장하여 연구하였다. 이것은 *(h,q)-Bernoulli 수*이다.

$$\beta_{0,q}^{(h)}=\frac{h}{[h]_q},\ q^h\left(q\beta_q^{(h)}+1\right)^n-\beta_{n,q}^{(h)}=\begin{cases}1 & \text{if } n=1,\\ 0 & \text{if } n>1.\end{cases}$$

단, $\left(\beta_q^{(h)}\right)^n$은 $\beta_{n,q}^{(h)}$로 기록한다.

$h\in\mathbb{Q}$에 대하여, $\beta_{n,q}^{(h)}=\dfrac{1}{(1-q)^n}\sum_{l=0}^{n}\binom{n}{l}(-1)^l\dfrac{h+l}{[h+l]_q}$로 수렴한다.

위 (4), (5)에서 Carlitz가 연구한 결과는 이해하기가 어렵다. 사실상 위 (4), (5)의 정의 자체도 심오한 계산의 결과임을 논문에서 확인할 수 있다.

T. Kim에 의해서 정의된 p-진 q-적분을 이용한 q-적분 표현을 써서 Kim은 위의 수를 다시 연구했는데, 이것이 수론 분야의 새로운 장을 열게 되었다.

(6) Kim의 q-Bernoulli 수 연구

$\mathbb{Z}_p$ 위에서 p-진 q-적분방정식을 적용하여 Kim이 접근한 $\beta_{n,q}$와 $\beta_{n,q}(x)$가 Carlitz q-Bernoulli 수 및 다항식과 같다는 것을 보였다. $I_q(f)=\displaystyle\int_{\mathbb{Z}_p} f(x)d\mu(x)$에 대하여, 다음과 같은 적분방정식을 생각한다.

$$I_q(f_1)=I_q(f)+(q-1)f(0)+\frac{q-1}{\log q}f'(0).$$

$f(x)=[x]_q^n\in UD(\mathbb{Z}_p)$를 위 적분방정식에 적용한다.

$$\beta_{n,q}(1)-\beta_{n,q}=\begin{cases} q-1 & \text{if } n>0, \\ 1 & \text{if } n=1, \\ 0 & \text{if } n>1, \end{cases}$$

$$\beta_{0,q}(1)=\beta_{0,q}.$$

따라서

$$\beta_{0,q}=1,\ \ \beta_{n,q}(1)-\beta_{n,q}=\begin{cases} 1 & \text{if } n=1, \\ 0 & \text{if } n>1, \end{cases}$$

$$\Leftrightarrow\ \ \beta_{0,q}=1,\ \ q(q\beta+1)^n-\beta_{n,q}=\begin{cases} 1 & \text{if } n=1, \\ 0 & \text{if } n>1. \end{cases}$$

Kim은 $\beta_{n,q}$와 $\beta_{n,q}(x)$를 $\mathbb{Z}_p$ 위에서 p-진 q-적분값으로 나타내었고, 다음과 같이 Witt의 공식을 확장하였다.

$$\int_{\mathbb{Z}_p} [x]_q^n d\mu_q(x) = \beta_{n,q},\ (n \in \mathbb{Z}_+),$$

$$\int_{\mathbb{Z}_p} [x+y]_q^n d\mu_q(y) = \beta_{n,q}(x),\ (n \in \mathbb{Z}_+),$$

$$\begin{aligned}
\beta_{n,q}(x) &= \sum_{l=0}^{n} \binom{n}{l} [x]_q^{n-l} q^{lx} \int_{\mathbb{Z}_p} [y]_1^l d\mu_q(y) \\
&= \sum_{l=0}^{n} \binom{n}{l} [x]_q^{n-l} q^l \beta_{n,q} \\
&= \left([x]_q + q^x \beta_q\right)^n.
\end{aligned}$$

위의 계산에서 p-진 q-적분을 이용하여 관계식을 만든 것이 Carlitz q-Bernoulli 수 및 다항식의 결과와 같다는 것을 보였다.

(7) Kim의 적분 표현을 이용한 (h,q)-Bernoulli 수에 대한 연구.

Kim은 다음과 같이 p-진 q-적분을 이용하여 고차의 Carlitz q-Bernoulli 수 및 고차의 Carlitz q-Bernoulli 다항식 $\beta_{n,q}^{(h)}$와 $\beta_{n,q}^{(h)}(x)$를 정의한다.

$$\beta_{n,q}^{(h)} = \int_{\mathbb{Z}_p} [x]_q^n q^{(l-1)x} d\mu_q(x),$$

$$\begin{aligned}
\beta_{n,q}^{(h)}(x) &= \int_{\mathbb{Z}_p} [x+y]_q^n q^{(l-1)y} d\mu_q(y) \\
&= \sum_{l=0}^{n} \binom{n}{l} [x]_q^{n-l} q^{lx} \int_{\mathbb{Z}_p} [y]_q^l q^{(h-1)y} d\mu_q(y) \\
&= \sum_{l=0}^{n} \binom{n}{l} [x]_q^{n-l} q^{lx} \beta_{l,q}^{(h)} \\
&= \left([x]_q + q^x \beta_q^{(h)}\right)^n,
\end{aligned}$$

단 $\left(\beta_q^{(h)}\right)^n$를 $\beta_{n,q}^{(h)}$라 쓴다.

Kim이 위에서 만든 정의가 의미가 있느냐는 것은 자연스러운 의문이 될 것이다.

Kim은 p-진 q-적분 계산을 하여 다음을 보였다.

$$\beta_{n,q}^{(h)} = \frac{1}{(1-q)^n}\sum_{l=0}^{n}\binom{n}{l}(-1)^l\frac{l+k}{[l+h]_q},\ \beta_{0,q}^{(h)} = \frac{h}{[h]_q}.$$

위의 두 식의 의미는 다음과 같다.

p-진 q-적분으로 정의한 $\beta_{n,q}^{(h)}$의 전개식 표현이 있고, $\lim_{q\to 1}\beta_{n,q}^{(h)}$의 수렴성을 보여 준다.

고차의 Carlitz q-Bernoulli 수를 p-진 q-적분을 이용하여 연구하기 위하여 다음과 같이 p-진 q-적분 기호를 도입하자.

$$I_q(f) = \int_{\mathbb{Z}_p} f(x)q^{(h-1)x}d\mu_q(x).$$

$I_q(f)$에 대한 적분방정식을 만들어 두자.

$$q^h I_q(f_1) = I_q(f) + \frac{q-1}{\log q}f^{'}(0) + h(q-1)f(0).$$

$f(x) = [x]_q^n \in UD(\mathbb{Z}_p)$를 위 적분방정식에 대입하여 보면 다음이 성립한다.

$$\begin{cases} q^h\beta_{n,q}^{(h)}(1) - \beta_{n,q}^{(h)} = \begin{cases} h(q-1) & \text{if } n=0, \\ 1 & \text{if } n=1, \\ 0 & \text{if } n>1, \end{cases} \\ \beta_{0,q}^{(h)}(1) = \beta_{0,q}^{(h)}. \end{cases}$$

$$\Leftrightarrow \begin{cases} \beta_{0,q}^{(h)} = \dfrac{q-1}{q^h-1}h = \dfrac{h}{[h]_q}, \\ q^h\beta_{n,q}^{(h)}(1) - \beta_{n,q}^{(h)} = \begin{cases} 1 & \text{if } n=1, \\ 0 & \text{if } n>1. \end{cases} \end{cases}$$

위 결과는 Carlitz의 연구 결과와 일치한다.

따라서, Kim의 적분 표현이 확장된 Carlitz q-Bernoulli 수 $\beta_{n,q}^{(h)}$를 표현하였고, 다음과 같은

Witt 공식도 확립하였다.

$$\beta_{n,q}^{(h)} = \int_{\mathbb{Z}_p} [x]_q^n q^{(h-1)x} d\mu_q(x).$$

(8) Kim의 무게 실린 q-Bernoulli 수 $\widetilde{\beta}_{n,q}^{(\alpha)}$.

자연스럽게 Kim은 다음과 같은 의문을 제시하고 무게 실린(weighted) q-Bernoulli 수를 연구하였다.

$\alpha \in \mathbb{Q}$에 대하여, $q(q^\alpha \widetilde{\beta}_q^{(\alpha)} + 1)^n - \widetilde{\beta}_{n,q}^{(\alpha)}$의 값과 $\widetilde{\beta}_{0,q}^{(\alpha)}$을 구하여 보고자 한다([13]).

동시에, $\widetilde{\beta}_{n,q}^{(\alpha)}$의 적분 표현은 무엇일까를 두고 연구하였다.

위에 대한 문제가 해결되고 나면, $\widetilde{\beta}_{n,q}^{(\alpha)}$를 무게 α를 갖는 q-Bernoulli 수라 부른다.

$\alpha \in \mathbb{Q}$에 대하여, Kim은 p-진 q-적분을 이용하여 *무게 α인 q-Bernoulli 수*를 정의한다.

$$\begin{aligned}\widetilde{\beta}_{n,q}^{(\alpha)} &= \int_{\mathbb{Z}_p} [x]_{q^\alpha}^n d\mu_q(x) \\ &= \frac{1-q}{(1-q^\alpha)^n} \sum_{l=0}^{n} \binom{n}{l} (-1)^l \frac{\alpha l + 1}{[\alpha l + 1]_q}.\end{aligned}$$

무게 α인 q-Bernoulli 다항식을 정의하고 관계식을 만들어 보자.

$$\begin{aligned}\widetilde{\beta}_{n,q}^{(\alpha)}(x) &= \int_{\mathbb{Z}_p} [x+y]_{q^\alpha}^n d\mu_q(y) \\ &= \sum_{l=0}^{n} \binom{n}{l} [x]_{q^\alpha}^{n-l} q^{\alpha l x} \int_{\mathbb{Z}_p} [y]_{q^\alpha}^n d\mu_q(y) \\ &= \sum_{l=0}^{n} \binom{n}{l} [x]_{q^\alpha}^{n-l} q^{\alpha l x} \widetilde{\beta}_{l,q}^{(\alpha)} \\ &= \left([x]_{q^\alpha} + q^{\alpha x} \widetilde{\beta}_q^{(\alpha)}\right)^n.\end{aligned}$$

단, $\left(\widetilde{\beta}_q^{(\alpha)}\right)^n$을 $\widetilde{\beta}_{n,q}^{(\alpha)}$로 쓴다.

무게 α인 경우, 적분방정식을 새롭게 만들어야 한다.

$$q\int_{\mathbb{Z}_p} f(x+1)d\mu_q(x) - \int_{\mathbb{Z}_p} f(x)d\mu_q(x) = (q-1)f(0) + \frac{q-1}{\log q}f'(0).$$

$f(x) = [x]_{q^\alpha}^n$을 적분방정식에 대입하자. 그러면, 다음과 같은 결과가 나온다.

$$q\int_{\mathbb{Z}_p} [x+1]_{q^\alpha}^n d\mu_q(x) - \int_{\mathbb{Z}_p} [x]_{q^\alpha}^n d\mu_q(x) = O^n(q-1) + n^\alpha O^{n-1}.$$

무게 α인 q-Bernoulli 수 $\widetilde{\beta}_{n,q}^{(\alpha)}$ 및 다항식 $\widetilde{\beta}_{n,q}^{(\alpha)}(x)$의 생성함수는 무엇인가? 이러한 질문은 수론에서 의미가 크다고 생각한다.

$\widetilde{\beta}_{n,q}^{(\alpha)}$의 구조를 알아보기 위하여 위에서 정의한 방법을 이용하여 전개를 하면 다음 식이 나온다.

$$\begin{aligned}
\widetilde{\beta}_{n,q}^{(\alpha)} &= \frac{1-q}{(1-q^\alpha)^n}\sum_{l=0}^{n}\binom{n}{l}(-1)^l\frac{\alpha l+1}{[\alpha l+1]_q} \\
&= \frac{\alpha(1-q)}{(1-q^\alpha)^n}\sum_{l=0}^{n}\binom{n}{l}(-1)^l\frac{l}{1-q^{\alpha l+1}} + \frac{1-q}{(1-q)^n}\sum_{l=0}^{n}\frac{\binom{n}{l}(-1)^l}{1-q^{\alpha l+1}} \\
&= \frac{n\alpha(1-q)}{(1-q^\alpha)^n}\sum_{l=1}^{n}\binom{n-1}{l-1}\frac{(-1)^l}{1-q^{\alpha l+1}} + \frac{1-q}{(1-q^\alpha)^n}\sum_{l=0}^{n}\binom{n}{l}(-1)^l \\
&\quad + \frac{1-q}{(1-q^\alpha)^n}\sum_{l=0}^{n}\binom{n}{l}(-1)^l\sum_{m=0}^{\infty}q^{\alpha m l}q^m \\
&= \frac{-n\alpha}{[\alpha]_q}\sum_{m=0}^{\infty}q^{\alpha m+m}[m]_{q^\alpha}^{n-1} + (1-q)\sum_{m=0}^{\infty}q^m[m]_{q^\alpha}^n.
\end{aligned}$$

그리고 $\widetilde{\beta}_{n,q}^{(\alpha)}(x)$의 구조는 다음과 같다.

$$\begin{aligned}
\widetilde{\beta}_{n,q}^{(\alpha)}(x) &= \frac{1}{(1-q^\alpha)^n}\sum_{l=0}^{n}\binom{n}{l}(-1)^l q^{\alpha l x}\frac{\alpha l+1}{[\alpha l+1]_q} \\
&= -n\frac{\alpha}{[\alpha]_q}\sum_{m=0}^{\infty}q^{\alpha m+m+\alpha x}[m+x]_{q^\alpha}^{n-1} + (1-q)\sum_{m=0}^{\infty}q^m[m+x]_{q^\alpha}^n.
\end{aligned}$$

여기서 처음 제시한 문제에 대하여 다음과 같은 답을 얻어 낸다.

$$\begin{cases} q\tilde{\beta}_{n,q}^{(\alpha)}(1)-\tilde{\beta}_{n,q}^{(\alpha)}=\begin{cases} q-1 & \text{if } n=0, \\ 1 & \text{if } n=1, \\ 1 & \text{if } n>1, \end{cases} \\ \tilde{\beta}_{0,q}^{(\alpha)}(1)=\tilde{\beta}_{n,q}^{(\alpha)}, \end{cases}$$

$$\Leftrightarrow \begin{cases} \tilde{\beta}_{0,q}^{(\alpha)}=1, \\ q\tilde{\beta}_{n,q}^{(\alpha)}(1)-\tilde{\beta}_{n,q}^{(\alpha)}=\begin{cases} \dfrac{\alpha}{[\alpha]_q} & \text{if } n=1, \\ 0 & \text{if } n>1. \end{cases} \end{cases}$$

$\tilde{\beta}_{0,q}^{(\alpha)}=1$에 대한 점화식을 유도하면 다음과 같다.

$$\tilde{\beta}_{0,q}^{(\alpha)}=1,\ q\left(q^{\alpha}\tilde{\beta}_{n,q}^{(\alpha)}+1\right)^n-\tilde{\beta}_{n,q}^{(\alpha)}=\begin{cases} \dfrac{\alpha}{[\alpha]_q} & \text{if } n=1, \\ 0 & \text{if } n>1. \end{cases}$$

단, $\left(\tilde{\beta}_q^{(\alpha)}\right)^n$을 $\tilde{\beta}_{n,q}^{(\alpha)}$로 기록한다.

자연스럽게 무게 α인 Bernoulli 다항식의 Witt 공식과 $\tilde{\beta}_{n,q}^{(\alpha)}(x)$의 값은 다음과 같음을 알 수 있다.

$$\begin{aligned} \tilde{\beta}_{n,q}^{(\alpha)}(x) &= \int_{\mathbb{Z}_p}[x+y]_{q^{\alpha}}^n d\mu_q(x) \\ &= \frac{1-q}{(1-q)^n}\sum_{l=0}^{n}\binom{n}{l}(-1)^l q^{\alpha l x}\frac{\alpha l+1}{[\alpha l+1]_q}. \end{aligned}$$

위에서 $\tilde{\beta}_{n,q}^{(\alpha)}$와 $\tilde{\beta}_{n,q}^{(\alpha)}(x)$의 값을 계산하였다. 여기에 $\alpha=1$을 대입하면 Carlitz q-Bernoulli 수 및 다항식이 유도된다. 따라서 $\tilde{\beta}_{n,q}^{(\alpha)}$와 $\tilde{\beta}_{n,q}^{(\alpha)}(x)$를 무게 α인 q-Bernoulli 수 및 다항식이라 부른다.

위에서 계산한 $\tilde{\beta}_{n,q}^{(\alpha)}$와 $\tilde{\beta}_{n,q}^{(\alpha)}(x)$를 이용하여 생성함수를 구하기 위하여 다음과 같이 생성함수를 기록한다.(구체적 함수 꼴이 나오지 않기 때문에 급수 전개식으로 기록하여 연구한다.)

$\tilde{\beta}_{n,q}^{(\alpha)}$의 생성함수를 $\tilde{F}^{(\alpha)}(t)$로 두고 $\tilde{\beta}_{n,q}^{(\alpha)}(x)$의 생성함수를 $\tilde{F}^{(\alpha)}(t,x)$라 두면 다음과 같이 쓸 수 있다.

$$\begin{aligned}\widetilde{F}^{(\alpha)}(t) &= \sum_{n=0}^{\infty}\widetilde{\beta}_{n,q}^{(\alpha)}\frac{t^n}{n!} \\ &= -t\frac{\alpha}{[\alpha]_q}\sum_{m=0}^{\infty}q^{\alpha m+m}e^{[m]_{q^\alpha}^{t}}+(1-q)\sum_{m=0}^{\infty}q^m e^{[m+x]_{q^\alpha}t},\end{aligned}$$

$$\begin{aligned}\widetilde{F}^{(\alpha)}(t,x) &= \sum_{n=0}^{\infty}\widetilde{\beta}_{n,q}^{(\alpha)}(x)\frac{t^n}{n!} \\ &= -t\frac{\alpha}{[\alpha]_q}\sum_{m=0}^{\infty}q^{(m+x)\alpha+m}e^{[m+x]_{q^\alpha}t}+(1-q)\sum_{m=0}^{\infty}q^m e^{[m+x]_{q^\alpha}t}.\end{aligned}$$

다음과 같이 차분 방정식을 생각해 보자.

$$q\widetilde{F}_q^{(\alpha)}(t,1)-\widetilde{F}_q^{(\alpha)}(t)=\frac{\alpha}{[\alpha]_q}t+(q-1).$$

즉, 다시 표현해 보면 다음과 같다.

$$\sum_{n=0}^{\infty}\left(q\widetilde{\beta}_{n,q}^{(\alpha)}(1)-\widetilde{\beta}_{n,q}^{(\alpha)}\right)\frac{t^n}{n!}=\frac{\alpha}{[\alpha]_q}t+(q-1).$$

위 식에서 양변의 계수를 비교하면 다음과 같다.

$$q\widetilde{\beta}_{n,q}^{(\alpha)}(1)-\widetilde{\beta}_{n,q}^{(\alpha)}=\begin{cases}q-1 & \text{if } n=0,\\ \dfrac{\alpha}{[\alpha]_q} & \text{if } n=1,\\ 0 & \text{if } n>1.\end{cases}$$

즉,

$$q\left(q\widetilde{\beta}_{n,q}^{(\alpha)}+1\right)^n-\widetilde{\beta}_{n,q}^{(\alpha)}=\begin{cases}\dfrac{\alpha}{[\alpha]_q} & \text{if } n=1,\\ 0 & \text{if } n>1,\end{cases} \text{ 이고 } \widetilde{\beta}_{0,q}^{(\alpha)}=1.$$

참고로 적분방정식에 $f(x)=e^{[x]_{q^\alpha}t}$를 대입하여 다음 식을 유도할 수 있다.

$$(q-1)+\frac{\alpha}{[\alpha]_q}t=q\int_{\mathbb{Z}_p}e^{[x+1]_{q^\alpha}t}d\mu_q(x)-\int_{\mathbb{Z}_p}e^{[x]_{q^\alpha}t}d\mu_q(x)$$

$$= \sum_{n=0}^{\infty}\left(q\widetilde{\beta}_{n,q}^{(\alpha)}(1)-\widetilde{\beta}_{n,q}^{(\alpha)}\right)\frac{t^n}{n!}.$$

양변의 계수를 비교하면 위와 같은 결과를 유도할 수 있다.

무게 α인 q-Bernoulli 다항식 $\widetilde{\beta}_{n,q}^{(\alpha)}(x)$에 대한 Witt 공식의 응용을 소개한다.

$$\widetilde{\beta}_{n,q}^{(\alpha)}(x)=\int_{\mathbb{Z}_p}[x+y]_{q^\alpha}d\mu_q(x).$$

(i) $[x+y]_{q^\alpha}$를 변형하여 분포 관계식을 유도할 수 있다. 이는 측도 구성에 응용이 된다.

$$\int_{\mathbb{Z}_p}[x+y]_{q^\alpha}^n d\mu_q(x)=\frac{[d]_{q^\alpha}^n}{[d]_q}\sum_{a=0}^{d-1}q^\alpha\int_{\mathbb{Z}_p}\left[\frac{x+a}{d}+y\right]_{q^\alpha d}^n d\mu_{q^d}(y)$$
$$=\frac{[d]_{q^\alpha}^n}{[d]_q}\sum_{a=0}^{d-1}q^a\widetilde{\beta}_{n,q^d}^{(\alpha)}\left(\frac{x+a}{d}\right).$$

(ii) x 대신에 $1-x$, q 대신에 q^{-1}을 Witt 공식에 대입하여 p-진 q-적분 계산을 하면 다음이 유도된다. 이는 Bernstein 다항식과 연관해서 계산할 때 유용하다.

$$\widetilde{\beta}_{n,q^{-1}}^{(\alpha)}(1-x)=\int_{\mathbb{Z}_p}[1-x+x]_{q^{-\alpha}}^n d\mu_{q^{-1}}(x_1)$$
$$=(-1)^n q^{\alpha n}\int_{\mathbb{Z}_p}[x+x_1]_{q^\alpha}^n d\mu_q(x_1)$$
$$=(-1)^n q^{\alpha n}\widetilde{\beta}_{n,q}^{(\alpha)}(x).$$

(iii) 따라서 $\widetilde{\beta}_{n,q^{-1}}^{(\alpha)}(x)$의 값이 다음과 같이 계산된다.

$$n>1\text{일 때, } q^2\widetilde{\beta}_{n,q}^{(\alpha)}(2)=nq^{1+\alpha}\frac{\alpha}{[\alpha]_q}+q^2-q+\widetilde{\beta}_{n,q}^{(\alpha)}.$$

5. 무게가 0인 q-Euler 수 및 다항식

Euler 수의 확장으로 많은 analogue q-Euler 수가 있다. p-진 q-적분 이론을 이용하는데 fermionic인 경우에는 p가 홀수임을 가정할 필요가 있다. 왜냐하면, $p=2$이면 적분값이 존재하지 않기 때문이다.

$\mathbb{C}_p$는 $\mathbb{Q}_p$의 대수적 폐포에 대한 완비공간으로 한다. $q\in\mathbb{C}_p$이면 항상 $H_n(q^{-1})$ 값이 존재함이 알려져 있다. 이때, $q^{-1}(\in\mathbb{C}_p)$는 대수적 원소이다.

무게는 $\alpha\in\mathbb{Q}$에서 생각하자.

q는 변수 역할을 하는데 $q\in\mathbb{C}$이면 $|q|<1$을 가정한다. 또한 $q\in\mathbb{C}_p$이면 $|1-q|_p<1$을 가정한다.

(1) 일반적인 *Euler* 수 및 다항식의 정의

$$\int_{\mathbb{Z}_p} x^n d\mu_{-1}(x) = E_n\ ,\ \int_{\mathbb{Z}_p} (x+y)^n d\mu_{-1}(y) = E_n(x) = \sum_{l=0}^{n} \binom{n}{l} x^{n-l} E_n\,,$$

$$E_n(1) + E_n = 2\delta_{0,n},\ (E+1)^n + E_n = 2\delta_{0,n}\,.$$

(2) Carlitz 형태의 q-*Euler* 수 및 다항식

n번째 q-Euler 다항식의 정의를 생각해 보자.

$$\begin{aligned} E_{n,q}(x) &= \int_{\mathbb{Z}_p} [x+y]_q^n d\mu_{-q}(y) \\ &= \frac{[2]_q}{(1-q)^n} \sum_{l=0}^{n} \binom{n}{l} (-1)^l q^{lx} \frac{1}{1+q^{l+1}} \\ &= [2]_q \sum_{m=0}^{\infty} (-1)^m q^m [m+x]_q^n\,. \end{aligned}$$

$E_{n,q}(0) = E_{n,q}$는 n번째 q-Euler 수이다.

$I_{-q}(f) = \int_{\mathbb{Z}_p} f(x) d\mu_{-q}(x)$에 대한 적분방정식을 생각해 보자.

$$qI_{-q}(f_1)+I_{-q}(f)=[2]_q f(0).$$

$f(x)=[x]_q^n$을 적분방정식에 대입하여 다음과 같이 $E_{n,q}$에 관한 점화식이 유도된다.

$$\begin{aligned} &qE_{n,q}(1)+E_{n,q}=[2]_q\delta_{0,n} \\ \Leftrightarrow\ & q(qE_q+1)^n+E_{n,q}=[2]_q\delta_{0,n}. \end{aligned}$$

단, E_q^n을 $E_{n,q}$로 기록한다.
참고로 Carlitz 형태라고 말할 수 있는 이유는 Carlitz q-Bernoulli 수의 정의와 유사하기 때문이다.

$$q(q\beta+1)^n-\beta_{n,q}=\delta_{0,n},\ \beta_{0,q}=1.$$

(3) 위의 점화식에서 아이디어를 얻어 *무게 실린 q-Euler 수*(무게 $\alpha\in\mathbb{Q}$)를 다음과 같이 $\widetilde{E}_{n,q}^{(\alpha)}$를 정의하자.

$$q\left(q^\alpha\widetilde{E}^{(\alpha)}+1\right)^n+\widetilde{E}_{n,q}^{(\alpha)}=[2]_q\delta_{0,n}.$$

단, $\left(\widetilde{E}_q^{(\alpha)}\right)^n$은 $\widetilde{E}_{n,q}^{(\alpha)}$로 기록한다.

(4) 무게 α인 q-Euler 다항식의 정의를 수렴 수열을 이용하여 다음과 같이 나타내 보자.

$$\widetilde{E}_{n,q}^{(\alpha)}(x)=\sum_{l=0}^{n}\binom{n}{l}q^{\alpha lx}[x]_q\alpha^{n-l}\widetilde{E}_{l,q}^{(\alpha)}.$$

위에서 정의한 $\widetilde{E}_{n,q}^{(\alpha)}(x)$에서 다음 여러 경우를 생각해 보면, 이 정의의 자연스러움을 먼저 확인할 수 있다.

(5) $\alpha=0$인 경우, $\widetilde{E}_{n,q}^{(0)}(x)=\widetilde{E}_{n,q}(x)$이고 $\widetilde{E}_{n,q}(0)=\widetilde{E}_{n,q}$.
따라서 무게 $\alpha=0$인 경우에는 q-Euler 수 및 다항식과 관련이 된다([15]).

(6) 여기서 Frobenius-Euler 다항식 $H_n(u,x)$과 수 $H_n(u)$의 정의를 다시 생각하여 $\widetilde{E}_{n,q}^{(0)}(x)$와 $\widetilde{E}_{n,q}^{(0)}$과의 관계식을 뒤에서 연관시켜 보자.

$$\frac{1-u}{e^t-u}=\sum_{n=0}^{\infty}H_n(u)\frac{t^n}{n!},$$

$$\frac{1-u}{e^t-u}e^{tx}=\sum_{n=0}^{\infty}H_n(u,x)\frac{t^n}{n!}.$$

(7) 무게 α인 q-Euler 수 및 다항식에서 $\alpha=0$인 경우를 p-진 q-적분을 이용하여 관찰해 보자.

$$\widetilde{E}_{n,q}^{(0)}=\widetilde{E}_{n,q}=\int_{\mathbb{Z}_p}x^n d\mu_{-q}(x),$$

$$\widetilde{E}_{n,q}^{(0)}(x)=\widetilde{E}_{n,q}(x)=\int_{\mathbb{Z}_p}(x+y)^n d\mu_{-q}(y).$$

잘 알려진 위의 p-진 q-적분식을 이용하여 Kim은 $\widetilde{E}_{n,q}^{(\alpha)}$의 p-진 q-적분 표현을 다음과 같이 정의하였다.

$$\begin{aligned}\widetilde{E}_{n,q}^{(\alpha)}&=\int_{\mathbb{Z}_p}q^{\alpha}x^n d\mu_{-q}(x)\\&=\int_{\mathbb{Z}_p}q^{\alpha+x}x^n d\mu_{-1}(x)\\&=\int_{\mathbb{Z}_p}q^{\alpha}q^{x}x^n d\mu_{-1}(x).\end{aligned}$$

위와 같은 정의식에 대하여 다음과 같은 의문을 가질 수 있다.

"어떻게 위의 p-진 q-적분식을 구성하였는가?" 또는 "위의 값은 수렴하는가?"

(8) $I_{-q}(f)=\int_{\mathbb{Z}_p}f(x)d\mu_{-q}(x)$에 대한 p-진 q-적분의 적분방정식이 다음과 같음을 다시 한 번 확인하자.

$$qI_{-q}(f_1)+I_{-q}(f)=[2]_q f(0).$$

이때, $f(x)=e^{tx}$를 대입하여 보자.

$$(qe^t+1)\int_{\mathbb{Z}_p} e^{tx}d\mu_{-q}(x)=[2]_q=1+q.$$

$$\int_{\mathbb{Z}_p} e^{xt}d\mu_{-q}(x)=\frac{1+q}{qe^t+1}=\frac{1+q^{-1}}{e^t+q^{-1}}$$

이므로 $\widetilde{E}_{n,q}=\int_{\mathbb{Z}_p} x^n d\mu_{-q}(x)=H_n(-q^{-1})$이다.

같은 방법으로

$$\widetilde{E}_{n,q}(x)=\int_{\mathbb{Z}_p}(x+y)^n d\mu_{-q}(y)=H_n(-q^{-1},x)\text{이다.}$$

위의 식에서 무게 0인 q-Euler 다항식의 정의 또는 무게 0인 q-Euler 다항식의 Witt 공식으로 받아들일 수 있다.

동시에 Frobenius-Euler 수 및 다항식과 무게 0인 q-Euler 수의 관련성을 설명한다. 또한 q-Euler 다항식과 q-Euler 수의 관계식도 다음과 같이 성립한다.

$$\widetilde{E}_{n,q}(x)=\sum_{l=0}^{n}\binom{n}{l}x^{n-l}\widetilde{E}_{l,q}=(\widetilde{E}_q+x)^n.$$

(9) (8)의 적분방정식에 $f(x)=x^n$을 대입하여 보자.

$$q\int_{\mathbb{Z}_p}(x+1)^n d\mu_{-q}(x)+\int_{\mathbb{Z}_p}x^n d\mu_{-q}(x)=[2]_q\delta_{0,n}$$

$$\Leftrightarrow\quad q\widetilde{E}_{n,q}(1)+\widetilde{E}_{n,q}=[2]_q\delta_{0,n}$$

$$\Leftrightarrow\quad q(\widetilde{E}_q+1)^n+\widetilde{E}_{n,q}=[2]_q\delta_{o,n}.$$

위에서 마지막 동치식은 Bernstein 다항식의 연구에 중요한 역할을 한다.

(10) (9)의 계산을 한 단계 더 발전시켜 보자.

$$\begin{aligned} q^2\widetilde{E}_{n,q}(2) &= q^2\left(\widetilde{E}_q+1+1\right)^n \\ &= q^2\sum_{l=0}^{n}\binom{n}{l}\left(\widetilde{E}_q+1\right)^l \\ &= q^2\left(\widetilde{E}_q+1\right)^0 + q\sum_{l=1}^{n}\binom{n}{l}q\left(\widetilde{E}_q+1\right)^l \\ &= q\left([2]_q\delta_{0,n}-\widetilde{E}_{0,q}\right)-q\sum_{l=1}^{n}\binom{n}{l}\widetilde{E}_{l,q} \\ &= q[2]_q\delta_{0,n}-q\sum_{l=0}^{n}\binom{n}{l}\widetilde{E}_{0,q} \\ &=-\widetilde{E}_{n,q}(1)+q[2]_q \\ &= q[2]_q-[2]_q\delta_{0,n}+\widetilde{E}_{n,q}. \end{aligned}$$

따라서

$$\begin{aligned} q^2E_{n,q^{-1}}(2) &= q^2\left(q^{-2}E_{n,q^{-1}}(2)\right) \\ &= q^2\left(q^{-1}+q^{-2}+\widetilde{E}_{n,q^{-1}}-\left(1+q^{-1}\right)\delta_{0,n}\right) \\ &= q+1+q^2\widetilde{E}_{n,q}-q[2]_q\delta_{0,n}. \end{aligned}$$

(11) 위의 식에서 다음과 같은 일종의 Witt 공식이 유도된다.

$$\begin{aligned} &\int_{\mathbb{Z}_p}(1-x+x_1)d\mu_{-q^{-1}}(x_1)=(-1)^n\int_{\mathbb{Z}_p}(x+x_1)d\mu_{-q}(x_1) \\ \Leftrightarrow\ \ &\widetilde{E}_{n,q^{-1}}(1-x)=(-1)^n\widetilde{E}_{n,q}(x). \end{aligned}$$

특별히 $x=-1$인 경우를 생각해 보면 다음과 같다.

$$\widetilde{E}_{n,q^{-1}}(2)=(-1)^n\widetilde{E}_{n,q}(-1).$$

(12) Bernstein 다항식의 연구를 위하여 다음 계산이 필요하다. 이 계산에서는 Bernstein 다항식의 대칭성을 이용한다.

$$\begin{aligned}\widetilde{E}_{n,q^{-1}}(2) &= \int_{\mathbb{Z}_p}(1-x)^n d\mu_{-q}(x)\\ &=(-1)^n\int_{\mathbb{Z}_p}(x-1)^n d\mu_{-q}(x)\\ &=(-1)^n\widetilde{E}_{n,q}(-1)\\ &=\widetilde{E}_{n,q^{-1}}(2).\end{aligned}$$

(13) (7)에서 구성한 무게 α인 q-Euler 수에 대하여 다음 식을 다시 생각해 보자.

$$\widetilde{E}_{n,q}^{(\alpha)}=\int_{\mathbb{Z}_p}q^{\alpha}q^{x}x^n d\mu_{-1}(x).$$

$a+p^n\mathbb{Z}_p\subset\mathbb{Z}_p$에서 다항식 $p(x)\in\mathbb{C}_p[x]$에 대하여 측도를 다음과 같이 구성해 보자.

$$\begin{aligned}\widetilde{\mu}_{p,-q}(a+p^n\mathbb{Z}_p) &=\int_{a+p^n\mathbb{Z}_p}q^{\alpha+x}p(x)d\mu_{-1}(x)\\ &=q^{\alpha}\int_{a+p^n\mathbb{Z}_p}q^{x}p(x)d\mu_{-1}(x)\\ &=\int_{a+p^n\mathbb{Z}_p}q^{\alpha}p(x)d\mu_{-q}(x).\end{aligned}$$

위 식의 값을 $\mathbb{Z}_p$ 전체에서 p-진 q-적분 표현을 하면서 연구할 때 Lebesgue-Radon-Nikodym 유사 정리가 성립하게 된다.

여기에서 새로운 시도로서 Kim이 $\int_{\mathbb{Z}_p}q^{\alpha}x^n d\mu_{-q}(x)$에 대한 연구를 진행하였다.

6. p-진 Genocchi 측도, q-Genocchi 수 및 측도

Genocchi 수

$\mathbb{Z}_p$ 위에 p-진 Genocchi 측도를 구성해 보자. 이 Genocchi 측도를 이용한 p-진 적분과 $\mathbb{Z}_p$ 위에서 fermionic 적분의 관련성을 보여 본다. 마지막으로 Genocchi 수에 대한 Witt의 정리를 유도해 낸다.

고정된 양의 정수 d가 $(p, d)=1$이라 하자. $n\in\mathbb{N}$에 대하여 다음과 같이 두고 생각한다.

$$X=X_d=\varprojlim_{n}\mathbb{Z}/dp^n\mathbb{Z},\quad X_1=\mathbb{Z}_p$$

$$X^*=\cup\left(a+dp\mathbb{Z}_p\right)$$

$$a+dp^n\mathbb{Z}_p=\left\{x\in X \mid x\equiv a \pmod{dp^n}\right\}(\text{단, } a\in\mathbb{Z},\quad 0\le a<dp^n)$$

$UD(\mathbb{Z}_p)$는 $\mathbb{Z}_p$ 위에서 일양미분 가능 함수의 집합이라 두자.

$f\in UD(\mathbb{Z}_p)$에 대한 p-진 fermionic 적분은 Kim에 의해서 다음과 같이 알려져 있다.

$$I_{-1}(f)=\int_{\mathbb{Z}_p}f(x)\,d\mu_{-1}(x)=\lim_{N\to\infty}\frac{1}{p^N}\sum_{x=0}^{p^N-1}f(x)(-1)^x.$$

(1) *Genocchi 다항식*

$G_n(x)$는 다음 생성함수에 의해서 정의된다.

$$F(x,t)=\frac{2t}{e^t+1}e^{xt}=\sum_{n=0}^{\infty}G_n(x)\frac{t^n}{n!}.$$

$x=0$일 때 $G_n(0)=G_n$은 *Genocchi* 수이다.

(2) n번째 Genocchi 다항식은 다음과 같이 주어진다.

$$G_n(x) = \sum_{l=0}^{n} \binom{n}{l} G_l x^{n-l} = (G+x)^n, \ (n \in \mathbb{Z}_+).$$

편리하게 G^n을 G_n으로 기록한다. $G_n(x)$의 분포관계(distribution relation)를 확립하기 위해 다음 계산을 해 보자. $d \in \mathbb{N}$, $d \equiv 1 \pmod 2$일 때,

$$\begin{aligned}
\sum_{n=0}^{\infty} G_n(x) \frac{t^n}{n!} = \frac{2t}{e^t+1} e^{xt} &= \frac{2t}{e^{dt}+1} \sum_{l=0}^{d-1} (-1)^l e^{lt} e^{xt} \\
&= \frac{1}{d} \sum_{l=0}^{d-1} (-1)^l \frac{e^{dt}}{e^{dt}+1} e^{\left(\frac{x+l}{d}\right)dt} \\
&= \frac{1}{d} \sum_{l=0}^{d-1} (-1)^l \sum_{n=0}^{\infty} G_n\left(\frac{x+l}{d}\right) \frac{(td)^n}{n!} \\
&= \sum_{n=0}^{\infty} d^{n-1} \sum_{l=0}^{d-1} (-1)^l G_n\left(\frac{x+l}{d}\right) \frac{t^n}{n!}
\end{aligned}$$

이다.

(3) 따라서, 다음 Genocchi 다항식에 대한 분포관계식이 성립한다.

$d \in \mathbb{N}$, $d \equiv 1 \pmod 2$, 각 $n \in \mathbb{N}$에 대하여,

$$G_n(x) = d^{n-1} \sum_{l=0}^{d-1} (-1)^l G_n\left(\frac{x+l}{d}\right)$$

이다.

$\mathbb{Z}_p$ 위에서 p-진 Genocchi 측도

(4) p는 홀수인 소수, k는 양의 정수, 임의의 개집합 $a + p^n\mathbb{Z}_p \subset \mathbb{Z}_p$ 위에서 함수 μ_k를

정의한다.

$$\mu_{k,f}\left(a+p^n\mathbb{Z}_p\right)=(-1)^a p^{n(k-1)} f_k\left(\frac{\{a\}_n}{p^n}\right).$$

단, $\{a\}_n \in \{0,\ 1,\ 2,\ \cdots,\ p^n-1\}$의 유일한 원소 $\{a\}_n \equiv a \pmod{p^n}$.
$a \in \{0,\ 1,\ 2,\ \cdots,\ p^n-1\}$에 대하여 μ_k의 정의에 의해 다음 식이 성립한다.

$$\begin{aligned}\sum_{b=0}^{p-1}\mu_k\left(a+p^nb+p^{n+1}\mathbb{Z}_p\right) &= \sum_{b=0}^{p-1}(-1)^{a+p^nb}p^{(n+1)(k-1)}f_k\left(\frac{a+bp^n}{p^{n+1}}\right)\\ &=(-1)^a\sum_{b=0}^{p-1}(-1)^b p^{n(k-1)}p^{(k-1)}f_k\left(\frac{\frac{a}{p^n}+b}{p}\right)\\ &=(-1)^a p^{n(k-1)}p^{(k-1)}\sum_{b=0}^{p-1}(-1)^b f_k\left(\frac{\frac{a}{p^n}+b}{p}\right).\end{aligned}$$

(5) 위 식의 의미는 다음과 같이 해석할 수 있다.
μ_k가 $\mathbb{Z}_p$ 위에서 초함수(distribution)가 될 필요충분조건은 f_k가 다음을 만족할 때이다.

$$f_k(x)=p^{(k-1)}\sum_{b=0}^{p-1}(-1)^b f_k\left(\frac{x+b}{p}\right).$$

(6) 다음 보기는 위에서 언급한 함수 $f_k(x)$의 존재성을 보여 주는 예이다.

[보기] $f_k(x)=G_k(x)$, k번째 Genocchi 다항식이라 두자.

$$\begin{aligned}f_k(x) &= p^{k-1}\sum_{b=0}^{p-1}(-1)^b G_k\left(\frac{b+x}{p}\right)\\ &=p^{k-1}\sum_{b=0}^{p-1}(-1)^b f_k\left(\frac{b+x}{p}\right).\end{aligned}$$

위의 식을 관찰할 때, $f_k(x)=G_k(x)$, $\mu_{k,f}(x)$를 $\mu_k(x)$로 두면 다음 관계식이 성립한다.

$$\mu_k(a+p^n\mathbb{Z}_p)=(-1)^a p^{n(k-1)}G_k\left(\frac{a}{p^n}\right).$$

이 μ_k는 $\mathbb{Z}_p$ 위에서 p-진 초함수이다. 위 예에서 취한 μ_k에서 다음을 생각할 수 있다.

$k\in\mathbb{N}$, $d\in\mathbb{N}$로서, $d\equiv 1 \pmod 2$이다. μ_k를 다음과 같이 정의하자.

$$\mu_k(a+dp^n\mathbb{Z}_p)=(-1)^a (dp^n)^{(k-1)}G_k\left(\frac{a}{dp^n}\right).$$

이때 μ_k는 compact-open 부분집합 위에서 $\mathbb{Q}_p$ 값을 취하는 초함수가 된다. 한편, 다음 사실로 인해 μ_k는 p-진 측도가 된다.

$$\mu_k(a+p^n\mathbb{Z}_p)\equiv(-1)^a a^{k-1}k \pmod{p^n}.$$

따라서 적당한 $M>0$에 대하여, $|\mu_k|_p\le M$이다.

이 μ_k는 $\mathbb{Z}_p$ 위에서 *p-진 Genocchi 측도*라 한다.

p-진 Genocchi 측도를 이용하여 p-진 적분을 해 보자. $k\in\mathbb{N}$에 대하여, 다음이 성립한다.

$$\begin{aligned}\int_{\mathbb{Z}_p} d\mu_k(x) &= \lim_{n\to\infty}\sum_{a=0}^{p^n-1}\mu_k(a+p^n\mathbb{Z}_p)\\ &= \lim_{n\to\infty}\sum_{a=0}^{p^n-1}(-1)^a p^{n(k-1)}G_k\left(\frac{a}{p^n}\right)\\ &= \lim_{n\to\infty}\left[p^{n(k-1)}\sum_{a=0}^{p^n-1}(-1)^a G_k\left(\frac{a}{p^n}\right)\right]\\ &= G_k.\end{aligned}$$

$k\in\mathbb{N}$에 대하여, 다음이 성립한다.

$$\int_{\mathbb{Z}_p} d\mu_k(x)=G_k.$$

참고로 μ_k의 유계성을 검토해 보자.

$$\mu_k\left(a+p^N\mathbb{Z}_p\right) \equiv (-1)^a a^{k-1}k \pmod{p^n}.$$

필요충분조건은 다음과 같다.

$$d\mu_k(x)= kx^{k-1}d\mu_{-1}(x).$$

따라서 적당한 $M>0$이 존재하여 $|\mu_k|_p \le M$이 성립한다. 그러므로 p-진 적분을 해 보면 다음 결과가 나온다.

$$\int_{\mathbb{Z}_p} d\mu_k(x)=k\int_{\mathbb{Z}_p} x^{k-1}d\mu_{-1}(x).$$

이상의 사실에서 다음이 성립한다.

$k\in\mathbb{N}$에 대하여, Genocchi 수의 p-진 적분 표현이 유도된다([22]).

$$\int_{\mathbb{Z}_p} x^{k-1}d\mu_{-1}(x)=\frac{G_k}{k} \quad (k\in\mathbb{N}).$$

q-Genocchi 수

(7) Kim에 의해서 확장된 q-*Genocchi* 수 $G_{n,q}$에 대하여 생성함수 $g_q(t)$를 소개한다([11]).

$$g_q(t)=[2]_q t\sum_{k=0}^{\infty}(-1)^k e^{[k]_q t} = \sum_{n=0}^{\infty} G_{n,q}\frac{t^n}{n!}.$$

위 식은 Genocchi 수, G_n의 확장 의미를 갖고 있다.

$$\lim_{q\to 1} g_q(t) = \frac{2t}{e^t+1}e^{[k]_q t} = \sum_{n=0}^{\infty} G_{n,q}\frac{t^n}{n!}.$$

$G_{n,q}$의 생성함수에 대하여 다음을 확인할 수 있다.

$$g_q(t) = [2]_q t\sum_{k=0}^{\infty}(-1)^k \sum_{M=0}^{\infty}[k]_q^m \frac{t^m}{m!} = [2]_q \sum_{k=0}^{\infty}(-1)^k \sum_{m=1}^{\infty} m[k]_q^{m-1}\frac{t^m}{m!}$$

$$= [2]_q \sum_{k=0}^{\infty}(-1)^k \sum_{m=0}^{\infty} m[k]_q^{m-1}\frac{t^m}{m!}$$

$$= [2]_q \sum_{m=0}^{\infty}\left(m\left(\frac{1}{1-q}\right)^{m-1}\sum_{l=0}^{m-1}\binom{m-1}{l}(-1)^l \frac{1}{1+q^l}\right)\frac{t^m}{m!}.$$

따라서 $m \geq 0$에 대하여 m번째 q-Genocchi 수의 값이 다음과 같이 수렴함을 알 수 있다.

$$G_{m,q} = m[2]_q\left(\frac{1}{1-q}\right)^{m-1}\sum_{l=0}^{m-1}\binom{m-1}{l}\frac{(-1)^l}{1+q^l}.$$

(8) 위 사실에서 $n \geq 0$에 대하여 $G_{n,q}$에 대한 점화식이 유도된다.

$n \geq 0$에 대하여,

$$G_{0,q} = 0,\ (qG+1)^k + G_{k,q} = \begin{cases} \dfrac{[2]_q^2}{2} & \text{if } k=1, \\ 0 & \text{if } k>1. \end{cases}$$

(9) 위 점화식을 관찰하면 q-Euler 수와 관계식이 설명된다. 즉,

$n \in \mathbb{N}$에 대하여, $E_{n,q} = \dfrac{G_{n+1,q}}{n+1}$.

위 사실은 q-Euler 수 또는 다항식에 대한 생성함수를 이용하여 q-Genocchi 수 및 다항식에 대한 생성함수를 구성할 수 있음을 설명한다.

(10) 다음은 Kim에 의해서 유도된 q Genocchi 다항식의 생성함수를 소개한다.

$$q_q(x,t) = [2]_q t\sum_{k=0}^{\infty}(-1)^k e^{[k+x]_q t} = \sum_{n=0}^{\infty} G_{n,q}(x)\frac{t^n}{n!}.$$

따라서 위 식에서 t^n의 계수를 비교하면 다음과 같이 n번째 q-Genocchi 다항식 표현을 유도할 수 있다.

$$G_{n,q}(x) = [2]_q x \left(\frac{1}{1-q}\right)^{n-1} \sum_{l=0}^{n-1} \frac{(-1)^l}{1+q^l} q^{lx} \binom{n-1}{l}.$$

q-Genocchi 다항식의 생성함수 식을 구체적으로 계산해 보면 다음과 같다.

$m \in \mathbb{N}$이 홀수일 때,

$$\begin{aligned}\sum_{n=0}^{\infty} G_{n,q}(x)\frac{t^n}{n!} &= \sum_{k=0}^{\infty}(-1)^k e^{[k+x]_q t} = [2]_q t \sum_{a=0}^{m-1}(-1)^a \sum_{k=0}^{\infty}(-1)^k e^{\left[k+\frac{(a+x}{m}\right]_{q^m}[m]_q t} \\ &= \frac{[2]_q}{[m]_q [2]_{q^m}} \sum_{a=0}^{m-1}(-1)^a \left([m]_q t [2]_{q^m} \sum_{k=0}^{\infty}(-1)^k e^{[m]_q t\left[k+\frac{(a+x)}{m}\right]_{q^m}}\right) \\ &= \sum_{n=0}^{\infty}\left(\frac{[2]_q}{[m]_q [2]_{q^m}} \sum_{a=0}^{m-1}(-1)^a [m]_q^n G_{n,q^m}\left(\frac{x+a}{m}\right)\right)\frac{t^n}{n!} \\ &= \sum_{n=0}^{\infty}\left(\frac{[2]_q}{[2]_{q^m}}[m]_q^{n-1} \sum_{a=0}^{m-1}(-1)^a G_{n,q^m}\left(\frac{x+a}{m}\right)\right)\frac{t^n}{n!}.\end{aligned}$$

(11) 위 식에서 q-Genocchi 다항식의 분포 관계식이 다음과 같음을 알 수 있다.

$m \in \mathbb{N}$이 홀수일 때, $n \in \mathbb{N}$에 대하여 다음이 성립한다.

$$G_{n,q}(x) = \frac{[2]_q}{[2]_{q^m}}[m]_q^{n-1} \sum_{a=0}^{m-1}(-1)^a G_{n,q^m}\left(\frac{x+a}{m}\right).$$

위 정리는 p-진 q-Genocchi 측도를 구성하는 데 유용하게 사용된다.

(12) χ는 표수 도수(conductor), d는 홀수인 원시 Dirichlet 표수를 갖고 있을 때, χ가 부치된 *일반화된 q-Genocchi 수* $G_{n,\chi,q}$의 생성함수를 소개하면 다음과 같다.

$$g_{\chi,q}(t) = [2]_q t \sum_{a=0}^{d-1} \chi(n)(-1)^n e^{[n]_q t} = \sum_{n=0}^{\infty} G_{n,\chi,q} \frac{t^n}{n!}.$$

따라서 $G_{n,\chi,q}$는 다음과 같다.

$$G_{n,\chi,q} = \frac{[2]_q}{[2]_{q^m}}[d]_q^{n-1}\sum_{a=0}^{d-1}(-1)^a\chi(a)G_{n,q^d}\left(\frac{a}{d}\right).$$

p-진 q-Genocchi 측도

이 절에서는 $q \in \mathbb{C}_p$, $|1-q|<p^{-\frac{1}{p-1}}$이라 하자. 이때, $q^x = \exp(x\log q)$가 성립한다.

$N, k \in \mathbb{N}$와 홀수인 $d \in \mathbb{N}$에 대하여, 개구간 $a+dp^N\mathbb{Z}_p$ 위에서 $\mu_k = \mu_{k,q:G}$인 다음 함수를 정의하자.

$$\mu_k\left(a+dp^N\mathbb{Z}_p\right) = (-1)^a\left[dp^N\right]_q^{k-1}\frac{[2]_q}{[2]_{q^{dp^N}}}G_{k,q^{dp^N}}\left(\frac{a}{dp^N}\right).$$

위 식과 q-Genocchi 다항식의 분포식에 의하여 다음 식이 성립한다.

$$\sum_{i=0}^{p-1}\mu_k\left(a+idp^N+dp^{N+1}\mathbb{Z}_p\right) = \mu_k\left(a+dp^N\mathbb{Z}_p\right).$$

따라서 위에서 정의된 μ_k는 X 위에서 분포 관계식을 만족한다.

위의 μ_k와 $G_{k,\chi,q}$의 관계식이 다음과 같이 표현될 수 있다.

$$\int_{\chi}\chi(x)d\mu_k(x) = G_{k,\chi,q}.$$

q-Genocchi 다항식과 수의 관계식은 생성함수 정의에 의해 다음과 같이 표현될 수 있음을 볼 수 있다.

$$G_{n,q}(x) = \sum_{k=0}^{n}\binom{n}{k}[x]_q^{n-k}q^{kx}G_{k,q}.$$

또한 위에서 정의된 $\mu_k\left(a+dp^N\mathbb{Z}_p\right)$에 대한 $n\to\infty$ 일 때 극한값에 의해 다음 식이 유도된다.

$$d\mu_k(a) = \lim_{N\to\infty} \mu_k\left(a + dp^N\mathbb{Z}_p\right) = k[a]_q^{k-1} d\mu_{-q}(a).$$

따라서 $k \in \mathbb{N}$에 대하여 일반화된 q-Genocchi 수에 대한 Witt 공식이 다음과 같이 유도된다. $k \in \mathbb{N}$에 대하여 다음 식이 성립한다.

$$G_{n,\chi,q} = \int_X \chi(x) d\mu_k(x) = k\int_X \chi(x)[x]_q^{k-1} d\mu_{-q}(x).$$

특별히 $\chi = 1$일 때는 q-Genocchi 수에 대한 p-진 q-적분 표현이 유도된다.

$$G_{k,q} = k\int_X [x]_q^{k-1} d\mu_{-q}(x).$$

참고문헌

1. 김태균, 박달원, 박홍경, 임석훈, 유천성, 장이채, 정인철(2004), 비아르키메디언 해석학입문, 교우사.
2. 김태균, 박달원, 박홍경, 임석훈, 유천성, 장이채(2005), 초월함수 개론, 교우사.
3. 김태균,박홍경,유천성,임석훈,장이채(2006), q-정수의 세계와 그 응용, 교우사.
4. L. Carlitz, *An analogue of the Bernoulli polynomials*, Duke Math. J. 8, (1941), 405-412.
5. L. Carlitz, *Generalized Bernoulli and Euler numbers*, Duke Math. J. 8, (1941), 585-589.
6. L. Carlitz, *q-Bernoulli numbers and polynomials*, Duke Math. J. 15, (1948), 987-1000.
7. K. Dilcher, *A Bibliography of Bernoulli Numbers*, http://www.mscs.dal.ca/~dilcher/bernoulli.html, (2004) December 31.
8. D. V. Dolgy, T. Kim, B. Lee and C. S. Ryoo, *On the q-analogue of Euler measure with weight* α, Adv. Stud. Contemp. Math. 21 (2011), no. 4, 429-435.
9. T. Kim, *Some q-Bernoulli numbers of higher order associated with the p-adic q-integers*, Proc. Jangjeon Math. Soc. (2001) 2, 23-28.
10. T. Kim, *q-Volkenborn integration*, Russ. J. Math. Phys. 9, (2002), 288-299.

11. T. Kim, *A note on the q-Genocchi numbers and polynomials*, J. of Inequality and Appl., (2007), 71452.

12. T. Kim, *Some identities for the Bernoulli, the Euler and the Genocchi numbers and polynomials*, Adv. Stud. Contemp. Math. 20 (2010), 23-28.

13. T. Kim, *On the weighted q-Bernoulli numbers and polynomials*. Adv. Stud. Contemp. Math., 21 (2011), no. 2, 207-215.

14. T. Kim and J. Choi, *On the q-Bernoulli numbers and polynomials with weight* α, Abstr. Appl. Anal. 2011, Art. ID 392025, 14 pp.

15. T. Kim and J. Choi, *On the q-Euler numbers and polynomials with weight 0*, Abstr. Appl. Anal. 2012, Art. ID 795304, 7 pp.

16. T. Kim and D. S. Kim, A note on higher-order Bernoulli polynomias, J. Inequa. Appl., 2013, 2013:111.

17. T. Kim, D. S. Kim and D. W. Park, *On uniform differentiability and q-Mahler expansion*, Adv. Stud. Contemp. Math. 4 (2001), no. 1, 35-41.

18. N. Koblitz, *On Carlitz's q-Bernoulli numbers*, J. Number Theory, 14, (1982) 332-339.

19. J. W. Park, D. V. Dolgy, T. Kim, S. H. Lee and S. H. Rim, *A note on the modified Carlitz's q-Bernoulli numbers and polynomials*, J. Comput. Anal. Appl. 15 (2013), no. 4, 647-654.

20. S.-H. Rim and J. Jeong, *On the modified q-Euler numbers of higher order with weight*, Adv. Stud. Contemp. Math. 22 (2012), 93-98.

21. S. H. Rim, T. Kim and B. J. Lee, *Some identities on the extended Carlitz's q-Bernoulli numbers and polynomials*. J. Comput. Anal. Appl. 14 (2012), no. 3, 536-543.

22. S. H. Rim, *A note on p-adic Genocchi measure*, preprint.

제3장

Bernoulli 및 Euler 수와 다항식

제3장 | Bernoulli 및 Euler 수와 다항식

1. Bernoulli 및 Euler 수와 다항식에 관한 항등식

이 절에서는 Bernoulli 수 및 Euler 수, 각각의 다항식의 생성함수와 미분연산자를 이용하여 재미있는 항등식을 연구한다. Kim 등에 의해서 연구된 결과를 소개한다([23]).

$\mathbb{Z}_p$ 상에 p-진 적분 이론을 이용하여 Bernoulli 및 Euler 다항식의 성질을 공부한다. [3]에서 Bernoulli 다항식에 관한 다음 항등식을 볼 수 있다.

$m,\ k \in \mathbb{N}$에 대하여 다음이 성립한다.

(1)
$$\sum_{j=1}^{\max\{k,m\}} \left(\binom{k}{j} + (-1)^{j+1} \binom{m}{j} \right) \frac{B_{k+m+1-j}(x)}{k+m+1-j} x^k$$
$$= x^k (x-1)^m + \frac{(-1)^{m+1}}{(k+m+1)\binom{k+m}{k}},$$
$$\sum_{j=1}^{\max\{k,m\}} \left(\binom{k}{j} + (-1)^{j+1} \binom{m}{j} \right) B_{k+m-j}(x)$$
$$= x^k (x-1)^{m-1}((k+m)x-k),$$

(2)
$$\sum_{j=1}^{\left[\frac{k-1}{2}\right]} \binom{k}{2j+1} \frac{B_{2k-2j}(x)}{2k-2j} = \frac{x^k(x-1)^k}{2} + \frac{(-1)^{k+1}}{(4k+2)\binom{2k}{k}},$$

(3) $$\sum_{j=1}^{\left[\frac{k}{2}\right]}\left(\binom{k}{2j+1}+\binom{k+1}{2j+1}\right)\frac{B_{2k+1-2j}(x)}{2k+1-2j},$$
$$= x^k(x-1)^k(x-\frac{1}{2}).$$

여기에서 $[\,\bullet\,]$는 Gauss 기호이다. Euler 다항식 $E_n(x)$에 대한 생성함수를 생각하자.

$$F_x = F(t,x) = \frac{2}{e^t+1}e^{xt} = \sum_{n=0}^{\infty} E_n(x)\frac{t^n}{n!}.$$

x는 고정된 변수로 보고, 다음 항등식이 성립한다.

$$e^t F_x + F_x = 2e^{xt}.$$

미분 연산자 $D = \frac{d}{dt}$라 놓고서, 위의 식을 k번 미분하면 다음과 같이 된다.

$$e^t(D+I)^k F_x + D^k F_x = 2x^k e^{xt}.$$

여기에서 $k \in \mathbb{N}$, I는 항등연산자이다. e^{-t}를 곱하여, $D^m\,(m \in \mathbb{N})$을 취한다. 그 다음 e^t를 양변에 곱하면 다음 식이 성립한다.

$$e^t D^m(D+I)^k F_x + D^k(D-I)^m F_x = 2x^k(x-1)^m e^{xt}.$$

$G[0]$는 $G(t)$의 Laurent 급수 전개 시 상수항을 의미한다. 위 식에서 다음을 알 수 있다.

$$\sum_{j=0}^{k}\binom{k}{j}\left(e^t D^{k+m-j}F_x(t)\right)[0] + \sum_{j=0}^{m}\binom{m}{j}(-1)^j\left(D^{k+m-j}F_x\right)[0] = 2x^k(x-1)^m.$$

Euler 다항식의 생성함수 표현을 N번 미분한 후 상수항을 구해 보자.

$$\left(D^N F_x(t)\right)[0] = E_N(x),\quad \left(e^t D^N F_x(t)\right)[0] = E_N(x).$$

위의 두 식에서 다음을 알 수 있다.

(4) $$\sum_{j=0}^{\max\{k,m\}}\left(\binom{k}{j}E_{k+m-j}(x)+\binom{m}{j}(-1)^j E_{k+m-j}(x)\right)=2x^k(x-1)^m.$$

$E_n(x)=\sum_{l=0}^{n}\binom{n}{l}E_{n-l}x^l$에서 $\frac{dE_n(x)}{dx}$와 $\int_0^1 E_{n-1}(x)dx$ 값을 구하면 다음과 같다.

$$\frac{dE_n(x)}{dx}=n\sum_{l=0}^{n-1}E_l x^{n-1-l}=nE_{n-1}(x),$$

$$\int_0^1 E_{n-1}(x)dx=\frac{1}{n}(E_n(1)-E_n)=\frac{-2E_n}{n}.$$

(4) 식에 $[0,\ 1]$ 위에서 정적분을 취해 보자.

(5) $$-2\sum_{j=0}^{\max\{k,m\}}\frac{E_{k+m-j+1}}{k+m-j+1}\left(\binom{k}{j}+(-1)^j\binom{m}{j}\right)$$
$$=2(-1)^m B(k+1,\ m+1).$$

여기에서 $B(\alpha,\ \beta)$는 베타함수로서, 다음과 같이 정의된다.

$$B(\alpha,\ \beta)=\int_0^1 t^{\alpha-1}(1-t)^{\beta-1}dt=\frac{\Gamma(\alpha)\Gamma(\beta)}{\Gamma(\alpha+\beta)},\ (\alpha>0,\ \beta>0).$$

따라서 (5) 식은 다음과 같이 둘 수 있다.

(6) $$\sum_{j=0}^{\max\{k,m\}}\frac{E_{k+m-j+1}}{k+m-j+1}\left(\binom{k}{j}+(-1)^j\binom{m}{j}\right)$$
$$=(-1)^{m+1}\frac{\Gamma(k+1)\Gamma(m+1)}{\Gamma(k+m+2)}.$$

따라서 (4) 식에 의하여 다음 정리를 얻을 수 있다.

$m, k \in \mathbb{N}$에 대하여 다음이 성립한다.

(7) $$\sum_{j=0}^{\max\{k,m\}} \left(\binom{k}{j} E_{k+m-j+1}(x) + \binom{m}{j} (-1)^j E_{k+m-j}(x) \right) = 2x^k (x-1)^m .$$

식 (6)과 (7)에 의하여 다음이 성립한다.

(8) $m, k \in \mathbb{N}$에 대하여 다음이 성립한다.

(8) $$\sum_{j=1}^{\max\{k,m\}} \left(\binom{k}{j} + (-1)^j \binom{m}{j} \right) \frac{E_{k+m-j+1}}{k+m-j+1} = \frac{(-1)^{m+1}}{(k+m+1)\binom{k+m}{k}} - 2\frac{E_{k+m+1}}{k+m+1}.$$

(1)에 $x=0$를 취하여 보자.

(9) $$\sum_{j=1}^{\max\{k,m\}} \left(\binom{k}{j} + (-1)^j \binom{m}{j} \right) \frac{B_{k+m-j+1}}{k+m-j+1} = \frac{(-1)^{m+1}}{(k+m+1)\binom{k+m}{k}} - 2\frac{E_{k+m+1}}{k+m+1}.$$

(8), (9)에서 다음 식이 성립한다.

$$\sum_{j=1}^{\max\{k,m\}} \left(\binom{k}{j} + (-1)^j \binom{m}{j} \right) \frac{B_{k+m-j+1}}{k+m-j+1} = \frac{(-1)^{m+1}}{(k+m+1)\binom{k+m}{k}}$$
$$= \sum_{j=1}^{\max\{k,m\}} \left(\binom{k}{j} + (-1)^j \binom{m}{j} \right) \frac{E_{k+m-j+1}}{k+m-j+1} + 2\frac{E_{k+m+1}}{k+m+1}.$$

따라서 위의 식을 정리하면 다음이 성립한다.

$m,\ k \in \mathbb{N}$에 대하여,

(10)
$$\sum_{j=1}^{\max\{k,m\}} \binom{k}{j}\left(\frac{B_{k+m-j+1}}{k+m-j+1} - \frac{E_{k+m-j+1}}{k+m-j+1}\right)\frac{B_{k+m-j+1}}{k+m-j+1}$$
$$+\sum_{j=1}^{\max\{k,m\}} (-1)^{j+1}\binom{m}{j}\left(\frac{B_{k+m-j+1}}{k+m-j+1} + \frac{E_{k+m-j+1}}{k+m-j+1}\right)$$
$$= 2\frac{E_{k+m+1}}{k+m+1}.$$

특별히 $m = k+1$을 (10)에 대입해 보자.

$k \in \mathbb{N}$에 대하여,

(11)
$$\sum_{j=1}^{k+1} \binom{k}{j}\left(\frac{B_{2k+2-j}}{2k+2-j} - \frac{E_{2k+2-j}}{2k+2-j}\right)$$
$$+\sum_{j=1}^{k+1} (-1)^{j+1}\binom{k+1}{j}\left(\frac{B_{2k-j+2}}{2k-j+2} + \frac{E_{2k+2-j}}{2k+2-j}\right)$$
$$= 0.$$

(10)에서 다음이 유도된다.

$$2\sum_{j=1}^{\left[\frac{k}{2}\right]} \binom{k}{2j-1}\frac{B_{2k-2j+2}}{2k-2j+2} - \sum_{j=1}^{\left[\frac{k}{2}\right]} \binom{k}{2j}\frac{B_{2k-2j+1}}{2k-2j+1}$$
$$= 2\frac{E_{2k+1}}{2k+1}.$$

위의 계산에서 다음이 성립한다.

$m,\ k \in \mathbb{N}$에 대하여,

$$\sum_{j=1}^{\left[\frac{k}{2}\right]}\binom{k}{2j-1}\frac{B_{2k-2j+2}}{2k-2j+2}-\sum_{j=1}^{\left[\frac{k}{2}\right]}\binom{k}{2j}\frac{B_{2k-2j+1}}{2k-2j+1}$$
$$=\frac{E_{2k+1}}{2k+1}.$$

(4), (5)에서 다음이 성립한다.

$$\sum_{j=0}^{\max\{k,m\}}(k+m-j)\left(\binom{k}{j}+(-1)^j\binom{m}{j}\right)E_{k+m-j+1}(x)$$
$$=2x^{k-1}(x-1)^{m-1}((k+m)x-k).$$

(4) 식에서 $m=k$로 두자.

$$\sum_{j=0}^{\left[\frac{k}{2}\right]}\binom{k}{2j}E_{2k-2j}(x)=x^k(x-1)^k.$$

위 식을 $[0,\ 1]$ 위에서 정적분을 하면, 다음이 성립한다.

$$-2\sum_{j=0}^{\left[\frac{k}{2}\right]}\binom{k}{2j}\frac{E_{2k-2j+1}}{2k-2j+1}=(-1)^kB(k+1,\ k+1)=\frac{(-1)^k}{(2k+1)\binom{2k}{k}}.$$

$k\in\mathbb{N}$에 대하여 다음이 성립한다.

$$\sum_{j=0}^{\left[\frac{k}{2}\right]}\left(\binom{k}{2j}+\binom{k+1}{2j}\right)E_{2k-2j+1}(x)=x^k(x-1)^k(2x-1).$$

(4) 식에 $x=0$을 대입한다.

$$\sum_{j=0}^{k+1}\left(\binom{k}{j}+(-1)^j\binom{k+1}{j}\right)E_{2k-j+1}(x)=0,$$

$$\binom{k}{j}+\binom{k+1}{2j}=\frac{1}{k+1}\binom{k+1}{2j}(k-2j+1)+\frac{k+1}{k+1}\binom{k+1}{2j}$$

$$=\frac{1}{k+1}\binom{k+1}{2j}(k-2j+2).$$

위의 계산에서 다음이 성립한다.

$$\begin{aligned}
0&=\sum_{j=0}^{k+1}\left(\binom{k}{j}+(-1)^j\binom{k+1}{j}\right)E_{2k-j+1}\\
&=\sum_{j=0}^{\left[\frac{k+1}{2}\right]}\left(\binom{k}{2j}+\binom{k+1}{2j}\right)E_{2k-2j+1}\\
&=\sum_{j=0}^{\left[\frac{k+1}{2}\right]}\frac{1}{k+1}\binom{2k+1}{2j}(2k-2j+2)E_{2k-2j+1}\\
&=2E_{2k+1}+\frac{1}{k+1}\sum_{j=1}^{\left[\frac{k}{2}\right]}\binom{2k+1}{2j}(2k-2j+2)E_{2k-2j+1}.
\end{aligned}$$

따라서, $k\in\mathbb{N}$에 대하여 다음이 성립한다.

$$E_{2k+1}=-\frac{1}{2k+2}\sum_{j=1}^{\left[\frac{k}{2}\right]}\binom{2k+1}{2j}(2k-2j+2)E_{2k-2j+1}.$$

Bernoulli 및 Euler 다항식과 관련된 $\mathbb{Z}_p$ 상에서 p-진 적분

$m,\ k\in\mathbb{N}$이라 하자. 잘 알려진 Euler 수에 대한 Witt의 공식을 적용하면 다음 식이 성립한다.

$$\begin{aligned}
I_1&=\int_{\mathbb{Z}_p}x^k(x-1)^m d\mu_{-1}(x)\\
&=\sum_{l=0}^{m}\binom{m}{l}(-1)^l\int_{\mathbb{Z}_p}x^{k+l}d\mu_{-1}(x)\\
&=\sum_{l=0}^{m}\binom{m}{l}(-1)^l E_{k+l}.
\end{aligned}$$

(1) 식으로부터 I_1 값을 계산하면 다음과 같다.

$$I_1=\sum_{j=0}^{\max\{k,m\}}\left(\binom{k}{j}+(-1)^j\binom{m}{j}\right)\frac{1}{k+m+1-j}\int_{\mathbb{Z}_p}B_{k+m-j+1}(x)d\mu_{-1}(x)$$
$$=\sum_{j=1}^{\max\{k,m\}}\left(\binom{k}{j}+(-1)^j\binom{m}{j}\right)\frac{1}{k+m+1-j}\sum_{l=0}^{k+m+1-j}\binom{k+m+1-j}{l}B_{k+m+1-j-l}E_l\,.$$

따라서 m, $k\in\mathbb{N}$에 대하여 다음이 성립한다.

$$\sum_{l=0}^{m}\binom{m}{l}(-1)^lE_{k+l}$$
$$=\sum_{j=1}^{\max\{k,m\}}\left(\binom{k}{j}+(-1)^j\binom{m}{j}\right)\frac{1}{k+m+1-j}\sum_{l=0}^{k+m+1-j}\binom{k+m+1-j}{l}B_{k+m+1-j-l}E_l\,.$$

다음 식을 관찰하자.

$$I_2=\int_{\mathbb{Z}_p}x^k(x-1)^k\left(x-\frac{1}{2}\right)d\mu_{-1}(x)$$
$$=\sum_{l=0}^{k}\binom{k}{l}(-1)^l\int_{\mathbb{Z}_p}x^{2k+1-l}d\mu_{-1}(x)-\frac{1}{2}\sum_{l=0}^{k}\binom{k}{l}(-1)^l\int_{\mathbb{Z}_p}x^{2k-l}d\mu_{-1}(x)$$
$$=\sum_{l=0}^{k}\binom{k}{l}(-1)^l-\frac{1}{2}\sum_{l=0}^{k}\binom{k}{l}(-1)^lE_{2k-l}\,.$$

(3) 식으로부터 다음을 알 수 있다.

$$I_2=\sum_{j=0}^{\left[\frac{k}{2}\right]}\left(\binom{k}{2j+1}+\binom{k+1}{2j-1}\right)\frac{1}{2k+1-2j}\int_{\mathbb{Z}_p}B_{2k+1-2j}(x)d\mu_{-1}(x)$$
$$=\sum_{j=0}^{\left[\frac{k}{2}\right]}\left(\binom{k}{2j+1}+\binom{k+1}{2j-1}\right)\frac{1}{2k+1-2j}\sum_{l=0}^{2k+1-2j}\binom{2k+1-2j}{l}B_{2k+1-2j-l}E_l\,.$$

위 두 식을 결합하면, 다음을 알 수 있다.

$k \in \mathbb{N}$에 대하여

$$\sum_{l=0}^{k}\binom{k}{l}(-1)^l E_{2k-l+1} - \frac{1}{2}\sum_{l=0}^{k}\binom{k}{l}(-1)^l E_{2k-l}$$

$$= \sum_{j=1}^{\left[\frac{k}{2}\right]}\left(\binom{k}{2j+1}+\binom{k+1}{2j+1}\right)\frac{1}{2k+1-2j}\sum_{l=0}^{2k+1-2j}\binom{2k+1-2j}{l}B_{2k+1-2j-l}E_l.$$

Euler 수의 적분방정식으로부터 다음 방정식을 유도할 수 있다.

$$\int_{\mathbb{Z}_p} x^{2n+1} d\mu_{-1}(x) = -\frac{1}{2n+2}\sum_{j=1}^{\left[\frac{n}{2}\right]}\binom{2n+1}{2j}(2n-2j+2)\int_{\mathbb{Z}_p} x^{2n-2j+1} d\mu_{-1}(x).$$

위 식에 Euler 수의 Witt 공식을 적용하여 다시 쓰면 다음과 같다.

$$E_{2n+1} = -\frac{1}{2n+2}\sum_{j=1}^{\left[\frac{n}{2}\right]}\binom{2n+1}{2j}(2n-2j+2)E_{2n-2j+1}, \quad n \in \mathbb{N}.$$

다음 p-진 적분을 생각하자.

$$I_3 = 2\int_{\mathbb{Z}_p} x^k (x-1)^m d\mu(x) = 2\sum_{l=0}^{m}\binom{m}{l}(-1)^l B_{m+kl}.$$

Bosonic p-진 적분을 생각하면, (4) 식에서 다음이 성립한다.

$$I_3 = \sum_{j=0}^{\max\{k,m\}}\left(\binom{k}{j}+(-1)^j\binom{m}{j}\right)\int_{\mathbb{Z}_p} E_{k+m-j}(x)d\mu(x)$$

$$= \sum_{j=0}^{\max\{k,m\}}\left(\binom{k}{2j+1}+\binom{k+1}{2j-1}\right)\sum_{l=0}^{k+m-j}\binom{k+m-j}{l}E_{k+m-j-l}B_l.$$

따라서, $k \in \mathbb{N}$에 대하여 다음을 알 수 있다.

$$\begin{aligned}&2\sum_{l=0}^{m}\binom{m}{l}(-1)^{l}B_{m+k-l}\\&=\sum_{j=1}^{\max\{k,m\}}\left(\binom{k}{j}+(-1)^{j}\binom{m}{j}\right)\sum_{l=0}^{k+m-j}\binom{k+m-j}{l}E_{k+m-j-l}B_{l}.\end{aligned}$$

2. Bernoulli 수와 Euler 수에 대한 새로운 항등식

p-진 적분에서 Bernoulli 다항식 및 Euler 다항식의 Witt 공식과 반사 대칭식을 이용하여 Bernoulli 수와 Euler 수에 대한 새로운 항등식을 유도한다.

동시에 Bernoulli 다항식과 Euler 다항식의 곱, Bernoulli 다항식과 Bernstein 다항식의 곱, Euler 다항식과 Bernstein 다항식의 곱 및 Bernoulli 다항식, Euler 다항식 그리고 Bernstein 다항식의 세 개 다항식의 곱에 대한 p-진 적분값을 계산하여 Bernoulli 수 및 Euler 수에 대한 새로운 항등식을 소개한다. Kim, Kim, Rim, Lee 등에 의해서 연구된 결과를 소개한다([10]).

p는 고정된 소수라 하자. $\mathbb{Z}_p$, $\mathbb{Q}_p$ 및 $\mathbb{C}_p$는 p-진 정수환, p-진 유리수 체 및 $\mathbb{Q}_p$의 대수적 폐포를 나타낸다. $UD(\mathbb{Z}_p)$는 일양미분 가능한 $\mathbb{Z}_p$ 위에서 함수의 집합이다.

$f \in UD(\mathbb{Z}_p)$에 대하여 $\mathbb{Z}_p$ 위에서 *bosonic p-진 적분*은 다음과 같이 정의되었다.

$$I(f)=\int_{\mathbb{Z}_p} f(x)\,d\mu(x)=\lim_{N\to\infty}\sum_{x=0}^{p^N-1} f(x)\,\mu\left(x+p^N\mathbb{Z}_p\right)=\lim_{N\to\infty}\frac{1}{p^N}\sum_{x=0}^{p^N-1} f(x).$$

$f_1(x)=f(x+1)$을 위 식에 대입하면, 다음과 같은 적분방정식이 유도된다.

$$I(f_1)=I(f)+f'(0),\ \text{단}\ f_1(x)=f(x+1)$$

잘 알려진 대로, Bernoulli 다항식은 생성함수를 이용하여 다음과 같이 정의된다.

$$F(t,\ x)=\frac{t}{e^t-1}e^{xt}=e^{B(x)t}=\sum_{n=0}^{\infty}B_n(x)\frac{t^n}{n!}.$$

세 번째 식의 전개과정에서 $B^n(x)$를 네 번째 식에서 $B_n(x)$, $(n \geq 0)$로 기록하기로 약속한다. 특별히 $x=0$일 때, $B_n(0)=B_n$, n번째 Bernoulli 수가 된다.

따라서 Bernoulli 수에 대한 생성함수는 다음 식과 같이 주어진다.

$$F(t)=F(t,\ 0)=\frac{t}{e^t-1}=\sum_{n=0}^{\infty}B_n\frac{t^n}{n!}.$$

다음과 같은 점화식을 유도할 수 있다.

$$B_0=1, \qquad (B+1)^n-B_n=\delta_{1,n}.$$

여기에서 $\delta_{1,n}$은 Kronecker 기호이다.

따라서 Bernoulli 다항식과 Bernoulli 수의 관계식을 구할 수 있다.

$$B_n(x)=\sum_{l=0}^{n}\binom{n}{l}B_l x^{n-l}=\sum_{l=0}^{n}\binom{n}{l}B_{n-l}x^l.$$

위의 bosonic p-진 적분방정식에 $f(x)=e^{xt}$을 대입하면 Bernoulli 다항식의 생성함수 표현이 유도된다. 따라서 다음이 성립한다.

$$\int_{\mathbb{Z}_p} e^{(x+y)t}d\mu(y)=\frac{t}{e^t-1}e^{xt}=\sum_{n=0}^{\infty}B_n(x)\frac{t^n}{n!}.$$

이 식을 해석하면 $B_n(x)$ n번째 Bernoulli 다항식에 관한 Witt의 공식이 유도된다.

$$\int_{\mathbb{Z}_p}(x+y)^n d\mu(y)=B_n(x),\ 단\ n\in\mathbb{Z}_+.$$

Bosonic p-진 적분 정의와 Bernoulli 다항식의 Witt 공식을 이용하면 다음 식이 유도된다.

$$\int_{\mathbb{Z}_p}(y+1-x)^n d\mu(y)=(-1)^n\int_{\mathbb{Z}_p}(y+x)^n d\mu(y).$$

따라서 위의 두 식에 의하여, Bernoulli 다항식에 관한 반사 대칭식이 아래와 같이 유도된다.

(12) $B_n(1-x)=(-1)^n B_n(x)$, 단 $n \in \mathbb{Z}_+$.

Euler 다항식 $E_n(x)$는 생성함수를 이용하여 다음 식으로 정의된다.

$$F_e(t,\ x)=\frac{2}{e^t+1}e^{xt}=\sum_{n=0}^{\infty}E_n(x)\frac{t^n}{n!}.$$

여기에서 $E^n(x)$는 편의상 $E_n(x)$로 기록하기로 약속한다.

특별히 $x=0$인 경우 $E_n(0)=E_n$, 이때 n *번째 Euler* 수라 부른다. Euler 다항식의 생성함수 표현식을 변형하면 다음 식이 된다.

$$\frac{2}{e^t+1}e^{xt}=\frac{2}{1+e^{-t}}e^{-(1-x)t}=\sum_{n=0}^{\infty}(-1)^n E_n(1-x)\frac{(t)^n}{n!}.$$

위 두 식의 양변의 계수를 비교하면, Euler 다항식에 관한 반사대칭식이 주어진다.

(13) $E_n(x)=(-1)^n E_n(1-x)$, 단 $n \in \mathbb{Z}_+$.

Bernoulli 다항식 및 Euler 다항식의 반사대칭식 (12)와 (13)은 두 결과를 얻어 내는 데 매우 유용한 방정식이다.

$n,\ k \in \mathbb{Z}_+$에 대하여 Bernstein 다항식은 다음과 같이 정의된다.

$$B_{k,n}(x)=\binom{n}{k}x^k(1-x)^{n-k}.$$

Bernstein 다항식의 정의에서 반사대칭식을 얻어 낼 수 있다.

(14) $B_{k,n}(x)=B_{n-k,n}(1-x)$.

n번째 Bernoulli 다항식 $B_n(x)$에 대하여 $\mathbb{Z}_p$ 위에서 p-진 적분값을 구해 보자.

$$\begin{aligned} I_1 &= \int_{\mathbb{Z}_p} B_n(x)\,d\mu(x) = \sum_{l=0}^{n}\binom{n}{l}B_{n-l}\int_{\mathbb{Z}_p} x^l\,d\mu(x) \\ &= \sum_{l=0}^{n}\binom{n}{l}B_{n-l}B_l,\ \text{단}\ n\in\mathbb{Z}_+. \end{aligned} \tag{15}$$

한편 p-진 적분 정의와 Bernoulli 다항식의 반사 대칭식에 의해서 I_1의 값을 다음과 같이 표현할 수 있다.

$$I_1 = (-1)^n\int_{\mathbb{Z}_p} B_n(1-x)\,d\mu(x).$$

$B_n(1-x)$에 대하여 Bernoulli 수 및 다항식의 관계식 표현을 하면 다음을 알 수 있다.

$$\begin{aligned} I_1 &= (-1)^n\sum_{l=0}^{n}\binom{n}{l}B_{n-l}\int_{\mathbb{Z}_p}(1-x)^l\,d\mu(x) \\ &= (-1)^n\sum_{l=0}^{n}\binom{n}{l}B_{n-l}(l+B_l+\delta_{1,l}) \\ &= (-1)^n nB_{n-l}(1)+(-1)^n\sum_{l=0}^{n}\binom{n}{l}B_{n-l}B_l+(-1)^n nB_{n-l}. \end{aligned} \tag{16}$$

(15) 식과 (16) 식을 같게 놓으면 다음 식이 성립한다.

$$\begin{aligned} (1+(-1)^{n+1})\sum_{l=0}^{n}\binom{n}{l}B_{n-l}B_l &= (-1)^n n(\delta_{1,n-l}+B_{n-1})+(-1)^n nB_{n-1} \\ &= 2(-1)^n nB_{n-l}+(-1)^n n\delta_{1,n-1}. \end{aligned}$$

위 식에서 n이 홀수이면 다음이 성립한다.

$$\sum_{l=0}^{2n-1}\binom{2n-1}{l}B_{2n-1-l}B_l = -(2n-1)B_{2n-2}.$$

n번째 Euler 다항식 $E_n(x)$에 대하여 $\mathbb{Z}_p$ 위에서 p-진 적분값을 구해 보자.

$$(17)\quad \begin{aligned} I_2 &= \int_{\mathbb{Z}_p} E_n(x)\,d\mu(x) = \sum_{l=0}^{n}\binom{n}{l}E_{n-l}\int_{\mathbb{Z}_p} x^l\,d\mu(x) \\ &= \sum_{l=0}^{n}\binom{n}{l}E_{n-l}B_l, \text{ 단 } n\in\mathbb{Z}_+ . \end{aligned}$$

한편 Euler 다항식의 생성함수 표현과 p-진 적분의 정의에 의해서 I_2 값을 다음과 같이 표현할 수 있다.

$$(18)\quad \begin{aligned} I_2 &= (-1)^n\int_{\mathbb{Z}_p} E_n(1-x)\,d\mu(x) = (-1)^n\sum_{l=0}^{n}\binom{n}{l}E_{n-l}\int_{\mathbb{Z}_p}(1-x)^l\,d\mu(x) \\ &= (-1)^n\sum_{l=0}^{n}\binom{n}{l}E_{n-l}(l+B_l+\delta_{1,l}) \\ &= n(-1)^nE_{n-l}(1)+(-1)^n\sum_{l=0}^{n}\binom{n}{l}E_{n-l}B_l+(-1)^n nE_{n-l}. \end{aligned}$$

Euler 다항식과 Euler 수의 관계에 의해서 다음 식이 성립됨은 잘 알려져 있다.

$$E_n(x) = \sum_{l=0}^{n}\binom{n}{l}E_l x^{n-l} = \sum_{l=0}^{n}\binom{n}{l}E_{n-l}x^l = (E+x)^n,$$

$$E_0 = 1\ ,\ (E+1)^n + E_n = 2\delta_{0,n}\,.$$

여기에서 E^n을 E_n으로 기록하기로 약속한다. 위의 기본성질로부터 I_2 값을 구하면 다음과 같다.

$$(19)\quad I_2 = n(-1)^n(2\delta_{0,n-1}-E_{n-1})+(-1)^n nE_{n-1}+(-1)^n\sum_{l=0}^{n}\binom{n}{l}E_{n-l}B_l\,.$$

식 (18)과 (19)를 같게 놓으면, $n \in \mathbb{N} \cup \{0\}$일 때, 다음 식이 성립한다.

$$\left(1+(-1)^{n-1}\right)\sum_{l=0}^{n}\binom{n}{l}E_{n-l}B_l = 2n(-1)^n \delta_{0,n-1}.$$

특별히 위 식에서 n이 홀수인 경우, 다음이 성립한다.

$$\sum_{l=0}^{2n+1}\binom{2n+1}{l}E_{2n+1-l}B_l = 0\,, \quad n \in \mathbb{N}.$$

Bernoulli 다항식과 Euler 다항식의 곱에 대하여 $\mathbb{Z}_p$ 위에서 p-진 적분값을 구해 보자.

$$\begin{aligned} I_3 &= \int_{\mathbb{Z}_p} B_m(x)E_n(x)\,d\mu(x) \\ &= \sum_{k=0}^{m}\sum_{l=0}^{n}\binom{m}{k}\binom{n}{l}B_{m-k}E_{n-l}\int_{\mathbb{Z}_p} x^{k+l}(x)\,d\mu(x) \\ &= \sum_{k=0}^{m}\sum_{l=0}^{n}\binom{m}{k}\binom{n}{l}B_{m-k}E_{n-l}B_{k+l}. \end{aligned} \tag{20}$$

Bernoulli 다항식 및 Euler 다항식의 반사대칭식과 (12), (13)을 이용하여 I_3 값을 표현할 수 있다.

$$\begin{aligned} I_3 &= (-1)^{m+n}\int_{\mathbb{Z}_p} B_m(1-x)E_n(1-x)\,d\mu(x) \\ &= (-1)^{m+n}\sum_{k=0}^{m}\sum_{l=0}^{n}\binom{m}{k}\binom{n}{l}B_{m-k}E_{n-l}\int_{\mathbb{Z}_p}(1-x)^{k+l}\,d\mu(x) \\ &= (-1)^{m+n}\sum_{k=0}^{m}\sum_{l=0}^{n}\binom{m}{k}\binom{n}{l}B_{m-k}E_{n-l}\left(k+l+B_{k+l}+\delta_{1,k+l}\right) \\ &= (-1)^{m+n}mB_{m-1}(1)E_n(1)+(-1)^{m+n}nB_m(1)E_{n-1}(1) \\ &\quad +(-1)^{m+n}\sum_{k=0}^{m}\sum_{l=0}^{n}\binom{m}{k}\binom{n}{l}B_{m-k}E_{n-l}B_{k+l} \\ &\quad +(-1)^{m+n}\left(mB_{m-1}E_n+nB_mE_{n-1}\right). \end{aligned} \tag{21}$$

위 두 식 (20)과 (21)을 같게 두자. 다음 식이 성립한다.

$$\begin{aligned}&((-1)^{m+n+1}+1)\sum_{k=0}^{m}\sum_{l=0}^{n}\binom{m}{k}\binom{n}{l}B_{m-k}E_{n-l}B_{k+l}\\&=(-1)^{m+n}m(B_{m-1}+\delta_{1,m-1})(2\delta_{0,n}-E_n)\\&\quad+(-1)^{m+n}n(B_m+\delta_{1,m})(2\delta_{0,n-1}-E_{n-1})+(-1)^{m+n}(nB_mE_{n-1}+mB_{m-1}E_n).\end{aligned}$$

$n\in\mathbb{N}$에 대하여, 위 식으로부터 다음이 성립한다.

$$\begin{aligned}&((-1)^{m+1}+1)\sum_{k=0}^{m}\sum_{l=0}^{2n}\binom{m}{k}\binom{2n}{l}B_{m-k}E_{2n-l}B_{k+l}\\&=(-1)^{m+1}2n(B_m+\delta_{1,m})E_{2n-1}+(-1)^m(2nB_mE_{2n-1})\\&=(-1)^{m+1}2n\delta_{1,n}E_{2n-1}.\end{aligned}$$

특별히, 위 식에서 m이 홀수인 경우에는

$$\sum_{k=0}^{2m+1}\sum_{l=0}^{2n}\binom{2m+1}{k}\binom{2n}{l}B_{2m+1-k}E_{2n-l}B_{k+l}=0.$$

Bernoulli 다항식과 Bernstein 다항식의 곱에 대하여 $\mathbb{Z}_p$ 위에서 p-진 적분값을 구해 보자.

$$I_4=\int_{\mathbb{Z}_p}B_m(x)B_{k,n}(x)d\mu(x),\ \text{단}\ m,\ n,\ k\in\mathbb{N}\cup\{0\}.$$

Bernoulli 다항식 및 Bernstein 다항식의 생성함수 표현으로부터 I_4를 다음과 같이 표현할 수 있다.

$$I_4 = \sum_{l=0}^{m} \binom{m}{l} B_{m-l} \int_{\mathbb{Z}_p} x^l B_{k,n}(x)\, d\mu(x)$$

(22) $$= \binom{n}{k} \sum_{l=0}^{m} \binom{m}{l} B_{m-l} \int_{\mathbb{Z}_p} x^{k+l} (1-x)^{n-k}\, d\mu(x)$$

$$= \binom{n}{k} \sum_{l=0}^{m} \sum_{j=0}^{n-k} (-1)^j \binom{m}{l} \binom{n-k}{j} B_{m-l} B_{k+l+j}.$$

한편, Bernoulli 다항식 및 Bernstein 다항식의 반사대칭식을 이용하여 I_4 값을 구해 보자.

$$I_4 = (-1)^m \int_{\mathbb{Z}_p} B_m(1-x) B_{n-k,n}(1-x)\, d\mu(x)$$

$$= (-1)^m \binom{n}{k} \sum_{l=0}^{m} \sum_{j=0}^{k} (-1)^j \binom{m}{l} \binom{k}{j} B_{m-l} (n-k+j+l+B_{n-k+l+j}+\delta_{1,n-k+l+j})$$

(23) $$= (-1)^m \binom{n}{k} (n-k) B_m(1) \delta_{0,k} + (-1)^m \binom{n}{k} m B_{m-1}(1) \delta_{0,k}$$

$$- (-1)^m \binom{n}{k} m B_m(1) k \delta_{0,k-1} + (-1)^m \binom{n}{k} \sum_{l=0}^{m} \sum_{j=0}^{k} (-1)^j \binom{m}{l} \binom{k}{j} B_{m-l} B_{n-k+l+j}$$

$$+ (-1)^m \binom{n}{k} (m B_{m-1} - k B_m) \delta_{n,k} + (-1)^m \binom{n}{k} B_m \delta_{n,k+1}.$$

위 두 식 (22)와 (23)을 같게 두고 식을 비교하자.

$$(-1)^m \sum_{l=0}^{m} \sum_{j=0}^{n-k} (-1)^j \binom{m}{l} \binom{n-k}{j} B_{m-l} B_{k+l+j}$$

$$= ((n-k) B_m(1) + m B_{m-1}(1)) \delta_{0,k} - k B_m(1) \delta_{0,k-1} + (m B_{m-1} - k B_m) \delta_{n,k}$$

$$+ B_m \delta_{n,k+1} + \sum_{l=0}^{m} \sum_{j=0}^{k} (-1)^j \binom{m}{l} \binom{k}{j} B_{m-l} B_{n-k+l+j}.$$

$n,\ m \in \mathbb{N}$에 대하여 다음과 같이 정리할 수 있다.

$$\sum_{l=0}^{2m} \sum_{j=0}^{2n} (-1)^j \binom{2m}{l} \binom{2n}{j} B_{2m-l} B_{l+j} = 2n B_{2m} + \sum_{l=0}^{2m} \binom{2m}{l} B_{2m-l} B_{2n+l}.$$

Euler 다항식과 Bernstein 다항식의 곱에 대하여 $\mathbb{Z}_p$ 위에서 p-진 적분값을 구해 보자.

$$
\begin{aligned}
I_5 &= \int_{\mathbb{Z}_p} E_m(x) B_{k,n}(x)\, d\mu(x) \\
&= \sum_{l=0}^{m} \binom{m}{l} E_{m-l} \int_{\mathbb{Z}_p} x^l B_{k,n}(x)\, d\mu(x) \qquad (24) \\
&= \binom{n}{k} \sum_{l=0}^{m} \sum_{j=0}^{n-k} (-1)^j \binom{m}{l} \binom{n-k}{j} E_{m-l} B_{k+l+j}.
\end{aligned}
$$

Euler 다항식과 Bernstein 다항식의 반사대칭식을 이용하여 I_5 값을 표현하자.

$$
\begin{aligned}
I_5 &= (-1)^m \int_{\mathbb{Z}_p} B_{n-k,n}(1-x)\, E_m(1-x)\, d\mu(x) \\
&= (-1)^m \binom{n}{k} \sum_{l=0}^{m} \sum_{j=0}^{k} (-1)^j \binom{m}{l} \binom{k}{j} E_{m-l} \int_{\mathbb{Z}_p} (1-x)^{n-k+l+j} d\mu(x) \\
&= (-1)^m \binom{n}{k} \sum_{l=0}^{m} \sum_{j=0}^{k} (-1)^j \binom{m}{l} \binom{k}{j} (n-k+l+j+B_{n-k+l+j}+\delta_{1,n-k+l+j}) E_{m-l} \qquad (25) \\
&= (-1)^m (n-k) \binom{n}{k} E_m(1)\delta_{0,k} + (-1)^m \binom{n}{k} m E_{m-1}(1)\delta_{0,k} - (-1)^m \binom{n}{k} E_m(1) k \delta_{0,k-1} \\
&\quad + (-1)^m \binom{n}{k} \sum_{l=0}^{m} \sum_{j=0}^{k} (-1)^j \binom{m}{l} \binom{k}{j} E_{m-l} B_{n-k+l+j} \\
&\quad + (-1)^m \binom{n}{k} \left(\delta_{n,k+1} E_m + \delta_{n,k} (m E_{m-1} - k E_m) \right).
\end{aligned}
$$

위 두 식을 같게 두고 계산한다.

$$
\begin{aligned}
&(-1)^m \sum_{l=0}^{m} \sum_{j=0}^{n-k} (-1)^j \binom{m}{l} \binom{n-k}{j} E_{m-l} B_{k+l+j} \\
&= (n-k) E_m(1) \delta_{0,k} + m \delta_{0,k} E_{m-1}(1) - k E_m(1) \delta_{0,k-1} \\
&\quad + \sum_{l=0}^{m} \sum_{j=0}^{k} (-1)^j \binom{m}{l} \binom{k}{j} E_{m-l} B_{n-k+l+j} + \delta_{n,k+1} E_m + (m E_{m-1} - k E_m) \delta_{n,k}.
\end{aligned}
$$

$n,\ m \in \mathbb{N}$에 대하여 위 식을 다음과 같이 정리할 수 있다.

$$\sum_{l=0}^{2m}\sum_{j=0}^{2n}(-1)^j\binom{2m}{l}\binom{2n}{j}E_{2m-l}B_{l+j}=-2m\,E_{2m-1}+B_{2m+2n}.$$

Euler 다항식, Bernoulli 다항식 및 Bernstein 다항식의 곱에 대하여 $\mathbb{Z}_p$ 위에서 p-진 적분값을 구해 보자.

$$\begin{aligned} I_6 &= \int_{\mathbb{Z}_p} B_r(x)\,E_s(x)\,B_{k,n}(x)\,d\mu(x) \\ &= \binom{n}{k}\sum_{l=0}^{r}\sum_{j=0}^{s}\binom{r}{l}\binom{s}{j}B_{r-l}E_{s-j}\int_{\mathbb{Z}_p} x^{k+l+j}(1-x)^{n-k}\,d\mu(x) \\ &= \binom{n}{k}\sum_{l=0}^{r}\sum_{j=0}^{s}\sum_{i=0}^{n-k}(-1)^i\binom{r}{l}\binom{s}{j}\binom{n-k}{i}B_{r-l}E_{s-j}B_{k+l+i+j}. \end{aligned} \tag{26}$$

(22), (25), (26) 반사대칭식을 이용하여 I_6 값을 표현해 보자.

$$\begin{aligned} I_6 &= (-1)^{r+s}\int_{\mathbb{Z}_p} B_r(1-x)\,E_s(1-x)\,B_{n-k,n}(1-x)\,d\mu(x) \\ &= (-1)^{r+s}\binom{n}{k}\sum_{l=0}^{r}\sum_{j=0}^{s}\sum_{i=0}^{k}(-1)^i\binom{r}{l}\binom{s}{j}\binom{k}{i}B_{r-l}E_{s-j}\int_{\mathbb{Z}_p}(1-x)^{n-k+l+i+j}d\mu(x). \end{aligned} \tag{27}$$

위 두 식의 값을 같게 두고, 값을 비교해 보자.

$$\begin{aligned} &(-1)^{r+s}\sum_{l=0}^{r}\sum_{j=0}^{s}\sum_{i=0}^{n-k}(-1)^i\binom{r}{l}\binom{s}{j}\binom{n-k}{i}B_{r-l}E_{s-j}B_{k+l+i+j} \\ =\; & \sum_{l=0}^{r}\sum_{j=0}^{s}\sum_{i=0}^{k}(-1)^i\binom{r}{l}\binom{s}{j}\binom{k}{i}\big(n-k+l+i+j+B_{n-k+l+i+j}+\delta_{1,n-k+l+i+j}\big)B_{r-l}E_{s-j} \\ =\; & (n-k)B_r(1)E_s(1)\delta_{0,k}+rB_{r-1}(1)\delta_{0,k}E_s(1)+sB_r(1)E_{s-1}(1)\delta_{0,k} \\ & -kB_r(1)E_s(1)\delta_{0,k-1}+\sum_{l=0}^{r}\sum_{j=0}^{s}\sum_{i=0}^{k}(-1)^i\binom{r}{l}\binom{s}{j}\binom{k}{i}B_{r-l}E_{s-j}B_{n-k+l+i+j} \\ & +\delta_{n,k+1}B_rE_s+\big(rB_{r-1}E_s+sB_rE_{s-1}-kB_rE_s\big)\delta_{n,k}. \end{aligned}$$

$r, n, s \in \mathbb{N}$에 대하여 위 식을 다음과 같이 정리할 수 있다.

$$\begin{aligned}&\sum_{l=0}^{2r}\sum_{j=0}^{2s}\sum_{i=0}^{2n}(-1)^i\binom{2r}{l}\binom{2s}{j}\binom{2n}{i}B_{2r-l}E_{2s-j}B_{l+i+j}\\ =\ & -2sB_{2r}E_{2s-1}+\sum_{l=0}^{r}\binom{2r}{2l}B_{2r-2l}B_{2n+2l+2s}-r\sum_{j=1}^{s}\binom{2s}{2j-1}E_{2s-2j+1}B_{2n+2r+2j-2}.\end{aligned}$$

3. Hermite 다항식의 응용, Bernoulli 수 및 Euler 수와 관련

이 절에서는 Hermite 다항식의 직교성을 이용하여 Bernoulli 및 Euler 다항식에 대한 항등식과 산술적 성질을 유도한다.

잘 알려진 대로 Euler 다항식, $E_n(x)$는 생성함수에 의해서 다음과 같이 주어진다.

$$\frac{2}{e^t+1}e^{xt}=e^{E(x)t}=\sum_{n=0}^{\infty}E_n(x)\frac{t^n}{n!}.$$

가운데 식의 전개에서 $E^n(x)$를 $E_n(x)$로 세 번째 식에서 기록하기로 약속한다. Euler 다항식 $E_n(x)$에서 $x=0$일 때, $E_n(0)=E_n$을 *n 번째 Euler 수*라 한다. Euler 다항식과 Euler 수의 정의에 의해 다음 사실을 알 수 있다.

$$E_n(x)=(E+x)^n=\sum_{l=0}^{n}\binom{n}{l}E_l x^{n-l}=\sum_{l=0}^{n}\binom{n}{l}E_{n-l}x^l.$$

여기에서 E^n을 E_n으로 기록하기로 약속한다. Bernoulli 수는 다음과 같이 점화식을 만족한다.

$$B_0=1,\qquad (B+1)^n-B_n=\delta_{1,n}.$$

여기에서 $\delta_{k,n}$은 Kronecker 기호이다. Bernoulli 다항식과 Bernoulli 수의 관계는 다음 식으로 주어진다.

$$B_n(x) = (B+x)^n = \sum_{l=0}^{n} \binom{n}{l} B_l x^{n-l} = \sum_{l=0}^{n} \binom{n}{l} B_{n-l} x^l .$$

여기에서 B^n을 B_n으로 기록하기로 약속한다. Hermite 다항식은 생성함수에 의해 다음과 같이 정의한다([6, 19]).

$$e^{2xt-t^2} = e^{H(x)t} = \sum_{n=0}^{\infty} H_n(x) \frac{t^n}{n!} . \tag{28}$$

여기에서 $H^n(x)$는 $H_n(x)$로 기록한다. Hermite 다항식의 정의로부터 다음 항등식을 유도할 수 있다.

$$\begin{aligned} H_n(x) &= \left(\frac{\partial}{\partial t}\right)^n e^{2xt-t^2}\bigg|_{t=0} = e^{x^2}\left(\frac{\partial}{\partial t}\right)^n e^{-(x-t)^2}\bigg|_{t=0} \\ &= (-1)^n e^{x^2}\left(\frac{\partial}{\partial x}\right)^n e^{-(x-t)^2}\bigg|_{t=0} = (-1)^n e^{x^2}\left(\frac{d^n}{dx^n} e^{-x^2}\right). \end{aligned} \tag{29}$$

다음과 같이 두 개의 연산 O_1과 O_2의 정의를 생각해 보자.

$$\begin{aligned} f \mapsto O_1 f &= -\left(e^{x^2} \frac{d}{dx} e^{-x^2}\right) f = 2xf - \frac{df}{dx} , \\ f \mapsto O_2 f &= \left(e^{x^2/2}\left(x - \frac{d}{dx}\right) e^{-x^2/2}\right) f = 2xf - \frac{df}{dx} . \end{aligned} \tag{30}$$

위 식에 의하여 $O_1 = O_2$임을 알 수 있다.

특별히 (30)에서 $f=1$을 취하면, 다음이 성립한다.

$$-e^{x^2}\left(\frac{d}{dx} e^{-x^2}\right) = e^{x^2/2}\left(x - \frac{d}{dx}\right) e^{-x^2/2} . \tag{31}$$

O_1, O_2에 n차례 연산을 취하면 다음 식이 성립한다.

$$(32)\qquad (-1)^n e^{x^2}\left(\frac{d^n}{dx^n}e^{-x^2}\right)=\left(-e^{x^2}\frac{d}{dx}e^{-x^2}\right)^n.$$

(31) 식으로부터 다음 식이 성립한다.

$$(33)\qquad \begin{aligned}&(-1)^n e^{x^2}\left(\frac{d^n e^{-x^2}}{dx^n}\right)=\left(-e^{x^2}\frac{de^{-x^2}}{dx}\right)^n\\ &=\left(e^{x^2/2}\left(x-\frac{d}{dx}\right)e^{-x^2/2}\right)^n= e^{x^2/2}\left(x-\frac{d}{dx}\right)^n e^{-x^2/2}.\end{aligned}$$

(29)와 (33)에 의하여 Hermite 다항식을 다음과 같이 표현할 수 있다([28]).

$$(34)\qquad H_n(x)= e^{x^2/2}\left(x-\frac{d}{dx}\right)^n e^{-x^2/2}.$$

여기에서 $x=0$ 일 때, $H_n(0)=H_n$ 을 n *번째 Hermite 수*라 부른다. Hermite 다항식의 생성함수 표현으로부터 Hermite 수를 이용하여 다음과 같은 식을 전개할 수 있다.

$$(35)\qquad H_n(x)=(H+2x)^n=\sum_{l=0}^{n}\binom{n}{l}H_{n-l}2^l x^l.$$

위 전개식에서 H^n 을 H_n 으로 기록한다. Hermite 다항식의 생성함수 표현식에서 $x=0$ 으로 두면 다음 식이 성립한다.

$$(36)\qquad \sum_{n=0}^{\infty}H_n\frac{t^n}{n!}=e^{-t^2}=\sum_{l=0}^{\infty}\frac{(-1)^n}{n!}t^{2n}.$$

위 식에서 양변의 계수를 비교하면 다음 식이 성립한다.

$$H_{2n}=(-1)^n 2n(2n-1)\cdots(n+1)=\frac{(-1)^n(2n)!}{n!},\qquad H_{2n-1}=0.$$

여기에서 $n \in N$이다. Hermite 다항식과 Hermite 수의 관계식으로부터, 다음 계산을 할 수 있다.

$$\frac{dH_n(x)}{dx} = 2nH_{n-1}(x) \quad (n \in N). \tag{37}$$

위 식은 $H_n(x)$와 $H_{n-1}(x)$의 관계식이다. 유리수 계수를 갖는 n차 이하의 다항식의 집합을 다음과 같이 두자.

$$\mathbb{P}_n = \{p \in \mathbb{Q}[x] \mid \deg p(x) \le n\}.$$

$\mathbb{P}_n$은 $\mathbb{Q}$ 위에서 $n+1$차원의 벡터공간이 된다. 여기에서 $\{1, x, x^2, \cdots, x^n\}$은 $\mathbb{P}_n$의 자연스러운 기저가 됨을 알고 있다. 그러나 $\{H_0(x), H_1(x), H_2(x), \cdots, H_n(x)\}$도 $\mathbb{P}_n$의 기저가 된다. 이 사실은 Hermite 다항식을 이용한 Bernoulli 수 및 Euler 수에 대한 계산 및 조합론적인 응용에 이용된다. $p(x) \in \mathbb{P}_n$에 대하여, $C_k \in \mathbb{Q}$를 결정하여 다음과 같이 표현할 수 있다.

$$p(x) = \sum_{k=0}^{n} C_k H_k(x).$$

$p(x)$에 여러 가지 정보를 제공하여 C_k를 계산하는 방법을 알아보는 것이 이 절의 목적 중 하나다.

Hermite 다항식의 성질

(36) 식으로부터 다음과 같은 식을 유도할 수 있다.

$$\begin{aligned} 1 = e^{-t^2}e^{t^2} &= \left(\sum_{m=0}^{\infty} \frac{H_m t^m}{m!}\right)\left(\sum_{l=0}^{\infty} \frac{t^{2l}}{l!}\right) \\ &= \left(\sum_{m=0}^{\infty} H_{2m} \frac{t^{2m}}{(2m)!}\right)\left(\sum_{l=0}^{\infty} \frac{(2l)(2l-1)\cdots(l+1)}{(2l)!} t^{2l}\right) \\ &= \sum_{n=0}^{\infty}\left(\sum_{l=0}^{n} \frac{(2l)(2l-1)\cdots(l+1)}{(2l)!(2n-2l)!} H_{2n-2l}(2n)!\right)\frac{t^{2n}}{(2n)!} \\ &= \sum_{n=0}^{\infty}\left(\sum_{l=0}^{n} l!\binom{2l}{l}\binom{2n}{2l} H_{2n-2l}\right)\frac{t^{2n}}{(2n)!}. \end{aligned} \tag{38}$$

위 식에서 $n \in Z_+ = N \cup \{0\}$에 대하여, 다음과 같은 점화식을 밝힐 수 있다.

$$\sum_{l=0}^{n} l! \binom{2l}{l} \binom{2n}{2l} H_{2n-2l} = \begin{cases} 1 & \text{if } n = 0, \\ 0 & \text{if } n \neq 0. \end{cases}$$

Hermite 다항식의 정의에서 x 대신 $-x$를 대입하여 다음 식을 얻는다.

$$\sum_{n=0}^{\infty} H_n(-x) \frac{t^n}{n!} = e^{2t(-x)-t^2} = e^{2x(-t)-(-t)^2} = \sum_{n=0}^{\infty} H_n(x)(-1)^n \frac{t^n}{n!}.$$

위 식에서 Hermite 다항식 $H_n(x)$에 대한 반사 대칭식을 유도할 수 있다.

(39) $\quad H_n(-x) = (-1)^n H_n(x).$

Hermite 다항식의 생성함수를 t에 관하여 편미분하면 다음 식이 성립한다.

(40) $\quad \dfrac{\partial}{\partial t}\left(e^{2xt-t^2}\right) = (2x-2t)e^{2xt-t^2}.$

따라서 (28)과 (40)에 의하여 다음 식이 성립한다.

$$\frac{\partial}{\partial t}\left(\sum_{n=0}^{\infty} H_n(x) \frac{t^n}{n!}\right) = (2x-2t)\left(\sum_{n=0}^{\infty} H_n(x) \frac{t^n}{n!}\right).$$

(40)의 좌변 $= \displaystyle\sum_{n=1}^{\infty} H_n(x) \frac{t^{n-1}}{(n-1)!} = \sum_{n=0}^{\infty} H_{n+1}(x) \frac{t^n}{n!},$

(40)의 우변 $= \displaystyle\sum_{n=0}^{\infty}\left(2xH_n(x)\frac{t^n}{n!}\right) - \sum_{n=0}^{\infty} 2H_n(x) \frac{t^{n+1}}{n!}$

$$= \sum_{n=0}^{\infty}\left(2xH_n(x)\frac{t^n}{n!}\right) - \sum_{n=1}^{\infty} 2H_{n-1}(x) \frac{t^n}{(n-1)!}$$

$$= \sum_{n=0}^{\infty}(2xH_n(x))\frac{t^n}{n!} - \sum_{n=1}^{\infty} 2nH_{n-1}(x)\frac{t^n}{n!}.$$

따라서 위 두 식에 의하여, 다음과 같이 Hermite 다항식의 점화식이 성립한다.

$$H_{n+1}(x) = 2xH_n(x) - 2nH_{n-1}(x), \qquad (n \in N).$$

위 식에 (37)을 이용하면, 다음 식이 나온다.

$$H_{n+1}(x) - 2xH_n(x) + H_n'(x) = 0.$$

양변을 미분하여 정리한다.

$$2(n+1)H_{n(x)} - 2H_n(x) - 2xH_n'(x) + H_n'(x) = 0.$$

위 식에 (37) 식을 적용하면 다음 미분방정식이 나온다.

$$H_n''(x) - 2xH_n'(x) + 2nH_n(x) = 0.$$

위 식은 Hermite 다항식 $H_n(x)$는 다음 미분방정식의 해임을 의미한다.

$$u'' - 2xu' + 2nu = 0.$$

다시 한 번 Hermite 다항식 $H_n(x)$의 생성함수를 관찰하여 다음 사실을 알 수 있다.

$$\begin{aligned}\sum_{m=0}^{\infty} H_n(x)\frac{t^n}{n!} &= e^{2tx-t^2} = \left(\sum_{l=0}^{\infty}\frac{(2x)^l}{l!}t^l\right)\left(\sum_{k=0}^{\infty}\frac{(-1)^k}{k!}t^{2k}\right) \\ &= \sum_{n=0}^{\infty}\left(\sum_{k=0}^{[n/2]}\frac{(-1)^k n!(2x)^{n-2k}}{k!(n-2k)!}\right)\frac{t^n}{n!}.\end{aligned}$$

위 식에서 양변의 계수를 비교하면 Hermite 다항식을 다음과 같이 표현할 수 있다.

$$\begin{aligned} H_n(x) &= \sum_{k=0}^{[n/2]} \frac{(-1)^k n!}{k!(n-2k)!}(2x)^{n-2k} \\ &= \begin{cases} \displaystyle\sum_{l=0}^{n/2} \frac{(-1)^{n/2} n! 2^{2l}}{(n/2-1)!(2l)!} x^{2l} & \text{if } n \equiv 0 (\mathrm{mod} 2), \\ \displaystyle\sum_{l=0}^{(n-1)/2} \frac{(-1)^{(n-1)/2-l} n! 2^{2l+1}}{((n-1)/2-1)!(2l+1)!} x^{2l+1} & \text{if } n \equiv 1 (\mathrm{mod} 2). \end{cases} \end{aligned}$$

$H_n(x)$와 $H_{n-1}(x)$의 관계식 (29)를 다시 관찰하자. 여기에서 다음 식이 성립한다.

$$\int_{-\infty}^{\infty} e^{-x^2} H_n(x) H_m(x) dx = (-1)^n \int_{-\infty}^{\infty} \left(\frac{d^n}{dx^n} e^{-x^2} \right) H_m(x) dx .$$

위 식으로부터, 잘 알려진 다음 식이 성립한다.

$$(41) \qquad \int_{-\infty}^{\infty} e^{-x^2} H_n(x) H_m(x) dx = 2^n n! \sqrt{\pi}\, \delta_{m,n} .$$

다음 계산은 쉽게 보일 수 있다.

$$\int_{-\infty}^{\infty} e^{-x^2} x^l dx = \begin{cases} 0 & \text{if } l \equiv 1 (\mathrm{mod} 2), \\ \dfrac{l! \sqrt{\pi}}{2^l (l/2)!} & \text{if } l \equiv 0 (\mathrm{mod} 2). \end{cases}$$

여기에서 $l \in \mathbb{Z}_+ = \mathbb{N} \cup \{0\}$이다. 위 식에서 다음이 계산된다.

$$\begin{aligned} &\int_{-\infty}^{\infty} \left(\frac{d^n e^{-x^2}}{dx^n} \right) x^m dx \\ &= \begin{cases} 0 & \text{if } n > m \text{ 또는 } n \le m\text{로서 } n-m \equiv 1 (\mathrm{mod} 2), \\ \dfrac{m!(-1)^n \sqrt{\pi}}{2^{m-n}((m-n)/2)!} & \text{if } n \le m\text{로서 } n-m \equiv 0 (\mathrm{mod} 2). \end{cases} \end{aligned}$$

(41) 식은 $\mathbb{P}_n = \{p(x) \in \mathbb{Q}[x] \mid \deg p(x) \le n\}$에 무게를 실은 내적(weighted norm)을 다음 식처럼 둘 때 $\{H_0(x),\ H_1(x),\ \cdots,\ H_n(x)\}$가 직교기저가 됨을 의미한다.

$$\langle p(x),\ q(x)\rangle = \int_{-\infty}^{\infty} e^{-x^2} p(x)q(x)dx.$$

$p(x) \in \mathbb{P}_n$에 대하여, $p(x)$는 $\{H_0(x),\ H_1(x),\ \cdots,\ H_n(x)\}$의 일차결합으로 표현되며 이때의 계수 C_k를 다음과 같이 표현할 수 있다.

$$p(x) = \sum_{k=0}^{\infty} C_k H_k(x).$$

$$\begin{aligned} C_k &= \frac{1}{2^k k! \sqrt{\pi}} \langle p(x),\ H_k(x)\rangle \\ &= \frac{(-1)^k}{2^k k! \sqrt{\pi}} \int_{-\infty}^{\infty} \left(\frac{d^k e^{-x^2}}{dx^k}\right) p(x)dx. \end{aligned} \tag{42}$$

$p(x) = x^n \in \mathbb{P}_n$, n은 짝수일 경우, (42) 식에서 C_k를 계산하면 다음 식이 된다.

$$\begin{aligned} C_k &= \frac{(-1)^k}{2^k k! \sqrt{\pi}} \int_{-\infty}^{\infty} \left(\frac{d^k e^{-x^2}}{dx^k}\right) x^n\, dx \\ &= \begin{cases} \dfrac{(-1)^k}{2^k k! \sqrt{\pi}} \times \dfrac{(-1)^k n! \sqrt{\pi}}{2^{n-k}((n-k)/2)!} & \text{if } k \equiv 0 \pmod 2, \\ 0 & \text{if } k \equiv 1 \pmod 2. \end{cases} \end{aligned}$$

$p(x) = x^n \in \mathbb{P}_n$, n이 홀수일 경우 (42) 식에서 C_k를 계산하면 다음 식이 된다.

$$\begin{aligned} C_k &= \frac{(-1)^k}{2^k k! \sqrt{\pi}} \int_{-\infty}^{\infty} \left(\frac{d^k e^{-x^2}}{dx^k}\right) x^n\, dx \\ &= \begin{cases} \dfrac{n!}{2^n k!((n-k)/2)!} & k \equiv 1 \pmod 2 \text{ 인 경우}, \\ 0 & k \equiv 0 \pmod 2 \text{ 인 경우}. \end{cases} \end{aligned}$$

따라서, 위의 식들을 정리하면 다음과 같이 둘 수 있다.

$$x^{2n} = \frac{(2n)!}{2^{2n}} \sum_{k=0}^{n} \frac{1}{(2k)!(n-k)!} H_{2k}(x),$$

$$x^{2n+1} = \frac{(2n+1)!}{2^{2n+1}} \sum_{k=0}^{n} \frac{1}{(2k+1)!(n-k)!} H_{2k+1}(x).$$

$p(x)=B_n(x)$, Bernoulli 다항식을 취하자. $B_n(x)$를 $\{H_0(x),\ H_1(x),\ \cdots,\ H_n(x)\}$의 일차 결합으로 나타내고, 이때 계수 C_k는 다음과 같이 표현된다.

$$B_n(x) = \sum_{k=0}^{n} C_k H_k(x),$$

$$C_k = \frac{(-1)^k}{2^k k! \sqrt{\pi}} \int_{-\infty}^{\infty} \left(\frac{d^k e^{-x^2}}{dx^k} \right) B_n(x) dx.$$

C_k를 구하기 위하여 위 식에서 부분적분을 이용하자.

$$\begin{aligned}
\int_{-\infty}^{\infty} \left(\frac{d^k e^{-x^2}}{dx^k} \right) B_n(x)\, dx &= (-n)(-(n-1))\cdots(-(n-k+1)) \int_{-\infty}^{\infty} e^{-x^2} B_{n-k}(x) dx \\
&= (-1)^k \frac{n!}{(n-k)!} \sum_{l=0}^{n-k} \binom{n-k}{l} B_{n-k-l} \int_{-\infty}^{\infty} e^{-x^2} x^l dx \\
&= (-1)^k \frac{n!}{(n-k)!} \sum_{l=0}^{n-k} \binom{n-k}{l} B_{n-k-l} \int_{-\infty}^{\infty} e^{-x^2} x^l dx \\
&= \frac{(-1)^k n!}{(n-k)!} \sum_{\substack{0 \le l \le n-k \\ l \equiv 0 \pmod 2}} \frac{(n-k)! B_{n-k-l}}{l!(n-k-l)!} \times \frac{l! \sqrt{\pi}}{2^l (l/2)!}.
\end{aligned}$$

따라서 위 식으로부터 C_k가 결정된다.

$$C_k = \frac{n!}{2^k k!} \sum_{\substack{0 \le l \le n-k \\ l \equiv 0 \pmod 2}} \frac{B_{n-k-l}}{(n-k-l)! 2^l (l/2)!}.$$

따라서 Bernoulli 다항식 $B_n(x)$를 $\{H_0(x),\ H_1(x),\ \cdots,\ H_n(x)\}$의 일차결합으로 다음과 같이 표현할 수 있다.

$$B_n(x)= n!\sum_{k=0}^{n}\sum_{\substack{0\le l\le n-k\\ l\equiv 0\pmod 2}}\frac{B_{n-k-l}}{2^{k+l}k!(n-k-l)!(l/2)!}H_k(x).$$

$p(x)=E_n(x)$, Euler 다항식을 취하자. 위와 같이 계산하면 다음 항등식을 얻는다.

$$E_n(x)= n!\sum_{k=0}^{n}\sum_{\substack{0\le l\le n-k\\ l\equiv 0\pmod 2}}\frac{E_{n-k-l}}{2^{k+l}k!(n-k-l)!(l/2)!}H_k(x).$$

$p(x)=H_n(x)$, Hermite 다항식을 취하자. $H_n(x)$를 $\{H_0(x),\ H_1(x),\ \cdots,\ H_n(x)\}$의 일차결합으로 나타내면, 계수 C_k는 다음과 같이 표현된다.

$$H_n(x)=\sum_{k=0}^{n}C_kH_k(x),$$

$$C_k=\frac{(-1)^k}{2^k k!\sqrt{\pi}}\int_{-\infty}^{\infty}\left(\frac{d^ke^{-x^2}}{dx^k}\right)H_n(x)dx.$$

위 식을 부분적분하자.

$$\begin{aligned}\int_{-\infty}^{\infty}\left(\frac{d^ke^{-x^2}}{dx^k}\right)H_n(x)dx &= (-2n)\cdots(-2(n-k+1))\int_{-\infty}^{\infty}e^{-x^2}H_{n-k}(x)dx\\ &=\frac{(-1)^k2^kn!}{(n-k)!}\sum_{l=0}^{n-k}\binom{n-k}{l}2^lH_{n-k-l}\int_{-\infty}^{\infty}e^{-x^2}x^l\,dx\\ &=\frac{(-1)^k2^kn!}{(n-k)!}\sum_{\substack{l=0\\ l\equiv 0\pmod 2}}^{n-k}\frac{2^l(n-k)!}{l!(n-k-l)!}H_{n-k-l}\frac{l!\sqrt{\pi}}{2^l(l/2)!}\\ &=(-1)^k2^kn!\sqrt{\pi}\sum_{\substack{l=0\\ l\equiv 0\pmod 2}}^{n-k}\frac{H_{n-k-l}}{(n-k-l)!(l/2)!}.\end{aligned}$$

위의 결과에 의하여, 다음과 같이 C_k 가 결정된다.

$$C_k = \left(\frac{(-1)^k}{2^k k! \sqrt{\pi}}\right)\left((-1)^k 2^k n! \sqrt{\pi} \sum_{\substack{0 \le l \le n-k \\ l \equiv 0 \pmod 2}} \frac{H_{n-k-l}}{(n-k-l)!(l/2)!}\right)$$
$$= \frac{n!}{k!} \sum_{\substack{0 \le l \le n-k \\ l \equiv 0 \pmod 2}} \frac{H_{n-k-l}}{(n-k-l)!(l/2)!}.$$

따라서 $H_n(x)$를 $\{H_0(x),\ H_1(x),\ \cdots,\ H_n(x)\}$의 일차결합으로 표현하면 다음과 같다.

$$H_n(x) = n! \sum_{k=0}^{n} \sum_{\substack{0 \le l \le n-k \\ l \equiv 0 \pmod 2}} \frac{H_{n-k-l}}{k!(n-k-l)!(l/2)!} H_k(x).$$

위 식에서 우변항에서 $H_n(x)$를 따로 적어 보자.

$$H_n(x) = n! \sum_{k=0}^{n-1} \sum_{\substack{0 \le l \le n-k \\ l \equiv 0 \pmod 2}} \frac{H_{n-k-l}}{k!(n-k-l)!(l/2)!} H_k(x) + \frac{n! H_n(x)}{n!}.$$

따라서 $0 \le l \le n-k$에 대하여, $\{H_0(x),\ H_1(x),\ \cdots,\ H_n(x)\}$의 일차독립성을 이용하면 다음 식이 성립한다.

$$\text{(43)} \qquad \sum_{\substack{0 \le l \le n-k \\ l \equiv 0 \pmod 2}} \frac{H_{n-k-l}}{(n-k-l)!(l/2)!} = 0.$$

$l,\ k \in \mathbb{Z}_+,\ k \le l$에 대하여, 다음 식이 성립한다.

$$\text{(44)} \qquad \begin{aligned} \int_{-\infty}^{\infty} \left(\frac{d^k e^{-x^2}}{dx^k}\right) B_l(x)dx &= (-1)^k l! \sqrt{\pi} \sum_{\substack{0 \le j \le l-k \\ j \equiv 0 \pmod 2}} \frac{B_{l-k-j}}{(l-k-j)! 2^j (j/2)!}, \\ \int_{-\infty}^{\infty} \left(\frac{d^k e^{-x^2}}{dx^k}\right) E_l(x)dx &= (-1)^k l! \sqrt{\pi} \sum_{\substack{0 \le j \le l-k \\ j \equiv 0 \pmod 2}} \frac{E_{l-k-j}}{(l-k-j)! 2^j (j/2)!}. \end{aligned}$$

$\mathbb{P}_n$ 내에서 차수 n 인 다항식으로 다음과 같이 $p(x)$를 취해 보자.

$$p(x) = \sum_{k=0}^{n} B_k(x) B_{n-k}(x). \tag{45}$$

$p(x)$를 $\{H_0(x),\ H_1(x),\ \cdots,\ H_n(x)\}$의 일차결합으로 나타내고, C_k를 표현해 보면 다음과 같다.

$$\begin{aligned} p(x) &= \sum_{k=0}^{n} C_k H_k(x), \\ C_k &= \frac{(-1)^k}{2^k k! \sqrt{\pi}} \int_{-\infty}^{\infty} \left(\frac{d^k e^{-x^2}}{dx^k} \right) p(x) dx. \end{aligned} \tag{46}$$

참고논문 [15]에 의하여, 다음 사실이 잘 알려져 있다.

$$\begin{aligned} p(x) &= \sum_{k=0}^{n} B_k(x) B_{n-k}(x) \\ &= \frac{2}{n+2} \sum_{l=0}^{n-2} \binom{n+2}{l} B_{n-l} B_l(x) + (n+1) B_n(x). \end{aligned}$$

식 (43)과 위 식에 의하여 계수 C_k를 다음과 같이 표현할 수 있다.

$$\begin{aligned} C_k = \frac{(-1)^k}{2^k k! \sqrt{\pi}} \Bigg\{ & \frac{2}{n+2} \sum_{l=0}^{n-2} \binom{n+2}{l} \int_{-\infty}^{\infty} \left(\frac{d^k e^{-x^2}}{dx^k} \right) B_l(x) dx \\ & + (n+1) \int_{-\infty}^{\infty} \left(\frac{d^k e^{-x^2}}{dx^k} \right) B_n(x) dx \Bigg\} \end{aligned}$$

식 (44)와 위 식에 의하여 다음이 성립한다.

$$\begin{aligned} C_n &= \left(\frac{(-1)^n}{2^n n! \sqrt{\pi}} \right) \times (n+1) \int_{-\infty}^{\infty} \left(\frac{d^n e^{-x^2}}{dx^n} \right) B_n(x) dx \\ &= \left(\frac{(-1)^n}{2^n n! \sqrt{\pi}} \right) \times \left((n+1) \frac{(-1)^n n! \sqrt{\pi} B_0}{0! 2^0 0!} \right) = \frac{n+1}{2^n}, \end{aligned}$$

$$
\begin{aligned}
C_{n-1} &= \left(\frac{(-1)^{n-1}}{2^{n-1}(n-1)!\sqrt{\pi}}\right)\times\left((n+1)\int_{-\infty}^{\infty}\left(\frac{d^{n-1}e^{-x^2}}{dx^{n-1}}\right)B_n(x)dx\right) \\
&= \left(\frac{(-1)^{n-1}}{2^{n-1}(n-1)!\sqrt{\pi}}\right)\times\left((n+1)(-1)^{n-1}n!\sqrt{\pi}\sum_{\substack{j=0 \\ j\equiv 0(\bmod 2)}}^{1}\frac{B_{1-j}}{(1-j)!2^j(j/2)!}\right) \\
&= \left(\frac{(-1)^{n-1}}{2^{n-1}(n-1)!\sqrt{\pi}}\right)\times\left((n+1)(-1)^{n-1}n!\sqrt{\pi}B_1\right) = \frac{-n(n+1)}{2^n}.
\end{aligned}
$$

$0 \le k \le n-2$에 대하여 계수 C_k를 표현할 수 있다.

$$
\begin{aligned}
C_k &= \frac{(-1)^k}{2^k k!\sqrt{\pi}}\left\{\frac{2}{n+2}\sum_{l=k}^{n-2}\binom{n+2}{l}B_{n-l}\int_{-\infty}^{\infty}\left(\frac{d^k e^{-x^2}}{dx^k}\right)B_l(x)dx\right. \\
&\quad \left. +(n+1)\int_{-\infty}^{\infty}\left(\frac{d^k e^{-x^2}}{dx^k}\right)B_n(x)dx\right\} \\
&= \frac{(-1)^k}{2^k k!\sqrt{\pi}}\left\{\frac{2}{n+2}\sum_{l=k}^{n-2}\binom{n+2}{l}B_{n-l}(-1)^k l!\sqrt{\pi}\times\sum_{\substack{0\le j\le l-k \\ j\equiv 0(\bmod 2)}}\frac{B_{l-k-j}}{(l-k-j)!2^j(j/2)!}\right. \\
&\quad \left. +(n+1)(-1)^k n!\sqrt{\pi}\sum_{\substack{0\le j\le l-k \\ j\equiv 0(\bmod 2)}}\frac{B_{n-k-j}}{(n-k-j)!2^j(j/2)!}\right\} \\
&= \frac{2}{n+2}\sum_{l=k}^{n-2}\sum_{\substack{0\le j\le l-k \\ j\equiv 0(\bmod 2)}}\binom{n+2}{l}\frac{B_{n-l}B_{l-k-j}l!}{2^{k+l}k!(l-k-j)!(j/2)!} \\
&\quad +(n+1)!\sum_{\substack{0\le j\le n-k \\ j\equiv 0(\bmod 2)}}\frac{B_{n-k-j}}{k!(n-k-j)!(j/2)!2^{k+j}}.
\end{aligned}
$$

따라서 위 계산은 식 (46)에서 C_k가 결정되었음을 보여 준다. 따라서 다음이 성립한다.

$$
\begin{aligned}
&\sum_{k=0}^{n}B_k(x)B_{n-k}(x) \\
&= \sum_{k=0}^{n-2}\left\{\frac{2}{n+2}\sum_{l=k}^{n-2}\sum_{\substack{0\le j\le l-k \\ j\equiv 0(\bmod 2)}}\binom{n+2}{l}\frac{l!B_{n-l}B_{l-k-j}}{2^{k+j}k!(l-k-j)!(j/2)!}\right. \\
&\quad \left. +(n+1)!\sum_{\substack{0\le j\le n-k \\ j\equiv 0(\bmod 2)}}\frac{B_{n-k-j}}{2^{k+j}k!(n-k-j)!(j/2)!}\right\}H_k(x) - \frac{n(n+1)}{2^n}H_{n-1}(x) + \frac{n+1}{2^n}H_n(x).
\end{aligned}
$$

4. Gegenbauer 다항식을 품는 항등식

이 절에서 다항식과 Bernoulli 다항식, 그리고 Gegenbauer 다항식의 곱과 그 자체에 대한 Gegenbauer 다항식의 일차결합으로 표현되는 항등식을 유도한다. 이때, $\mathbb{P}_n$ 상에 무게를 갖는 내적을 도입하여 Gegenbauer 다항식의 직교성을 이용한다. Kim, Kim 및 Rim에 의한 연구 결과를 소개한다([11]).

Gegenbauer 다항식을 먼저 소개한다.

*Gegenbauer 다항식*은 Jacobi 다항식 $P_n^{(\alpha,\beta)}(x)$를 이용하여 표현된다.

이 때, $\alpha=\beta=\lambda-\frac{1}{2}\left(\lambda>-\frac{1}{2},\ \lambda\neq 0\right)$ 조건하에 다음을 생각한다.

$$\begin{aligned} C_n^{(\lambda)}(x) &= \frac{\Gamma(\lambda+\frac{1}{2})\Gamma(n+2\lambda)}{\Gamma(2\lambda)\Gamma(n+\lambda+\frac{1}{2})} P_n^{(\lambda-\frac{1}{2},\lambda-\frac{1}{2})}(x) \\ &= \binom{n+2\lambda-1}{n}\sum_{k=0}^{n}\frac{\binom{n}{k}(2\lambda+n)_k}{(\lambda+\frac{1}{2})_k}\left(\frac{x-1}{2}\right)^k. \end{aligned}$$

단, $(a)_k=a(a+1)(a+2)\cdots(a+k-1)$.

참고로 $\lambda>-\frac{1}{2}$는 $P_n^{(\alpha,\beta)}(x)$의 직교성을 주기 위해서, $\lambda\neq 0$은 위 식의 분모가 0이 되는 것을 방지하기 위해서이다. 위 식으로부터 $C_k^{(\lambda)}(x)$는 차수가 n, 실계수 다항식이다. 특별히, $C_n^{(\lambda)}(1)=\binom{n+2\lambda-1}{n}$. $C_n^{(\lambda)}(x)$의 최고차항 계수는 $2^n\binom{\lambda+n-1}{n}$이다.

Jacobi 다항식의 이론에 의하여 다음 식을 만족한다.

$$C_n^{(\lambda)}(-x)=(-1)^n C_n^{(\lambda)}(x).$$

$C_n^{(\lambda)}(x)$는 다음의 Gegenbauer 미분방정식의 해가 된다.

$$(1-x^2)y''-(2\lambda+1)xy'+n(n+2\lambda)y=0.$$

Gegenbauer 다항식의 Rodrigues 공식은 잘 알려져 있다. 다음 식은 이 절의 이론 전개에 매우 중요하다([1, 25]).

$$\left(1-x^2\right)^{\lambda-\frac{1}{2}} C_n^{(\lambda)}(x)=\frac{(-2)^n(\lambda)_n}{n!\,(n+2\lambda)_n}\left(\frac{d}{dx}\right)^n\left(1-x^2\right)^{n+\lambda-\frac{1}{2}}.$$

위 방정식은 Jacobi 다항식의 성질로부터 유도된다.

Gegenbauer 다항식의 생성함수는 다음 형태이다.

$$\frac{2^{\lambda-\frac{1}{2}}}{\left(1-2xt+t^2\right)^{\frac{1}{2}}\left(1-xt+\sqrt{1-2xt+t^2}\right)^{\lambda-\frac{1}{2}}}=\sum_{n=0}^{\infty}\frac{\left(\lambda+\frac{1}{2}\right)_n}{(2\lambda)_n}C_n^{(\lambda)}(x)t^n.$$

위 방정식도 Jacobi 다항식의 생성함수로부터 유도된다.

위 식으로부터 다음이 성립한다. 다음은 Gegenbauer 다항식의 새로운 생성함수이다.

$$\frac{1}{\left(1-2xt+t^2\right)^{\lambda}}=\sum_{n=0}^{\infty}C_n^{(\lambda)}(x)t^n,\quad (|t|<1,\ |x|\le 1).$$

새로운 생성함수식의 증명은 Stein & Weiss의 *Introduction to Fourier Analysis in Euclidean space*(Princeton University Press, 1971)를 참고하라.

다음 식에서 Gegenbauer 다항식의 직교성을 볼 수 있다.

$$\int_{-1}^{1}C_n^{(\lambda)}(x)C_m^{(\lambda)}(x)\left(1-x^2\right)^{\lambda-\frac{1}{2}}dx=\frac{\pi\,2^{1-2\lambda}\Gamma(n+2\lambda)}{n!\,(n+\lambda)(\Gamma(\lambda))^2}\delta_{m,n}.$$

단, $\delta_{m,n}$은 Kronecker 부호이고, 고정된 $\lambda\in\mathbb{R}\left(\lambda>-\frac{1}{2},\ \lambda\neq 0\right)$을 생각한다.
새로운 생성함수식으로부터 Gegenbauer 다항식 $C_n^{(\lambda)}(x)$의 미분을 구한다.

$$\frac{d}{dx}C_n^{(\lambda)}(x)=2\lambda C_{n-1}^{(\lambda+1)}(x),\quad \text{for}\ \ n\ge 1.$$

이 식을 순차적으로 미분하여 보자.

$$\frac{d^k}{dx^k}C_n^{(\lambda)}(x)=2^k\lambda^k C_{n-k}^{(\lambda+k)}(x).$$

$\lambda\in\mathbb{R}$은 고정된 값으로서 $\lambda>-\frac{1}{2}$, $\lambda\neq 0$을 가정한다.

$$\mathbb{P}_n=\{p(x)\in\mathbb{R}[x]\,|\deg\ p(x)\le\ n\}.$$

$\mathbb{P}_n$의 내적을 다음과 같이 정의한다.

$$<p_1(x),p_2(x)>\ =\int_{-1}^{1}\left(1-x^2\right)^{\lambda-\frac{1}{2}}p_1(x)p_2(x)\,dx.$$

$\left\{C_0^{(\lambda)}(x),\ C_1^{(\lambda)}(x),\ \cdots,\ C_n^{(\lambda)}(x)\right\}$가 직교다항식으로 $\mathbb{P}_n$의 기저가 됨을 이용하여, $p(x)\in\mathbb{P}_n$을 다음과 같이 표현할 수 있다.

$$p(x)=\sum_{k=0}^{n}d_k C_n^{(\lambda)}(x)\in\mathbb{P}_n,\ d_k\in\mathbb{R}.$$

Gegenbauer 다항식의 직교성에 의하여 다음과 같이 표현할 수 있다.

$$\begin{aligned}<p(x),C_k^{(\lambda)}(x)>\ &=d_k<C_k^{(\lambda)}(x),C_k^{(\lambda)}(x)>\\&=d_k\int_{-1}^{1}\left(1-x^2\right)^{\lambda-\frac{1}{2}}C_k^{(\lambda)}(x)\,C_k^{(\lambda)}(x)\,dx=d_k\frac{\pi\,2^{1-2\lambda}\Gamma(k+2\lambda)}{k!\,(k+\lambda)(\Gamma(\lambda))^2}.\end{aligned}$$

위 식에서 계수 d_k 값을 다음과 같이 결정할 수 있다.

$$d_k=\frac{(\Gamma(\lambda))^2k!\,(k+\lambda)}{\pi\,2^{1-2\lambda}\Gamma(k+2\lambda)}\int_{-1}^{1}\left(1-x^2\right)^{\lambda-\frac{1}{2}}p(x)\,C_k^{(\lambda)}(x)\,dx.$$

Gegenbauer 다항식의 Rodrigues 공식과 Gegenbauer 다항식 $C_n^{(\lambda)}(x)$의 미분식 (4)를 풀어서 d_k 값을 구하자.

$$\begin{aligned} d_k &= \frac{(\Gamma(\lambda))^2 k!\,(k+\lambda)}{\pi 2^{1-2\lambda}\Gamma(k+2\lambda)} \times \frac{(-2)^k(\lambda)_k}{k!\,(k+2\lambda)_k}\int_{-1}^{1}\left(\frac{d^k}{dx^k}(1-x^2)^{k+\lambda-\frac{1}{2}}\right)p(x)\,dx \\ &= \frac{(k+\lambda)\Gamma(\lambda)}{(-2)^k\sqrt{\pi}\,\Gamma\left(k+\lambda+\frac{1}{2}\right)}\int_{-1}^{1}\left(\frac{d^k}{dx^k}(1-x^2)^{k+\lambda-\frac{1}{2}}\right)p(x)\,dx. \end{aligned}$$

따라서 다음과 같이 정리해 두자.

$p(x)\in\mathbb{P}_n$에 대하여, $p(x)=\sum_{k=0}^{n} d_k C_n^{(\lambda)}(x)$, $(d_k\in\mathbb{R})$라 할 때, 다음이 성립한다.

(47) $$d_k = \frac{(k+\lambda)\Gamma(\lambda)}{(-2)^k\sqrt{\pi}\,\Gamma\left(k+\lambda+\frac{1}{2}\right)}\int_{-1}^{1}\left(\frac{d^k}{dx^k}(1-x^2)^{k+\lambda-\frac{1}{2}}\right)p(x)\,dx.$$

위 (47)을 적용하는 예를 몇 개 들어 보자.

먼저 $p(x)=x^n\in\mathbb{P}_n$일 때, d_k 값을 구하여 보자. (47)에 의하여 d_k 값은 다음과 같이 표현된다. 첫 번째 식에서 x^n에 대한 부분적분을 이용한다. $n-k\equiv 0 \pmod 2$를 가정한다.

d_k 값은 다음과 같이 변형된다.

$$\begin{aligned} d_k &= \frac{(k+\lambda)n!\,\Gamma(\lambda)}{(n-k)!2^k\sqrt{\pi}\,\Gamma\left(k+\frac{1}{2}+\lambda\right)} B\left(k+\lambda+\frac{1}{2}, \frac{n-k+1}{2}\right) \\ &= \frac{\Gamma\left(\frac{n-k+1}{2}\right)\Gamma\left(k+\lambda+\frac{1}{2}\right)}{\Gamma\left(\frac{n+k+2\lambda+2}{2}\right)}. \end{aligned}$$

이때 $B(\alpha, \beta)$는 베타함수로 $B(\alpha, \beta)=\frac{\Gamma(\alpha)\Gamma(\beta)}{\Gamma(\alpha+\beta)}$로 정의된다. 다음 값은 쉽게 계산된다.

$$\Gamma\left(\frac{n-k+1}{2}\right)=\frac{n-k-1}{2}\Gamma\left(\frac{n-k-1}{2}\right)$$
$$=\left(\frac{n-k-1}{2}\right)\left(\frac{n-k-3}{2}\right)\Gamma\left(\frac{n-k-3}{2}\right)=\cdots$$
$$=\frac{\left(\frac{n-k}{2}\right)\left(\frac{n-k-1}{2}\right)\left(\frac{n-k-2}{2}\right)\cdots\frac{2}{2}\Gamma\left(\frac{1}{2}\right)}{\left(\frac{n-k}{2}\right)\left(\frac{n-k-2}{2}\right)\cdots\left(\frac{2}{2}\right)}=\frac{(n-k)!\sqrt{\pi}}{2^{n-k}\left(\frac{n-k}{2}\right)!}.$$

따라서 다음 항등식이 성립한다.

$$x^n=\sum_{\substack{0\le k\le n,\\ n-k\equiv 0(\mathrm{mod}\ 2)}}\frac{(k+\lambda)n!\,\Gamma(\lambda)}{2^n\left(\frac{n-k}{2}\right)!\,\Gamma\left(\frac{n+k+2\lambda+2}{2}\right)}C_k^{(\lambda)}(x).$$

다른 예를 생각해 보자. 특별히, $p_n(x)=B_n(x)\in\mathbb{P}_n$, n번째 Bernoulli 다항식을 $p_n(x)$로 잡고 (47)을 이용하여 d_k 값을 구해 보자.

$$d_k=\frac{(k+\lambda)\,\Gamma(\lambda)}{(-2)^k\sqrt{\pi}\,\Gamma\left(k+\lambda+\frac{1}{2}\right)}\int_{-1}^{1}\left(\frac{d^k}{dx^k}(1-x^2)^{k+\lambda-\frac{1}{2}}\right)B_n(x)\,dx$$
$$=\frac{(k+\lambda)\,\Gamma(\lambda)(-n)}{(-2)^k\sqrt{\pi}\,\Gamma\left(k+\lambda+\frac{1}{2}\right)}\int_{-1}^{1}\left(\frac{d^{k-1}}{dx^{k-1}}(1-x^2)^{k+\lambda-\frac{1}{2}}\right)B_{n-1}(x)\,dx=\cdots$$
$$=\frac{(k+\lambda)\,\Gamma(\lambda)(-n)(-(n-1))\cdots(-(n-k+1))}{(-2)^k\sqrt{\pi}\,\Gamma\left(k+\lambda+\frac{1}{2}\right)}\int_{-1}^{1}(1-x^2)^{k+\lambda-\frac{1}{2}}B_{n-k}(x)\,dx$$
$$=\frac{(k+\lambda)\,\Gamma(\lambda)}{2^k\sqrt{\pi}\,\Gamma\left(k+\lambda+\frac{1}{2}\right)}\times\frac{n!}{(n-k)!}\int_{-1}^{1}(1-x^2)^{k+\lambda-\frac{1}{2}}B_{n-k}(x)\,dx.$$

Bernoulli 다항식 $B_n(x)$의 다항식 표현과 위에서 계산한 x^n의 Gegenbauer 다항식 표현을 결합하면 다음과 같이 쓸 수 있다.

$$\int_{-1}^{1}(1-x^2)^{k+\lambda-\frac{1}{2}}B_{n-k}(x)\,dx=\sum_{l=0}^{n-k}\binom{n-k}{l}B_{n-k-l}\int_{-1}^{1}(1-x^2)^{k+\lambda-\frac{1}{2}}x^l\,dx$$
$$=\sum_{l=0}^{n-k}\binom{n-k}{l}B_{n-k-l}(1+(-1)^l)\int_{0}^{1}(1-x^2)^{k+\lambda-\frac{1}{2}}x^l\,dx.$$

$l \equiv 0\ (\mathrm{mod}\ 2)$에 대하여 위 식을 생각해 보자.

$$\begin{aligned}
&\int_{-1}^{1}\left(1-x^{2}\right)^{k+\lambda-\frac{1}{2}} B_{n-k}(x)\,dx \\
&= 2\sum_{\substack{0 \le l \le n-k,\\ l \equiv 0 (\mathrm{mod}\ 2)}} \binom{n-k}{l} B_{n-k-l}\int_{0}^{1}\left(1-x^{2}\right)^{k+\lambda-\frac{1}{2}} x^{l}\,dx \\
&= \sum_{\substack{0 \le l \le n-k,\\ l \equiv 0 (\mathrm{mod}\ 2)}} \binom{n-k}{l} B_{n-k-l}\int_{0}^{1}(1-y)^{k+\lambda-\frac{1}{2}} y^{\frac{l-1}{2}}\,dx \\
&= \sum_{\substack{0 \le l \le n-k,\\ l \equiv 0 (\mathrm{mod}\ 2)}} \binom{n-k}{l} B_{n-k-l}\frac{\Gamma\left(k+\lambda+\frac{1}{2}\right)\Gamma\left(\frac{l+1}{2}\right)}{\Gamma\left(\frac{2k+2\lambda+l+2}{2}\right)}.
\end{aligned}$$

$l \in \mathbb{Z}_{+},\ l \equiv 0\ (\mathrm{mod}\ 2)$에서 $\Gamma\left(\frac{l+1}{2}\right)$값을 구해 보자.

$$\begin{aligned}
\Gamma\left(\frac{l+1}{2}\right) &= \Gamma\left(\frac{l-1}{2}+1\right) = \frac{l-1}{2}\Gamma\left(\frac{l-1}{2}\right) \\
&= \left(\frac{l-1}{2}\right)\left(\frac{l-3}{2}\right)\Gamma\left(\frac{l-3}{2}\right) = \cdots \\
&= \left(\frac{l-1}{2}\right)\left(\frac{l-3}{2}\right)\cdots\left(\frac{1}{2}\right)\Gamma\left(\frac{1}{2}\right) = \frac{\left(\frac{1}{2}\right)^{l} l!\,\Gamma\left(\frac{1}{2}\right)}{\left(\frac{1}{2}\right)!} = \frac{l!\,\sqrt{\pi}}{2^{l}\left(\frac{1}{2}\right)!}.
\end{aligned}$$

따라서 위 계산에 의하여 다음이 성립한다.

$$\begin{aligned}
&\int_{-1}^{1}\left(1-x^{2}\right)^{k+\lambda-\frac{1}{2}} B_{n-k}(x)\,dx \\
&= \sum_{\substack{0 \le l \le n-k,\\ l = 0 (\mathrm{mod}\ 2)}} \binom{n-k}{l} B_{n-k-l}\frac{\Gamma\left(k+\lambda+\frac{1}{2}\right)\Gamma\left(\frac{l+1}{2}\right)}{\Gamma\left(\frac{2k+2\lambda+l+2}{2}\right)} \\
&= \sum_{\substack{0 \le l \le n-k,\\ l \equiv 0 (\mathrm{mod}\ 2)}} \binom{n-k}{l} B_{n-k-l}\frac{l!\,\sqrt{\pi}}{2^{l}\left(\frac{1}{2}\right)!} \times \frac{\Gamma\left(k+\lambda+\frac{1}{2}\right)}{\Gamma\left(\frac{2k+2\lambda+l+2}{2}\right)}.
\end{aligned}$$

따라서 d_k 값을 구할 수 있다.

$$d_k = \frac{n!(k+\lambda)\Gamma(\lambda)}{2^k(n-k)!}\sum_{\substack{0\le l\le n-k,\\ l\equiv 0(\mathrm{mod}\ 2)}}\frac{\binom{n-k}{l}B_{n-k-l}\,l!}{2^l\left(\frac{1}{2}\right)!\,\Gamma\left(\frac{2k+2\lambda+l+2}{2}\right)}.$$

$p(x)=B_n(x)$에 대하여 위 d_k 값을 (47)에 대입하면 Bernoulli 다항식 $B_n(x)$를 Gegenbauer 다항식의 일차결합으로 표현할 수 있다.

$n\in\mathbb{Z}_+$에 대하여 다음이 성립한다.

$$\frac{B_n(x)}{n!}=\Gamma(\lambda)\sum_{k=0}^{n}\left(\frac{(k+\lambda)}{2^k(n-k)!}\sum_{\substack{0\le l\le n-k,\\ l\equiv 0(\mathrm{mod}\ 2)}}\frac{\binom{n-k}{l}B_{n-k-l}\,l!}{2^l\left(\frac{1}{2}\right)!\,\Gamma\left(\frac{2k+2\lambda+l+2}{2}\right)}\right)C_k^{(\lambda)}(x).$$

Gegenbauer 다항식의 정의를 직접 이용하여 두 개의 Gegenbauer 다항식의 곱을 먼저 전개해 보자. 그리고 위에서처럼 $\left\{C_k^{(\lambda)}(x)\right\}$의 일차결합으로 표현해 보자.

$$\begin{aligned}
&C_{n-k}^{(\lambda)}(x)\,C_k^{(\lambda)}(x)\\
&=\binom{n-k+2\lambda-1}{n-k}\sum_{l=0}^{n-k}\frac{\binom{n-k}{l}(2\lambda+n-k)_l}{\left(\lambda+\frac{1}{2}\right)_l}\left(\frac{x-1}{2}\right)^l\binom{k+2\lambda-1}{k}\sum_{m=0}^{k}\frac{\binom{k}{m}(2\lambda+k)_m}{\left(\lambda+\frac{1}{2}\right)_m}\left(\frac{x-1}{2}\right)^m\\
&=\binom{n-k+2\lambda-1}{n-k}\binom{k+2\lambda-1}{k}\sum_{p=0}^{n}\left(\sum_{m=0}^{p}\frac{\binom{n-k}{p-m}\binom{k}{m}(2\lambda+k)_m(2\lambda+n-k)_{p-m}}{\left(\lambda+\frac{1}{2}\right)_m\left(\lambda+\frac{1}{2}\right)_{p-m}}\right)\left(\frac{x-1}{2}\right)^p.
\end{aligned}$$

$p(x)=C_k^{(\lambda)}(x)\,C_{n-k}^{(\lambda)}(x)\in\mathbb{P}_n$에 대하여, (47)을 적용해 보자.

$$p(x)=C_k^{(\lambda)}(x)\,C_{n-k}^{(\lambda)}(x)=\sum_{r=0}^{n}d_r\,C_r^{(\lambda)}(x),\quad (d_r\in\mathbb{R}).$$

(47)에 위의 $p(x)$ 값을 대입하여 d_r 값을 적분식으로 풀이한 다음 계산해 보자.

$$
\begin{aligned}
d_r =& \frac{(r+\lambda)\Gamma(\lambda)}{(-2)^r\sqrt{\pi}\,\Gamma\left(r+\lambda+\frac{1}{2}\right)}\int_{-1}^{1}\left(\frac{d^r}{dx^r}(1-x^2)^{r+\lambda-\frac{1}{2}}\right)C_k^{(\lambda)}(x)\,C_{n-k}^{(\lambda)}(x)\,dx \\
=& \frac{(r+\lambda)\Gamma(\lambda)}{(-2)^r\sqrt{\pi}\,\Gamma\left(r+\lambda+\frac{1}{2}\right)}\binom{n-k+2\lambda-1}{n-k}\binom{k+2\lambda-1}{k} \\
&\times\sum_{p=0}^{n}\left(\sum_{m=0}^{p}\frac{\binom{n-k}{p-m}\binom{k}{m}(2\lambda+k)_m}{\left(\lambda+\frac{1}{2}\right)_m\left(\lambda+\frac{1}{2}\right)_{p-m}}(2\lambda+n-k)_{p-m}\right) \\
&\times\int_{-1}^{1}\left(\frac{d^r}{dx^r}(1-x^2)^{r+\lambda-\frac{1}{2}}\right)\left(\frac{x-1}{2}\right)^p dx \\
=& \frac{(r+\lambda)\Gamma(\lambda)}{(-2)^r\sqrt{\pi}\,\Gamma\left(r+\lambda+\frac{1}{2}\right)}\binom{n-k+2\lambda-1}{n-k}\binom{k+2\lambda-1}{k} \\
&\times\sum_{p=r}^{n}\left(\sum_{m=0}^{p}\frac{\binom{n-k}{p-m}\binom{k}{m}(2\lambda+k)_m}{\left(\lambda+\frac{1}{2}\right)_m\left(\lambda+\frac{1}{2}\right)_{p-m}}(2\lambda+n-k)_{p-m}\right) \\
&\times\int_{-1}^{1}\left(\frac{d^r}{dx^r}(1-x^2)^{r+\lambda-\frac{1}{2}}\right)\left(\frac{x-1}{2}\right)^p dx.
\end{aligned}
$$

마지막 3개 식의 곱을 차례대로 계산해 보자. Beta함수를 이용하여 치환한 후 감마함수로 표현하자.

$$
\begin{aligned}
&\int_{-1}^{1}\left(\frac{d^r}{dx^r}(1-x^2)^{r+\lambda-\frac{1}{2}}\right)\left(\frac{x-1}{2}\right)^p dx \\
=& \frac{(-1)^r p!}{2^p(p-r)!}\int_{-1}^{1}(1-x^2)^{r+\lambda-\frac{1}{2}}(1-x)^{p-r}(-1)^{p-r}dx \\
=& \frac{(-1)^p p!}{2^p(p-r)!}\int_{-1}^{1}(1-x)^{p+\lambda-\frac{1}{2}}(1+x)^{r+\lambda-\frac{1}{2}}dx \\
=& \frac{(-1)^p p!}{2^p(p-r)!}\int_{0}^{1}(2-2y)^{p+\lambda-\frac{1}{2}}(2y)^{r+\lambda-\frac{1}{2}}2dy \\
=& \frac{(-1)^p 2^{p+\lambda-\frac{1}{2}+r+\lambda-\frac{1}{2}+1}}{2^p}\times\frac{p!}{(p-r)!}\int_{0}^{1}(1-y)^{p+\lambda-\frac{1}{2}}y^{r+\lambda-\frac{1}{2}}dy \\
=& (-1)^p 2^{r+2\lambda}\frac{p!}{(p-r)!}\times\frac{\Gamma\left(p+\lambda+\frac{1}{2}\right)\Gamma\left(r+\lambda+\frac{1}{2}\right)}{\Gamma(r+p+2\lambda+1)}.
\end{aligned}
$$

감마함수의 기본성질을 이용하여 다음 값을 구하자.

$$\frac{\Gamma\left(p+\lambda+\frac{1}{2}\right)}{\Gamma(r+p+2\lambda+1)} = \frac{\left(p+\lambda-\frac{1}{2}\right)\cdots\left(\lambda+\frac{1}{2}\right)\Gamma\left(\lambda+\frac{1}{2}\right)}{(r+p+2\lambda)\cdots 2\lambda\Gamma(2\lambda)}$$

$$= \frac{\left(\lambda+\frac{1}{2}\right)_p \sqrt{\pi}\, 2^{1-\lambda}}{(2\lambda)_{r+p+1}\Gamma(\lambda)}.$$

위 결과에 의하여 다음 식이 성립한다.

$$\int_{-1}^{1}\left(\frac{d^r}{dx^r}(1-x^2)^{r+\lambda-\frac{1}{2}}\right)\left(\frac{x-1}{2}\right)^p dx$$

$$= (-1)^p 2^{r+2\lambda}\frac{p!}{(p-r)!}\times\frac{\Gamma\left(p+\lambda+\frac{1}{2}\right)\Gamma\left(r+\lambda+\frac{1}{2}\right)}{\Gamma(r+p+2\lambda+1)}$$

$$= (-1)^p 2^{r+2\lambda}\frac{p!}{(p-r)!}\Gamma\left(r+\lambda+\frac{1}{2}\right)\times\frac{\left(\lambda+\frac{1}{2}\right)_p \sqrt{\pi}\, 2^{1-\lambda}}{(2\lambda)_{r+p+1}\Gamma(\lambda)}$$

$$= (-1)^p 2^{r+\lambda+1}\frac{p!}{(p-r)!}\Gamma\left(r+\lambda+\frac{1}{2}\right)\times\frac{\left(\lambda+\frac{1}{2}\right)_p \sqrt{\pi}}{(2\lambda)_{r+p+1}\Gamma(\lambda)}.$$

위 계산을 결합하여 d_k 값을 구할 수 있다.

$$d_r = \frac{(r+\lambda)\Gamma(\lambda)}{(-2)^r\sqrt{\pi}\,\Gamma\left(r+\lambda+\frac{1}{2}\right)}\binom{n-k+2\lambda-1}{n-k}\binom{k+2\lambda-1}{k}$$

$$\times\sum_{p=r}^{n}\left(\sum_{m=0}^{p}\frac{\binom{n-k}{p-m}\binom{k}{m}(2\lambda+k)_m}{\left(\lambda+\frac{1}{2}\right)_m\left(\lambda+\frac{1}{2}\right)_{p-m}}(2\lambda+n-k)_{p-m}\right)$$

$$\times(-1)^p 2^{r+\lambda+1}\frac{p!}{(p-r)!}\Gamma\left(\lambda+\frac{1}{2}+r\right)\times\frac{\left(\lambda+\frac{1}{2}\right)_p\sqrt{\pi}}{(2\lambda)_{r+p+1}\Gamma(\lambda)}$$

$$= (-1)^{r+p} 2^{\lambda+1}(r+\lambda)\binom{n-k+2\lambda-1}{n-k}\binom{k+2\lambda-1}{k}$$

$$\times \sum_{p=r}^{n}\left(\sum_{m=0}^{p}\frac{\binom{n-k}{p-m}\binom{k}{m}(2\lambda+k)_m}{\left(\lambda+\frac{1}{2}\right)_m\left(\lambda+\frac{1}{2}\right)_{p-m}}(2\lambda+n-k)_{p-m}\frac{p!\left(\lambda+\frac{1}{2}\right)_p}{(p-r)!(2\lambda)_{r+p+1}}\right).$$

다음과 같은 형태의 계산을 선형화(linearization)라고 부르는 학자들도 있다.

$n,\ k\in\mathbb{Z}_+,\ n\geq k$에 대하여 다음이 성립한다.

$$C_{n-k}^{(\lambda)}(x)C_k^{(\lambda)}(x)= 2^{\lambda+1}\binom{n-k+2\lambda-1}{n-k}\binom{k+2\lambda-1}{k}\sum_{r=0}^{n}\sum_{p=r}^{n}\sum_{m=0}^{p}\left\{(r+\lambda)(-1)^{p+r}\right.$$

$$\left.\times\frac{\binom{n-k}{p-m}\binom{k}{m}(2\lambda+k)_m(2\lambda+n-k)_{p-m}p!\left(\lambda+\frac{1}{2}\right)_p}{\left(\lambda+\frac{1}{2}\right)_m\left(\lambda+\frac{1}{2}\right)_{p-m}(p-r)!\,(2\lambda)_{r+p+1}}\right\}C_r^{(\lambda)}(x).$$

$p(x)=C_n^{(\lambda)}(x)\in\mathbb{P}_n$을 생각하자. Gegenbauer 다항식의 정의로부터 다음과 같이 표현할 수 있다.

$$C_n^{(\lambda)}(x)=\frac{\Gamma\left(\lambda+\frac{1}{2}\right)\Gamma(n+2\lambda)}{\Gamma(2\lambda)\Gamma\left(n+\lambda+\frac{1}{2}\right)}P_n^{\left(\lambda-\frac{1}{2},\lambda-\frac{1}{2}\right)}(x),$$

$$\frac{(n+2\lambda-1)\cdots(2\lambda)}{\left(n+\lambda-\frac{1}{2}\right)\cdots\left(\lambda+\frac{1}{2}\right)}P_n^{\left(\lambda-\frac{1}{2},\lambda-\frac{1}{2}\right)}(x)=\frac{\binom{n+2\lambda-1}{n}}{\binom{n+\lambda-\frac{1}{2}}{n}}P_n^{\left(\lambda-\frac{1}{2},\lambda-\frac{1}{2}\right)}(x).$$

Jacobi 다항식 $P_n^{(\alpha,\beta)}(x)$에 대한 다른 표현이 참고논문 [12]에 다음과 같이 알려져 있다.

$$P_n^{(\alpha,\beta)}(x)=\sum_{k=0}^{n}\binom{n+\alpha}{n-k}\binom{n+\beta}{k}\left(\frac{x-1}{2}\right)^k\left(\frac{x+1}{2}\right)^{n-k}.$$

위의 두 식으로부터, Gegenbauer 다항식 $C_n^{(\lambda)}(x)$는 다음과 같이 표현된다.

(48)
$$C_n^{(\lambda)}(x)=\frac{\binom{n+2\lambda-1}{n}}{\binom{n+\lambda-\frac{1}{2}}{n}}\sum_{k=0}^{n}\binom{n+\lambda-\frac{1}{2}}{n-k}\binom{n+\lambda-\frac{1}{2}}{k}\left(\frac{x-1}{2}\right)^k\left(\frac{x+1}{2}\right)^{n-k},$$

$$\frac{d^k}{dx^k}C_n^{(\lambda)}(x)=2^k\lambda^k C_{n-k}^{(\lambda+k)}(x).$$

$p(x)=C_n^{(\lambda)}(x)=\sum_{k=0}^{n}d_k C_k^{(\lambda)}(x)$로 두고 식 (47)을 이용하여 d_k 값을 구해 보자.

$$\begin{aligned}
d_k &= \frac{(k+\lambda)\Gamma(\lambda)}{(-2)^k\sqrt{\pi}\,\Gamma\left(k+\lambda+\frac{1}{2}\right)}\int_{-1}^{1}\left(\frac{d^k}{dx^k}(1-x^2)^{k+\lambda-\frac{1}{2}}\right)C_n^{(\lambda)}(x)\,dx \\
&= \frac{(k+\lambda)\Gamma(\lambda)}{(-2)^k\sqrt{\pi}\,\Gamma\left(k+\lambda+\frac{1}{2}\right)}(-1)^k 2^k\lambda^k\int_{-1}^{1}(1-x^2)^{k+\lambda-\frac{1}{2}}C_{n-k}^{(\lambda+k)}(x)\,dx \\
&= \frac{\lambda^k(k+\lambda)\Gamma(\lambda)}{\sqrt{\pi}\,\Gamma\left(k+\lambda+\frac{1}{2}\right)}\int_{-1}^{1}(1-x^2)^{k+\lambda-\frac{1}{2}}C_{n-k}^{(\lambda+k)}(x)\,dx.
\end{aligned}$$

마지막 항에 (48) 식을 적용하여 보면 다음과 같다.

$$\begin{aligned}
&C_{n-k}^{(\lambda+k)}(x) \\
&= \frac{\binom{n-k+2(\lambda+k)-1}{n-k}}{\binom{n-k+\lambda+k-\frac{1}{2}}{n-k}}\sum_{l=0}^{n-k}\binom{n-k+\lambda+k-\frac{1}{2}}{n-k-l}\binom{n-k+\lambda+k-\frac{1}{2}}{l}\left(\frac{x-1}{2}\right)^l\left(\frac{x+1}{2}\right)^{n-k-l} \\
&= \frac{\binom{n+k+2\lambda-1}{n-k}}{\binom{n+\lambda-\frac{1}{2}}{n-k}}\sum_{l=0}^{n-k}\binom{n+\lambda-\frac{1}{2}}{n-k-l}\binom{n+\lambda-\frac{1}{2}}{l}\left(\frac{x-1}{2}\right)^l\left(\frac{x+1}{2}\right)^{n-k-l}.
\end{aligned}$$

위의 두 식에 의하여 다음이 성립한다.

(49)
$$d_k = \frac{\lambda^k (k+\lambda)\Gamma(\lambda)}{\sqrt{\pi}\,\Gamma\left(k+\lambda+\frac{1}{2}\right)} \times \frac{\binom{n+k+2\lambda-1}{n-k}}{\binom{n+\lambda-\frac{1}{2}}{n-k}} \sum_{l=0}^{n-k} \binom{n+\lambda-\frac{1}{2}}{n-k-l}\binom{n+\lambda-\frac{1}{2}}{l}(-1)^l \left(\frac{1}{2}\right)^{n-k} \times \int_{-1}^{1} (1-x)^{k+\lambda-\frac{1}{2}+l}(1+x)^{\lambda+n-\frac{1}{2}-l}\,dx.$$

(49)에서 각 항목별로 계산하여 보자.

$$\int_{-1}^{1}(1-x)^{k+\lambda-\frac{1}{2}+l}(1+x)^{\lambda+n-\frac{1}{2}-l}dx = \int_{0}^{1}(2-2y)^{k+\lambda-\frac{1}{2}+l}(2y)^{\lambda+n-l-\frac{1}{2}}2dy$$
$$= 2^{n+2\lambda+k}\int_0^1 (1-y)^{k+\lambda+l-\frac{1}{2}}y^{\lambda+n-l-\frac{1}{2}}dy$$
$$= 2^{k+n+2\lambda}\frac{\Gamma\left(k+\lambda+l+\frac{1}{2}\right)\Gamma\left(\lambda+n-l+\frac{1}{2}\right)}{\Gamma(k+n+2\lambda)}.$$

감마함수의 기본성질을 이용하여 보자.

$$\Gamma\left(k+\lambda+l+\frac{1}{2}\right) = \binom{k+\lambda+l-\frac{1}{2}}{l} l!\,\Gamma\left(k+\lambda+\frac{1}{2}\right),$$
$$\Gamma\left(\lambda+n-l+\frac{1}{2}\right) = \binom{\lambda+n-l-\frac{1}{2}}{n-l}(n-l)!\,\Gamma\left(\lambda+\frac{1}{2}\right),$$
$$\Gamma(k+2\lambda+n) = \binom{k+2\lambda+n-1}{n+k}(n+k)!\,\Gamma(2\lambda).$$

감마함수의 duplication 공식이 다음과 같이 주어진다.

$$\Gamma(z)\Gamma\left(z+\frac{1}{2}\right) = 2^{1-2z}\sqrt{\pi}\,\Gamma(2z).$$

감마함수의 계산에 의하여 다음 식이 성립한다.

$$\int_{-1}^{1}(1-x)^{k+\lambda+l-\frac{1}{2}}(1+x)^{\lambda+n-l-\frac{1}{2}}dx$$

$$=2^{k+n+1}\frac{\binom{k+\lambda+l-\frac{1}{2}}{l}\binom{\lambda+n-l-\frac{1}{2}}{n-l}\Gamma\left(k+\lambda+\frac{1}{2}\right)}{\binom{n}{l}\binom{k+2\lambda+n-1}{n+k}\binom{n+k}{k}k!\,\Gamma(\lambda)}\sqrt{\pi}.$$

위 식을 (49)에 대입하면 d_k 값이 주어진다.

$$d_k=\lambda^k(k+\lambda)2^{2k+1}\frac{\binom{n+k+2\lambda-1}{n-k}}{\binom{n+\lambda-\frac{1}{2}}{n-k}}$$

$$\times\sum_{l=0}^{n-k}\binom{n+\lambda-\frac{1}{2}}{n-k-l}\binom{n+\lambda-\frac{1}{2}}{l}(-1)^l\frac{\binom{k+\lambda+l-\frac{1}{2}}{l}\binom{\lambda+n-l-\frac{1}{2}}{n-l}}{\binom{n}{l}\binom{k+2\lambda+n-1}{n+k}\binom{n+k}{k}k!}.$$

d_k 값이 결정되므로, (48)에 의하여 Gegenbauer 다항식 $C_n^{(\lambda)}(x)$가 다음과 같이 표현된다.

$n\in\mathbb{Z}_+$에 대하여,

$$C_n^{(\lambda)}(x)=\sum_{k=0}^{n}\left\{\frac{\lambda^k(k+\lambda)2^{2k+1}\binom{n+k+2\lambda-1}{n-k}}{\binom{n+\lambda-\frac{1}{2}}{n-k}}\right.$$

$$\left.\times\sum_{l=0}^{n-k}\frac{\binom{n+\lambda-\frac{1}{2}}{n-k-l}\binom{n+\lambda-\frac{1}{2}}{l}(-1)^l\binom{k+\lambda+l-\frac{1}{2}}{l}}{\binom{n}{l}\binom{k+2\lambda+n-1}{n+k}\binom{n+k}{k}k!}\binom{\lambda+n-l-\frac{1}{2}}{n-l}\right\}C_k^{(\lambda)}(x).$$

[참고] 위 정리에서 $k=0,\ 1,\ 2,\ \cdots,\ n-1$인 경우에 우변의 계수는 모두 0이다. $k=n$인 경우 우변의 계수 값은 1이 됨을 설명한다.

5. Chebyshev 다항식과 관련된 Bernoulli 다항식과 Euler 다항식에서의 항등식

Chebyshev 다항식은 근사이론(approximation theory)의 필요에 의하여 구성되었다. 그러나 수학의 여러 분야, 대수학, 조합론, 수론 등에서 폭넓게 이용된다([27]).

Chebyshev 다항식에 관한 일반 이론은 [24]를 참고하도록 한다. Kim 등에 의해서 연구된 결과를 소개한다([8, 22]).

제1종, 제2종 Chebyshev 다항식

제1종 Chebyshev 다항식 $T_n(x)$는 다음과 같이 주어진다.

$$(50)\qquad T_n(x)=\cos n\theta,\quad \text{단},\ x=\cos\theta.$$

$x\in[0,\ 1]$일 때, $\theta\in[0,\ \pi]$이다. $\cos n\theta$는 $\cos\theta$에 대하여 차수가 n인 다항식이다. 예를 들면, $\cos 3\theta=4\cos^3\theta-3\cos\theta,\ \cos 4\theta=8\cos^4\theta-8\cos^3\theta+1,\cdots$ 와 같다.

위 정의로부터 $T_n(x)$의 몇 항을 나열해 보자.

$$T_0(x)=1,\ T_1(x)=x,\ T_2(x)=2x^2-1,\ T_3(x)=4x^3-3x\,T_4(x)=8x^4-8x^2+1,\ \ldots$$

따라서 $T_n(x)$는 차수가 n이고, 최고차수 계수가 2^{n-1}인 다항식이다.($n\geq 1$인 경우)
제2종 Chebyshev 다항식 $U_n(x)$는 다음과 같이 주어진다.

$$(51)\qquad U_n(x)=\frac{\sin(n+1)\theta}{\sin\theta},\quad \text{단},\ x=\cos\theta.$$

위 정의로부터 $U_n(x)$의 몇 항을 나열해 보자.

$$U_0(x)=1,\ U_1(x)=2x,\ U_2(x)=4x^2-1,\ U_3(x)=8x^3-4x,\ \ldots$$

$U_n(x)$ 역시 차수가 n이고, 최고차수 계수가 2^n인 다항식이다.$(n \geq 0)$

$T_n(x)$는 $(1-x^2)y''-xy'+n^2y=0$의 해이고, $U_n(x)$는 $(1-x^2)y''-3xy'+n(n+2)y=0$의 해이다. $T_n(x)$와 $U_n(x)$의 생성함수가 다음과 같이 주어짐이 잘 알려져 있다.

$$(52)\qquad \sum_{n=0}^{\infty} T_n(x)t^n = \frac{1-xt}{1-2xt+t^2}.$$

$$(53)\qquad \sum_{n=0}^{\infty} U_n(x)t^n = \frac{1}{1-2xt+t^2},\quad \text{for } |x| \leq 1,\ |t| \leq 1.$$

$T_n(x)$ 및 $U_n(x)$에 대한 Rodrigues 공식을 다음과 같이 나타내었다.

$$T_n(x) = \frac{(-1)^n 2^n n!}{(2n)!}(1-x^2)^{\frac{1}{2}}\left(\frac{d^n}{dx^n}(1-x^2)^{n-\frac{1}{2}}\right),$$

$$U_n(x) = \frac{(-1)^n 2^n (n+1)!}{(2n+1)!}(1-x^2)^{-\frac{1}{2}}\left(\frac{d^n}{dx^n}(1-x^2)^{n+\frac{1}{2}}\right).$$

위의 두 식은 제1종 및 2종 Chebyshev 다항식의 직교성을 설명하는 데 사용된다. 1종 및 2종 Chebyshev 다항식 $T_n(x)$와 $U_n(x)$의 정의로부터 다음 식이 나온다.

$$(54)\qquad \int_{-1}^{1} \frac{T_n(x)T_m(x)}{\sqrt{1-x^2}}dx = \begin{cases} 0 & \text{if } n \neq m, \\ \frac{\pi}{2} & \text{if } n = m > 0, \\ \pi & \text{if } n = m = 0, \end{cases}$$

$$\int_{-1}^{1}(1-x^2)^{\frac{1}{2}}U_n(x)U_m(x) = \frac{\pi}{2}\delta_{n,m}.$$

마찬가지로 정의를 이용하면 다음 식이 유도된다.

$$T_n(x) = \frac{\left(x+\sqrt{x^2-1}\right)^n + \left(x-\sqrt{x^2-1}\right)^n}{2},$$

$$U_n(x) = \frac{\left(x+\sqrt{x^2-1}\right)^{n+1} - \left(x-\sqrt{x^2-1}\right)^{n+1}}{2\sqrt{x^2-1}}.$$

$T_n(x)$와 $U_n(x)$의 정의로부터 다음 미분과 적분식이 성립한다.

$$\frac{dT_n(x)}{dx} = n\,U_{n-1}(x),\quad \frac{dU_n(x)}{dx} = \frac{(n+1)T_{n+1}(x) - x\,U_n(x)}{x^2-1},$$

$$\int U_n(x)\,dx = \frac{T_{n+1}(x)}{n+1},\quad \int T_n(x)\,dx = \frac{n\,T_{n+1}(x)}{n^2-1} - \frac{x\,T_n(x)}{n-1}.$$

$\mathbb{P}_n = \{p(x) \in \mathbb{Q}[x] \mid \deg p(x) \le n\}$에 다음과 같은 내적을 두면 내적 공간이 된다.

$$\langle p,\ q\rangle = \int_{-1}^{1}\frac{p(x)q(x)}{\sqrt{1-x^2}}\,dx,\ \text{단},\ p(x),\ q(x) \in \mathbb{P}_n.$$

$\mathbb{P}_n^* = \{p(x) \in \mathbb{Q}[x] \mid \deg p(x) \le n\}$에 다음과 같은 내적을 두면 내적공간이 된다.

$$\langle p_1(x),\ p_2(x)\rangle = \int_{-1}^{1}\sqrt{1-x^2}\,p_1(x)p_2(x)\,dx,\ p_1(x),\ p_2(x) \in \mathbb{P}_n^*.$$

(54) 식을 해석하면 $\{T_0(x),\ T_1(x),\ \cdots,\ T_n(x)\}$은 $\mathbb{P}_n$에서 직교기저가 된다는 말이고, $\{U_0(x),\ U_1(x),\ \cdots,\ U_n(x)\}$은 $\mathbb{P}_n^*$에서 직교기저가 된다는 말이다.

이들 제1종 및 2종 Chebyshev 다항식의 직교성으로부터 Bernoulli 다항식과 Euler 다항식을 품는 새롭고 흥미로운 항등식을 유도한다.

제1종 Chebyshev 다항식을 이용한 Bernoulli 다항식을 품는 항등식

다음 사항을 다시 염두에 두자.

$\mathbb{P}_n = \{p(x) \in \mathbb{Q}[x] \mid \deg p(x) \leq n\}$은 $\mathbb{Q}$ 위에서 벡터공간이 된다.

내적 $\langle p_1(x),\ p_2(x) \rangle = \int_{-1}^{1} \frac{1}{\sqrt{1-x^2}} p_1(x) p_2(x)\, dx$
$\{T_0(x),\ T_1(x),\ \cdots,\ T_n(x)\}$ 는 $\mathbb{P}_n$에서 직교기저가 된다.

$p(x) \in \mathbb{P}_n$ 에 대하여 다음과 같이 일차결합표현을 한다.

$$(55) \qquad p(x) = \sum_{k=0}^{n} C_k T_k(x).$$

위 식에서 C_k 값은 다음과 같이 표현된다.

$$(56) \qquad C_k = \frac{\delta_k}{\pi} \int_{-1}^{1} \frac{1}{\sqrt{1-x^2}} T_k(x) p(x)\, dx,\ \text{단}\ \delta_k = \begin{cases} 1 & \text{if } k = 0, \\ 2 & \text{if } k => 0. \end{cases}$$

(56)에 $T_n(x)$ 에 대한 Rodrigues 공식을 적용하여 보자.

$$(57) \qquad C_k = \frac{(-1)^k k! 2^k \delta_k}{(2k)! \pi} \int_{-1}^{1} \left(\frac{d}{dx}\right)^k \left\{(1-x)^{k-\frac{1}{2}} (1+x)^{k+\frac{1}{2}}\right\} p(x)\, dx\ ,$$

$$\text{단},\ \delta_k = \begin{cases} 1 & \text{if } k = 0, \\ 2 & \text{if } k > 0. \end{cases}$$

위 식을 정리하면 다음과 같다.

$p(x) \in \mathbb{P}_n$ 에 대한 $\{T_0(x),\ T_1(x),\ \cdots,\ T_n(x)\}$ 의 일차결합을 다음과 같이 나타내자.

$$(58) \qquad p(x) = \sum_{k=0}^{n} C_k T_k(x).$$

이때, C_k 값은 다음과 같다.

$$C_k = \frac{(-1)^k k! 2^k \delta_k}{(2k)!\pi} \int_{-1}^{1} \left(\frac{d}{dx}\right)^k (1-x^2)^{k-\frac{1}{2}} p(x)\, dx \text{ , 단, } \delta_k = \begin{cases} 1 & \text{if } k = 0, \\ 2 & \text{if } k > 0. \end{cases}$$

특별히 $p(x) = x^n \in \mathbb{P}_n$ 을 취했을 때를 관찰하자. 다음과 같이 $\{T_0(x),\ T_1(x),\ \cdots,\ T_n(x)\}$ 일차결합 표현을 할 수 있다.

$$x^n = \sum_{k=0}^{n} C_k T_k(x).$$

(58)에 의하여, C_k 값을 구해 보자.

$$(59) \qquad C_k = \frac{(-1)^k k! 2^k}{(2k)!\pi} \int_{-1}^{1} \left(\frac{d}{dx}\right)^k (1-x^2)^{k-\frac{1}{2}} x^n\, dx.$$

이 식을 계산해 보자.

$$(60) \qquad \int_{-1}^{1} \left(\frac{d}{dx}\right)^k (1-x^2)^{k-\frac{1}{2}} x^n\, dx$$

은

$$(1+(-1)^{n-k})\int_0^1 (1-y)^{k-\frac{1}{2}} y^{\frac{n-k+1}{2}-1} dy$$

$$= \frac{\Gamma\left(k+\frac{1}{2}\right)\Gamma\left(\frac{n-k+1}{2}\right)}{\Gamma\left(\frac{k+n+3}{2}\right)}$$

$$= \frac{(n-k)!\,(2k)!\,\pi}{2^{n+k}\left(\frac{n+k}{2}\right)!\left(\frac{n-k}{2}\right)!k!}, \quad \text{단, } n-k \equiv 0 \pmod 2$$

이므로

$$C_k = \begin{cases} 0 & \text{if } n-k \equiv 1 \pmod 2, \\ \dfrac{n!\,\delta_k}{2^n\left(\frac{n+k}{2}\right)!\left(\frac{n-k}{2}\right)!} & \text{if } n-k \equiv 0 \pmod 2. \end{cases}$$

따라서, $p(x)=x^n$을 $\{T_0(x),\ T_1(x),\ \cdots,\ T_n(x)\}$의 일차결합으로 나타내면 다음과 같다.

$$\sum_{k=0}^{n} C_k T_k(x) = \frac{n!}{2^{n-1}} \sum_{\substack{1 \le k \le n \\ k \equiv 1 \,(\mathrm{mod}\, 2)}} \frac{T_k(x)}{\left(\frac{n+k}{2}\right)!\left(\frac{n-k}{2}\right)!}, \quad \text{단, } n \equiv 1 \pmod 2$$

$n \equiv 0 \pmod 2$에 대하여 다음이 성립한다.

$$x^n = \frac{n!}{2^n}\left\{\frac{T_0(x)}{\left(\left(\frac{n}{2}\right)!\right)^2} + 2\sum_{\substack{2 \le k \le n \\ k \equiv 0 \,(\mathrm{mod}\, 2)}} \frac{T_k(x)}{\left(\frac{n+k}{2}\right)!\left(\frac{n-k}{2}\right)!}\right\}$$

특별히 $p(x)=B_n(x)\in\mathbb{P}_n$인 경우를 관찰하자. $\{T_0(x),\ T_1(x),\ \cdots,\ T_n(x)\}$는 $\mathbb{P}_n$ 내에서 $B_n(x)$을 생성한다.

(61) $$B_n(x) = \sum_{k=0}^{n} C_k T_k(x).$$

(58)로부터 C_k 값을 계산하자.

$$\begin{aligned} C_k &= \frac{(-1)^k 2^k k!\delta_k}{\pi(2k)!}\int_{-1}^{1}\left(\left(\frac{d}{dx}\right)^k (1-x^2)^{k-\frac{1}{2}}\right)B_n(x)\,dx \\ &= \frac{(-1)^k 2^k k!\delta_k}{\pi(2k)!}(-1)^k\frac{n!}{(n-k)!}\int_{-1}^{1}(1-x^2)^{k-\frac{1}{2}}B_{n-k}(x)\,dx \qquad (62)\\ &= \frac{2^k k!\delta_k}{\pi(2k)!}\times\frac{n!}{(n-k)!}\sum_{l=0}^{n-k}\binom{n-k}{l}B_{n-k-l}\int_{-1}^{1}(1-x^2)^{k-\frac{1}{2}}x^l\,dx\,. \end{aligned}$$

위 식의 우변에 있는 적분을 계산해 보면 다음과 같이 된다.

$$\begin{aligned} \int_{-1}^{1}(1-x^2)^{k-\frac{1}{2}}x^l\,dx &= (1+(-1)^l)\int_{0}^{1}(1-x^2)^{k-\frac{1}{2}}x^l\,dx \\ &= \begin{cases} 0 & \text{if } l\equiv 1 \pmod 2, \\ \dfrac{l!(2k)!\pi}{2^{2k+l}\left(\frac{2k+l}{2}\right)!\left(\frac{l}{2}\right)!k!} & \text{if } l\equiv 0 \pmod 2. \end{cases} \qquad (63) \end{aligned}$$

$$\begin{aligned} C_k &= \frac{2^k k!\delta_k}{\pi(2k)!}\times\frac{n!}{(n-k)!}\times\frac{(2k)!\pi}{2^{2k}k!}\sum_{\substack{0\le l\le n-k\\ l\equiv 0 \pmod 2}}\binom{n-k}{l}B_{n-k-l}\frac{l!}{2^l\left(\frac{2k+l}{2}\right)!\left(\frac{l}{2}\right)!} \qquad (64)\\ &= \frac{n!\delta_k}{2^k(n-k)!}\sum_{\substack{0\le l\le n-k\\ l\equiv 0 \pmod 2}}\frac{\binom{n-k}{l}B_{n-k-l}\,l!}{2^l\left(\frac{2k+l}{2}\right)!\left(\frac{l}{2}\right)!}. \end{aligned}$$

따라서 $n\in\mathbb{Z}_+$ 일 때, $B_n(x)$는 다음과 같이 표현된다.

$$B_n(x) = n!\sum_{0\le k\le n}\left(\frac{\delta_k}{2^k(n-k)!}\sum_{\substack{0\le l\le n-k\\ l\equiv 0 \pmod 2}}\frac{\binom{n-k}{l}B_{n-k-l}\,l!}{2^l\left(\frac{2k+l}{2}\right)!\left(\frac{l}{2}\right)!}\right)T_k(x).$$

Euler 다항식 $E_n(x)$를 $\{T_0(x),\ T_1(x),\ \cdots,\ T_n(x)\}$ 의 일차결합 형태로 나타내면 다음과 같음을 보여라.

$$E_n(x) = n! \sum_{0 \le k \le n} \left(\frac{\delta_k}{2^k(n-k)!} \sum_{\substack{0 \le l \le n-k \\ l \equiv 0 \pmod 2}} \frac{\binom{n-k}{l} E_{n-k-l}\, l!}{2^l \left(\frac{2k+l}{2}\right)! \left(\frac{l}{2}\right)!} \right) T_k(x).$$

Hermite 다항식 $H_n(x)$를 $\{T_0(x),\ T_1(x),\ \cdots,\ T_n(x)\}$의 일차결합 형태로 나타내면 다음과 같음을 보여라.

$$H_n(x) = n! \sum_{0 \le k \le n} \left(\delta_k \sum_{\substack{0 \le l \le n-k \\ l \equiv 0 \pmod 2}} \frac{H_{n-k-l}}{(n-k-l)! \left(\frac{2k+l}{2}\right)! \left(\frac{l}{2}\right)!} \right) T_k(x).$$

제2종 Chebyshev 다항식을 이용한 Bernoulli 다항식을 품는 항등식

다음 사항을 다시 염두에 두자.

$$\mathbb{P}_n^* = \{p(x) \in \mathbb{Q}[x] \mid \deg p(x) \le n\}$$

내적 $\langle p_1(x),\ p_2(x) \rangle = \int_{-1}^{1} \sqrt{1-x^2}\, p_1(x) p_2(x)\, dx$

직교기저 $\{U_0(x),\ U_1(x),\ \cdots,\ U_n(x)\}$

$p(x) \in \mathbb{P}_n^*$에 대하여 다음과 같이 일차결합 표현을 한다.

$$p(x) = \sum_{k=0}^{n} C_k^* U_k(x). \tag{65}$$

C_k^* 값을 구하기 위하여 $U_n(x)$에 대한 Rodrigues 공식을 적용하여 보자.

$$\begin{aligned} C_k^* &= \frac{2}{\pi} \int_{-1}^{1} \sqrt{1-x^2}\, U_k(x) p(x)\, dx \\ &= \frac{(-1)^k 2^{k+1} (k+1)!}{(2k+1)!\pi} \int_{-1}^{1} \left(\frac{d^k}{dx^k} (1-x^2)^{k+\frac{1}{2}} \right) p(x)\, dx. \end{aligned} \tag{66}$$

위 식을 정리하면 다음과 같다.

$p(x) \in \mathbb{P}_n^*$ 에 대한 $\{U_0(x),\ U_1(x),\ \cdots,\ U_n(x)\}$의 일차결합을 다음과 같이 나타내자.

$$p(x) = \sum_{k=0}^{n} C_k^* U_k(x). \tag{67}$$

이때, C_k^* 값은 다음과 같다.

$$C_k = \frac{(-1)^k 2^{k+1}(k+1)!}{(2k+1)!\pi} \int_{-1}^{1} \left(\frac{d^k}{dx^k} (1-x^2)^{k+\frac{1}{2}} \right) p(x)\, dx.$$

특별히 $p(x) = x^n \in \mathbb{P}_n^*$ 을 취했을 때를 관찰하자.
다음과 같이 $\{U_0(x),\ U_1(x),\ \cdots,\ U_n(x)\}$의 일차결합 표현을 할 수 있다.

$$x^n = \sum_{k=0}^{n} C_k^* U_k(x).$$

(67)에 의하여, C_k^* 값을 구해 보자.

$$\begin{aligned} C_k^* &= \frac{(-1)^k 2^{k+1}(k+1)!}{(2k+1)!\pi} \int_{-1}^{1} \left(\frac{d^k}{dx^k} (1-x^2)^{k+\frac{1}{2}} \right) x^n\, dx \\ &= \frac{(-1)^k 2^{2k+1}(k+1)!}{(2k+1)!\pi} \times \frac{(-1)^k n!}{(n-k)!} \int_{-1}^{1} (1-x^2)^{k+\frac{1}{2}} x^{n-k}\, dx. \end{aligned} \tag{68}$$

이 식을 계산해 보자.

$$\begin{aligned} \int_{-1}^{1} (1-x^2)^{k+\frac{1}{2}} x^{n-k}\, dx &= \left(1+(-1)^{n-k}\right) \int_{0}^{1} (1-x^2)^{k+\frac{1}{2}} x^{n-k}\, dx \\ &= \begin{cases} 0 & \text{if } n-k \equiv 1 \pmod 2, \\ \dfrac{(n-k)!(2k+2)!\pi}{2^{n+k+2}\left(\frac{n+k+2}{2}\right)!\left(\frac{n-k}{2}\right)!(k+1)!} & \text{if } n-k \equiv 0 \pmod 2. \end{cases} \end{aligned} \tag{69}$$

따라서, $p(x)=x^n$ 을 $\{U_0(x),\ U_1(x),\ \cdots,\ U_n(x)\}$ 의 일차결합으로 나타내면 다음과 같다.

$$x^n=\frac{n!}{2^n}\sum_{\substack{0\le k\le n\\ k\equiv n\ (\mathrm{mod}\ 2)}}\frac{k+1}{\left(\frac{n+k+2}{2}\right)!\left(\frac{n-k}{2}\right)!}U_n(x).$$

특별히 $p(x)=B_n(x)\in\mathbb{P}_n^*$ 인 경우를 관찰하자. $\{U_0(x),\ U_1(x),\ \cdots,\ U_n(x)\}$는 $\mathbb{P}_n^*$ 내에서 $B_n(x)$를 생성한다.

$$B_n(x)=\sum_{k=0}^{n}C_k^*U_k(x). \tag{70}$$

(67)로부터 C_k^* 값을 계산하자.

$$C_k^*=\frac{(-1)^k k!2^k}{(2k)!\pi}\int_{-1}^{1}\left(\frac{d}{dx}\right)^k(1-x^2)^{k+\frac{1}{2}}B_n(x)\,dx. \tag{71}$$

위 식에서 정적분의 값을 계산해 보자.

$$\begin{aligned}C_k^* &=\frac{(-1)^k2^{k+1}(k+1)!}{(2k+1)!\pi}\int_{-1}^{1}\left(\frac{d^k}{dx^k}(1-x^2)^{k+\frac{1}{2}}\right)B_n(x)\,dx\\ &=\frac{(-1)^k2^{k+1}(k+1)!}{(2k+1)!\pi}\times\frac{(-1)^k n!}{(n-k)!}\int_{-1}^{1}(1-x^2)^{k+\frac{1}{2}}B_{n-k}(x)dx\\ &=\frac{2^{k+1}(k+1)!}{(2k+1)!\pi}\times\frac{n!}{(n-k)!}\sum_{l=0}^{n-k}\binom{n-k}{l}B_{n-k-l}\int_{-1}^{1}(1-x^2)^{k+\frac{1}{2}}x^l\,dx.\end{aligned} \tag{72}$$

위 식의 우변에 있는 적분을 계산해 보면 다음과 같다.

$$\begin{aligned}&\int_{-1}^{1}(1-x^2)^{k+\frac{1}{2}}x^l\,dx=(1+(-1)^l)\int_{0}^{1}(1-x^2)^{k+\frac{1}{2}}x^l\,dx\\ &=\begin{cases}0 & \text{if } l\equiv 1(\mathrm{mod}\ 2),\\ \dfrac{(2k+2)!l!\pi}{2^{2k+2+l}\left(\frac{2k+2+l}{2}\right)!(k+1)!\left(\frac{l}{2}\right)!} & \text{if } l\equiv 0(\mathrm{mod}\ 2).\end{cases}\end{aligned} \tag{73}$$

따라서 C_k^* 값을 구할 수 있다.

(74) $$C_k^* = \frac{(k+1)n!}{2^k} \sum_{\substack{0 \le l \le n-k \\ l \equiv 0 \pmod 2}} \frac{B_{n-k-l}}{(n-k-l)!\,2^l \left(\frac{2k+l+2}{2}\right)! \left(\frac{l}{2}\right)!}.$$

따라서, $n \in \mathbb{Z}_+$ 에 대한 $B_n(x)$의 일차결합 표현은 다음과 같다.

$$B_n(x) = \sum_{0 \le k \le n} \left(\frac{(k+1)}{2^k} \sum_{\substack{0 \le l \le n-k \\ l \equiv 0 \pmod 2}} \frac{B_{n-k-l}}{2^l (n-k-l)! \left(\frac{2k+l+2}{2}\right)! \left(\frac{l}{2}\right)!} \right) U_k(x).$$

Euler 다항식 $E_n(x)$를 $\{U_0(x),\ U_1(x),\ \cdots,\ U_n(x)\}$의 일차결합 형태로 나타내면 다음과 같음을 보여라.

$$E_n(x) = n! \sum_{0 \le k \le n} \left(\frac{k+1}{2^k} \sum_{0 \le l \le n-k, l \equiv 0 (\mathrm{mod} 2)} \left(\frac{E_{n-k-l}}{2^l (n-k-l)! \left(\frac{2k+l+2}{2}\right)! \left(\frac{l}{2}\right)!} \right) U_k(x).$$

Hermite 다항식 $H_n(x)$를 $\{U_0(x),\ U_1(x),\ \cdots,\ U_n(x)\}$의 일차결합 형태로 나타내면 다음과 같음을 보여라.

$$H_n(x) = n! \sum_{0 \le k \le n} \left((k_1) \sum_{0 \le l \le n-k, l \equiv 0 (\mathrm{mod} 2)} \frac{H_{n-k-l}}{(n-k-l)! \left(\frac{2k+l+2}{2}\right)! \left(\frac{l}{2}\right)!} \right) U_k(x) .$$

제3종, 제4종 Chevyshev 다항식

제3종 Chebyshev 다항식 $V_n(x)$는 다음과 같이 주어진다.

(75) $$V_n(x) = \frac{\cos\left(n + \frac{1}{2}\right)\theta}{\cos \frac{1}{2}\theta}, \text{ 단 } x = \cos\theta.$$

정의로부터 $V_n(x)$의 몇 항을 나열해 보자.

$$V_0(x)=1,\ \ V_1(x)=2x-1,\ \ V_2(x)=4x^2-2x-1,$$

$$V_3(x)=8x^3-4x^2-4x+1,\ldots$$

따라서 $V_n(x)$는 차수가 n이고, 최고차수 계수가 2^n인 다항식이다$(n\ge 0)$.
제4종 Chebyshev 다항식 $W_n(x)$는 다음과 같이 주어진다.

(76) $$W_n(x)=\frac{\sin\left(n+\frac{1}{2}\right)\theta}{\sin\frac{1}{2}\theta},\ \ \text{단 } x=\cos\theta.$$

위 정의로부터 $W_n(x)$의 몇 항을 나열해 보자.

$$W_0(x)=1,\ \ W_1(x)=2x+1,\ \ W_2(x)=4x^2+2x-1,$$

$$W_3(x)=8x^3+4x^2-4x-1,\ldots$$

$W_n(x)$ 역시 차수가 n이고, 최고차수 계수가 2^n인 다항식이다$(n\ge 0)$.
다음 식은 고등학교 수학과정에서 나타나는 $\sin$ 함수의 합을 곱으로 나타내는 공식 중 하나이다.

(77) $$\sin\left(n+\frac{1}{2}\right)\theta+\sin\left(n-2+\frac{1}{2}\right)\theta=2\cos\theta\sin\left(n-1+\frac{1}{2}\right)\theta.$$

따라서 (77)을 이용해 $W_n(x)$ 몇 개를 계산해 보자$(n\ge 2)$.

(78) $$W_0(x)=1,\ \ W_1(x)=2x+1,\ \ W_n(x)=2xW_{n-1}(x)-W_{n-2}(x)\ ,\ (n\ge 2).$$

Jacobi 다항식 $y = P_n^{(\alpha, -\alpha)}(x)$는 다음 Jacobi 미분방정식의 해임을 알고 있다.

(79) $$(1-x^2)y'' - 2(x+\alpha)y' + n(n+1)y = 0.$$

Jacobi 다항식 $P_n^{(\alpha, -\alpha)}(x)$, 제3종 Chebyshev 다항식 $V_n(x)$와 제4종 Chebyshev 다항식 $W_n(x)$의 관계식은 다음과 같다.

(80) $$V_n(x) = \frac{(n!)^2 2^{2n}}{(2n)!} P_n^{\left(-\frac{1}{2}, \frac{1}{2}\right)}(x) = {}_2F_1\left(-n,\ n+1;\frac{1}{2};\frac{1-x}{2}\right),$$

(81) $$W_n(x) = \frac{(n!)^2 2^{2n}}{(2n)!} P_n^{\left(\frac{1}{2}, -\frac{1}{2}\right)}(x) = (2n+1)_2F_1\left(-n,\ n+1;\frac{3}{2};\frac{1-x}{2}\right).$$

여기에서, 다음 기호를 약속한다.

위의 (79), (80) 및 (81) 식으로부터 제3종 Chebyshev 다항식 $y = V_n(x)$는 다음 미분방정식의 해가 됨을 알 수 있다.

$$(1-x^2)y'' - 2(x-\frac{1}{2})y' + n(n+1)y = 0.$$

마찬가지로, 제4종 Chebyshev 다항식 $y = W_n(x)$는 다음 미분방정식의 해가 된다.

$$(1-x^2)y'' - 2(x+\frac{1}{2})y' + n(n+1)y = 0.$$

다음 삼각 방정식을 생각해 보자.

(82) $$\sum_{n-0}^{\infty} t^n \cos(n+\frac{1}{2})\theta + i\sum_{n-0}^{\infty} t^n \sin(n+\frac{1}{2})\theta = \frac{e^{i\frac{\theta}{2}}}{1-te^{i\theta}}$$
$$= \frac{(1-t\cos\theta)\cos\frac{\theta}{2} - t\sin\theta\sin\frac{\theta}{2}}{1-2t\cos\theta+t^2} + i\frac{(1-t\cos\theta)\sin\frac{\theta}{2} + t\sin\theta\cos\frac{\theta}{2}}{1-2t\cos\theta+t^2}.$$

위 식에서 양변의 계수를 비교함으로써 다음과 같이 $V_n(x)$와 $W_n(x)$의 생성함수를 구할 수 있다.

$$(83)\qquad \sum_{n=0}^{\infty} V_n(x)t^n = \frac{1-t}{1-2xt+t^2},$$

$$(84)\qquad \sum_{n=0}^{\infty} W_n(x)t^n = \frac{1+t}{1-2xt+t^2}, \quad (|t|<1).$$

다음 사실은 매우 유용한 결과로 잘 알려져 있다.

$$(85)\qquad \begin{aligned}&\int_{-1}^{1} P_n^{(\alpha,\beta)}(x)P_m^{(\alpha,\beta)}(x)(1-x)^{\alpha}(1+x)^{\beta}\,dx \\ &= \frac{2^{\alpha+\beta+1}\Gamma(n+\alpha+1)\Gamma(n+\beta+1)}{(2n+\alpha+\beta+1)\Gamma(n+\alpha+\beta+1)\Gamma(n+1)}.\end{aligned}$$

위 식의 의미는 Jacobi 다항식의 직교성을 설명한다. (80), (81) 및 (85) 식으로부터 다음 식이 성립한다.

$$(86)\qquad \int_{-1}^{1}\left(\frac{1-x}{1+x}\right)^{\frac{1}{2}} W_n(x)W_m(x)dx = \pi\delta_{m,n} = \int_{-1}^{1}\left(\frac{1+x}{1-x}\right)^{\frac{1}{2}} V_n(x)V_m(x)dx.$$

여기에서 $\delta_{m,n}$은 Kronecker 기호이다. Mason과 Handcomb은 Jacobi 다항식 $P_n^{(\alpha,\beta)}$에 대한 Rodrigues 공식을 다음과 같이 나타내었다.

$$(87)\qquad (1-x)^{\alpha}(1+x)^{\beta}P_n^{(\alpha,\beta)}(x) = \frac{(-1)^n}{2^n n!}\left(\frac{d}{dx}\right)^n\{(1-x)^{n+\alpha}(1+x)^{n+\beta}\}.$$

Jacobi 다항식과 Chebyshev 제3종 및 4종 다항식의 관계식 (80), (81)을 (87)에 적용하여 보면 다음과 같다.

(88) $$(1-x)^{-\frac{1}{2}}(1+x)^{\frac{1}{2}}\,V_n(x)=\frac{(-1)^n n!2^n}{(2n)!}\left(\frac{d}{dx}\right)^n\left\{(1-x)^{n-\frac{1}{2}}(1+x)^{n+\frac{1}{2}}\right\},$$

(89) $$(1-x)^{\frac{1}{2}}(1+x)^{-\frac{1}{2}}\,W_n(x)=\frac{(-1)^n n!2^n}{(2n)!}\left(\frac{d}{dx}\right)^n\left\{(1-x)^{n+\frac{1}{2}}(1+x)^{n-\frac{1}{2}}\right\}.$$

다음에 잘 알려진 항등식은 쉽게 보일 수 있다.

(90) $$\begin{aligned}&\cos(n+\frac{1}{2})\theta+i\sin(n+\frac{1}{2})\theta\\ &=\sqrt{\frac{1+x}{2}}\sum_{k=0}^{n}\binom{2n+1}{2k}\left(\frac{1+x}{2}\right)^{n-k}(-1)^k\left(\frac{1-x}{2}\right)^k\\ &\quad+i\sqrt{\frac{1-x}{2}}\sum_{k=0}^{n}\binom{2n+1}{2k+1}\left(\frac{1+x}{2}\right)^{n-k}(-1)^k\left(\frac{1-x}{2}\right)^k.\end{aligned}$$

제3종 및 4종 Chebyshev 다항식 $V_n(x)$와 $W_n(x)$의 정의를 (90)에 적용하면 다음 식이 나온다.

$$\begin{aligned}V_n(x)&=\sqrt{\frac{2}{1+x}}\cos(n+\frac{1}{2})\theta\\ &=\sum_{k=0}^{n}\binom{2n+1}{2k}\left(\frac{1+x}{2}\right)^{n-k}(-1)^k\left(\frac{1-x}{2}\right)^k,\end{aligned}$$

$$\begin{aligned}W_n(x)&=\sqrt{\frac{2}{1-x}}\sin(n+\frac{1}{2})\theta\\ &=\sum_{k=0}^{n}\binom{2n+1}{2k+1}\left(\frac{1+x}{2}\right)^{n-k}(-1)^k\left(\frac{1-x}{2}\right)^k.\end{aligned}$$

Bernoulli 다항식과 Euler 다항식의 정의에서 유도되는 관계식을 보자.

(91) $$\begin{aligned}B_n(x)&=(B+x)^n=\sum_{l=0}^{n}\binom{n}{l}B_{n-l}x^l,\\ E_n(x)&=(E+x)^n=\sum_{l=0}^{n}\binom{n}{l}E_{n-l}x^l.\end{aligned}$$

위 식을 x에 관하여 미분하면 다음 관계식이 유도된다.

$$\text{(92)}\quad \begin{aligned} &\frac{d}{dx}B_n(x) = B_n^{'}(x) = nB_{n-1}(x), \\ &\frac{d}{dx}E_n(x) = E_n^{'}(x) = nE_{n-1}(x). \end{aligned}$$

$\mathbb{P}_n = \{p(x) \in \mathbb{Q}[x] \mid \deg p(x) \leq n\}$에 다음과 같은 내적을 두면 내적 공간이 된다.

$$\langle p_1(x),\ p_2(x)\rangle \int_{-1}^{1} \left(\frac{1+x}{1-x}\right)^{\frac{1}{2}} p_1(x)p_2(x)dx.$$

$\mathbb{P}_n^* = \{p(x) \in \mathbb{Q}[x] \mid \deg p(x) \leq n\}$에 다음과 같은 내적을 두면 내적공간이 된다.

$$\langle p_1(x),\ p_2(x)\rangle = \int_{-1}^{1} \left(\frac{1-x}{1+x}\right)^{\frac{1}{2}} p_1(x)p_2(x)\,dx.$$

(86) 식을 해석하면 $\{V_0(x),\ V_1(x),\ \cdots,\ V_n(x)\}$은 $\mathbb{P}_n$에서 직교기저가 된다는 말이고, $\{W_0(x),\ W_1(x),\ \cdots,\ W_n(x)\}$ 은 $\mathbb{P}_n^*$에서 직교기저가 된다는 말이다.

여기에서 (86), (88) 및 (89)로부터 적분방정식을 유도한다.

그리고 $\{V_0(x),\ V_1(x),\ \cdots,\ V_n(x)\}$ 의 $\mathbb{P}_n$에서 직교성과 $\mathbb{P}_n^*$의 직교성을 조사해 보자. 이들 제3종 및 4종 Chebyshev 다항식의 직교성으로부터 Bernoulli 다항식과 Euler 다항식을 품는 새롭고 흥미로운 항등식을 유도한다.

제3종 Chebyshev 다항식을 이용한 Bernoulli 다항식을 품는 항등식

다음 사항을 다시 염두에 두자.

$\mathbb{P}_n = \{p(x) \in \mathbb{Q}[x] \mid \deg p(x) \leq n\}$

내적 $\langle p_1(x),\ p_2(x)\rangle = \int_{-1}^{1} \left(\frac{1+x}{1-x}\right)^{\frac{1}{2}} p_1(x)p_2(x)\,dx$

직교기저 $\{V_0(x),\ V_1(x),\ \cdots,\ V_n(x)\}$.

$p(x) \in \mathbb{P}_n$ 에 대하여 다음과 같이 일차결합 표현을 한다.

$$p(x) = \sum_{k=0}^{n} C_k V_k(x).$$

C_k 값을 구하기 위한 다음 계산을 하자. 이때 (37) 식을 이용한다.

$$\begin{aligned}\langle p(x), V_k(x)\rangle &= C_k < V_k(x),\ V_k(x) > \\ &= C_k \int_{-1}^{1} \left(\frac{1+x}{1-x}\right)^{\frac{1}{2}} V_k(x) V_k(x)\, dx = C_k \pi.\end{aligned}$$

위 식에서 C_k 값은 다음과 같이 표현된다.

(93) $$C_k = \frac{1}{\pi} \int_{-1}^{1} \left(\frac{1+x}{1-x}\right)^{\frac{1}{2}} V_k(x) p(x)\, dx.$$

(93)에 $V_n(x)$ 에 대한 Rodrigues 공식을 적용하여 보자.

(94) $$C_k = \frac{(-1)^k k! 2^k}{(2k)! \pi} \int_{-1}^{1} \left(\frac{d}{dx}\right)^k \left\{(1-x)^{k-\frac{1}{2}} (1+x)^{k+\frac{1}{2}}\right\} p(x)\, dx.$$

위 식을 정리하면 다음과 같다.

(95) $p(x) \in \mathbb{P}_n$ 에 대한 $\{V_0(x),\ V_1(x),\ \cdots,\ V_n(x)\}$ 의 일차결합을 다음과 같이 나타내자.

$$p(x) = \sum_{k=0}^{n} C_k V_k(x).$$

이때, C_k 값은 다음과 같다.

$$C_k = \frac{(-1)^k k! 2^k}{(2k)!\pi} \int_{-1}^{1} \left(\frac{d}{dx}\right)^k \left\{(1-x)^{k-\frac{1}{2}}(1+x)^{k+\frac{1}{2}}\right\} p(x)\, dx.$$

특별히 $p(x) = x^n \in \mathbb{P}_n$을 취했을 때를 관찰하자. 다음과 같이 $\{V_0(x), V_1(x), \cdots, V_n(x)\}$ 일차결합 표현을 할 수 있다.

$$x^n = \sum_{k=0}^{n} C_k V_k(x).$$

(95)에 의하여, C_k 값을 구해 보자.

$$C_k = \frac{(-1)^k k! 2^k}{(2k)!\pi} \int_{-1}^{1} \left(\frac{d}{dx}\right)^k \left\{(1-x)^{k-\frac{1}{2}}(1+x)^{k+\frac{1}{2}}\right\} x^n\, dx. \tag{96}$$

이 식을 계산해 보자.

$$\begin{aligned}
&\int_{-1}^{1} \left(\frac{d}{dx}\right)^k \left\{(1-x)^{k-\frac{1}{2}}(1+x)^{k+\frac{1}{2}}\right\} x^n\, dx \\
&= (-n)\int_{-1}^{1} \left(\frac{d}{dx}\right)^{k-1} \left\{(1-x)^{k-\frac{1}{2}}(1+x)^{k+\frac{1}{2}}\right\} x^{n-1}\, dx \\
&= \cdots \\
&= (-1)^k \frac{n!}{(n-k)!} \int_{-1}^{1} \left\{(1-x)^{k-\frac{1}{2}}(1+x)^{k+\frac{1}{2}}\right\} x^{n-k}\, dx \qquad (97) \\
&= \frac{(-1)^k n! 2^{2k+1}}{(n-k)!} \sum_{l=0}^{n-k} \binom{n-k}{l} 2^l (-1)^{n-k-l} \int_0^1 y^{k+l+\frac{1}{2}} (1-y)^{k-\frac{1}{2}}\, dy \\
&= \frac{(-1)^k n! 2^{2k+1}}{(n-k)!} \sum_{l=0}^{n-k} \binom{n-k}{l} 2^l (-1)^{n-k-l} \frac{\Gamma\left(k+l+\frac{3}{2}\right)\Gamma\left(k+\frac{1}{2}\right)}{\Gamma(2k+l+2)}.
\end{aligned}$$

감마함수의 기본 성질에 의하면 다음 식이 성립한다.

$$\Gamma\left(k+l+\frac{3}{2}\right)\Gamma\left(k+\frac{1}{2}\right)=\left(k+l+\frac{1}{2}\right)\Gamma\left(k+l+\frac{1}{2}\right)\left(k-\frac{1}{2}\right)\Gamma\left(k-\frac{1}{2}\right)$$

$$=\cdots$$

(98) $$=\frac{(2k+2l+1)(2k+2l-1)\cdots 1\times(2k-1)\cdots 1}{2^{2k+l+1}}\Gamma\left(\frac{1}{2}\right)^2$$

$$=\frac{(2k+2l+2)!(2k)!\pi}{(k+l+1)!k!2^{4k+2l+2}}.$$

(96), (97) 및 (98)에 의하여 다음이 성립한다.

$$C_k=\frac{(-1)^k k!2^k}{(2k)!\pi}\frac{(-1)^k n!2^{2k+1}}{(n-k)!}\sum_{l=0}^{n-k}\binom{n-k}{l}2^l(-1)^{n-k-l}$$

(99) $$\times\frac{(2k+2l+2)!(2k)!\pi}{(k+l+1)!k!2^{4k+2l+2}(2k+l+1)!}$$

$$=\frac{(-1)^{n-k}}{2^k}\sum_{l=0}^{n-k}(-\frac{1}{2})^l\binom{n}{k+l}\binom{2k+2l+1}{l}.$$

따라서, 위 (99) 식에 의하여 $p(x)=x^n$ 을 $\{V_0(x),\ V_1(x),\ \cdots,\ V_n(x)\}$의 일차결합으로 나타내면 다음과 같다.

$$x^n=(-1)^n\sum_{k=0}^{n}(-\frac{1}{2})^k\left\{\sum_{l=0}^{n-k}(-\frac{1}{2})^l\binom{n}{k+l}\binom{2k+2l+1}{l}\right\}V_k(x).$$

특별히 $p(x)=B_n(x)\in\mathbb{P}_n$ 인 경우를 관찰하자. $\{V_0(x),\ V_1(x),\ \cdots,\ V_n(x)\}$는 $\mathbb{P}_n$ 내에서 $B_n(x)$를 생성한다.

(100) $$B_n(x)=\sum_{k=0}^{n}C_kV_k(x).$$

(95)로부터 C_k 값을 계산하자.

$$(101)\qquad C_k = \frac{(-1)^k k! 2^k}{(2k)!\pi} \int_{-1}^{1} \left(\frac{d}{dx}\right)^k \left\{(1-x)^{k-\frac{1}{2}} (1+x)^{k+\frac{1}{2}}\right\} B_n(x)\, dx.$$

위 식에서 정적분의 값을 계산해 보자.

$$(102)\qquad \begin{aligned} &\int_{-1}^{1} \left(\frac{d}{dx}\right)^k \left\{(1-x)^{k-\frac{1}{2}} (1+x)^{k+\frac{1}{2}}\right\} B_n(x)\, dx \\ =\ & (-1)^k \frac{n!}{(n-k)!} \sum_{r=0}^{n-k} \binom{n-k}{r} B_{n-k-r} \int_{-1}^{1} (1-x)^{k-\frac{1}{2}} (1+x)^{k+\frac{1}{2}} x^r\, dx. \end{aligned}$$

위 식의 우변에 있는 적분을 계산해 보면 다음과 같다.

$$(103)\qquad \begin{aligned} &\int_{-1}^{1} (1-x)^{k-\frac{1}{2}} (1+x)^{k+\frac{1}{2}} x^r\, dx \\ =\ & 2^{2k+1} \sum_{l=0}^{r} \binom{r}{l} 2^l (-1)^{r-l} \frac{\Gamma\left(k+\frac{1}{2}\right)\Gamma\left(k+l+\frac{3}{2}\right)}{\Gamma(2k+l+2)}. \end{aligned}$$

우변항의 감마함수를 정의를 이용하여 계산하자.

$$(104)\qquad \frac{\Gamma\left(k+\frac{1}{2}\right)\Gamma\left(k+l+\frac{3}{2}\right)}{\Gamma(2k+l+2)} = \frac{(2k+2l+2)!\,(2k)!\,\pi}{(k+l+1)!\,k!\,2^{4k+2l+2}} \frac{1}{(2k+l+1)!}.$$

(103), (104) 식을 정리하면 다음과 같다.

$$(105)\qquad \begin{aligned} &\int_{-1}^{1} (1-x)^{k-\frac{1}{2}} (1+x)^{k+\frac{1}{2}} x^r\, dx \\ =\ & 2^{2k+1} \sum_{l=0}^{r} \binom{r}{l} 2^l (-1)^{r-l} \frac{(2k+2l+2)!\,(2k)!\,\pi}{(k+l+1)!\,k!\,2^{4k+2l+2}\,(2k+l+1)!}. \end{aligned}$$

(101), (102) 및 (105)를 결합하면 C_k 값을 구할 수 있다.

$$(106)\qquad C_k = \sum_{r=0}^{n-k}\sum_{l=0}^{r} \frac{\binom{n-k-l}{r-l}\binom{n}{k+l}\binom{2k+2l+1}{l}}{2^{k+l}}(-1)^{r-l}B_{n-k-r}.$$

따라서, $n \in \mathbb{Z}_+$ 에 대하여 $B_n(x)$의 제3종 Chebyshev 다항식의 일차결합은 다음과 같다.

$$B_n(x) = \sum_{k=0}^{n} \frac{1}{2^k}\left\{\sum_{r=0}^{n-k}\sum_{l=0}^{r} \frac{(-1)^{r-l}B_{n-k-r}\binom{n}{k+l}\binom{n-k-l}{r-l}\binom{2k+2l+1}{l}}{2^l}\right\}V_k(x).$$

제4종 Chebyshev 다항식을 이용한 Bernoulli 다항식을 품는 항등식

다음 사항을 다시 염두에 두자.

$$\mathbb{P}_n^* = \{p(x) \in \mathbb{Q}[x] \mid \deg p(x) \le n\}$$

내적 $\langle p_1(x),\ p_2(x)\rangle = \int_{-1}^{1}\left(\frac{1-x}{1+x}\right)^{\frac{1}{2}} p_1(x)p_2(x)\,dx$
직교기저 $\{W_0(x),\ W_1(x),\ \cdots,\ W_n(x)\}$.

$p(x) \in \mathbb{P}_n^*$ 에 대하여 다음과 같이 일차결합 표현을 한다.

$$(107)\qquad p(x) = \sum_{k=0}^{n} C_k^* W_k(x).$$

C_k^* 값을 구하기 위해 다음 계산을 하자. 이때, (86) 식을 이용한다.

$$(108)\qquad \begin{aligned} <p(x), W_k(x)> &= C_k^* < W_k(x),\ W_k(x)> \\ &= C_k^* \int_{-1}^{1}\left(\frac{1-x}{1+x}\right)^{\frac{1}{2}} W_k(x)W_k(x)\,dx = C_k^*\pi. \end{aligned}$$

(108)에 $W_n(x)$에 대한 Rodrigues 공식을 적용하여 보자.

(109)
$$
\begin{aligned}
C_k^* &= \frac{1}{\pi}\int_{-1}^{1}\left(\frac{1-x}{1+x}\right)^{\frac{1}{2}} W_k(x)p(x)\,dx \\
&= \frac{(-1)^k k!2^k}{(2k)!\pi}\int_{-1}^{1}\left(\frac{d}{dx}\right)^k\left\{(1-x)^{k+\frac{1}{2}}(1+x)^{k-\frac{1}{2}}\right\}p(x)\,dx.
\end{aligned}
$$

위 식을 정리하면 다음과 같다.

(110) $p(x)\in\mathbb{P}_n^*$에 대한 $\{W_0(x),\ W_1(x),\ \cdots,\ W_n(x)\}$ 일차결합을 다음과 같이 나타내자.

$$p(x) = \sum_{k=0}^{n} C_k^* W_k(x).$$

이때, C_k^* 값은 다음과 같다.

$$
\begin{aligned}
C_k^* &= \frac{1}{\pi}\int_{-1}^{1}\left(\frac{1-x}{1+x}\right)^{\frac{1}{2}} W_k(x)p(x)\,dx \\
&= \frac{(-1)^k k!2^k}{(2k)!\pi}\int_{-1}^{1}\left(\frac{d}{dx}\right)^k\left\{(1-x)^{k+\frac{1}{2}}(1+x)^{k-\frac{1}{2}}\right\}p(x)\,dx.
\end{aligned}
$$

특별히 $p(x)=x^n\in\mathbb{P}_n^*$을 취했을 때를 관찰하자.
다음과 같이 $\{W_0(x),\ W_1(x),\ \cdots,\ W_n(x)\}$ 일차결합 표현을 할 수 있다.

$$x^n = \sum_{k=0}^{n} C_k^* W_k(x).$$

(110)에 의하여, C_k^* 값을 구해 보자.

(111) $$C_k^* = \frac{(-1)^k k!2^k}{(2k)!\pi}\int_{-1}^{1}\left(\frac{d}{dx}\right)^k\left\{(1-x)^{k+\frac{1}{2}}(1+x)^{k-\frac{1}{2}}\right\}x^n\,dx.$$

이 식을 계산해 보자.

$$\begin{aligned}(112)\quad &\int_{-1}^{1}\left(\frac{d}{dx}\right)^{k}\left\{(1-x)^{k+\frac{1}{2}}(1+x)^{k-\frac{1}{2}}\right\}x^{n}\,dx\\ &=\frac{(-1)^{k}n!2^{2k+1}}{(n-k)!}\sum_{l=0}^{n-k}\binom{n-k}{l}2^{l}(-1)^{n-k-l}\frac{\Gamma\left(k+l+\frac{1}{2}\right)\Gamma\left(k+\frac{3}{2}\right)}{\Gamma(2k+l+2)}.\end{aligned}$$

감마함수의 기본 성질에 의하면 다음 식이 성립한다.

$$(113)\quad \Gamma\left(k+l+\frac{1}{2}\right)\Gamma\left(k+\frac{3}{2}\right)=\frac{(2k+2l)!\,(2k+2)!\,\pi}{(k+l)!\,(k+1)!\,2^{4k+2l+2}}.$$

(111), (112) 및 (113)에 의하여 다음이 성립한다.

$$(114)\quad C_{k}^{*}=\frac{(-1)^{n-k}(2k+1)}{2^{k}}\sum_{l=0}^{n-k}\frac{(-1)^{l}}{l\,2^{l}}\binom{n}{k+l}\binom{2k+2l}{l-1}.$$

따라서, 위 (114) 식에 의하여 $p(x)=x^{n}$을 $\{W_0(x),\ W_1(x),\ \cdots,\ W_n(x)\}$의 일차결합으로 나타내면 다음과 같다.

$n\in\mathbb{Z}_{+}$에 대하여, 다항식 x^{n}의 제4종 Chebyshev 다항식의 일차결합 표현은 다음과 같다.

$$x^{n}=(-1)^{n}\sum_{k=0}^{n}(2k+1)(-\frac{1}{2})^{k}\left\{\sum_{k=0}^{n-k}\frac{1}{l}(-\frac{1}{2})^{l}\binom{n}{k+l}\binom{2k+2l}{l-1}\right\}W_k(x).$$

특별히 $p(x)=B_n(x)\in\mathbb{P}_n^{*}$인 경우를 관찰하자. $\{W_0(x),\ W_1(x),\ \cdots,\ W_n(x)\}$는 $\mathbb{P}_n^{*}$ 내에서 $B_n(x)$을 생성한다.

$$(115)\quad B_n(x)=\sum_{k=0}^{n}C_k^{*}W_k(x).$$

(110)으로부터 C_k^* 값을 계산하자.

$$(116) \qquad C_k^* = \frac{(-1)^k k! 2^k}{(2k)!\pi} \int_{-1}^{1} \left(\frac{d}{dx}\right)^k \left\{ (1-x)^{k+\frac{1}{2}} (1+x)^{k-\frac{1}{2}} \right\} B_n(x)\, dx.$$

위 식에서 정적분의 값을 계산해 보자.

$$\begin{aligned} & \int_{-1}^{1} \left(\frac{d}{dx}\right)^k \left\{ (1-x)^{k+\frac{1}{2}} (1+x)^{k-\frac{1}{2}} \right\} B_n(x)\, dx \\ (117) \qquad &= \frac{(-1)^k n!}{(n-k)!} \int_{-1}^{1} (1-x)^{k+\frac{1}{2}} (1+x)^{k-\frac{1}{2}} B_{n-k}(x)\, dx \\ &= \frac{(-1)^k n!}{(n-k)!} \sum_{r=0}^{n-k} \binom{n-k}{r} B_{n-k-r} \int_{-1}^{1} (1-x)^{k+\frac{1}{2}} (1+x)^{k-\frac{1}{2}} x^r\, dx. \end{aligned}$$

위 식의 우변에 있는 적분을 계산해 보면 다음과 같다.

$$\begin{aligned} & \int_{-1}^{1} (1-x)^{k+\frac{1}{2}} (1+x)^{k-\frac{1}{2}} x^r\, dx \\ &= 2^{2k+1} \sum_{l=0}^{r} \binom{r}{l} 2^l (-1)^{r-l} \frac{(2k+2l)!\,(2k+2)!\,\pi}{(k+l)!\,(k+1)!\,2^{4k+2l+2}\,(2k+l+1)!}. \end{aligned}$$

(116), (117)을 결합하면 C_k^* 값을 구할 수 있다.

$$(118) \qquad C_k^* = \sum_{r=0}^{n-k} \sum_{l=0}^{r} \frac{B_{n-k-r}(-1)^{r-l}(2k+1)\binom{n}{k+l}\binom{n-k-l}{r-l}\binom{2k+2l}{l-1}}{l \times 2^{k+l}}.$$

위 식을 다시 기록하자.

$n \in \mathbb{Z}_+$에 대하여 $B_n(x)$의 제4종 Chebyshev 다항식의 일차결합 표현은 다음과 같다.

$$B_n(x)=\sum_{k=0}^{n}\frac{2k+1}{2^k}\left\{\sum_{r=0}^{n-k}\sum_{l=0}^{r}\frac{B_{n-k-r}(-1)^{r-l}\binom{n}{k+l}\binom{n-k-l}{r-l}\binom{2k+2l}{l-1}}{l\times 2^l}\right\}W_k(x).$$

Euler 다항식 $E_n(x)$를 $\{V_0(x),\ V_1(x),\ \cdots,\ V_n(x)\}$의 일차결합 형태로 나타내면 다음과 같음을 보여라.

$$E_n(x)=\sum_{k=0}^{n}\frac{1}{2^k}\left\{\sum_{r=0}^{n-k}\sum_{l=0}^{r}\frac{(-1)^{r-l}E_{n-k-r}\binom{n}{k+l}\binom{n-k-l}{r-l}\binom{2k+2l+1}{l}}{2^l}\right\}V_k(x).$$

Euler 다항식 $E_n(x)$를 $\{W_0(x),\ W_1(x),\ \cdots,\ W_n(x)\}$의 일차결합 형태로 나타내면 다음과 같음을 보여라.

$$E_n(x)=\sum_{k=0}^{n}\frac{2k+1}{2^k}\left\{\sum_{r=0}^{n-k}\sum_{l=0}^{r}\frac{E_{n-k-r}(-1)^{r-l}\binom{n}{k+l}\binom{n-k-l}{r-l}\binom{2k+2l}{l-1}}{l\cdot 2^l}\right\}W_k(x).$$

참고문헌

1. W. A. Al-Salam and L. Carlitz, *The Genenbauer addition theorem*, J. Math. and Phys., 42 (1963), 147-156.
2. S. Araci, D. Erdal and J. J. Seo, *A study on the fermionic p-adic q-integral representation on* $\mathbb{Z}_p$ *associated with weighted q-Bernstein and q-Genocchi polynomials*, Abstr. Appl. Anal. 2011, Art. ID 649248, 10 pp.
3. L. Carlitz, *Note on the integral of the product of several Bernoulli polynomials*, J. London Math. Soc., 34(1959), 361-363.
4. J. Choi, D. S. Kim, T. Kim and Y. H. Kim, *Some arithmetic identities on Bernoulli and Euler numbers arising from the p-adic integrals on* $\mathbb{Z}_p$, Adv. Stud. Contemp. Math. 22 (2012), 239-247.

5. B. G. S. Doman, *Generation functions for Chebyshev polynomials*, Int. J. Pure Appl. Math., 63 (2010), No. 2, 197–205.
6. S. Fisk, *Hermite polynomials*, J. of Combin. Theory, Series A, 91 (2000), No. 1–2, 334–336.
7. L. Fox and I. B. Parker, Chebyshev polynomials in numerical analysis, Oxford University Press, London–New York–Toronto, Ont., 1968.
8. D. S. Kim, D. V. Dolgy, T. Kim and S. H. Rim, *Identities involving Bernoulli and Euler polynomials arising from Chevyshev polynomials*, Proc. Jangjeon Math. Soc. 15 (2012) No. 4, 361–370.
9. D. S. Kim and T. Kim, *Some new identities of Frobenius–Euler numbers and polynomials*. J. Inequal. Appl. 2012, 2012:307.
10. D. S. Kim, T. Kim, S.–H. Lee, D. V. Dolgy and S. H. Rim, *New identities on the Bernoulli and Euler numbers*. Discrete Dyn. Nat. Soc. 2011, Art. ID 856132, 11 pp.
11. D. S. Kim, T. Kim and S. H. Rim, *Some identities involving Gegenbauer polynomials*. Adv. Difference Equ. 2012, 2012:219.
12. D. S. Kim, T. Kim, S. H. Rim and S. H. Lee, *Hermite polynomials and their applications associated with Bernoulli and Euler numbers*. Discrete Dyn. Nat. Soc. 2012, Art. ID 974632, 13 pp.
13. T. Kim, *q–Volkenborn integration*, Russ. J. Math. Phys. 9, (2002), 288–299.
14. T. Kim, *Some identities on the q–Euler polynomials of higher order and q–Stirling numbers by the fermionic p–adic integral on* $\mathbb{Z}_p$, Russ. J. Math. Phys. 16 (2009), 484–491.
15. T. Kim, *Some identities for the Bernoulli, the Euler and the Genocchi numbers and polynomials*, Adv. Stud. Contemp. Math. 20 (2010), 23–28.
16. T. Kim, *New approach to q–Euler polynomials of higher order*, Russ. J. Math. Phys. 17, (2010), 218–225.
17. T. Kim, *A note on q–Bernstein polynomials*, Russ. J. Math. Phys. 18 (2011), no. 1, 73–82.
18. T. Kim, *Some new identities of Frobenius–Euler numbers and polynomials*, J. Inequi. Appl., 2013, 2013:1.
19. T. Kim, J. Choi, Y. H. Kim and C. S. Ryoo, *On q–Bernstein and q–Hermite polynomials*, Proc. Jangjeon Math. Soc. 14 (2011), No. 2, 215–221.
20. T. Kim and D. S. Kim, *A note on higher–order Bernoulli polynomias*, J. Inequa. Appl., 2013, 2013:111.
21. T. Kim, D. S. Kim, A. Bayad and S. H. Rim, *Identities on the Bernoulli and the Euler numbers polynomials*. Ars Combin. 107 (2012), 455–463.
22. T. Kim, D. S. Kim and S. H. Lee, *Some Identities for Bernoulli polynomials involving Chebyshev polynomials*. J. Comput. Anal. Appl. 16 (2013), no. 6, 1–9.
23. T. Kim, B. Lee, S. H. Lee and S. H. Rim, *Identities for the Bernoulli and Euler numbers and polynomials*. Ars Combin. 107 (2012), 325–337.

24. C. Mason and D. C. Handscomb. Chebyshev polynomials, Champman & Hall/CRC, A CRC Press Company Boca Raton London New York Washington, D. C. 2003.

25. J. A. McFadden, *A diagonal expansion in Gegenbauer polynomials for a class of second-order probability density*, SIAM J. Appl. Math., 14 (1966), 1433-1436.

26. S. H. Rim, T. Kim and B. J. Lee, *Some identities on the extended Carlitz's q-Bernoulli numbers and polynomials*. J. Comput. Anal. Appl. 14 (2012), no. 3, 536-543.

27. Th. Rivlin, Chebyshev polynomials, From approximation theory to algebra and number theory, John Wiley, New York, 1990.

28. Y. Simsek and M. Acikgoz, *A new generating function of (q-)Bernstein-type polynomials and their interpolation function*, Abstr. Appl. Anal. 2010, Art. ID 769095, 12 pp.

제4장

Umbral Calculus

1. Umbral calculus 소개
2. Umbral calculus와 Euler 다항식, 고위의 Euler 다항식
3. $\mathbb{Z}_p$ 상에서 fermionic p-진 불변적분 이론의 umbral calculus에의 응용
4. $\mathbb{Z}_p$ 상에서 p-진 불변적분 이론의 umbral calculus에의 응용
5. 고위의 Frobenius-Euler 다항식과 Sheffer 수열
6. Umbral calculus를 이용한 다항식의 항등식

제4장 | Umbral Calculus

1. Umbral calculus 소개

이 절에서는 우리의 이론전개에 최소한으로 필요한 umbral calculus의 내용을 소개하고자 한다. 참고문헌은 S. Roman의 저서이다([18]).

$\mathscr{F}$는 변수 t와 계수가 $\mathbb{C}_p$에 있는 멱급수 집합이라 하자. 즉, 다음 기호를 약속한다.

$$(U-1) \qquad \mathscr{F} = \left\{ f(t) = \sum_{k=0}^{\infty} \frac{a_k}{k!} t^k \right\}.$$

$\mathbb{P} = \mathbb{C}_p[x]$, $\mathbb{P}^* = \mathbb{P}$ 위에서 선형범함수(linear functional)로 구성된 벡터공간이고,

$$(U-2) \qquad f(t) \in \mathscr{F}, \ f(t) = \sum \frac{a_k}{k!} t^k$$

는 $\mathbb{P}$ 위에서 다음 정의에 따라 선형범함수가 된다.

$$(U-3) \qquad \langle f(t) | x^n \rangle = a_n, \quad n \geq 0.$$

특별히 다음을 약속한다.

$$(U-4) \qquad \langle t^k | x^n \rangle = n! \delta_{n,k},$$

단, $\delta_{n,k}$는 Kronecker 기호이다.

범함수 $L\in\mathbb{P}^*$가 다항식 $p(x)\in\mathbb{P}$에서 작용할 때 기호로 $\langle L|p(x)\rangle$라 쓴다.

$\mathbb{P}^*$에 정의되는 벡터공간의 연산은 다음과 같다.

$$\langle L+M|p(x)\rangle=\langle L|p(x)\rangle+\langle M|p(x)\rangle,$$

$$\langle cL|p(x)\rangle=c\langle L|p(x)\rangle,\quad c\in\mathbb{C}.$$

주어진 $L\in\mathbb{P}^*$에 대응되는 멱급수 $f_L(t)\in\mathcal{F}$를 다음과 같이 작용을 써서 나타낼 수 있다.

$$f_L(t)=\sum_{k=0}^{\infty}\frac{\langle L|x^k\rangle}{k!}t^k.$$

$(U-3)$과 $(U-4)$를 적용해 보자.

$$\langle f_L(t)|x^n\rangle=\langle L|x^n\rangle.$$

따라서 범함수로서 $f_L(t)=L$이 된다. $L\in\mathbb{P}^*$에 대하여 $f_L(t)\in\mathcal{F}$에 대응하는 것이 벡터공간으로 동형임이 알려져 있다.

$\mathcal{F}$는 t에 관하여 멱급수 대수(algebra)가 되는 동시에 $\mathbb{P}$ 위에서 선형범함수가 된다. 따라서 $f(t)\in\mathcal{F}$는 멱급수인 동시에 선형범함수이다. 이 $\mathcal{F}$를 *umbral algebra*라 부른다.

Umbral calculus는 umbral algebra를 연구하는 학문이다. $f(t)\in\mathcal{F}$, $f(t)=\sum\frac{a_k}{k!}t^k$에 대하여, $f(t)\neq 0$일 때 $a_k\neq 0$이 되는 최소의 정수 k를 $f(t)$의 *위수(order)*라 하고 $o(f(t))$라 쓴다. 만약 $f(t)=0$이라면, $o(f(t))=\infty$라 약속한다.

위수에 대하여 다음 사실이 성립한다.

$$o(f(t)g(t))=o(f(t))+o(g(t)),$$

$$o(f(t)g(t))\geq\min\{o(f(t),o(g(t))\}.$$

멱급수 $f(t)$가 가역(invertible)이란, $f(t)$가 곱셈에 관하여 역원을 가질 때이다. 곱셈의 역원을 $f(t)^{-1}$ 또는 $\frac{1}{f(t)}$라 쓴다. $f(t)$가 역원을 가질 조건은 $o(f(t))=0$일 때이다.

$o(f(t))=1$일 때, $f(t)$를 *델타(delta) 급수*라 부른다. $f(t)$, $g(t)\in \mathscr{F}$에 대하여 다음이 성립한다.

$$\langle f(t)g(t)|p(x)\rangle = \langle f(t)|g(t)p(x)\rangle = \langle g(t)|f(t)p(x)\rangle .$$

$(U-2)$와 $(U-3)$에 의하여 다음이 성립한다.

$$\langle e^{yt}|x^n\rangle = y^n\ ,\ \langle e^{yt}|p(x)\rangle = p(y).$$

모든 $f(t)\in \mathscr{F}$에 대하여, $f(t)=\sum \frac{a_k}{k!}t^k$는 다음과 같이 표현된다.

$$(U-5)\qquad f(t)=\sum \frac{\langle f(t)|x^k\rangle}{k!}t^k .$$

모든 다항식 $p(x)=\sum_{k=0}^{\infty} b_k x^k$는 다음과 같이 표현된다.

$$(U-6)\qquad p(x)=\sum_{k\geq 0}^{\infty}\frac{\langle t^k|p(x)\rangle}{k!}x^k .$$

$f_1(t), f_2(t), \cdots, f_m(t)\in \mathscr{F}$에 대하여,

$$(U-7)\qquad \begin{aligned}&\langle f_1(t)\cdots f_m(t)|x^n\rangle\\ &=\sum \binom{n}{i_1, i_2, \ldots, i_m}\langle f_1(t)|x^{i_1}\rangle \cdots \langle f_m(t)|x^{i_m}\rangle .\end{aligned}$$

여기에서 $i_1+i_2+\cdots+i_m=n$을 만족하는 모든 $i_1, i_2, \ldots, i_m$에 대하여 합을 한다. $(U-6)$에 의하여, 다음이 성립한다.

$$
\begin{aligned}
p^{(k)}(x) &= \frac{d^k p(x)}{dx^k} \\
(U-8) \qquad &= \sum_{l=k}^{\infty} \frac{\langle t^l | p(x) \rangle}{l!} l(l-1)\cdots(l-k+1)x^{l-k} \\
&= \sum_{l=k}^{\infty} \langle t^k | p(x) \rangle \binom{l}{k} x^{l-k},
\end{aligned}
$$

$$(U-9) \qquad p^{(k)}(0) = \langle t^k | p(x) \rangle = \langle 1 | p^{(k)}(x) \rangle,$$

$$(U-10) \qquad t^k p(x) = p^{(k)}(x) = \frac{d^k p(x)}{dx^k},$$

$$(U-11) \qquad e^{yt} p(x) = p(x+y).$$

$f(t)$, $g(g) \in \mathcal{F}$, $o(f(t)) = 1$, $o(g(t)) = 0$에 대하여, 다음 조건을 만족하는 $S_n(x) \in \mathbb{P}_n$은 유일하게 존재한다.

$$\langle g(t) f(t)^k | S_n(x) \rangle = n! \delta_{n,k}, \ n, k \geq 0.$$

이 수열 $\{S_n\}$을 $(g(t), f(t))$에 대한 *Sheffer 수열(sequence)*이라 하고 $S_n(x) \sim (g(t), f(t))$라 적는다. $(g(t), t)$에 대한 Sheffer 수열, 즉 $S_n(x) \sim (g(t), t)$일 때, $S_n(x)$를 Appell 수열 또는 $g(t)$에 대한 Appell이라 부른다.

$p(x) \in \mathbb{P}$, $\alpha \in \mathbb{C}$, $S_n(x) \sim (g(t), f(t))$에 대하여 잘 알려진 다음 식을 소개한다.

$$(U-12) \qquad \langle f(t) | x p(x) \rangle = \langle \partial_t f(t) | p(x) \rangle = \langle f'(t) | p(x) \rangle,$$

$$(U-13) \qquad \langle e^{yt} - 1 | p(x) \rangle = p(y) - p(0),$$

$$(U-14) \qquad h(t) = \sum_{k=0}^{\infty} \frac{\langle h(t) | S_k(x) \rangle}{k!} g(t) f(t)^k, \quad h(t) \in \mathcal{F},$$

$$(U-15) \qquad p(x) = \sum_{k=0}^{\infty} \frac{\langle g(t) f(t)^k | p(x) \rangle}{k!} S_k(x), \quad p(x) \in \mathbb{P},$$

$$(U-16)\qquad \frac{1}{g(\bar{f}(t))}e^{y\bar{f}(t)}=\sum_{k=0}^{\infty}\frac{S_k(y)}{k!}t^k,\ \text{for all } y\in\mathbb{C}\,,$$

$$(U-17)\qquad f(t)S_n(x)=nS_{n-1}(x),$$

단, $\bar{f}(t)$는 $f(t)$의 함수 합성 연산에 대한 역원이다.

$S_n(x)$를 $g(t)\in\mathcal{F}$에 대한 Appell 수열이라 하자. 그럼, 다음이 성립한다.

$$(U-18)\qquad x^n=g(t)S_n(x),\ n\geq 0,$$

$$(U-19)\qquad S_n(x+y)=\sum_{k=0}^{n}\binom{n}{k}S_{n-k}(x)y^k=\sum_{k=0}^{n}\binom{n}{k}S_k(x)y^{n-k}.$$

2. Umbral calculus와 Euler 다항식, 고위의 Euler 다항식

Umbral calculus에서 일어나는 Euler 다항식의 성질을 연구한다. 먼저 Euler 다항식의 생성함수 표현을 다시 한 번 생각해 보자.

$$(1)\qquad \frac{2}{e^t+1}e^{xt}=e^{E(x)t}=\sum_{n=0}^{\infty}E_n(x)\frac{t^n}{n!}.$$

$E^n(x)$를 $E_n(x)$로 편의상 기록한다. 특별히 $x=0$일 때, $E_n(0)=E_n$이라 하여 n *번째 Euler* 수라 부른다.

(1)로부터 다음 식이 유도된다.

$$(2)\qquad E_n(x)=\sum_{l=0}^{n}\binom{n}{l}x^lE_{n-l}=(E+x)^n,$$

$$(3)\qquad E_0=1,\ (E+1)^n+E_n=E_n(1)+E_n=2\delta_{0,n}.$$

여기서 $\delta_{k,n}$은 Kronecker 기호이다. 참고로 $E_n(x)$는 최고 차수가 1이고 차수 n인 다항식이다.

$$E_n^{'}(x) = \frac{dE_n(x)}{dx} = nE_{n-1}(x).$$

여기에서는 T. Kim, D. Kim, S. Jeong 및 S. H. Rim 등에 의해 연구된 결과를 소개하고자 한다([16]). 이들은 $\mathbb{Z}_p$ 위에서 p-진 불변적분 이론을 이용하여 umbral calculus의 몇가지 성질을 발표하였다.

다음 멱급수를 생각한다.

$$g(t) = \frac{e^t - 1}{t} \in \mathscr{F}.$$

$g(t)$는 가역급수이다. $g(t)$를 이용하여 Euler 다항식 생성함수를 적용해 보자.

$$\text{(4)} \qquad \sum_{k=0}^{\infty} E_k(x)\frac{t^k}{k} = \frac{1}{g(t)}e^{xt}.$$

양변의 계수 비교에서 다음이 성립한다.

$$\text{(5)} \qquad \begin{aligned} &\frac{1}{g(t)}x^n = E_n(x), (n \geq 0), \\ &tE_n(x) = n\frac{1}{g(t)}x^{n-1} = nE_{n-1}(x). \end{aligned}$$

따라서 $E_n(x)$는 $g(t)\frac{e^t+1}{2}$의 Appell 수열이다. 상세히 증명해 보자.

$$\text{(6)} \qquad \begin{aligned} &\left\langle \frac{e^t+1}{2}t^k \middle| E_n(x) \right\rangle \\ = \; &\frac{k!\binom{n}{k}}{2}\langle e^t + 1 | E_{n-k}(x) \rangle \\ = \; &\frac{k!\binom{n}{k}}{2}(E_{n-k}(1) + E_{n-k}), \;\; (n, k \geq 0). \end{aligned}$$

Euler 수의 정의와 (6)에 의하여, 다음이 성립한다.

$$(7)\qquad \left\langle \frac{1+e^t}{2}t^k \middle| E_n(x) \right\rangle = n!\delta_{n,k},\ (n,\ k \geq 0).$$

따라서 (5), (7)에 의하여 다음 보조정리가 성립한다.

[보조정리 1] $n \geq 0$에 대하여, Euler 다항식은 $\left(\frac{1+e^t}{2}, t\right)$에 대하여 Appell 수열이다.

[주의] 다음 사실이 성립한다.

$$(8)\qquad \begin{aligned} &\left\langle \frac{2}{e^t+1} \middle| x^n \right\rangle = \sum_{l=0}^{n} \frac{E_l}{l!} \langle t^l | x^n \rangle = \sum_{l=0}^{n} \frac{E_n}{l!} n!\delta_{n,l}, \\ &\left\langle \frac{2}{e^t+1} \middle| x^n \right\rangle = E_n,\ (n \geq 0). \end{aligned}$$

보조정리 1로부터 다음을 알 수 있다.

$$(9)\qquad \sum_{k=0}^{\infty} \frac{E_k(x)}{k!} t^k = \frac{1}{g(t)} e^{xt},$$

단, $g(t) = \frac{e^t+1}{2} \in \mathscr{I}$.
(9) 식을 t에 관하여 미분해 보자.

$$(10)\qquad \begin{aligned} \sum_{k=1}^{\infty} E_k \frac{(x)}{k!} kt^{k-1} &= \frac{xg(t)e^{xt} - g'(t)e^{xy}}{g(t)^2} \\ &= \sum_{k=0}^{\infty} \left\{ x\frac{1}{g(t)} x^k - \frac{g'(t)}{g(t)} \frac{1}{g(t)} x^k \right\} \frac{t^k}{k!}. \end{aligned}$$

t^k의 계수를 비교하면 다음이 성립한다.

$$E_{k+1}(x) = \left(x - \frac{g'(t)}{g(t)}\right)E_k(x), \ (k \geq 0).$$

(2)와 (5)에서 다음이 성립한다.

$$\begin{aligned} \int_x^{x+y} E_n(u)du &= \frac{1}{n+1}\{E_{n+1}(x+y) - E_{n+1}(x)\} \\ &= \frac{1}{n+1}\sum_{k=1}^{\infty}\binom{n+1}{k}E_{n+1-k}(x)y^k \\ &= \sum_{k=1}^{\infty}(n)_{k-1}E_{n+1-k}(x)\frac{y^k}{k!} \\ &= \frac{1}{t}\left(\sum_{k=0}^{\infty}\frac{y^k}{k!}t^k - 1\right)E_n(x) \\ &= \frac{e^{yt}-1}{t}E_n(x). \end{aligned} \tag{11}$$

따라서 식 (11)에 의하여, 보조정리가 성립한다.

[보조정리 2] $n \geq 0$에 대하여 다음이 성립한다.

$$\int_n^{x+y} E_n(u)du = \frac{e^{yt}-1}{t}E_n(x).$$

식 (5)에 의하여, 다음을 알 수 있다.

$$E_n(x) - t\frac{1}{n+1}E_{n+1}(x). \tag{12}$$

식 (12)에 의하여, 다음이 성립한다.

$$
\begin{aligned}
&\left\langle \frac{e^{yt}-1}{t} \middle| E_n(x) \right\rangle = \left\langle \frac{e^{yt}-1}{t} \middle| t\frac{1}{n+1}E_{n+1}(x) \right\rangle \\
(13) \qquad &= \left\langle e^{yt}-1 \middle| E_{n+1}\frac{(x)}{n+1} \right\rangle = \frac{1}{n+1}\{E_{n+1}(x)-E_{n+1}(0)\} \\
&= \int_0^y E_n(u)du.
\end{aligned}
$$

따라서 식 (11), (13)에 의하여, 다음이 성립한다.

[정리 3] $n \in \mathbb{Z}_+$에 대하여, 다음이 성립한다.

$$\int_0^y E_n(u)du = \left\langle \frac{e^{yt}-1}{t} \middle| E_n(x) \right\rangle.$$

$\mathbb{P}_n = \{p(x) \in \mathbb{Q}[x] \mid \deg p(x) \leq n\}$라 하자. 그럼, $\mathbb{P}_n$는 $\mathbb{Q}$(또는 $\mathbb{C}$) 위에서 벡터공간이 되고, $\{E_0(x), \cdots, E_n(x)\}$는 $\mathbb{P}_n$의 기저가 된다. $p(x) \in \mathbb{P}_n$에 대하여 다음과 같이 쓸 수 있다.

$$(14) \qquad p(x) = \sum_{k=0}^{n} b_k E_k(x).$$

보조정리 1에 의하여, 다음이 성립한다.

$$(15) \qquad \left\langle \frac{e^t+1}{2}t^k \middle| E_n(x) \right\rangle = n\ \delta_{n,k},\ (n,k \geq 0),$$

$$
\begin{aligned}
(16) \qquad \left\langle \frac{e^t+1}{2}t^k \middle| p(x) \right\rangle &= \sum_{l=0}^{n} b_l \left\langle \frac{e^t+1}{2}t^k \middle| E_l(x) \right\rangle \\
&= \sum_{l=0}^{n} b_l l! \delta_{l,k} = k! b_k.
\end{aligned}
$$

따라서 계수 b_k 값은 다음과 같다.

$$
\begin{aligned}
b_k &= \frac{1}{k!}\left\langle \frac{e^t+1}{2}t^k \middle| p(x)\right\rangle = \frac{1}{2k!}\langle (e^t+1)t^k | p(x)\rangle \\
&= \frac{1}{2k!}\langle e^t+1 | p^{(k)}(x)\rangle = \frac{1}{2k!}\{p^{(k)}(1)+p^{(k)}(0)\}.
\end{aligned} \tag{17}
$$

이상을 정리하면 다음과 같다.

[정리 4] $p(x)\in\mathbb{P}_n$에 대하여, $p(x)=\sum_{k=0}^{n} b_k E_k(x)$라 하자. 그러면, 다음이 성립한다.

$$b_k = \frac{1}{2k!}\langle (e^t+1)t^k | p(x)\rangle.$$

특별히 $b_k = \frac{1}{2k!}\{p^{(k)}(1)+p^{(k)}(0)\}$.

특별히 $p(x)=B_n(x)\in\mathbb{P}_n$라 할 때, $B_n(x)$를 $\{E_0(x), \dots, E_n(x)\}$의 일차결합으로 표현하면,

$$B_n(x) = \sum_{k=0}^{n} b_k E_k(x), \ (n \ge 0) \tag{18}$$

이다. 정리 4를 적용해 보자.

$$
\begin{aligned}
b_k &= \frac{1}{2k!}\langle (e^t+1)t^k | B_n(x)\rangle \\
&= \frac{1}{2k!}\langle e^t+1 | n(n-1)\cdots(n-k+1)B_{n-k}(x)\rangle \\
&= \frac{1}{2k!}\binom{n}{k}k!\langle e^t+1 | B_{n-k}(x)\rangle.
\end{aligned} \tag{19}
$$

잘 알려진 Bernoulli 수의 점화식을 이용해 보자.

$$B_0 = 1, \ B_n(1) - B_n = \delta_{1,n}. \tag{20}$$

식 (18), (19), (20)에 의하여, 다음이 성립한다.

$$
\begin{aligned}
B_n(x) &= b_n E_n(x) + b_{n-1} E_{n-1}(x) + \sum_{k=0}^{n-2} b_k E_k(x) \\
&= E_n(x) + \sum_{k=0}^{n-2} \binom{n}{k} B_{n-k} E_k(x).
\end{aligned} \tag{21}
$$

위의 사실을 정리해 두자.

[따름정리 5] $n \geq 0$에 대하여, 다음이 성립한다.

$$
B_n(x) = E_n(x) + \sum_{k=0}^{n-2} \binom{n}{k} B_{n-k} E_k(x).
$$

$r \in \mathbb{Z}_+$에 대하여 위수가 r인 Euler 다항식 $E_n^{(r)}(x)$는 생성함수를 사용하여 다음과 같이 표현된다.

$$
\underbrace{\left(\frac{2}{e^t+1}\right) \times \cdots \times \left(\frac{2}{e^t+1}\right)}_{r\text{번}} = \sum_{n=0}^{\infty} E_n^{(r)}(x) \frac{t^n}{n!}. \tag{22}
$$

특별히 $x=0$인 경우에 $E_n^{(r)}(0) = E_n^{(r)}$은 n *번째 위수* r *인 Euler 수*라 부른다.
$\mathcal{F}$에 한 원소 $g^r(t)$를 다음과 같이 잡자.

$$
g^r(t) = \frac{1}{2^r} \underbrace{(e^t+1) \times \cdots \times (e^t+1)}_{r\text{번}} = \left(\frac{e^t+1}{2}\right)^r. \tag{23}
$$

$g^r(t)$는 가역원이다. $g^r(t)$를 써서 $E_n^{(r)}$의 생성함수를 표현하면 다음과 같다.

$$
\sum_{n=0}^{\infty} E_n^{(r)}(x) \frac{t^n}{n!} = \frac{1}{g^r(t)} e^{xt} = \sum_{n=0}^{\infty} \frac{1}{g^r(t)} x^n \frac{t^n}{n!}. \tag{24}
$$

따라서, t^n의 계수를 비교해 보자.

$$\text{(25)}\quad \begin{aligned} E_n^{(r)}(x) &= \frac{1}{g^r(t)}x^n, \\ tE_n^{(r)}(x) &= \frac{n}{g^r(t)}x^{n-1} = nE_{n-1}^{(r)}(x). \end{aligned}$$

$(U-16)$, (25)에 의하면, $E_n^{(r)}$은 $g^r(t)$에 대하여 Appell 수열이 된다. $E_n^{(r)}$에 관한 Appell 항등식에 의하여 다음이 성립한다.

$$\text{(26)}\quad E_n^{(r)}(x+y) = \frac{1}{g^r(t)}(x+y)^n = \sum_{k=0}^{n}\binom{n}{k}E_{n-k}^{(r)}(x)y^k.$$

간단히 몇 단계 계산을 해 보자.

$$\text{(27)}\quad \begin{aligned} &\Bigg\langle \underbrace{\left(\frac{2}{e^t+1}\right)\times\cdots\times\left(\frac{2}{e^t+1}\right)}_{r\text{번}}\Bigg| x^n \Bigg\rangle \\ &= \left\langle \left(\frac{2}{e^t+1}\right)^r \middle| x^n \right\rangle = E_n^{(r)}, \end{aligned}$$

$$\text{(28)}\quad \left\langle \left(\frac{2}{e^t+1}\right)^r e^{yt} \middle| x^n \right\rangle = \sum_{l=0}^{n}\binom{n}{l}y^l E_{n-l}^{(r)} = E_n^{(r)},$$

$$\text{(29)}\quad \begin{aligned} &\left\langle \left(\frac{2}{e^t+1}\right)^r e^{yt} \middle| x^n \right\rangle = \left\langle \left(\frac{2}{e^t+1}\right)^r e^{\left(\frac{y}{t}\right)rt} \middle| x^n \right\rangle \\ &= \sum_{i_1+\cdots+i_r=n}\binom{n}{i_1,\ldots,i_r}\left\langle \left(\frac{2}{e^t+1}\right)e^{\left(\frac{y}{r}\right)t} \middle| x^{i_1} \right\rangle\times\cdots\times\left\langle \left(\frac{2}{e^t+1}\right)e^{\left(\frac{y}{r}\right)t} \middle| x^{i_r} \right\rangle \\ &= \sum_{i_1+\cdots+i_r=n}\binom{n}{i_1,\ldots,i_r}E_{i_1}\left(\frac{y}{r}\right)\cdots E_{i_r}\left(\frac{y}{r}\right), \end{aligned}$$

$$\text{(30)}\quad E_n^{(r)}(y) = \sum_{i_1+\cdots+i_r=n}\binom{n}{i_1,\ldots,i_r}E_{i_1}\left(\frac{y}{r}\right)\cdots E_{i_r}\left(\frac{y}{r}\right).$$

이상을 정리해 보면 다음이 된다.

[정리 6] $n \geq 0$에 대하여, $E_n^{(r)}(y)$는 $\left(\frac{e^t+1}{2}\right)^r$에 대하여 Appell 수열이 된다. 특별히 다음 관계식이 성립한다.

$$E_n^{(r)}(y) = \sum_{i_1+\cdots+i_r=n} \binom{n}{i_1,\ldots,i_r} E_{i_1}\left(\frac{y}{r}\right)\cdots E_{i_r}\left(\frac{y}{r}\right).$$

식 (26), (30)에 의하여 $E_n^{(r)}(x)$는 차수 n인 monic 다항식이다. $p(x) = E_n^{(r)}(x) \in \mathbb{P}_n$에 대하여 $\{E_0(x), \ldots, E_n(x)\}$의 일차결합으로 나타내어 그 계수를 비교해 보자.

$$\text{(31)} \qquad p(x) = E_n^{(r)}(x) = \sum_{k=0}^{n} b_k E_k(x),\ (n \geq 0).$$

정리 4에 의하여, b_k 값을 구해 보면 다음과 같다.

$$\text{(32)} \qquad \begin{aligned} b_k &= \frac{1}{2k!}\left\langle (e^t+1)t^k \middle| p(x) \right\rangle \\ &= \frac{1}{2k!}\left\langle (e^t+1)t^k \middle| E_n^{(r)}(x) \right\rangle \\ &= \frac{\binom{n}{k}}{2}\left\langle (e^t+1)t^k \middle| E_n^{(r)}(x) \right\rangle \\ &= \frac{\binom{n}{k}}{2}\left\{ E_{n-k}^{(r)}(x) - E_{n-k}^{(r)} \right\}, \end{aligned}$$

$$\text{(33)} \qquad \begin{aligned} &\sum_{n=0}^{\infty}\left\{E_n^{(r)}(x+1) + E_n^{(r)}(x)\right\}\frac{t^n}{n!} = \left(\frac{2}{e^t+1}\right)^r (e^t+1)e^{xt} \\ &= 2\left(\frac{2}{e^t+1}\right)^{r-1} e^{xt} = 2\sum_{n=0}^{\infty} E_n^{(r-1)}(x)\frac{t^n}{n!}. \end{aligned}$$

(32)에서 양변의 계수를 비교해 보자.

(34) $E_n^{(r)}(x+1)+E_n^{(r)}(x)=2E_n^{(r-1)}(x),\ (n\geq 0).$

식 (31), (34)에 의하여 b_k 값을 구한다.

(35) $b_k=\binom{n}{k}E_{n-k}^{(r-1)}.$

[따름정리 7] $n\geq 0$에 대하여, 다음이 성립한다.

$$E_n^{(r)}(x)=\sum_{k=0}^{n}\binom{n}{k}E_{n-k}^{(r-1)}E_k(x).$$

$\left\{E_0^{(r)}(x), E_{01}^{(r)}(x),\cdots ,E_n^{(r)}(x)\right\}$는 $\mathbb{P}_n$의 또 다른 기저가 된다. $p(x)\in\mathbb{P}_n$에 대하여 다음과 같이 표현할 수 있다.

(36) $$p(x)=\sum_{k=0}^{n}b_k^rE_k^{(r)}(x).$$

정리 6에 의하여 다음을 알 수 있다.

(37) $$\left\langle \underbrace{\frac{e^t+1}{2}\times\cdots\times\frac{e^t+1}{2}}_{r\text{번}}t^k \middle| E_n^{(r)}(x)\right\rangle=n!\delta_{n,k},\ (n,k\geq 0).$$

위 두 식에 의하여, 다음이 성립한다.

(38) $$\begin{aligned}\left\langle\left(\frac{e^t+1}{2}\right)^r t^k\middle|p(x)\right\rangle &=\sum_{l=0}^{n}b_l^r\left\langle\left(\frac{e^t+1}{2}\right)^r t^k\middle|E_l^{(r)}(x)\right\rangle\\ &=\sum_{l=0}^{n}b_l^r l!\delta_{l,k}=k!b_k^r,\end{aligned}$$

$$
\begin{aligned}
b_k^r &= \frac{1}{k!}\left\langle \underbrace{\frac{e^t+1}{2}\times\cdots\times\frac{e^t+1}{2}}_{r\text{번}} t^k \middle| p(x)\right\rangle \\
&= \frac{1}{2^r k!}\langle (e^t+1)^r t^k | p(x)\rangle \\
&= \frac{1}{2^r k!}\sum_{l=0}^{r}\binom{r}{l}\langle e^{lt} | t^k p(x)\rangle \qquad (39)\\
&= \frac{1}{2^r k!}\sum_{l=0}^{r}\binom{r}{l}\langle e^{lt} | p(x)\rangle \\
&= \frac{1}{2^r k!}\sum_{l=0}^{r}\binom{r}{l}p^{(r)}(l).
\end{aligned}
$$

여기서 $p^{(k)}(l) = \left.\frac{d^k p(x)}{dx^k}\right|_{x=l}$ 이다.

이상을 정리해 보자.

[정리 8] $n \geq 0$에 대하여, $p(x) = \sum_{k=0}^{n} b_k^r E_k^{(r)}(x)$라 둔다면,

$$b_k^r = \frac{1}{2^r k!}\langle (e^t+1)^r t^k | p(x)\rangle .$$

특별히, $b_k^r = \frac{1}{2^r k!}\sum_{l=0}^{r}\binom{r}{l}p^{(k)(l)}$, 단 $p^{(k)}(l) = \left.\frac{d^k p(x)}{dx^k}\right|_{x=l}$.

$p(x) = E_n(x) \in \mathbb{P}_n$, $(n \geq 0)$에 대하여, 정리 8로부터 $E_n(x) = \sum_{k=0}^{n} b_k^r E_k^{(r)}(x)$라 둘 때, 계산 b_k^r은 다음과 같다.

$$
\begin{aligned}
b_k^r &= \frac{1}{2^r k!}\langle (e^t+1)^r t^k | E_n(x)\rangle \\
&= \frac{\binom{n}{k}}{2^r}\langle (e^t+1) | E_{n-k}(x)\rangle \qquad (40)\\
&= \frac{\binom{n}{k}}{2^r}\sum_{l=0}^{r}\binom{r}{l}E_{n-k}(l).
\end{aligned}
$$

식 (39), (40)에 의하여 다음이 성립한다.

$$E_n(x) = \frac{1}{2^r}\sum_{k=0}^{n}\binom{n}{k}\left(\sum_{l=0}^{r}\binom{r}{l}E_{n-k}(l)\right)E_k^{(r)}(x).$$

$\alpha(\neq 0)\in\mathbb{C}$에 대하여, 다음 관계식이 성립한다.

$$E_n(\alpha x) = \alpha^n \frac{g(t)}{g\left(\frac{t}{\alpha}\right)}E_n(x),\text{ 단, } g(t) = \frac{1}{2}(e^t+1).$$

$n \geq 0$에서 $p(x) = B_n^{(r)}(x)\in\mathbb{P}_n$에 대하여, 위의 방법대로 정리 8을 적용해 보자.

$$(41)\qquad B_n^{(s)}(x) = \sum_{k=0}^{n} b_k^r E_k^{(r)}(x).$$

이때, 그 계수 b_k^r은 다음과 같다.

$$(42)\qquad \begin{aligned} b_k^r &= \frac{1}{2^r k!}\left\langle (e^t+1)^r t^k \middle| B_n^{(s)}(x)\right\rangle \\ &= \frac{\binom{n}{k}}{2^r}\left\langle (e^t+1) \middle| B_{n-k}^{(s)}(x)\right\rangle \\ &= \frac{\binom{n}{k}}{2^r}\sum_{l=0}^{r}\binom{r}{l}\left\langle e^{lt} \middle| B_{n-k}^{(s)}(x)\right\rangle \\ &= \frac{\binom{n}{k}}{2^r}\sum_{l=0}^{r}\binom{r}{l}B_{n-k}^{(s)}(l). \end{aligned}$$

따라서 (41), (42)에 의하여 다음이 성립한다.

$$B_n^{(s)}(x) = \frac{1}{2^r}\sum_{k=0}^{n}\binom{n}{k}\left\{\sum_{l=0}^{r}\binom{r}{l}B_{n-k}^{(s)}(l)\right\}E_k^{(r)}(x).$$

3. $\mathbb{Z}_p$ 상에서 fermionic p–진 불변적분 이론의 Umbral calculus에의 응용

고위의 Euler 다항식

$\mathbb{Z}_p$ 상의 p-진 불변적분 이론을 umbral calculus에 응용하고자 한다. 특별히 Euler 다항식에 의해 재미있는 방법과 의미있는 결과가 유도된다.

p-진 적분을 위하여, 이 절에서는 다음을 약속한다. p는 고정된 소수이고, $\mathbb{Z}_p$, $\mathbb{Q}_p$, $\mathbb{C}_p$ 상에서 생각한다. Fermionic p-진 적분을 하기 위하여, $f \in C(\mathbb{Z}_p)$에 대하여 생각한다. 잘 알려진 다음 정의에서 출발하자.

(43)
$$\begin{aligned}\int_{\mathbb{Z}_p} f(x)d\mu_{-1}(x) &= \lim_{N\to\infty}\sum_{x=0}^{p^N-1} f(x)\mu(x+p^N\mathbb{Z}_p)\\ &= \lim_{N\to\infty}\sum_{x=0}^{p^N-1} f(x)(-1)^x .\end{aligned}$$

위 식에서 적분방정식을 다음과 같이 유도할 수 있다.

(44)
$$\begin{aligned}&\int_{\mathbb{Z}_p} f(x+n)d\mu_{-1}(x)+(-1)^{n-1}\int_{\mathbb{Z}_p} f(x)d\mu_{-1}(x)\\ &= 2\sum_{l=0}^{n-1}(-1)^{n-1-l}f(l).\end{aligned}$$

특별히 $n=1$일 때를 관찰할 필요가 있다.

(45)
$$\int_{\mathbb{Z}_p} f(x+1)d\mu_{-1}(x)+\int_{\mathbb{Z}_p} f(x)d\mu_{-1}(x)=2f(0).$$

여기에서는 T. Kim, D. Kim, S. H. Lee 및 S. H. Rim 등에 의해 연구된 결과를 소개하고자 한다([15]). 이들은 $\mathbb{Z}_p$ 위에서 p-진 불변적분 이론과 umbral calculus의 성질을 이용하여 고위의 Euler 다항식을 연구하였다.

Euler 다항식에 관하여 다음 사실들을 다시 밝혀 두자. 먼저 생성함수에 의한 표현이다.

$$\text{(46)}\quad \frac{2}{e^t+1}e^{xt} = e^{E(x)t} = \sum_{n=0}^{\infty} E_n(x)\frac{t^n}{n!}.$$

$E^n(x)$를 $E_n(x)$로 적기로 약속한다. 특별히 $x=0$인 경우 $E_n(0)=E_n$은 n번째 Euler 수이다. Euler 수 및 다항식에 관한 다음 사실은 잘 알려져 있다.

$$\text{(47)}\quad E_0=1,\ (E+1)^n+E_n = E_n(1)+E_n = 2\delta_{0,n},$$

$$\text{(48)}\quad \int_{\mathbb{Z}_p}(x+y)^n d\mu_{-1}(y) = E_n(x),\ \int_{\mathbb{Z}_p} x^n d\mu_{-1}(y) = E_n.$$

따라서 $E_n(x)$는 최고차항 계수가 1인 n차 다항식이다.

다음 멱급수를 생각해 보자.

$$\text{(49)}\quad g(t) = \frac{e^t+1}{2} \in \mathscr{I},$$

이때, $g(t)$는 가역원이다. $(U-15)$ 식에 Euler 다항식의 생성함수를 적용해 보자.

$$\text{(50)}\quad \frac{1}{g(t)}e^{xt} = \sum_{k=0}^{\infty} E_k(x)\frac{t^k}{k}.$$

양변의 계수 비교에서 다음이 성립한다.

$$\text{(51)}\quad \begin{aligned} &\frac{1}{g(t)}x^n = E_n(x), \\ &tE_n(x) = \frac{n}{g(t)}x^{n-1} = nE_{n-1}(x). \end{aligned}$$

$(U-16)$, $(U-17)$, (51)에 의하여 $E_n(x)$는 $g(t) = \dfrac{e^t+1}{2}$의 Appell 수열이다. (51) 식을 t에 관하여 미분해 보자.

$$(52) \quad E_{n+1}(x) = \left(x - \frac{g'(t)}{g(t)}\right)E_n(x),\ (n \geq 0).$$

(44), (46), (48)에 의해서 Euler 다항식에 관하여 다음이 성립한다.

$$(53) \quad \int_{\mathbb{Z}_p} e^{(x+y+1)t} d\mu_{-1}(y) + \int_{\mathbb{Z}_p} e^{(x+y)t} d\mu_{-1}(y) = 2e^{xt},$$

$$(54) \quad \int_{\mathbb{Z}_p} (x+y+1)^n d\mu_{-1}(y) + \int_{\mathbb{Z}_p} (x+y)^n d\mu_{-1}(y) = 2x^n,$$

$$(55) \quad E_n(x+1) + E_n(x) = 2x^n,\ (n \geq 0).$$

(52) 식에 의하여, 다음 식이 성립한다.

$$(56) \quad g(t)E_{n+1}(x) = g(t)xE_n(x) - g'(t)E_n(x),\ (n \geq 0),$$

$$(57) \quad (e^t+1)E_{n+1}(x) = (e^t+1)E_n(x) - e^t E_n(x),$$

$$(58) \quad \begin{aligned} & E_{n+1}(x+1) + E_{n+1}(x) \\ = \ & (x+1)E_n(x+1) + xE_n(x) - E_n(x+1). \end{aligned}$$

(55), (58)에 의하여,

$$(59) \quad E_{n+1}(x+1) + E_{n+1}(x) = x(E_n(x+1) + E_n(x)).$$

(59)에 의하여

$$(60) \quad \begin{aligned} & E_n(x+1) + E_n(x) = x(E_{n-1}(x+1) + E_{n-1}(x)) \\ = \ & x^2(E_{n-2}(x+1) + E_{n-2}(x+1)) \\ = \ & \cdots = x^n(E_0(x+1) + E_0(x)) = 2x^n. \end{aligned}$$

모든 다항식 $p(x)\in\mathbb{P}$에 대하여 다음 조건을 만족시키는 범함수 $f(t)\in\mathcal{F}$를 생각하자.

$$\langle f(t)|p(x)\rangle=\int_{\mathbb{Z}_p}p(u)d\mu_{-1}(u).$$

$(U-5)$에 의하여 $f(t)$는 다음과 같이 정의된다.

$$\begin{aligned}f(t)&=\sum_{k=0}^{\infty}\frac{\langle f(t)|x^k\rangle}{k!}t^k\\&=\sum_{k=0}^{\infty}\int_{\mathbb{Z}_p}u^k d\mu_{-1}(u)\frac{t^k}{k!}=\int_{\mathbb{Z}_p}e^{ut}d\mu_{-1}(u).\end{aligned}\tag{61}$$

(53), (61)에 의하여

$$f(t)=\int_{\mathbb{Z}_p}e^{ut}d\mu_{-1}(u)=\frac{2}{e^t+1}.\tag{62}$$

따라서, (62)에 의하여 다음이 성립한다.

[정리 1] $p(x)\in\mathbb{P}$에 대하여,

$$\left\langle\int_{\mathbb{Z}_p}e^{yt}d\mu_{-1}(y)\middle|p(x)\right\rangle=\int_{\mathbb{Z}_p}p(u)d\mu_{-1}(u).$$

즉, $\left\langle\frac{2}{e^t+1}\middle|p(x)\right\rangle=\int_{\mathbb{Z}_p}p(u)d\mu_{-1}(u).$

사실상, E_n이 다음과 같이 표현된다.

$$E_n=\left\langle\int_{\mathbb{Z}_p}e^{yt}d\mu_{-1}(y)\middle|x^n\right\rangle.$$

(45), (54)에 의하여, 다음이 성립한다.

(63)
$$\sum_{n=0}^{\infty}\int_{\mathbb{Z}_p}(x+y)^n d\mu_{-1}(y)\frac{t^n}{n!} = \int_{\mathbb{Z}_p} e^{(x+y)t}d\mu_{-1}(y) = \sum_{n=0}^{\infty}\int_{\mathbb{Z}_p} e^{yt}d\mu_{-1}(y)x^n\frac{t^n}{n!}.$$

(48), (63)에 의하여 다음 식이 성립한다.

(64)
$$E_n(x) = \int_{\mathbb{Z}_p} e^{yt}d\mu_{-1}(y)x^n = \frac{2}{e^t+1}x^n, \text{ 단 } n \geq 0.$$

(64)에 의하여 다음 정리가 성립한다.

[정리 2] $p(x) \in \mathbb{P}$에 대하여,

$$\int_{\mathbb{Z}_p} p(x+y)d\mu_{-1}(y) = \int_{\mathbb{Z}_p} e^{yt}d\mu_{-1}(y)p(x) = \frac{2}{e^t+1}p(x).$$

$(U-18)$로부터 Euler 다항식의 잘 알려진 결과와 일치한다.

$$E_n(x+y) = \sum_{k=0}^{n}\binom{n}{k}E_k(x)y^{n-k}.$$

$r \in \mathbb{Q}$에 대하여, 고위의 Euler 다항식 $E_n^{(r)}(x)$는 다음과 같이 정의된다.

(65)
$$\left(\frac{t}{e^t-1}\right)^r e^{xt} = \sum_{n=0}^{\infty} E_n^{(r)}(x)\frac{t^n}{n!}.$$

특별히, $r \in \mathbb{N}$일 경우에는 다음과 같은 계산을 할 수 있다.

$$\left(\frac{t}{e^t-1}\right)^r e^{xt}=\underbrace{\left(\frac{t}{e^t-1}\right)\times\cdots\times\left(\frac{t}{e^t-1}\right)}_{r\text{번}}e^{xt}$$

특별히 $x=0$인 경우에 $E_n^{(r)}(0)=E_n^{(r)}$을 n번째 위수 r인 Euler 수라 부른다. $E_n^{(r)}(x)$는 $\mathbb{P}_n$의 원소로 최고차수 계수가 1이다.

$r\in\mathbb{N}$에 대하여 다음을 생각하자.

$$g^r(t)=\left(\frac{e^t+1}{2}\right)^r.$$

$g^r(t)$는 가역급수이다.

(65)에 의하여, 다음이 성립한다.

$$\text{(66)}\quad \frac{1}{g^r(t)}e^{xt}=\sum_{n=0}^{\infty}E_n^{(r)}(x)\frac{t^n}{n!},$$

$$\text{(67)}\quad \begin{aligned}&\frac{1}{g^r(t)}x^n=E_n^{(r)}(x),\\ &tE_n^{(r)}(x)=\frac{n}{g^r(t)}x^{n-1}=nE_{n-1}^{(r)}(x).\end{aligned}$$

위 식은 $E_n^{(r)}(x)$가 $g^{(r)}(t)$에 대하여 Appell 수열이 됨을 의미한다. 따라서 $(U-18)$ 성질을 써서 다음 정리가 성립한다.

$$\text{(68)}\quad E_n^{(r)}(x+y)=\sum_{k=0}^{n}\binom{n}{k}E^{(r)}(x)\frac{t^n}{n!}.$$

위수 r인 Euler 다항식의 생성함수 표현은 잘 알려져 있다.

$$\text{(69)}\quad \begin{aligned}&\int_{\mathbb{Z}_p}\cdots\int_{\mathbb{Z}_p}e^{(x_1+\cdots+x_r+x)t}d\mu_{-1}(x_1)\cdots d\mu_{-1}(x_r)\\ &=\left(\frac{2}{e^t+1}\right)^r e^{xt}=\sum_{n=0}^{\infty}E_n^{(r)}(x)\frac{t^n}{n!}.\end{aligned}$$

$(U-3)$과 (69)에 의하여 다음 표현을 도입하자.

$$E_n^{(r)} = \left\langle \underbrace{\int_{\mathbb{Z}_p} \cdots \int_{\mathbb{Z}_p}}_{r\text{번}} e^{(x_1+\cdots+x_r)t} d\mu_{-1}(x_1) \cdots d\mu_{-1}(x_r) \middle| x^n \right\rangle, \ (n \geq 0). \tag{70}$$

$(U-7)$에 의하여 다음과 계산된다.

$$\begin{aligned}
&\left\langle \underbrace{\int_{\mathbb{Z}_p} \cdots \int_{\mathbb{Z}_p}}_{r\text{번}} e^{(x_1+\cdots+x_r)t} d\mu_{-1}(x_1) \cdots d\mu_{-1}(x_r) \middle| x^n \right\rangle \\
&= \sum_{n=i_1+\cdots+i_r} \binom{n}{i_1,\ldots,i_r} \left\langle \int_{\mathbb{Z}_p} e^{x_1 t} d\mu_{-1}(x_1) \middle| x^{i_1} \right\rangle \times \cdots \times \left\langle \int_{\mathbb{Z}_p} e^{x_r t} d\mu_{-1}(x_r) \middle| x^{i_r} \right\rangle \\
&\quad \cdots \times \left\langle \int_{\mathbb{Z}_p} e^{x_r t} d\mu_{-1}(x_r) \middle| x^{i_r} \right\rangle \\
&= \sum_{n=i_1+\cdots+i_r} \binom{n}{i_1,\ldots,i_r} E_{i_1} E_{i_2} \cdots E_{i_r}.
\end{aligned} \tag{71}$$

(70), (71)에 의하여 잘 알려진 식이 나온다.

$$E_n^{(r)} = \sum_{n=i_1+\cdots+i_r} \binom{n}{i_1,\ldots,i_r} E_{i_1} \cdots E_{i_r}. \tag{72}$$

$r \in \mathbb{N}$에 대하여, 앞에서 사용한 $g^{(r)}(t)$를 다음과 같이 두도록 하자.

$$\begin{aligned}
&g^r(t) \\
&= \frac{1}{\underbrace{\int_{\mathbb{Z}_p} \cdots \int_{\mathbb{Z}_p}}_{r\text{번}} e^{(x_1+\cdots+x_r)t} d\mu_{-1}(x_1) \cdots d\mu_{-1}(x_r)} \\
&= \left(\frac{e^t+1}{2}\right)^r.
\end{aligned} \tag{73}$$

식 (73)에서 다음이 쉽게 계산된다.

$$\begin{aligned} &\frac{1}{g^r}(t) \\ (74) \qquad &= \int_{\mathbb{Z}_p} \cdots \int_{\mathbb{Z}_p} e^{(x_1 + \cdots + x_r + x)t} d\mu_{-1}(x_1) \cdots d\mu_{-1}(x_r) \\ &= \sum_{n=0}^{\infty} E_n^{(r)}(x) \frac{t^n}{n!}. \end{aligned}$$

식 (71), (72)에서 다음과 같이 표현할 수 있다.

$$\begin{aligned} &E_n^{(r)}(x) \\ &= \underbrace{\int_{\mathbb{Z}_p} \cdots \int_{\mathbb{Z}_p}}_{r\text{번}} (x_1 + \cdots + x_r + x)^n d\mu_{-1}(x_1) \cdots d\mu_{-1}(x_r) \\ (75) \qquad &= \frac{1}{\underbrace{\int_{\mathbb{Z}_p} \cdots \int_{\mathbb{Z}_p}}_{r\text{번}} e^{(x_1 + \cdots + x_r)t} d\mu_{-1}(x_1) \cdots d\mu_{-1}(x_r)} \\ &= \left(\frac{e^t + 1}{2} \right)^r. \end{aligned}$$

따라서 다음 정리가 성립한다.

[정리 3] $p(x) \in \mathbb{P}$, $r \in \mathbb{N}$에 대하여 다음이 성립한다.

$$\begin{aligned} &\underbrace{\int_{\mathbb{Z}_p} \cdots \int_{\mathbb{Z}_p}}_{r\text{번}} p(x_1 + \cdots + x_r + x) d\mu_{-1}(x_1) \cdots d\mu_{-1}(x_r) \\ &= \left(\frac{2}{e^t + 1} \right)^r p(x). \end{aligned}$$

특별히, 위수 r인 Euler 다항식은 다음과 같이 주어진다.

$$E_n^{(r)}(x)=\left(\frac{2}{e^t+1}\right)^r x^n$$
$$=\underbrace{\int_{\mathbb{Z}_p}\cdots\int_{\mathbb{Z}_p}}_{r\text{번}} e^{(x_1+\cdots+x_r)t}d\mu_{-1}(x_1)\cdots d\mu_{-1}(x_r)x^n.$$

즉,

$$E_n^{(r)}(x)\sim\left(\frac{1}{\int_{\mathbb{Z}_p}\cdots\int_{\mathbb{Z}_p}e^{(x_1+\cdots+x_r)t}d\mu_{-1}(x_1)\cdots d\mu_{-1}(x_r)},t\right).$$

모든 $p(x)\in\mathbb{P}$에 대하여 다음을 만족하는 범함수 $f^{(r)}(t)\in\mathcal{F}$를 생각한다.

$$\langle f^{(r)}(t)|p(x)\rangle$$
$$=\underbrace{\int_{\mathbb{Z}_p}\cdots\int_{\mathbb{Z}_p}}_{r\text{번}} p(x_1+\cdots+x_r+x)d\mu_{-1}(x_1)\cdots d\mu_{-1}(x_r). \tag{76}$$

$(U-5)$로부터 $f^{(r)}(t)$를 결정할 수 있다.

$$f^{(r)}(t)=\sum_{k=0}^{\infty}\frac{\langle f^{(r)}(t)|x^k\rangle k!}{t^k}$$
$$=\sum_{k=0}^{\infty}\underbrace{\int_{\mathbb{Z}_p}\cdots\int_{\mathbb{Z}_p}}_{r\text{번}}(x_1+\cdots+x_r)^n d\mu_{-1}(x_1)\cdots d\mu_{-1}(x_r)\frac{t^k}{k!} \tag{77}$$
$$=\underbrace{\int_{\mathbb{Z}_p}\cdots\int_{\mathbb{Z}_p}}_{r\text{번}} e^{(x_1+\cdots+x_r)t}d\mu_{-1}(x_1)\cdots d\mu_{-1}(x_r)x^n.$$

따라서 식 (76), (77)로부터 다음 정리가 성립한다.

[정리 4] $p(x)\in\mathbb{P}$,

$$\left\langle\int_{\mathbb{Z}_p}\cdots\int_{\mathbb{Z}_p}e^{(x_1+\cdots+x_r+x)t}d\mu_{-1}(x_1)\cdots d\mu_{-1}(x_r)\middle|p(x)\right\rangle$$

$$= \underbrace{\int_{\mathbb{Z}_p} \cdots \int_{\mathbb{Z}_p}}_{r\text{번}} p(x_1 + \cdots + x_r) d\mu_{-1}(x_1) \cdots d\mu_{-1}(x_r).$$

즉,

$$\left\langle \left(\frac{2}{e^t + 1} \right)^r \middle| p(x) \right\rangle = \underbrace{\int_{\mathbb{Z}_p} \cdots \int_{\mathbb{Z}_p}}_{r\text{번}} p(x_1 + \cdots + x_r) d\mu_{-1}(x_1) \cdots d\mu_{-1}(x_r).$$

[주의] 사실, 위수 r인 Euler 수는 다음과 같이 주어진다.

$$\left\langle \left(\frac{2}{e^t + 1} \right)^r \middle| e^x \right\rangle = \underbrace{\int_{\mathbb{Z}_p} \cdots \int_{\mathbb{Z}_p}}_{r\text{번}} e^{(x_1 + \cdots + x_r)} d\mu_{-1}(x_1) \cdots d\mu_{-1}(x_r).$$

4. $\mathbb{Z}_p$ 상에서 p-진 불변적분 이론의 Umbral calculus에의 응용

Bernoulli 다항식, 고위의 Bernoulli 다항식

$\mathbb{Z}_p$ 상의 p-진 불변적분 이론을 umbral calculus에 응용하고자 한다. 특별히 Bernoulli 다항식에 의해 재미있는 방법과 의미있는 결과가 유도된다.

p-진 적분을 위하여, 이 절에서는 다음을 약속한다. p는 고정된 소수이고, $\mathbb{Z}_p$, $\mathbb{Q}_p$, $\mathbb{C}_p$ 상에서 생각한다. $f \in UD(\mathbb{Z}_p)$에 대하여 잘 알려진 다음 정의에서 출발하자.

(78) $$\int_{\mathbb{Z}_p} f(x) d\mu(x) = \lim_{N \to \infty} \frac{1}{p^N} \sum_{x=0}^{p^N - 1} f(x),$$

(79) $$\int_{\mathbb{Z}_p} f(x+n) d\mu(x) = \int_{\mathbb{Z}_p} f(x) d\mu(x) = \sum_{l=0}^{n} f'(l), \ n \in \mathbb{N}.$$

여기에서는 T. Kim, D. Kim, S. H. Rim 등이 연구한 결과를 소개하고자 한다. 이들은 $\mathbb{Z}_p$ 위에서 p-진 불변적분 이론을 이용하여 umbral calculus의 몇 가지 성질을 발표하였다([7]).

Bernoulli 다항식에 관하여 다음 사실들을 다시 밝혀 두자. 먼저 생성함수에 의한 표현이다.

$$\frac{t}{e^t-1}e^{xt}=e^{B(x)t}=\sum_{n=0}^{\infty}B_n(x)\frac{t^n}{n!}. \tag{80}$$

$B^n(x)$를 $B_n(x)$로 적기로 약속한다. 특별히 $x=0$인 경우 $B_n(0)=B_n$은 n번째 Bernoulli 수이다.

다음 사실도 잘 알려져 있다.

$$B_n(x)=(B+x)^n=\sum_{l=0}^{n}\binom{n}{l}B_l x^{n-l}=\sum_{l=0}^{n}\binom{n}{l}B_{n-l}x^l, \tag{81}$$

$$B_0=1,\ B_n(1)-B_n=\delta_{1,n}. \tag{82}$$

따라서 $B_n(x)$는 최고차항 계수가 1인 n차 다항식이다. 다음 식은 잘 알려져 있다.

$$\int_{\mathbb{Z}_p}f(x+1)d\mu(x)-\int_{\mathbb{Z}_p}f(x)d\mu(x)=f'(0). \tag{83}$$

$f(x)=e^{tx}\in UD(\mathbb{Z}_p)$에 의하여 다음 공식이 성립한다.

$$\begin{aligned}&\int_{\mathbb{Z}_p}x^n d\mu(x)=B_n,\\&\int_{\mathbb{Z}_p}(x+y)^n d\mu(y)=B_n(y),\ \text{단, } n\geq 0.\end{aligned} \tag{84}$$

다음 멱급수를 생각해 보자.

$$g(t)=\frac{e^t+1}{2}\in\mathcal{F}.$$

이때, $g(t)$는 가역(invertible)원이다. $(U-17)$, $(U-18)$ 식에 Bernoulli 다항식의 생성함수를 적용해 보자.

(85) $$\sum_{k=0}^{\infty}\frac{B_k}{k!}t^k=\frac{e^{xt}}{g(t)}.$$

양변의 계수 비교에서 다음이 성립한다.

(86) $$\frac{1}{g(t)}x^n=B_n(x),\ tB_n(x)=B_n^{'}(x)=nB_{n-1}(x).$$

$(U-17)$, $(U-18)$, (86)에 의하여 $B_n(x)$는 $g(t)=\dfrac{e^t-1}{t}$의 Appell 수열이다. (86) 식을 t에 관하여 미분해 보자.

(87) $$\sum_{k=1}^{\infty}\frac{B_k(x)}{k!}kt^{k-1}=\frac{xg(t)e^{xt}-e^{xt}g^{'}(t)}{g(t)^2}$$
$$=\sum_{k=0}^{\infty}\left\{x\frac{x^k}{g(t)}-\frac{x^k}{g(t)}\frac{g^{'}(t)}{g(t)}\right\}\frac{t^k}{k!}.$$

x^k의 계수를 비교하면 다음 식이 성립한다.

(88) $$B_{k+1}(x)=x\frac{x^k}{g(t)}-\frac{x^k}{g(t)}\frac{g^{'}(t)}{g(t)}$$
$$=\left(x-\frac{g^{'}(t)}{g(t)}\right)B_k(x).$$

(83) 식에서 다음이 성립한다.

(89) $$\int_{\mathbb{Z}_p}e^{(x+y+1)t}d\mu(y)-\int_{\mathbb{Z}_p}e^{(x+y)t}d\mu(y)=te^{xt},$$

$$\int_{\mathbb{Z}_p}(x+y+1)^n d\mu(y)-\int_{\mathbb{Z}_p}(x+y)^n d\mu(y)=nx^{n-1}, \tag{90}$$

$$B_n(x+1)-B_n(x)=nx^{n-1},\ (n\geq 0). \tag{91}$$

(88) 식에 의하여 다음 식이 연결되어 성립한다.

$$g(t)B_{k+1}(x)=g(t)xB_k(x)-g'(t)B_k(x), \tag{92}$$

$$\begin{aligned}&(e^t-1)B_{k+1}(x)\\&=(e^t-1)xB_k(x)-(e^t-g(t))B_k(x).\end{aligned} \tag{93}$$

(86), (93)에 의하여

$$\begin{aligned}&B_{k+1}(x+1)-B_{k+1}(x)\\&=(x+1)B_k(x+1)-xB_k(x)+x^k,\ (k\geq 0).\end{aligned} \tag{94}$$

(91), (94)에 의하여

$$B_{k+1}(x+1)=B_{k+1}(x)+B_k(x)+(k+1)x^k+kx^{k-1}. \tag{95}$$

따라서 (88)에 의하여 다음 정리가 성립한다.

[정리 1] $k\in\mathbb{Z}_+$에 대하여 다음이 성립한다.

$$B_{k+1}(x)=\left(x-\frac{g'(t)}{g(t)}\right)B_k(x),\ \text{단}\ g'(t)=\frac{dg(t)}{dt}. \tag{96}$$

[따름정리 2] $k\geq 0$에 대하여, 다음이 성립한다.

$$B_{k+1}(x+1)=B_{k+1}(x)+B_k(x)+(k+1)x^k+kx^{k-1}.$$

모든 다항식 $p(x)\in\mathbb{P}$에 대하여 다음 조건을 만족시키는 범함수 $f(t)\in\mathscr{F}$를 생각하자.

$$\text{(97)}\quad \langle f(t)|p(x)\rangle=\int_{\mathbb{Z}_p}p(u)d\mu(u).$$

$(U-5)$에 의하여 $f(t)$는 다음과 같이 정의된다.

$$\text{(98)}\quad \begin{aligned} f(t) &= \sum_{k=0}^{\infty}\frac{\langle f(t)|x^k\rangle}{k!}t^k \\ &= \sum_{k=0}^{\infty}\int_{\mathbb{Z}_p}u^k d\mu(u)\frac{t^k}{k!}=\int_{\mathbb{Z}_p}e^{ut}d\mu(u). \end{aligned}$$

(83), (98)에 의하여

$$\text{(99)}\quad f(t)=\int_{\mathbb{Z}_p}e^{ut}d\mu(u)=\frac{t}{e^t-1}.$$

따라서, (99)에 의해서 다음이 성립한다.

[정리 3] $p(x)\in\mathbb{P}$에 대하여,

$$\left\langle\int_{\mathbb{Z}_p}e^{yt}d\mu(y)\middle|p(x)\right\rangle=\int_{\mathbb{Z}_p}p(u)d\mu(u).$$

즉, $\left\langle\frac{t}{e^t-1}\middle|p(x)\right\rangle=\int_{\mathbb{Z}_p}p(u)d\mu(u).$

사실상, B_n이 다음과 같이 표현된다.

$$B_n = \left\langle \int_{\mathbb{Z}_p} e^{yt} d\mu(y) \middle| x^n \right\rangle .$$

(83)에 의하여, 다음이 성립한다.

$$\begin{aligned} &\sum_{n=0}^{\infty} \int_{\mathbb{Z}_p} (x+y)^n d\mu(y) \frac{t^n}{n!} \\ &= \int_{\mathbb{Z}_p} e^{(x+y)t} d\mu(y) = \sum_{n=0}^{\infty} \int_{\mathbb{Z}_p} e^{yt} d\mu(y) x^n \frac{t^n}{n!} . \end{aligned} \tag{100}$$

(84)와 (100)에 의하여 다음이 성립한다.

$$\begin{aligned} B_n(x) &= \int_{\mathbb{Z}_p} e^{yt} d\mu(y) x^n \\ &= \int_{\mathbb{Z}_p} e^{yt} d\mu(y) x^n, \text{ 단 } n \ge 0 . \end{aligned} \tag{101}$$

(101)에 의하여 다음 정리가 성립한다.

[정리 4] $p(x) \in \mathbb{P}$에 대하여,

$$\int_{\mathbb{Z}_p} p(x+y) d\mu(y) = \int_{\mathbb{Z}_p} e^{yt} d\mu(y) p(x) = \frac{t}{e^t - 1} p(x) .$$

이는 사실상 Bernoulli 다항식의 결과와 일치한다.

$$B_n(x) = \int_{\mathbb{Z}_p} (x+y)^n d\mu(y) = \int_{\mathbb{Z}_p} e^{yt} d\mu(y) x^n = \frac{t}{e^t - 1} x^n .$$

고위의 Bernoulli 다항식 $B_n^{(r)}(x)$는 다음과 같이 정의된다.

$$
\begin{aligned}
&\int_{\mathbb{Z}_p}\cdots\int_{\mathbb{Z}_p} e^{(x_1+\cdots+x_r+x)t}\,d\mu(x_1)\cdots d\mu(x_r) \\
(102)\quad &= \left(\frac{t}{e^t-1}\right)^r e^{xt} = \sum_{n=0}^{\infty} B_n^{(r)}(x)\frac{t^n}{n!}.
\end{aligned}
$$

특별히 $x=0$인 경우에 $B_n^{(r)}(0)=B_n^{(r)}$을 n *번째 위수* r *인 Bernoulli 수*라 부른다. 다음 식은 잘 알려져 있다.

$$
\begin{aligned}
&\int_{\mathbb{Z}_p}\cdots\int_{\mathbb{Z}_p} e^{(x_1+\cdots+x_r+x)t}\,d\mu(x_1)\cdots d\mu(x_r) \\
(103)\quad &= \sum_{n=i_1+\cdots+i_r}\binom{n}{i_1,\ldots,i_r}\int_{\mathbb{Z}_p} x_1^{i_1}d\mu(x_1)\cdots\int_{\mathbb{Z}_p} x_r^{i_r}d\mu(x_r) \\
&= \sum_{n=i_1+\cdots+i_r}\binom{n}{i_1,\ldots,i_r} B_{i_1}B_{i_2}\cdots B_{i_r} = B_n^{(r)},
\end{aligned}
$$

$$
(104)\quad B_n^{(r)}(x) = \sum_{l=0}^{n} B_{n-l}^{(r)} x^l.
$$

$B_n^{(r)}(x)$는 $\mathbb{P}_n$의 원소로 최고차수 계수가 1이다. $r\in\mathbb{N}$에 대하여, 다음을 생각하자.

$$
\begin{aligned}
g^{(r)}(t) &= \Bigg(\underbrace{\int_{\mathbb{Z}_p}\cdots\int_{\mathbb{Z}_p}}_{r\text{번}} e^{(x_1+\cdots+x_r)t}\,d\mu(x_1)\cdots d\mu(x_r)\Bigg)^{-1} \\
(105)\quad &= \left(\frac{e^t-1}{t}\right)^r.
\end{aligned}
$$

$g^r(t)$는 가역급수이다. (102), (105)에 의하여 다음이 성립한다.

$$
\begin{aligned}
\frac{e^{xt}}{g^{(r)}(t)} &= \underbrace{\int_{\mathbb{Z}_p}\cdots\int_{\mathbb{Z}_p}}_{r\text{번}} e^{(x_1+\cdots+x_r+x)t}\,d\mu(x_1)\cdots d\mu(x_r) \\
(106)\quad &= \sum_{n=0}^{\infty} B_n^{(r)}(x)\frac{t^n}{n!},
\end{aligned}
$$

(107) $tB_n^{(r)}(x) = nB_{n-1}^{(r)}(x).$

위 식의 의미는 $B_n^{(r)}(x)$가 $g^{(r)}(t)$에 대하여 Appell 수열이 됨을 설명한다. 따라서 다음 정리가 성립한다.

[정리 5] $p(x) \in \mathbb{P}$, $n \in \mathbb{N}$에 대하여, 다음이 성립한다.

$$\begin{aligned}&\underbrace{\int_{\mathbb{Z}_p} \cdots \int_{\mathbb{Z}_p}}_{r\text{번}} p(x_1 + \cdots + x_r + x) d\mu(x_1) \cdots d\mu(x_r)\\ &= \left(\frac{t}{e^t - 1}\right)^r p(x).\end{aligned}$$

사실, 위수가 r인 Bernoulli 다항식은 다음과 같이 주어진다.

$$\begin{aligned}B_n^{(r)}(x) &= \left(\frac{t}{e^t - 1}\right)^r x^n\\ &= \int_{\mathbb{Z}_p} \cdots \int_{\mathbb{Z}_p} e^{(x_1 + \cdots + x_r + x)t} d\mu(x_1) \cdots d\mu(x_r) x^n.\end{aligned}$$

즉, $B_n^{(r)}(x) \sim \left(\left(\frac{e^t - 1}{t}\right)^r, t\right)$.

모든 $p(x) \in \mathbb{P}$ 에 대하여 다음을 만족하는 범함수 $f^{(r)}(t) \in \mathcal{F}$ 를 생각한다.

$$\begin{aligned}&\langle f^{(r)}(t) | p(x) \rangle\\ (108) \quad &= \underbrace{\int_{\mathbb{Z}_p} \cdots \int_{\mathbb{Z}_p}}_{r\text{번}} p(x_1 + \cdots + x_r) d\mu(x_1) \cdots d\mu(x_r).\end{aligned}$$

$(U-5)$로부터 $f^{(r)}(t)$를 결정할 수 있다.

$$f^{(r)}(t)=\sum_{k=0}^{\infty}\frac{\langle f^{(r)}(t)|x^k\rangle}{k!}t^k$$

$$=\sum_{k=0}^{\infty}\underbrace{\int_{\mathbb{Z}_p}\cdots\int_{\mathbb{Z}_p}}_{r\text{번}}(x_1+\cdots+x_r)^k d\mu(x_1)\cdots d\mu(x_r)\frac{t^k}{k!}$$

(109)
$$=\underbrace{\int_{\mathbb{Z}_p}\cdots\int_{\mathbb{Z}_p}}_{r\text{번}}e^{(x_1+\cdots+x_r)t}d\mu(x_1)\cdots d\mu(x_r)x^n$$

$$=\left(\frac{t}{e^t-1}\right)^r.$$

따라서 다음 정리가 성립한다.

[정리 6] $p(x)\in\mathbb{P}$에 대하여,

$$\left\langle\int_{\mathbb{Z}_p}\cdots\int_{\mathbb{Z}_p}e^{(x_1+\cdots+x_r+x)t}d\mu(x_1)\cdots d\mu(x_r)\middle|p(x)\right\rangle$$

$$=\underbrace{\int_{\mathbb{Z}_p}\cdots\int_{\mathbb{Z}_p}}_{r\text{번}}p(x_1+\cdots+x_r)d\mu(x_1)\cdots d\mu(x_r).$$

즉,

$$\left\langle\left(\frac{t}{e^t-1}\right)^r\middle|p(x)\right\rangle$$

$$=\underbrace{\int_{\mathbb{Z}_p}\cdots\int_{\mathbb{Z}_p}}_{r\text{번}}p(x_1+\cdots+x_r)d\mu(x_1)\cdots d\mu(x_r).$$

사실, 위수 r인 Bernoulli 다항식은 다음과 같이 주어진다.

$$B_n^{(r)}=\left\langle\underbrace{\int_{\mathbb{Z}_p}\cdots\int_{\mathbb{Z}_p}}_{r\text{번}}e^{(x_1+\cdots+x_r+x)t}d\mu(x_1)\cdots d\mu(x_r)\middle|x^n\right\rangle.$$

[주의] 식 $(U-7)$로부터 다음이 성립한다.

$$(110)\quad \left\langle \underbrace{\int_{\mathbb{Z}_p}\cdots\int_{\mathbb{Z}_p}}_{r\text{번}} e^{(x_1+\cdots+x_r)t}d\mu(x_1)\cdots d\mu(x_r)\middle| x^n \right\rangle$$
$$= \sum_{n=i_1+\cdots+i_r}\binom{n}{i_1,\ldots,i_r}\left\langle \int_{\mathbb{Z}_p} e^{x_1t}d\mu(x_1)\middle| x^{i_1}\right\rangle\times\cdots\times\left\langle \int_{\mathbb{Z}_p} e^{x_rt}d\mu(x_r)\middle| x^{i_r}\right\rangle.$$

정리 3, 정리 6, 식 (110)에 의하여 다음이 성립한다.

$$B_n^{(r)} = \sum_{n=i_1+\cdots+i_r}\binom{n}{i_1,\ldots,i_r}B_{i_1}\cdots B_{i_r}.$$

$S_n(x)$는 $(g(t), f(t))$에 대한 Sheffer 수열이라 하자. Sheffer 항등식이 다음과 같이 주어진다.

$$(111)\quad \begin{aligned} S_n(x+y) &= \sum_{k=0}^{n}\binom{n}{k}p_k(y)S_{n-k}(x), \\ p_k(y) &= S_k(y)g(t). \end{aligned}$$

정리 5와 (111)에 의하여, 다음이 성립한다.

$$B_n^{(r)}(x+y) = \sum_{k=0}^{n}\binom{n}{k}B_{n-k}^{(r)}(x)x^k.$$

Frobenius-Euler 수에 대하여

$\mathbb{Z}_p$ 상의 p-진 불변적분 이론을 umbral calculus에 응용하고자 한다. 특별히 Frobenius-Euler 다항식에 의해 재미있는 방법과 의미있는 결과가 유도된다.

p-진 적분을 위하여, 이 절에서는 다음을 약속한다. p는 고정된 소수이고, $\mathbb{Z}_p$, $\mathbb{Q}_p$, $\mathbb{C}_p$ 상에서 생각한다.

$f \in \mathbb{N}$, $(f,p)=1$이라 하자.

$$X = \lim_{\overleftarrow{N}} \mathbb{Z}/fp^N\mathbb{Z}_p \ ,$$

$$a + fp^N = \{x \in X \mid x \equiv a (\mathrm{mod}\, fp^N)\}, \ 0 \leq a \leq fp^{N-1,}$$

$$X^* = \bigcup_{\substack{0 < a < fp^{N-1}, \\ (a,p)=1}} (a + fp^N\mathbb{Z}_p).$$

다음 자연스러운 사상(naturel map)

$$\mathbb{Z}/fp^N\mathbb{Z} \rightarrow \mathbb{Z}/p^N\mathbb{Z}$$

를 이용하여 사상 π를 유도할 수 있다.

$$\pi : X \in \mathbb{Z}_p.$$

$g : \mathbb{Z}_p \rightarrow \mathbb{C}_p$이면, $g \circ \pi : X \rightarrow \mathbb{C}_p$를 항상 생각할 수 있기 때문에 g를 X 위의 함수로 여길 수 있다.

$k \geq 0$, $\lambda \in \mathbb{C}_p$, $|1-\lambda|_p > 1$일 때, X 위에서 *Frobenius-Euler 측도*가 다음과 같이 정의된다.

(112) $$\mu_\lambda(x + fp^N\mathbb{Z}_p) = \frac{\lambda^{fp^{N-x}}}{1-\lambda^{fp^n}}$$

단, $\mathbb{C}_p$ 위에서 p-진의 절대값은 잘 알려진 대로 $|p|_p = p^{-1}$이다. *Frobenius-Euler 다항식*은 생성함수에 의해서 다음과 같이 정의된다.

(113) $$\left(\frac{1-\lambda}{e^t - \lambda}\right)e^{xt} = e^{H(x|\lambda)t} = \sum_{n=0}^{\infty} H_n(x|\lambda)\frac{t^n}{n!}.$$

$H^n(x|\lambda)$를 $H_n(x|\lambda)$라 기록한다.

특별히, $x=0$일 때, $H_n(0|\lambda)=H_n(\lambda)$는 n *번째 Frobenius-Euler 수*라 불린다.

(113)의 생성함수 정의를 이용하여 다음이 유도된다.

$$H_n(x|\lambda)=(H(\lambda)+x)^n=\sum_{l=0}^{n}\binom{n}{l}H_l(\lambda)x^{n-l}, \tag{114}$$

$$(H(\lambda)+1)^n-\lambda H_n(\lambda)=(1-\lambda)\delta_{0,n}. \tag{115}$$

단, $\delta_{n,k}$는 Kronecker 부호이다.

$r\in\mathbb{Q}$에 대하여 *위수 r인 Frobenius-Euler 다항식*은 생성함수가 다음과 같이 정의된다.

$$\left(\frac{1-\lambda}{e^t-\lambda}\right)^r e^{xt}=\sum_{n=0}^{\infty}H_n^{(r)}(x|\lambda)\frac{t^n}{n!}. \tag{116}$$

특별히, $r\in\mathbb{N}$인 경우에는 다음과 같이 계산할 수 있다.

$$\left(\frac{1-\lambda}{e^t-\lambda}\right)^r e^{xt}=\underbrace{\left(\frac{1-\lambda}{e^t-\lambda}\right)\times\cdots\times\left(\frac{1-\lambda}{e^t-\lambda}\right)}_{r\text{번}}e^{xt}$$

특별히, $x=0$일 때, $H_n^{(r)}(0|\lambda)=H_n^{(r)}(\lambda)$는 *위수가 r인 n 번째 Frobenius-Euler 수*라 부른다. n번째 Frobenius-Euler 다항식은 X 위에서 Frobenius-Euler 측도를 이용하여 다음과 같이 p-진 적분 표현을 할 수 있다.

$$\begin{aligned}\frac{\lambda H_n(x|\lambda)}{1-\lambda}&=\int_X(x+y)^n d\mu_\lambda(y)=\int_{\mathbb{Z}_p}(x+y)^n d\mu_\lambda(y)\\&=\lim_{N\to\infty}\frac{1}{1-\lambda^{p^N}}\sum_{x=0}^{p^{N-1}}(x+y)^n\lambda^{p^{N-x}}\end{aligned} \tag{117}$$

여기에서는 T. Kim, D. Kim, S. H. Lee 및 S. H. Rim 등에 의해 연구된 결과를 소개하고자 한다. 이들은 $\mathbb{Z}_p$ 위에서 p-진 불변적분 이론을 이용하여 umbral calculus의 성질을 연구하였다([8]).

다음 멱급수를 생각해 보자.

$$(118)\qquad g(t;\lambda)=\frac{e^t-\lambda}{1-\lambda}\in\mathcal{F}.$$

이때, $g(t)$는 가역원이다. $(U-15)$ 식에 Frobenius-Euler 다항식의 생성함수를 적용해 보자.

$$(119)\qquad \frac{1}{g(t;\lambda)}e^{xt}=\sum_{k=0}^{\infty}H_k(x|\lambda)\frac{t^k}{k}.$$

양변의 계수 비교에서 다음이 성립한다.

$$(120)\qquad \frac{1}{g(t;\lambda)}x^n=H_n(x|\lambda).$$

따라서 다음이 성립한다.

$$H_n(x|\lambda)\sim(1,g(t;\lambda)).$$

즉, $H_n(x|\lambda)$는 $g(t;\lambda)=\dfrac{e^t-\lambda}{1-\lambda}$의 Appell 수열이다. (117)에 의해서 다음이 성립한다.

$$\int_{\mathbb{Z}_p}e^{(x+y)t}d\mu_\lambda(y)=\frac{\lambda}{e^t-\lambda}e^{xt}.$$

(113)에 의해서 Frobenius-Euler 다항식에 관하여 다음과 같은 적분방정식이 성립한다.

$$(121)\qquad \int_{\mathbb{Z}_p}e^{(x+y+1)t}d\mu_\lambda(y)-\lambda\int_{\mathbb{Z}_p}e^{(x+y)t}d\mu_\lambda(y)=\lambda e^{xt}.$$

특별히 n차 다항식에 관한 적분방정식은 다음과 같다.

(122) $\int_{\mathbb{Z}_p}(x+y+1)^n d\mu_\lambda(y)+\int_{\mathbb{Z}_p}(x+y)^n d\mu_\lambda(y)=\lambda x^n.$

Frobeinus-Euler 다항식의 정의를 다시 써 보면 다음과 같다.

(123) $\frac{\lambda}{1-\lambda}H_n(x+1|\lambda)-\frac{\lambda^2}{1-\lambda}H_n(x|\lambda)=\lambda x^n.$

다음 식이 순차적으로 계산된다.

(124) $H_{n+1}(x|\lambda)=\left(x-\frac{g'(t;\lambda)}{g(t;\lambda)}\right)H_n(x|\lambda),$

(125) $g(t;\lambda)H_{n+1}(x|\lambda)=g(t;\lambda)xH_n(x|\lambda)-g'(t;\lambda)H_n(x|\lambda),$

(126) $(e^t-\lambda)H_{n+1}(x|\lambda)=(e^t-\lambda)xH_n(x|\lambda)-e^tH_n(x|\lambda),$

(127) $H_{n+1}(x+1|\lambda)-\lambda H_{n+1}(x|\lambda)=x\big(H_n(x+1|\lambda)-\lambda H_n(x|\lambda)\big),$

(128)
$$\begin{aligned} H_n(x+1|\lambda)-\lambda H_n(x|\lambda) &= x\big(H_{n-1}(x+1|\lambda)-\lambda H_{n-1}(x|\lambda)\big) \\ &= x^2\big(H_{n-2}(x+1|\lambda)-\lambda H_{n-2}(x|\lambda)\big) \\ &=\cdots= x^n\big(H_0(x+1|\lambda)-\lambda H_0(x|\lambda)\big) \\ &= x^n(1-\lambda). \end{aligned}$$

모든 다항식 $p(x)\in\mathbb{P}$에 대하여 다음 조건을 만족시키는 범함수 $f(t)\in\mathcal{F}$를 생각하자.

$$\langle f(t)|p(x)\rangle=\int_{\mathbb{Z}_p}p(u)d\mu_\lambda(u).$$

$(U-2)$에 의하여 $f(t)$는 다음과 같이 정의된다.

$$f(t)=\sum_{k=0}^{\infty}\frac{\langle f(t)|x^k\rangle}{k!}t^k$$

(129)

$$=\sum_{k=0}^{\infty}\int_{\mathbb{Z}_p}u^k d\mu_\lambda(u)\frac{t^k}{k!}=\int_{\mathbb{Z}_p}e^{ut}d\mu_\lambda(u).$$

(121), (129)에 의하여 다음이 성립한다.

$$f(t)=\int_{\mathbb{Z}_p}e^{ut}d\mu_\lambda(u)=\frac{\lambda}{e^t-\lambda}. \tag{130}$$

따라서, (130)에 의하여 다음 정리가 성립한다.

[정리 1] $p(x)\in\mathbb{P}$에 대하여

$$\left\langle\int_{\mathbb{Z}_p}e^{yt}d\mu_\lambda(y)\middle|p(x)\right\rangle=\int_{\mathbb{Z}_p}p(u)d\mu_\lambda(u).$$

즉, $\left\langle\frac{\lambda}{e^t-\lambda}\middle|p(x)\right\rangle=\int_{\mathbb{Z}_p}p(u)d\mu_\lambda(u).$

사실상, $\frac{\lambda}{1-\lambda}H_n(x)$가 다음과 같이 표현된다.

$$\frac{\lambda}{1-\lambda}H_n(x)=\left\langle\int_{\mathbb{Z}_p}e^{yt}d\mu_\lambda(y)\middle|x^n\right\rangle.$$

(114), (122)에 의하여, 다음이 성립한다.

$$\sum_{n=0}^{\infty}\int_{\mathbb{Z}_p}(x+y)^n d\mu_\lambda(y)\frac{t^n}{n!}$$

(131)

$$=\int_{\mathbb{Z}_p}e^{(x+y)t}d\mu_\lambda(y)=\sum_{n=0}^{\infty}\int_{\mathbb{Z}_p}e^{yt}d\mu_\lambda(y)x^n\frac{t^n}{n!}.$$

$(U-18)$, (131)에 의하여 다음이 성립한다.

(132) $$\frac{\lambda}{1-\lambda}H_n(x|\lambda)=\int_{\mathbb{Z}_p} e^{yt}d\mu_\lambda(y)x^n=\frac{\lambda}{e^t-\lambda}x^n, \quad n\geq 0.$$

(132)에 의하여 다음 정리가 성립한다.

[정리 2] $p(x)\in\mathbb{P}$에 대하여,

$$\int_{\mathbb{Z}_p} p(x+y)d\mu_\lambda(y)=\int_{\mathbb{Z}_p} e^{yt}d\mu_\lambda(y)p(x)=\frac{\lambda}{e^t-\lambda}x^n p(x).$$

특별히 다음이 성립한다.

$$\frac{\lambda}{1-\lambda}H_n(x|\lambda)=\int_{\mathbb{Z}_p} e^{yt}d\mu_\lambda(y)x^n=\frac{\lambda}{e^t-\lambda}x^n, \ (n\geq 0).$$

Frobenius-Euler 다항식의 정의로부터 위 식의 의미는 $\frac{\lambda}{1-\lambda}H_n(x|\lambda)$가 $\left(\frac{e^t-\lambda}{\lambda},t\right)$인 Appell sequence라는 말이다. 즉,

$$\frac{\lambda}{1-\lambda}H_n(x|\lambda)=\left(\frac{e^t-\lambda}{\lambda},t\right).$$

$(U-16)$의 성질로부터 잘 알려진 다음 식이 유도된다.

$$H_n(x+y|\lambda)=\sum_{k=0}^{n}\binom{n}{k}H_k(x|\lambda)y^{n-k}.$$

$r\in\mathbb{N}$에 대하여 다음을 생각하자.

$$g^r(t;\lambda)=\left(\frac{e^t-\lambda}{\lambda}\right)^r\in\mathcal{F}.$$

$g^r(t;\lambda)$는 가역급수이다.
(132)에 의하여, 다음이 성립한다.

$$(133)\quad \frac{1}{g^r(t;\lambda)}e^{xt}=\sum_{n=0}^{\infty}\left(\frac{\lambda}{1-\lambda}\right)^r H_n^{(r)}(x|\lambda),$$

$$(134)\quad \begin{aligned}&\frac{1}{g^r(t;\lambda)}x^n=\left(\frac{\lambda}{1-\lambda}\right)^r H_n^{(r)}(x|\lambda),\\ &t\left(\frac{\lambda}{1-\lambda}\right)^r H_n^{(r)}(x|\lambda)=\frac{n}{g^r(t;\lambda)}x^{n-1}=n\left(\frac{\lambda}{1-\lambda}\right)^r H_{n-1}^{(r)}(x|\lambda).\end{aligned}$$

위 식의 의미는 $\left(\frac{\lambda}{1-\lambda}\right)^r H_n^{(r)}(x|\lambda)$가 $g^{(r)}(t;\lambda)$에 대하여 Appell 수열이 됨을 설명한다. 즉,

$$\left(\frac{\lambda}{1-\lambda}\right)^r tH_n^{(r)}(x|\lambda)\sim\left(g^r(t;\lambda),t\right).$$

따라서 $(U-16)$ 성질을 써서 다음 정리가 성립한다.

$$(135)\quad H_n^{(r)}(x+y|\lambda)=\sum_{k=0}^{n}\binom{n}{k}H_k^{(r)}(x|\lambda)y^{n-k}.$$

위수 r인 Euler 다항식의 생성함수 표현은 잘 알려져 있다.

$$(136)\quad \begin{aligned}&\int_{\mathbb{Z}_p}\cdots\int_{\mathbb{Z}_p}e^{(x_1+\cdots+x_r+x)t}d\mu_\lambda(x_1)\cdots d\mu_\lambda(x_r)\\ &=\left(\frac{\lambda}{e^t-\lambda}\right)^r e^{xt}=\sum_{n=0}^{\infty}\left(\frac{\lambda}{1-\lambda}\right)^r H_n^{(r)}(x|\lambda)\frac{t^n}{n!}.\end{aligned}$$

(117)과 (136)에 의하여 다음 표현을 도입하자.

$$(137)\quad \begin{aligned}&\left(\frac{\lambda}{1-\lambda}\right)^r H_n^{(r)}(x|\lambda)\\ &=\left\langle \underbrace{\int_{\mathbb{Z}_p}\cdots\int_{\mathbb{Z}_p}}_{r\text{번}}e^{(x_1+\cdots+x_r+x)t}d\mu_\lambda(x_1)\cdots d\mu_\lambda(x_r)\middle|x^n\right\rangle,\ (n\geq 0).\end{aligned}$$

$(U-4)$에 의하여 다음 계산이 된다.

$$\left\langle \underbrace{\int_{\mathbb{Z}_p}\cdots\int_{\mathbb{Z}_p}}_{r\text{번}} e^{(x_1+\cdots+x_r+x)t}d\mu_\lambda(x_1)\cdots d\mu_\lambda(x_r) \middle| x^n \right\rangle$$

(138) $$= \sum_{n=i_1+\cdots+i_r} \binom{n}{i_1,\ldots,i_r} \left\langle \int_{\mathbb{Z}_p} e^{x_1 t}d\mu_\lambda(x_1) \middle| x^{i_1} \right\rangle \times\cdots\times \left\langle \int_{\mathbb{Z}_p} e^{x_r t}d\mu_\lambda(x_r) \middle| x^{i_r} \right\rangle$$

$$= \sum_{n=i_1+\cdots+i_r} \binom{n}{i_1,\ldots,i_r} \left(\frac{\lambda}{1-\lambda}\right)^r H_{i_1}(x|\lambda)\cdots H_{i_r}(x|\lambda).$$

(137), (138)에 의하여 잘 알려진 식이 나온다.

(139) $$H_n^{(r)}(x|\lambda) = \sum_{n=i_1+\cdots+i_r} \binom{n}{i_1,\ldots,i_r} H_{i_1}(x|\lambda)\cdots H_{i_r}(x|\lambda).$$

$r\in\mathbb{N}$에 대하여, 앞에서 사용한 $g^{(r)}(t)$를 다음과 같이 두도록 하자.

(140) $$\frac{1}{g^r(t;\lambda)} = \underbrace{\int_{\mathbb{Z}_p}\cdots\int_{\mathbb{Z}_p}}_{r\text{번}} e^{(x_1+\cdots+x_r)t}d\mu_\lambda(x_1)\cdots d\mu_\lambda(x_r)$$

$$= \left(\frac{\lambda}{e^t-\lambda}\right)^r.$$

식 (140)에서 다음과 같이 표현할 수 있다.

$$\left(\frac{\lambda}{1-\lambda}\right)^r H_n^{(r)}(x|\lambda) = \underbrace{\int_{\mathbb{Z}_p}\cdots\int_{\mathbb{Z}_p}}_{r\text{번}} (x_1+\cdots+x_r+x)^n d\mu_\lambda(x_1)\cdots d\mu_\lambda(x_r)$$

(141) $$= \underbrace{\int_{\mathbb{Z}_p}\cdots\int_{\mathbb{Z}_p}}_{r\text{번}} e^{(x_1+\cdots+x_r)t}d\mu_\lambda(x_1)\cdots d\mu_\lambda(x_r)$$

$$= \frac{1}{g^r(t;\lambda)}x^n.$$

따라서 다음 정리가 성립한다.

[정리 3] $p(x)\in\mathbb{P}$, $r\in\mathbb{N}$에 대하여 다음이 성립한다.

$$\underbrace{\int_{\mathbb{Z}_p}\cdots\int_{\mathbb{Z}_p}}_{r\text{번}} p(x_1+\cdots+x_r+x)t d\mu_\lambda(x_1)\cdots d\mu_\lambda(x_r)=\frac{t}{e^t-\lambda}p(x).$$

특별히, 위수 r인 Euler 다항식은 다음과 같이 주어진다.

$$\begin{aligned}&\left(\frac{\lambda}{1-\lambda}\right)^r H_n^{(r)}(x|\lambda)=\left(\frac{\lambda}{e^t-\lambda}\right)^r x^n\\ =&\underbrace{\int_{\mathbb{Z}_p}\cdots\int_{\mathbb{Z}_p}}_{r\text{번}} e^{(x_1+\cdots+x_r)t}d\mu_{-1}(x_1)\cdots d\mu_{-1}(x_r)x^n.\end{aligned}$$

더욱이,

$$\left(\frac{\lambda}{1-\lambda}\right)^r H_n^{(r)}(x|\lambda)\sim\left(\frac{1}{\int_{\mathbb{Z}_p}\cdots\int_{\mathbb{Z}_p} e^{(x_1+\cdots+x_r)t}d\mu_\lambda(x_1)\cdots d\mu_\lambda(x_r)},t\right).$$

모든 $p(x)\in\mathbb{P}$에 대하여 다음을 만족하는 범함수 $f^*(t)\in\mathscr{F}$를 생각한다.

$$\begin{aligned}&\langle f^{*(t)}|p(x)\rangle\\ (142)\qquad =&\underbrace{\int_{\mathbb{Z}_p}\cdots\int_{\mathbb{Z}_p}}_{r\text{번}} p(x_1+\cdots+x_r+x)d\mu_\lambda(x_1)\cdots d\mu_\lambda(x_r).\end{aligned}$$

$(U-2)$로부터 $f^{(r)}(t)$를 결정할 수 있다.

$$
\begin{aligned}
f^*(t) &= \sum_{k=0}^{\infty} \frac{\langle f^*(t)|x^k\rangle k!}{t^k} \\
&= \sum_{k=0}^{\infty} \underbrace{\int_{\mathbb{Z}_p} \cdots \int_{\mathbb{Z}_p}}_{r\text{번}} (x_1+\cdots+x_r)^n d\mu_\lambda(x_1)\cdots d\mu_\lambda(x_r)\frac{t^k}{k!} \qquad (143) \\
&= \underbrace{\int_{\mathbb{Z}_p} \cdots \int_{\mathbb{Z}_p}}_{r\text{번}} e^{(x_1+\cdots+x_r)t} d\mu_\lambda(x_1)\cdots d\mu_\lambda(x_r).
\end{aligned}
$$

따라서 (142), (143)으로부터 다음 정리가 성립한다.

[정리 4] $p(x) \in \mathbb{P}$라면,

$$
\begin{aligned}
&\left\langle \int_{\mathbb{Z}_p} \cdots \int_{\mathbb{Z}_p} e^{(x_1+\cdots+x_r)t} d\mu_\lambda(x_1)\cdots d\mu_\lambda(x_r) \middle| p(x) \right\rangle \\
&= \underbrace{\int_{\mathbb{Z}_p} \cdots \int_{\mathbb{Z}_p}}_{r\text{번}} p(x_1+\cdots+x_r) d\mu_\lambda(x_1)\cdots d\mu_\lambda(x_r).
\end{aligned}
$$

즉,

$$
\begin{aligned}
&\left\langle \left(\frac{\lambda}{e^t-\lambda}\right)^t \middle| p(x) \right\rangle \\
&= \underbrace{\int_{\mathbb{Z}_p} \cdots \int_{\mathbb{Z}_p}}_{r\text{번}} p(x_1+\cdots+x_r) d\mu_\lambda(x_1)\cdots d\mu_\lambda(x_r).
\end{aligned}
$$

[주의] 사실, 위수 r인 n번째 Frobenius-Euler 수는 다음과 같이 주어진다.

$$
\begin{aligned}
&\left\langle \left(\frac{\lambda}{e^t-\lambda}\right)^t \middle| x^n \right\rangle \\
&= \left\langle \underbrace{\int_{\mathbb{Z}_p} \cdots \int_{\mathbb{Z}_p}}_{r\text{번}} e^{(x_1+\cdots+x_r)} d\mu_\lambda(x_1)\cdots d\mu_\lambda(x_r) \right\rangle. \\
&= \underbrace{\int_{\mathbb{Z}_p} \cdots \int_{\mathbb{Z}_p}}_{r\text{번}} (x_1+\cdots+x_r)^n d\mu_\lambda(x_1)\cdots d\mu_\lambda(x_r).
\end{aligned}
$$

단, $n \geq 0$이다.

5. 고위의 Frobenius-Euler 다항식과 Sheffer 수열

$\lambda(\neq 1)\in\mathbb{C}$일 때, 고위의 Frobenius-Euler 다항식은 생성함수에 의하여 다음과 같이 표현된다.

$$\text{(144)}\quad \left(\frac{1-\lambda}{e^t-\lambda}\right)^{\alpha} e^{xt} = e^{H^{(\alpha)}(x|\lambda)t} = \sum_{n=0}^{\infty} H_n^{(\alpha)}(x|\lambda)\frac{t^n}{n!}.$$

$(H^{(\alpha)}(x|\lambda))^n$을 $H_n^{(\alpha)}(x|\lambda)$라 기록한다. 특별히 $x=0$일 때, $(H^{(\alpha)}(0|\lambda))^n = H_n^{(\alpha)}(\lambda)$는 *위수* $\alpha(\in\mathbb{R})$*인* n*번째 Frobenius-Euler 수*라 부른다.

정의로부터 다음과 같이 다항식과 수의 관계식이 성립한다.

$$\text{(145)}\quad H_n^{(\alpha)}(x|\lambda) = \sum_{l=0}^{n}\binom{n}{l}H_{n-l}(\lambda)x^l = \sum_{l=0}^{n}\binom{n}{l}H_l(\lambda)x^{n-l},$$

$$\text{(146)}\quad \frac{\partial}{\partial x}H_n^{(\alpha)}(x|\lambda) = nH_{n-1}^{(\alpha)}(x|\lambda),\ \ H_n^{(0)}(x|\lambda) = x^n,\quad n\in\mathbb{Z}_+,$$

$$\text{(147)}\quad H_n^{(\alpha)}(x+1|\lambda) - \lambda H_n^{(\alpha)}(x|\lambda) = (1-\lambda)H_n^{(\alpha-1)}(x|\lambda).$$

λ-*차분 연산자* Δ_λ를 다음과 같이 정의한다.

$$\text{(148)}\quad \Delta_\lambda f(x) = f(x+1) - \lambda f(x).$$

λ-차분 연산자를 n번 시행하면 다음 식이 성립한다.

$$\text{(149)}\quad \begin{aligned}\Delta_\lambda^n f(x) = \underbrace{\Delta_\lambda \cdots \Delta_\lambda}_{n\text{번}} f(x) &= \sum_{k=0}^{n}\binom{n}{k}(-\lambda)^{n-k}f(x+k)\\ &= \sum_{k=0}^{n}\binom{n}{k}(-\lambda)^{k}f(x+n-k).\end{aligned}$$

*제2종 Stirling 수*는 생성함수를 써서 다음과 같이 표현된다.

(150) $$(e^t-1)^n = n!\sum_{l=n}^{\infty} S_2(l,n)\frac{t^l}{l!},$$

(151) $$(e^t-1)^n = \sum_{l=0}^{\infty}\left(\sum_{m=0}^{n}\binom{n}{m}(-1)^{n-m}m^l\right)\frac{t^l}{l!},$$

(152) $$S_2(l,n) = \frac{1}{n!}\sum_{m=0}^{n}\binom{n}{m}(-1)^{n-m}m^l = \frac{\Delta^n 0^l}{n!}.$$

단, $\Delta f(x) = f(x+1) - f(x)$.

여기서 λ-*유사 제2종 Stirling 수*를 다음과 같이 정의하고 그 성질을 조사해 보자.

(153) $$(e^t-\lambda)^n = n!\sum_{l=n}^{\infty} S_2(l,n|\lambda)\frac{t^l}{l!},$$

(154) $$(e^t-\lambda)^n = \sum_{l=0}^{\infty}\left(\sum_{m=0}^{n}\binom{n}{m}(-\lambda)^{n-m}ml\right)\frac{t^l}{l!},$$

(155) $$S_2(l,n|\lambda) = \frac{1}{n!}\sum_{m=0}^{n}\binom{n}{m}(-\lambda)^{n-m}m^l = \frac{1}{n!}\Delta_\lambda^n 0^l,$$

(156) $$S_2(l,n|\lambda) = 0 \text{ for } n > l.$$

참고로 (147) 식을 (148)번 정의를 이용해 다시 써 보자.

(157) $$\Delta_\lambda H_n^{(\alpha)}(x|\lambda) = (1-\lambda)H_n^{(\alpha-1)}(x|\lambda).$$

Sheffer 수열과 관련된 다항식의 성질을 연구하고자 한다. 고위의 Frobenius-Euler 다항식에 관한 항등식을 유도한다. 여기에서는 D. Kim, T. Kim이 연구한 내용을 소개한다.

동반수열

여기서 $\lambda(\neq 1)\in\mathbb{C}$를 가정한다.
$P_n(x)\sim(1,f(t))$, $q_n(x)\sim(1,g(t))$일 때, 다음 식이 성립한다.

$$q_n(x)=x\left(\frac{f(t)}{g(t)}\right)^n x^{-1}P_n(x). \tag{158}$$

다음 성질을 생각해 보자.

$$f(t)=e^{at}-1\ (a\neq 0),$$
$$f'(t)=ae^{at},\ \overline{f}(t)=a^{-1}\log(1+x).$$

$f(t)=e^{at}-1$에 동반되는 수열 $P_n(x)$를 유도할 수 있다.

$$\begin{aligned}P_n(y)&=\langle e^{yt}|P_n(x)\rangle=\langle e^{y\overline{f}(t)}|x^n\rangle=\left\langle e^{\frac{y}{a}\log(t+1)}\Big|x^n\right\rangle\\&=\left\langle(t+1)^{\frac{y}{a}}\Big|x^n\right\rangle=\sum_{k=0}^{\infty}\binom{\frac{y}{a}}{k}\langle t^n|x^n\rangle\\&=\sum_{k=0}^{\infty}\binom{\frac{y}{a}}{k}n!\delta_{n,k}=\binom{\frac{y}{a}}{n}n!=\left(\frac{y}{a}\right)_n,\end{aligned}\tag{159}$$

단, $(a)_n=a(a-1)\cdots(a-n+1)=\prod_{i=0}^{n-1}(a-i)$.
따라서, 다음이 성립한다.

[정리 1] $n\in\mathbb{Z}_+$에 대하여,

$$P_n(x)=\left(\frac{x}{a}\right)_n\sim(1,e^{at}-1),\ \text{단}\ a\neq 0.$$

특별히,

$$P_0(x)=1,\ P_n(x)=\left(\frac{x}{a}\right)\left(\frac{x}{a}-1\right)\cdots\left(\frac{x}{a}-n+1\right).$$

$P_n(x)\left(\frac{x}{a}\right)_n$ 에 대하여, 다음이 성립한다.

(160)
$$\begin{aligned}P_{n+1}(x) &= x(f'(t))^{-1}P_n(x)=a^{-1}xe^{-at}P_n(x)\\ &=\left(\frac{x}{a}\right)\left(\frac{x-a}{a}\right)_n=\left(\frac{x}{a}\right)P_n\left(\frac{x-a}{a}\right).\end{aligned}$$

위 식으로부터 다음 항등식을 유도할 수 있다.

(161)
$$\begin{aligned}P_{n+1}(x) &= \left(\frac{x}{a}\right)P_n(x-a)=\left(\frac{x}{a}\right)\left(\frac{x-a}{a}\right)P_n(x-2a)\\ &=\left(\frac{x}{a}\right)\left(\frac{x-a}{a}\right)\left(\frac{x-2a}{a}\right)\left(\frac{x-3a}{a}\right)P_n(x-3a)\\ &=\cdots=\left(\frac{x}{a}\right)\left(\frac{x}{a}-1\right)\left(\frac{x}{a}-2\right)\cdots\left(\frac{x}{a}-n\right).\end{aligned}$$

$a=1$일 경우, (161)과 정리 1에서 다음 두 식이 유도된다.

(162) $$(x)_n=\sum_{k=0}^{\infty}\frac{\langle t^k|(x)_n\rangle}{k!}x^k,$$

(163) $$(x)_n=\sum_{k=0}^{n}\frac{S_1(n,k)}{a^{k!}},$$

단, $S_1(n,k)$는 제1종 Stirling 수이다.

위 사실에서 다음이 성립한다.

[정리 2] $n,\ k>0$에 대하여

$$\frac{\langle t^k|(x)_n\rangle}{k!}=\frac{S_1(n,m)}{a^k}.$$

정리 1에 의하여 다음 식이 각각 성립한다.

$$\sum_{k=0}^{\infty}\frac{\left(\frac{x}{a}\right)_k}{k!}t^k=e^{t^k\log(1+t)}=(t+1)^x,$$

$$\left(\frac{x+y}{a}\right)_n=\sum_{k=0}^{n}\binom{n}{k}\left(\frac{x}{a}\right)_k\left(\frac{y}{a}\right)_{n-k}.$$

$x^n\sim(1,t)$이므로 다음 사실을 확인할 수 있다.

$$\text{(164)}\qquad \begin{aligned}(e^t-\lambda)^n&=n!\sum_{l=0}^{\infty}S(l,x|\lambda)\frac{t^l}{l!}\\&=\sum_{l=0}^{\infty}\left(\sum_{m=0}^{n}\binom{n}{m}(-\lambda)^{n-m}m^l\right)\frac{t^l}{l!}.\end{aligned}$$

n번째 Frobenius-Euler 다항식은 생성함수를 이용하여 다음과 같이 정의된다.

$$\frac{1-\lambda}{e^t-\lambda}e^{xt}=\sum_{n=0}^{\infty}H_n(x|\lambda)\frac{t^n}{n!}.$$

즉, $H_n(x|\lambda)\sim\left(\frac{e^t-\lambda}{1-\lambda},t\right)$이므로 다음 사실을 알 수 있다.

위수 α의 Frobenius-Euler 다항식

Frobenius-Euler 다항식의 정의 (144)에서 다음과 같이 기록할 수 있다.

$$\text{(165)}\quad H_n^{(\alpha)}(x|\lambda) \sim \left(\left(\frac{e^t-\lambda}{1-\lambda}\right)^{\alpha}, t\right),$$

$$\text{(166)}\quad \left(\frac{1-\lambda}{e^t-\lambda}\right)^{\alpha} x^n = H_n^{(\alpha)}(x|\lambda), \quad n \geq 0.$$

그리고 다음이 성립한다.

$$\text{(167)}\quad \begin{aligned} H_n^{(\alpha)}(x+y) &= \sum_{k=0}^{n}\binom{n}{k} H_k^{(\alpha)}(y|\lambda)x^{n-k} \\ &= \sum_{k=0}^{n}\binom{n}{k} H_k^{(\alpha)}(x|\lambda)y^{n-k}. \end{aligned}$$

$\left(\frac{1-\lambda}{e^t-\lambda}\right)^{\beta}$를 (167) 식 양변에 취해 보자.

$$\text{(168)}\quad \begin{aligned} \left(\frac{1-\lambda}{e^t-\lambda}\right)^{\beta} H_n^{(\alpha)}(x+y) &= \left(\frac{1-\lambda}{e^t-\lambda}\right)^{\beta}\left(\frac{1-\lambda}{e^t-\lambda}\right)^{\alpha}(x+y)^n \\ &= \left(\frac{1-\lambda}{e^t-\lambda}\right)^{\alpha+\beta}(x+y)^n = H_n^{(\alpha+\beta)}(x+y|\lambda). \end{aligned}$$

즉, 다음이 성립한다.

$$\text{(169)}\quad \begin{aligned} H_n^{(\alpha+\beta)}(x+y|\lambda) &= \sum_{k=0}^{n}\binom{n}{k} H_k^{(\alpha)}(x|\lambda)H_{n-k}^{(\beta)}(y|\lambda) \\ &= \sum_{k=0}^{n}\binom{n}{k} H_k^{(\alpha)}(y|\lambda)H_{n-k}^{(\beta)}(x|\lambda). \end{aligned}$$

Frobenius-Euler 다항식 정의에서 $\alpha=0$인 경우,

$$e^{xt}=\sum_{n=0}^{\infty}H_n^{(0)}(x|\lambda)\frac{t^n}{n!}, \tag{170}$$

$$H_n^{(0)}(x|\lambda)=x^n. \tag{171}$$

(169)에서 $\beta=-\alpha$를 취해 보자.

$n\geq 0$인 경우에

$$\begin{aligned}(x+y)^n &=\sum_{k=0}^{n}\binom{n}{k}H_{n-k}^{(\alpha)}(x|\lambda)H_k^{(-\alpha)}(y|\lambda)\\ &=\sum_{k=0}^{n}\binom{n}{k}H_{n-k}^{(\alpha)}(y|\lambda)H_k^{(-\alpha)}(x|\lambda).\end{aligned} \tag{172}$$

특별히 $y=0$인 경우에

$$x^n=\sum_{k=0}^{\infty}\binom{n}{k}H_{n-k}^{(\alpha)}(x|\lambda)H_k^{(-\alpha)}(\lambda).$$

$\alpha\in\mathbb{N}$ 인 경우에 Frobenius-Euler 다항식 정의에서 α 자리에 $-\alpha$를 대입해 보자.

$$\begin{aligned}\sum_{n=0}^{\infty}\frac{H_n^{(-\alpha)}(\lambda)}{n!}t^n &=\left(\frac{e^t-\lambda}{1-\lambda}\right)^{\alpha}\\ &=\frac{1}{(1-\lambda)^{\alpha}}\sum_{l=0}^{\alpha}\binom{\alpha}{l}(-1)^{\alpha-l}\lambda^{\alpha-l}e^{lt}\\ &=\sum_{n=0}^{\infty}\left(\frac{1}{(1-\lambda)^{\alpha}}\sum_{l=0}^{\alpha}\binom{\alpha}{l}(-1)^{\alpha-l}\lambda^{\alpha-l}l^n\right)\frac{t^n}{n!},\end{aligned} \tag{173}$$

$$H_n^{(-\alpha)}(\lambda) = \frac{1}{(1-\lambda)^\alpha}\sum_{l=0}^{\alpha}\binom{\alpha}{l}(-1)^{\alpha-l}l^n$$

(174)
$$= \frac{1}{(1-\lambda)^\alpha}\Delta_\lambda^\alpha 0^n = \frac{\alpha!}{(1-\lambda)^\alpha}\frac{\Delta_\lambda^\alpha 0^n}{\alpha!}$$

$$= \frac{\alpha!}{(1-\lambda)^\alpha}S_2(n,\alpha|\lambda).$$

따라서

[정리 3] $\alpha\in\mathbb{N}$, $n \geq 0$일 때,

$$\frac{(1-\alpha)^\alpha}{\alpha!}x^n = \sum_{k=0}^{n}\binom{n}{k}H_{n-k}^{(\alpha)}(x|\lambda)S_2(n,\alpha|\lambda).$$

위 내용을 다시 기록해 보자.

$$x^n = \sum_{k=0}^{n}\frac{\left\langle\left(\frac{e^t-\lambda}{1-\lambda}\right)t^k\middle|x^n\right\rangle}{k!}H_k^{(\alpha)}(x|\lambda)$$

(175)
$$= \sum_{k=0}^{n}\frac{1}{k!}\left\langle\left(\frac{e^t-\lambda}{1-\lambda}\right)^\alpha\middle|t^k x^n\right\rangle H_k^{(\alpha)}(x|\lambda)$$

$$= \sum_{k=0}^{n}\binom{n}{k}\left\langle\left(\frac{e^t-\lambda}{1-\lambda}\right)^\alpha\middle|x^{n-k}\right\rangle H_k^{(\alpha)}(x|\lambda),$$

$$\left\langle\left(\frac{e^t-\lambda}{1-\lambda}\right)^\alpha\middle|x^{n-k}\right\rangle = \sum_{j=0}^{\infty}\frac{H_j^{(-\alpha)}(\lambda)}{j!}\langle t^j|x^{n-k}\rangle$$

(176)
$$= \sum_{j=0}^{\infty}\frac{H_j^{(-\alpha)}(\lambda)}{j!}\delta_{n-k,j}(n-k)!$$

$$= H_{n-k}^{(-\alpha)}(\lambda).$$

따라서 다음 결과가 유도된다.

$$x^n = \sum_{k=0}^{n} \binom{n}{k} H_k^{(\alpha)}(x|\lambda) H_{n-k}^{(\alpha)}(\lambda).$$

몇 가지 관찰

정리 1에서 $\lambda = 1$, $a = 1$을 생각해 보자. 즉

$$(x)_n \sim (1, f(t) = e^t - 1), \quad x^n \sim (1, g(t) = t).$$

$n \geq 1$에 대하여 (158) 식을 적용하면

$$\begin{aligned} x^n &= x\left(\frac{e^t - 1}{t}\right)^n x^{-1}(x)_n = x\left(\frac{e^t - 1}{t}\right)^n (x-1)_{n-1} \\ &= x\sum_{l=0}^{\infty} \frac{n!}{(l+n)!} S_2(l+n, n) t^l (x-1)_{n-1}, \end{aligned} \tag{177}$$

$S_2(m,n)$은 제2종 Stirling 수 이다.
위 식에서 다음이 성립한다.

$$(x+1)^{n+1} = (x+1)\sum_{l=0}^{n} \frac{(n+1)!}{(l+n+1)!} S_2(l+n+1, n+1) t^l (x)_n, \tag{178}$$

단, $(x)_n = \sum_{k=0}^{n} S_1(n,k) x^k$.
따라서

$$t^l (x)_n = \frac{d^l}{dt^l}(x)_n = \sum_{k=l}^{n} S_1(n,k)(k)_l x^{k-l}. \tag{179}$$

(178)과 (179)에서 다음 식이 성립한다.

$$
\begin{aligned}
(x+1)^n &= \sum_{l=0}^{\infty} \frac{(n+1)!}{(l+n+1)!} S_2(l+n+1,n+1) \sum_{k=l}^{n} S_1(n,k)(k)_l x^{x-l} \\
&= \sum_{l=0}^{n} \sum_{m=0}^{n-l} \frac{\binom{l+m}{l}}{\binom{n+l+1}{l}} S_2(l+n+1,n+1) S_1(n,l+m) x^m \qquad (180) \\
&= \sum_{m=0}^{n} \left\{ \frac{\binom{n+m}{n}}{\binom{n+l+1}{l}} S_2(l+n+1,n+1) S_1(n,l+1) \right\} x^m .
\end{aligned}
$$

한편 잘 알려진 이항전개식을 보자.

$$
(181) \quad (x+1)^n = \sum_{l=0}^{n} \binom{n}{l} x^l .
$$

위 두 식에서 양변의 계수를 비교해 보자. 다음 식은 이항계수를 제1종 Stirling 수 및 제2종 Stirling 수와 결합시켜서 설명한 재미있는 관계수이다.

[보조정리 4] $0 \le m \le n$일 때,

$$
\binom{n}{m} = \sum_{l=0}^{n-m} \frac{\binom{l+m}{l}}{\binom{n+l+1}{l}} S_2(l+n+1,n+1) S_1(n,l+1) .
$$

위수 α인 Frobenius-Euler 다항식의 정의에서 $\alpha = 1$인 경우,

$$
H_n^{(1)}(x|\lambda) = H(x|\lambda)
$$

이다. 정리 1에서 다음이 알려져 있다.

$$
(182) \quad (x)_n \sim (1, e^t - 1) .
$$

따라서 (162)에 의하여 다음과 같이 표현할 수 있다.

$$
(183)\quad
\begin{aligned}
H_n(x|\lambda) &= \sum_{k=0}^{\infty} \frac{\langle (e^t-1)^k l | H_n(x|\lambda)\rangle}{k!}(x)_k \\
&= H_n(\lambda) + \sum_{k=1}^{\infty} \frac{\langle (e^t-1)^k | H_n(x|\lambda)\rangle}{k!}(x)_k .
\end{aligned}
$$

$k \geq 1$에 대하여,

$$
(184)\quad
\begin{aligned}
\langle (e^t-1)^k | H_n(x|\lambda)\rangle &= \left\langle (e^t-1)^k \middle| \frac{1-\lambda}{e^t-\lambda} x^n \right\rangle \\
&= \sum_{l=0}^{n} \binom{n}{l} H_{n-l}(\lambda) \langle (e^t-1)^k | x^l \rangle
\end{aligned}
$$

(153) 식으로부터 다음이 성립한다.

$$
(185)\quad \frac{1}{k!}\langle (e^t-\lambda)^k | x^l \rangle = S_2(l,k).
$$

따라서 다음 식이 성립한다.

$$
H_n(x|\lambda) = H_n(\lambda) + \sum_{k=1}^{n}\sum_{l=0}^{n}\binom{n}{l} H_{n-l}(\lambda) S_2(l,k)(x)_k .
$$

Appell 수열의 점화식으로부터 다음 사실이 성립한다.

$$
(186)\quad
\begin{aligned}
H_n^{(\alpha)}(x|\lambda) &= \left(x - \alpha\frac{e^t}{e^t-\lambda}\right) H_n^{(\alpha)}(x|\lambda) = xH_n^{(\alpha)}(x|\lambda) - \frac{\alpha e^t}{e^t-\lambda} H_n^{(\alpha)}(x|\lambda) \\
&= xH_n^{(\alpha)}(x|\lambda) - \frac{\alpha}{(1-\lambda)} \frac{1-\lambda}{e^t-\lambda} H_n^{(\alpha)}(x+1) \\
&= xH_n^{(\alpha)}(x|\lambda) - \frac{\alpha}{1-\lambda} H_n^{(\alpha+1)}(x+1).
\end{aligned}
$$

따라서 다음 사실을 알 수 있다.

[정리 8] $n \geq 0$일 때,

$$H_{n+1}^{(\alpha)}(x|\lambda) = xH_n^{(\alpha)}(x|\lambda) - \frac{\alpha}{1-\lambda}H_n^{(\alpha+1)}(x+1).$$

6. Umbral calculus를 이용한 다항식의 항등식

Umbral calculus에서 동반수열(associated sequence)의 성질을 살펴보자. 이 성질로부터 D. Kim, T. Kim 및 S. H. Rim은 여러 종류 다항식의 새롭고 흥미로운 항등식을 유도하였다([11]). 다음 사실을 소개한다.

$p_n(x) \sim (1,\ f(t)),\ q_n(x) \sim (1,\ g(t))$일 때, $n \geq 1$에 대하여 다음이 성립한다.

$$(187) \qquad q_n(x) = x\left(\frac{f(t)}{g(t)}\right)^n x^{-1}p_n(x).$$

위 사실을 여러 경우에 적용해 보자.

Ⅰ. $p_n(x) = (x)_n,\ q_n(x) = x^n$로 두면, 다음이 성립한다.

$$(x)_n \sim (1,\ e^t - 1),\ x^n \sim (1,\ t).$$

다음 사실이 알려져 있다.

$$(188) \qquad \left(\frac{e^t-1}{t}\right)^n = \left(\frac{e^t-1}{t}\right)\cdots\left(\frac{e^t-1}{t}\right) = \sum_{l=0}^{\infty}\frac{n!}{(l+n)!}S_2(l+n,\ n)t^l.$$

단, $S_2(n,\ k)$는 제2종 Stirling 수이다. 그리고 $(x)_n = x(x-1)\cdots(x-n+1)$.

$n \geq 1$에 대하여 (187)을 적용하자.

$$(189)\quad \begin{aligned} x^n &= x\left(\frac{e^t-1}{t}\right)^n x^{-1}(x)_n \\ &= x\sum_{l=0}^{\infty}\frac{n!}{(l+n)!}S_2(l+n,\ n)t^l(x-1)_{n-1}. \end{aligned}$$

제1종 Stirling 수는 다음과 같이 정의된다.

$$(190)\quad (x)_n=\sum_{l=0}^{n}S_1(n,\ l)x^l.$$

따라서 (189), (190)에 의하여 다음이 성립한다.

$$(191)\quad \begin{aligned} (x+1)^n &= \sum_{l=0}^{n}\frac{(n+1)!}{(l+n+1)!}S_2(l+n+1,n+1)\sum_{m=0}^{n-l}S_1(n,l+m)x^m(l+m)_l \\ &= \sum_{m=0}^{n}\sum_{l=0}^{n-m}\frac{\binom{l+m}{l}}{\binom{l+n+1}{l}}S_2(l+n+1,\ n+1)S_1(n,\ l+m)x^m. \end{aligned}$$

잘 알려진 이항전개식을 소개한다.

$$(192)\quad (x+1)^n=\sum_{m=0}^{n}\binom{n}{m}x^m.$$

따라서 (191), (192)에서 계수를 비교해 보자. 이항계수와 제1종 Stirling 수 및 제2종 Stirling 수의 관계식이 나온다.

[정리 1] $m,\ n\in\mathbb{Z}_+,\ n\geq m\geq 0$일 때, 다음이 성립한다.

$$\binom{n}{m}=\sum_{l=0}^{n-m}\frac{\binom{l+m}{l}}{\binom{l+n+1}{l}}S_2(l+n+1,\ n+1)S_1(n,\ l+m).$$

Ⅱ. 다음 두 동반수열을 생각해 보자.

$$\text{(193)}\quad x^n \sim (1,\ t),\quad (x)_n \sim (1,\ e^t - 1).$$

(187)에 적용해 보면 다음과 같이 된다.

$$\text{(194)}\quad \begin{aligned} (x)_n &= x\left(\frac{t}{e^t - 1}\right)^n x^{-1} x^n \\ &= x\left(\frac{t}{e^t - 1}\right)^n x^{n-1} = xB_{n-1}^{(n)}(x). \end{aligned}$$

위 식은 x를 $B_{n-1}^{(n)}(x)$에 적용하면 $(x)_n$이 된다는 뜻이다. 즉,

$$\text{(195)}\quad B_{n-1}^{(n)}(x) = (x-1)_{n-1},\quad (n \in \mathbb{N}).$$

이를 보조정리로 기록하여 두자.

[보조정리 2] $n \in \mathbb{N}$에 대하여,

$$B_n^{(n+1)}(x+1) = (x)_n.$$

$$\text{(196)}\quad \begin{aligned} \sum_{l=0}^{\infty}\left(\frac{e^t - 1}{t}\right) B_l^{(n+1)} \frac{t^l}{l!} &= \left(\frac{e^t - 1}{t}\right)\left(\frac{t}{e^t - 1}\right)^{n+1} e^{xt} \\ &= \left(\frac{t}{e^t - 1}\right)^n e^{xt} \\ &= \sum_{l=0}^{\infty} B_l^{(n)}(x) \frac{t^l}{l!}. \end{aligned}$$

위 식에서 $\dfrac{t^n}{n!}$의 계수를 비교하여 보자.

$$(197)\quad \left(\frac{e^t-1}{t}\right)B_n^{(n+1)}(x)=B_n^{(n)}(x),\quad (n\ge 0).$$

보조정리 2와 (197)에 의하여 다음이 성립한다.

$$(198)\quad \begin{aligned} B_n^{(n)}(x+1) &= \left(\frac{e^t-1}{t}\right)B_n^{(n+1)}(x+1) \\ &= \left(\frac{e^t-1}{t}\right)(x)_n \\ &= \int_x^{x+1}(u)_n\,du. \end{aligned}$$

(190), (198)에 의하여 다음이 성립한다.

$$(199)\quad \begin{aligned} \int_x^{x+1}(u)_n\,du &= \sum_{l=0}^{n}S_1(n,\ l)\int_{x-1}^{x}u^l\,du \\ &= \sum_{l=0}^{n}\frac{S_1(n,\ l)}{l+1}\left(x^{l+1}-(x-1)^{l+1}\right). \end{aligned}$$

따라서, 다음이 성립한다.

[정리 3] $n\ge 1$에 대하여,

$$B_n^{(n)}(x+1)=\sum_{l=0}^{n}S_1(n,\ l)\frac{1}{l+1}\left(x^{l+1}-(x-1)^{l+1}\right).$$

Ⅲ. $a\neq 0$일 때, $A_n(x\,;a)=x(x-an)^{n-1}$을 *Abel* 수열이라 한다. 다음 동반수열을 생각하자.

$$(200)\quad \begin{aligned} &A_n(x\,;a)=x(x-an)^{n-1}\sim\left(1,\ te^{at}\right),\quad (a\neq 0), \\ &\left(\frac{x}{b}\right)_n\sim\left(1,\ e^{bt}-1\right),\quad (b\neq 0). \end{aligned}$$

$n \geq 1$에 대하여, (187)에 의하여 다음이 성립한다.

$$\begin{aligned}\left(\frac{x}{b}\right)_n &= x\left(\frac{te^{at}}{e^{bt}-1}\right)^n x^{-1} A_n(x\,;\,a) \\ &= \frac{x}{b^n}\left(\frac{bt}{e^{bt}-1}\right)^n e^{ant}(x-an)^{n-1}.\end{aligned} \tag{201}$$

여기에서,

$$\left(\frac{bt}{e^{bt}-1}\right)^n e^{ant} = \sum_{k=0}^{\infty} b^k B_k^{(n)}\left(\frac{an}{b}\right)\frac{t^k}{k!}. \tag{202}$$

(201), (202)에서 다음 결과를 유도할 수 있다.

$$\begin{aligned}\left(\frac{x}{b}\right)_n &= \frac{x}{b^n}\left(\sum_{k=0}^{\infty} b^k B_k^{(n)}\left(\frac{an}{b}\right)\frac{t^k}{k!}\right)(x-an)^{n-1} \\ &= \sum_{k=0}^{n-1}\binom{n-1}{k} b^{k-n} B_k^{(n)}\left(\frac{an}{b}\right)A_{n-k}(x-ak\,;\,a),\end{aligned} \tag{203}$$

$$\begin{aligned}\left(\frac{x}{b}\right)_n &= \left(\frac{1}{b}\right)^n x\left(\frac{bt}{e^{bt}-1}\right)^n e^{ant}(x-an)^{n-1} \\ &= \frac{x}{b} B_{n-1}^{(n)}\left(\frac{x}{b}\right).\end{aligned} \tag{204}$$

따라서 위 두 식에서 다음이 성립한다.

[정리 4] $n \geq 1$에 대하여,

$$\left(\frac{x}{b}\right)_n = \sum_{k=0}^{n-1}\binom{n-1}{k} b^{k-n} B_k^{(n)}\left(\frac{an}{b}\right)A_{n-k}(x-ak\,;\,a).$$

더욱이,

$$xB_{n-1}^{(n)}\left(\frac{x}{b}\right)=\sum_{k=0}^{n-1}\binom{n-1}{k}b^{k-n+1}B_k^{(n)}\left(\frac{an}{b}\right)A_{n-k}(x-ak\,;a).$$

특별히 $b=1$ 인 경우,

$$(x)_n=xB_{n-1}^{(n)}(x)=\sum_{k=0}^{n-1}\binom{n-1}{k}B_k^{(n)}(an)A_{n-k}(x-ak\,;a).$$

Ⅲ. $\varnothing_n(x)=\sum_{k=0}^{n}S_2(n,\ k)x^k$를 지수다항식이라 한다. 다음 사실에 주의하자.

(205) $$\varnothing_n(x)\sim(1,\ \log(1+t)),\quad x^n\sim(1,\ t).$$

다음 사실은 잘 알려져 있다.

(206) $$\left(\frac{\log(1+t)}{t}\right)^n=n\sum_{k=0}^{\infty}\frac{B_k^{(n+k)}}{n+k}\frac{t^k}{k!}.$$

(205)의 사실을 (187) 식에 적용하면 다음이 성립한다.

(207) $$\begin{aligned}x^n&=x\left(\frac{\log(1+t)}{t}\right)^n x^{-1}\varnothing_n(x)\\&=x\left\{n\sum_{k=0}^{\infty}\frac{B_k^{(n+k)}}{k+n}\frac{t^k}{k!}\right\}x^{-1}\varnothing_n(x)\\&=n\sum_{m=1}^{n}\left\{\sum_{k=0}^{n-m}\frac{\binom{k+m-1}{k}}{n+k}B_k^{(n+k)}S_2(n,\ k+m)\right\}x^m.\end{aligned}$$

위 사실을 정리로 기록해 두자.

[정리 5] $n\ge 1,\ 1\le m\le n$에 대하여,

$$\sum_{k=0}^{n-m} \frac{\binom{k+m-1}{k}}{n+k} B_k^{(n+k)} S_2(n,\ k+m) = \delta_{m,n}.$$

Ⅳ. $M_n(x) = \sum_{k=0}^{n} \binom{n}{k} (n-1)_{n-k} 2^k (x)_k$는 *Mittag-Leffler 다항식*으로 알려져 있다. 다음 두 개의 동반수열을 생각하자.

$$\text{(208)} \quad M_n(x) \sim \left(1,\ \frac{e^t-1}{e^t+1}\right), \quad (x)_n \sim (1,\ e^t-1).$$

$n \geq 1$에 대하여, (208) 식을 (187) 식에 적용하자.

$$\text{(209)} \quad \begin{aligned} (x)_n &= x\left(\frac{1}{e^t+1}\right)^n x^{-1} M_n(x) \\ &= \sum_{k=0}^{n} \binom{n}{k} (n-1)_{n-k} 2^k x \left(\frac{1}{e^t+1}\right)^n (x-1)_{k-1} \\ &= \sum_{k=0}^{n} \sum_{l=0}^{k-1} \binom{n}{k} (n-1)_{n-k} 2^k S_1(k-1,\ l) \frac{1}{2^n} x \left(\frac{2}{e^t+1}\right)^n (x-1)^l \\ &= \sum_{k=0}^{n} \sum_{l=0}^{k-1} \binom{n}{k} (n-1)_{n-k} 2^{k-n} S_1(k-1,\ l) x E_l^{(n)}(x-1). \end{aligned}$$

위의 사실을 정리로 기록해 두자.

[정리 6] $n \geq 1$에 대하여,

$$(x)_n = \sum_{k=0}^{n} \sum_{l=0}^{k-1} \binom{n}{k} (n-1)_{n-k} 2^{k-n} S_1(k-1,\ l) x E_l^{(n)}(x-1).$$

위 (208)에서 $(x)_n$과 $M_n(x)$의 역할을 바꾸어서 (187) 식에 적용해 보자.

$$
\begin{aligned}
M_n(x) &= x(e^t+1)^n x^{-1}(x)_n = x(e^t+1)^n (x-1)_{n-1} \\
&= x\sum_{k=0}^{n}\binom{n}{k} e^{kt}(x-1)_{n-1} = x\sum_{k=0}^{n}\binom{n}{k}(x+k-1)_{n-1}.
\end{aligned} \tag{210}
$$

잘 알려진 Mittag-Leffler 다항식의 표현은 다음과 같다.

$$M_n(x) = \sum_{k=0}^{n}\binom{n}{k}(n-1)_{n-k}2^k(x)_k.$$

따라서 (210) 식은 Mittag-Leffler 다항식의 다른 표현으로 기록해 두자.

[따름정리 7] $n \geq 1$일 때,

$$M_n(x) = x\sum_{k=0}^{n}\binom{n}{k}(x+k-1)_{n-1}.$$

Ⅴ. 다음 두 동반수열을 생각한다.

$$L_n(-x) \sim \left(1, \frac{t}{t+1}\right), \quad \varnothing_n(x) \sim (1, \log(1+t)).$$

위 식을 (187)에 적용하고자 한다. 먼저 몇 가지 준비를 할 필요가 있다. 위수 α $(\alpha \in \mathbb{R})$인 Laguerre 다항식 $L_n^{(\alpha)}(x)$는 다음을 만족한다.

$$L_n^{(\alpha)}(x) \sim \left((1-t)^{-\alpha-1}, \frac{t}{t-1}\right).$$

특별히 $\alpha = 1$ 인 경우는 $L_n(x) \sim \left(1, \frac{t}{t-1}\right)$이다.
동반수열의 정의에 의해서 다음이 성립한다.

$$\left\langle \left(\frac{t}{t-1}\right)^n \middle| L_n(x) \right\rangle = n!\,\delta_{n,k}, \ (n, k \geq 0).$$

위 식에서 다음이 성립한다.

$$\left\langle \left(\frac{t}{t+1}\right)^n \middle| L_n(-x) \right\rangle = n!\,\delta_{n,k}. \quad 즉,\ L_n(-x) \sim \left(1,\ \frac{t}{t+1}\right).$$

Roman에서 보여진 대로 $L_n(x)$의 구체적 표현은 transfer 공식을 이용하여 발견할 수 있다.

$$(211) \quad L_n(-x) = \sum_{k=1}^{n} \binom{n-1}{k-1} \frac{n!}{k!} x^k, \quad (n \geq 1).$$

다음 사실은 잘 알려져 있다.

$$(212) \quad \frac{t}{(1+t)\log(1+t)} = \sum_{k=0}^{\infty} B_k^{(k)} \frac{t^k}{k!}.$$

(211)에 의하여 다음이 계산된다.

$$(213) \quad \left(\frac{t}{(1+t)\log(1+t)}\right)^n = \sum_{k=0}^{\infty} \left(\sum_{l_1+\cdots+l_n=k} \binom{k}{l_1, \ldots, l_n} B_{l_1}^{(l_1)} \ldots B_{l_n}^{(l_n)} \right) \frac{t^k}{k!},$$

$$(214) \quad \begin{aligned} \varnothing_n(x) &= x\left(\frac{t}{(1+t)\log(1+t)}\right)^n x^{-1} L_n(-x) \\ &= x\left(\frac{t}{(1+t)\log(1+t)}\right)^n x^{-1} \sum_{m=1}^{n} \binom{n-1}{m-1} \frac{n!}{m!} x^m. \end{aligned}$$

(213), (214)를 위에 대입하여 정리해 보자.

$$(215) \quad \begin{aligned} \varnothing_n(x) &= \sum_{m=1}^{n} \binom{n-1}{m-1} \frac{n!}{m!} x \left\{ \sum_{k=0}^{m-1} \sum_{l_1+\cdots+l_n=k} \binom{k}{l_1, \ldots, l_n} B_{l_1}^{(l_1)} \ldots B_{l_n}^{(l_n)} \right\} \frac{t^k}{k!} x^{m-1} \\ &= \sum_{m=1}^{n} \sum_{k=0}^{m-1} \sum_{l_1+\cdots+l_n=k} \binom{n-1}{m-1} \binom{m-1}{k} \frac{n!}{m!} \binom{k}{l_1, \ldots, l_n} B_{l_1}^{(l_1)} \ldots B_{l_n}^{(l_n)} x^{m-k} \\ &= \sum_{m=1}^{n} \left\{ \sum_{l=1}^{m} \sum_{l_1+\cdots+l_n=m-l} \binom{n-1}{m-1} \binom{m-1}{l-1} \frac{n!}{m!} \binom{m-l}{l_1, \ldots, l_n} B_{l_1}^{(l_1)} \ldots B_{l_n}^{(l_n)} \right\} x^l. \end{aligned}$$

(205)로부터 다음이 성립한다.

$$(216)\qquad \varnothing_n(x) = \sum_{k=0}^{n} S_2(n,\ k)x^k = \sum_{k=1}^{n} S_2(n,\ k)x^k\ , \qquad (n \geq 1)\ .$$

따라서 (214), (215)에 의해서 다음이 성립한다.

[정리 8] $n \geq 1,\ 1 \leq l \leq n$일 때,

$$S_2(n,l) = \sum_{l \leq m \leq n} \sum_{l_1+\cdots+l_n = m-l} \binom{n-1}{m-1}\binom{m-1}{l-1}\frac{n!}{m!}\binom{m-l}{l_1,\ \ldots,\ l_n} B_{l_1}^{(l_1)} \ldots B_{l_n}^{(l_n)}.$$

Ⅵ. Ⅲ에서 $A_n(x\,;a)$와 $\left(\frac{x}{b}\right)_n$의 역할을 바꾸어서 (187) 식에 적용하여 계산해 보자. 먼저 알려진 사실을 소개한다.

$$(217)\qquad \frac{(e^t-1)^n}{e^{tx}t^n} = (n!)^2 \sum_{k=0}^{\infty}\left(\sum_{j=0}^{k}(-1)^{k-j}\frac{\binom{k}{j}S_2(j+n,\ n)}{\binom{j+n}{j}}x^{k-j}\right)\frac{t^k}{k!},$$

$$(218)\qquad \left(\frac{e^{bt}-1}{te^{at}}\right)^n = (n!)^2 b^n \sum_{k=0}^{\infty}\left(\sum_{j=0}^{k}(-1)^{k-j}\frac{\binom{k}{j}S_2(j+n,\ n)}{\binom{j+n}{j}}x^{k-j}b^j\right)\frac{t^k}{k!},\ a \neq 0,\ b \neq 0.$$

(187), (200)에서 다음이 성립한다.

$$(219)\qquad \begin{aligned} A_n(x\,;a) &= x\left(\frac{e^{bt}-1}{te^{at}}\right)^n x^{-1}\left(\frac{x}{b}\right)_n \\ &= x\left(\frac{e^{bt}-1}{te^{at}}\right)^n \frac{1}{b}\left(\frac{x}{b}-1\right)_{n-1} \\ &= (n!)^2 b^{n-1}\sum_{k=0}^{n-1}\left(\sum_{j=0}^{k}(-an)^{k-j}b^j\frac{\binom{k}{j}S_2(j+n,\ n)}{\binom{j+n}{j}}\right)\frac{t^k}{k!}\left(\frac{x}{b}-1\right)_{n-1}. \end{aligned}$$

단,

$$(220)\quad \begin{aligned} t^k\left(\frac{x}{b}-1\right)_{n-1} &= \sum_{l=0}^{n-1} S_1(n-1,\ l)t^k\left(\frac{x}{b}-1\right)^l \\ &= \sum_{l=k}^{n-1} S_1(n-1,\ l)(\frac{1}{b})^k(l)_k\left(\frac{x}{b}-1\right)^{l-k}. \end{aligned}$$

위 (218), (219)로부터 다음이 성립한다.

[보조정리 9] $n \geq 1$일 때, 다음이 성립한다.

$$(221)\quad \begin{aligned} A_n(x\,;a) &= x(x-an)^{n-1} \\ &= (n!)^2 b^{n-1}\sum_{k=0}^{n-1}\left(\sum_{j=0}^{k}\sum_{l=k}^{n-1}\left(-\frac{an}{b}\right)^{k-j}\frac{\binom{k}{j}\binom{l}{k}S_2(j+n,\,n)S_1(n-1,\,l)}{\binom{j+n}{j}}\right)x\left(\frac{x}{b}-1\right)^{l-k}. \end{aligned}$$

특별히 $b=1$ 이면 다음이 성립한다.

$$\begin{aligned} A_n(x\,;a) &= x(x-an)^{n-1} \\ &= (n!)^2\sum_{k=0}^{n-1}\left(\sum_{j=0}^{k}\sum_{l=k}^{n-1}(-an)^{k-j}\frac{\binom{k}{j}\binom{l}{k}S_2(j+n,\,n)S_1(n-1,\,l)}{\binom{j+n}{j}}\right)x(x-1)^{l-k}. \end{aligned}$$

Ⅶ. 먼저 잘 알려진 사실을 소개한다.

$$(222)\quad \frac{(1+t)^{x-1}t^n}{(\log(1+t))^n} = \sum_{k=0}^{\infty} B_k^{(k-n+1)}(x)\frac{t^k}{k!}.$$

위 식을 변형시키면 다음과 같이 된다.

$$(223)\quad \left(\frac{t(1+t)^a}{\log(1+t)}\right)^n = \sum_{k=0}^{\infty} B_k^{(k-n+1)}(an+1)\frac{t^k}{k!}.$$

다음 두 개의 동반수열을 생각하자.

$$(224)\quad S_n(x) \sim \left(1,\ t(t+1)^a\right),\ (a \neq 0),\ x^n \sim (1,\ t).$$

위 식을 (187)에 적용해 보자.

$$(225)\quad \begin{aligned} S_n(x) &= x\left(\frac{t}{t(1+t)^a}\right)^n x^{-1}x^n \\ &= x(1+t)^{-an}x^{n-1} \\ &= x\sum_{k=0}^{n-1}\binom{-an}{k}(n-1)_k x^{n-1-k} \\ &= \sum_{k=1}^{n}\binom{-an}{n-k}(n-1)_{n-k}x^k. \end{aligned}$$

따라서 다음이 성립한다.

[정리 10] $n \geq 1,\ S_n(x) \sim \left(1,\ t(t+1)^a\right),\ a \neq 0$일 때,

$$S_n(x) = \sum_{k=1}^{n}\binom{-an}{n-k}(n-1)_{n-k}x^k.$$

Ⅷ. 다음 두 개의 동반수열을 생각하자.

$$\varnothing_n(x) \sim (1,\ \log(1+t)),\ S_n(x) \sim \left(1,\ t(t+1)^a\right),\ (a \neq 0).$$

위 두 수열을 (187)에 적용해 보자.

$$(226)\quad \begin{aligned} \varnothing_n(x) &= x\left(\frac{t(1+t)^a}{\log(1+t)}\right)^n x^{-1}S_n(x) \\ &= x\left(\frac{t(1+t)^a}{\log(1+t)}\right)^n \sum_{l=1}^{n}\binom{-an}{n-l}(n-1)_{n-l}x^{l-1}. \end{aligned}$$

(223)을 위 식에 대입하여 보자.

$$\begin{aligned} \varnothing_n(x) &= \sum_{l=1}^{n}\binom{-an}{n-l}(n-1)_{n-l}\,x\left(\frac{t(1+t)^a}{\log(1+t)}\right)^n x^{l-1} \\ &= \sum_{l=1}^{n}\binom{-an}{n-l}(n-1)_{n-l}\sum_{k=0}^{l-1}B_k^{(k-n+1)}(an+1)\frac{1}{k!}x\,t^k x^{l-1} \\ &= \sum_{m=1}^{n}\left\{\sum_{l=m}^{n}\binom{-an}{n-l}(n-1)_{n-l}\binom{l-1}{m-1}B_{l-m}^{(l-n-m+1)}(an+1)\right\}x^m. \end{aligned} \tag{227}$$

(205)와 (227) 식의 계수를 비교하여 정리해 두자.

[정리 11] $n \geq 1,\ m \geq 0$일 때,

$$S_2(n,\ m) = \sum_{m \leq l \leq n}\binom{-an}{n-l}(n-1)_{n-l}\binom{l-1}{m-1}B_{l-m}^{(l-n-m+1)}(an+1).$$

Ⅸ. 다음 두 개의 동반수열을 생각하자.

$$S_n^*(x) \sim \left(1,\ \frac{t(e^t+1)}{2}\right),\quad x^n \sim (1,\ t).$$

위 두 수열을 (187) 식에 적용해 보자.

$$S_n^*(x) = x\left(\frac{2}{e^t+1}\right)^n x^{n-1} = x\,E_{n-1}^{(n)}(x). \tag{228}$$

Ⅹ. $n \geq 1$에 대하여 다음 두 개의 동반수열을 생각해 보자(식 (200)과 (228)).

$$A_n(x\,;a) \sim (1,\ te^{at}),$$

$$S_n^*(x) \sim \left(1,\ \frac{t(e^t+1)}{2}\right) = x\,E_{n-1}^{(n)}(x).$$

(187)에 적용하면 다음 식이 유도된다.

$$\begin{aligned} x E_{n-1}^{(n)}(x) &= x\left(\frac{2}{e^t+1}\right)^n e^{ant}(x-an)^{n-1} \\ &= x\sum_{k=0}^{n-1}\frac{E_k^{(n)}(an)}{k!}t^k(x-an)^{n-1} \\ &= \sum_{k=0}^{n-1}\binom{n-1}{k}E_k^{(n)}(an)x(x-an)^{n-1-k}. \end{aligned}$$

따라서 다음 정리가 성립한다.

[정리 12] $n \geq 1$에 대하여,

$$x E_{n-1}^{(n)}(x) = \sum_{k=0}^{n}\binom{n-1}{k}E_k^{(n)}(an)A_{n-k}(x-ak\,;a).$$

참고문헌

1. R. Dere and Y. Simsek, *Genocchi polynomials associated with the Umbral algebra*, Appl. Math. Comput. 218 (2011), no. 3, 756-761.
2. R. Dere and Y. Simsek, *Applications of umbral algebra to some special polynomials*, Adv. Stud. Contemp. Math. 22 (2012), 433-438.
3. B. Diarra, *Ultrametric umbral calculus in characteristic p*, Bull. Belg. Math. Soc. Simon Stevin 14 (2007), 845-869.
4. T. Ernst, *Examples of a q-umbral calculus*, Adv. Stud. Contemp. Math. 16 (2008), no. 1, 1-22.
5. Q. Fang and T. Wang, *Umbral calculus and invariant sequences*, Ars Combin. 101 (2011), 257-264.
6. D. S. Kim and T. Kim, *Some identities of Frobenius-Euler polynomials arising from umbral calculus*, Advances in Difference Equations 2012, 2012:196.

7. D. S. Kim and T. Kim, *Applications of Umbral Calculus Associated with p-Adic Invariant Integrals on $\mathbb{Z}_p$*, Abstract and Applied Analysis 2012 (2012), Article ID 865721, 12 pages.

8. D. S. Kim, T. Kim, S. H. Lee and S. H. Rim, *A note on the higher order Frobenius-Euler polynomials and umbral calculus in the p-adic case*, Advances in Difference Equations 2012, 2012:222.

9. D. S. Kim, T. Kim, S. H. Lee and S. H. Rim, *Some identities of Bernoulli, Euler and Abel polynomials and sheffer sequences*. Adv. Difference Equ. 2013, 2013:6.

10. D. S. Kim, T. Kim, S. H. Lee and S. H. Rim, *Some identities of Bernoulli, Euler and Abel polynomials arising from umbral calculus*. Adv. Difference Equ. 2013, 2013:15.

11. D. S. Kim, T. Kim and S. H. Rim, *Some identities of polynomials arising from umbral calculus*. J. Comput. Anal. Appl. 16 (2013), no. 4, 1-14.

12. T. Kim, *q-Volkenborn integration*, Russ. J. Math. Phys. 9, (2002), 288-299.

13. T. Kim, *Some identities on the q-Euler polynomials of higher order and q-Stirling numbers by the fermionic p-adic integral on $\mathbb{Z}_p$*, Russ. J. Math. Phys. 16 (2009), 484-491.

14. T. Kim, *Some new identities of Bernoulli, Euler and Hermite polynomials arising from umbral calculus*, Advances in Difference Equations 2013, 2013:4.

15. T. Kim, D. S. Kim, S. H. Lee and S. H. Rim, *Umbral calculus and Euler polynomials*, Ars Combin. 112 (2013), 1-14.

16. T. Kim, D. S. Kim, S. Jeong and S. H. Rim, *A note on fermionic p-adic integral on $\mathbb{Z}_p$ and umbral calculus*, submitted.

17. S. Roman, *More on the umbral calculus, with emphasis on the q-umbral calculus*, J. Math. Anal. Appl.107 (1985), 222-254.

18. S. Roman, The umbral calculus, Dover Publ. Inc. New york, 2005.

19. X.-H. Sun, *On umbral calculus*. I, J. Math. Anal. Appl. 244 (2000), no. 2, 279-290.

제5장

Bernstein 다항식

1. q-Bernstein 다항식
2. 무게 실린 q-Bernstein 다항식
3. q-Bernstein 다항식에 대한 공식과 q-이항분포
4. q-Bernstein 연산자의 확장
5. q-Bernstein 다항식과 q-Bernoulli 수
6. q-Bernstein 다항식과 q-Genocchi 수
7. p-진 Bernstein 다항식과 q-Euler, q-Bernoulli 다항식

제5장 | Bernstein 다항식

1. q-Bernstein 다항식

$C[0,\ 1] = \{f \mid f:[0,\ 1] \to \mathbb{C}$ 연속함수$\}$라 하자. $f \in C[0,\ 1]$에 대하여, Bernstein은 선형연산자를 $\mathbb{R}$ 위의 선형 공간 $C[0,\ 1]$에서 다음과 같이 정의하였다([21, 22]).

$$\boldsymbol{B}_n(f \mid x) = \sum_{k=0}^{n} f(k/n)\binom{n}{k}x^k(1-x)^{n-k} = \sum_{k=0}^{n} f(k/n)B_{k,n}(x),$$

단, $\binom{n}{k} = \dfrac{n(n-1)\cdots(n-k+1)}{k!} = \dfrac{n!}{k!(n-k)!}$.

여기에 나오는 $\boldsymbol{B}_n(f \mid x)$를 f에 대한 *위수 n인 Bernstein 연산자*라고 부른다. $k,\ n \in \mathbb{Z}_+$에 대하여, *차수 n인 Bernstein 다항식*은 다음과 같이 정의된다.

$$B_{k,n}(x) = \binom{n}{k}x^k(1-x)^{n-k},\quad x \in [0,\ 1].$$

Bernstein 다항식은 정의에 의하여 다음과 같이 반사대칭식을 만족한다.

$$B_{n,k}(x) = B_{n-k,n}(1-x),\quad n, k \in \mathbb{Z}_+.$$

q-Bernstein 다항식

Acikgoz와 Araci는 Bernstein 다항식 $B_{k,n}(x)$에 대한 생성함수를 다음과 같이 유도하였다([2]).

$n, k \in \mathbb{Z}_{+}$에 대하여,

$$F^{(k)}(t, x) = \frac{e^{(1-x)t}(tx)^k}{k!} = \sum_{n=0}^{\infty} B_{k,n}(x)\frac{t^n}{n!}.$$

Kim은 $0 < q < 1$, $x \in [0, 1]$에 대하여 q에 대한 생성함수를 고려하여 *q-Bernstein 다항식* $B_{k,n}(x, q)$를 정의하였다([10]).

$$F_q^{(k)}(t, x) = \frac{(t[x]_q)^k e^{[1-x]_{\frac{1}{q}}t}}{k!} = \frac{[x]}{k!}\sum_{n=0}^{\infty}\frac{t^n}{n!}.$$

$B_{k,0}(x, q) = B_{k,1}(x, q) = \cdots = B_{k,k-1}(x, q) = 0$이라는 사실 때문에 $B_{k,n}(x, q)$의 생성함수 표현을 다음과 같이 할 수 있다.

$$F_q^{(k)}(t, x) = \frac{(t[x]_q)^k e^{[1-x]_{\frac{1}{q}}t}}{k!} = \sum_{n=k}^{\infty} B_{k,n}(x, q)\frac{t^n}{n!}, \quad k \in \mathbb{Z}_{+}, x \in [0, 1].$$

다음 사실에서 Kim의 q-Bernstein 다항식의 정의가 Bernstein 정의를 q-화시켰다는 사실을 확인할 수 있다.

$$\lim_{q \to 1} B_{k,n}(x, q) = B_{k,n}(x).$$

$k \in \mathbb{Z}_{+}$, $n \in \mathbb{N}$, $x \in [0, 1]$에 대하여 다음이 성립한다.

$$[1-x]_{\frac{1}{q}} B_{k,n-1}(x, q)+ [x]_q B_{k-1,n-1}(x, q)= B_{k,n}(x, q),$$

$$\frac{d}{dx} B_{k,n}(x, q)= n\big(B_{k-1,n-1}(x, q)- B_{k,n-1}(x, q)\big)\frac{\log q}{q-1} q^x.$$

Kim은 $f \in C[0, 1]$에 대한 q-*Bernstein 연산자*를 위에서 정의한 q-Bernstein 다항식을 이용하여 다음과 같이 정의하였다([10]).

$$\boldsymbol{B}_{n,q}(f\,|\,x)= \sum_{k=0}^{n} f((k/n)) B_{k,n}(x, q),\ \text{단},\ \ 0 \le x \le 1\text{이고}\ \ n \in \mathbb{Z}_+.$$

$f(x)=1$, $f(x)=x$ 일 때 q-Bernstein 연산자에 대입해 보면 다음 식이 성립한다.

$$\boldsymbol{B}_{n,q}(1\,|\,x)= \sum_{k=0}^{n} B_{k,n}(x, q)= \sum_{k=0}^{n} \binom{n}{k} [x]_q^k [1-x]_{\frac{1}{q}}^{n-k} = ([x]_q + [1-x]_{(1/q)})^n = 1,$$

$$\begin{aligned}\boldsymbol{B}_{n,q}(x\,|\,x) &= \sum_{k=0}^{n} \frac{k}{n}\binom{n}{k} [x]_q^k [1-x]_{(1/q)}^{n-k} = \sum_{k=0}^{n-1} \binom{n-1}{k} [x]_q^{k+1} [1-x]_{(1/q)}^{n-k-1} \\ &= [x]_q.\end{aligned}$$

q-Bernstein 다항식은 다음과 같은 반대칭성이 있다.

$$B_{n-k,n}(1-x, 1/q)= \binom{n}{n-k} [1-x]_{\frac{1}{q}}^{n-k} [x]_q^k = B_{k,n}(x, q).$$

q-Bernstein 연산자를 다시 쓰면 다음과 같다.

$$\begin{aligned}\boldsymbol{B}_{n,q}(f\,|\,x) &= \sum_{k=0}^{n} f(k/n) B_{k,n}(x, q)= \sum_{k=0}^{n} f(k/n)\binom{n}{k} [x]_q^k [1-x]_{\frac{1}{q}}^{n-k} \\ &= \sum_{k=0}^{n} f(k/n)\binom{n}{k} [x]_q^k \sum_{j=0}^{n-k} \binom{n-k}{j} (-1)^j [x]_q^j.\end{aligned}$$

잘 알려진 이항계수의 정의를 이용하면 다음이 확인된다.

$$\binom{n}{k}\binom{n-k}{j}=\binom{n}{m}\binom{m}{k}$$

제2종 Stirling 수 $S_2(n,\ k)$는 다음과 같이 정의된다.

$$\frac{(e^t-1)^k}{k!}=\frac{1}{k!}\sum_{l=0}^{k}\binom{k}{l}(-1)^{k-l}e^{lt}=\sum_{n=0}^{\infty}S_2(n,\ k)\frac{t^n}{n!},\ k\in\mathbb{N}.$$

차분 연산자 Δ를 생각하자. $\triangle f(x)=f(x+1)-f(x)$라 할 때, 다음 식이 성립한다.

$$\triangle^n f(0)=\sum_{k=0}^{n}\binom{n}{k}(-1)^{n-k}f(k),$$

$$\frac{1}{k!}\triangle^k 0^n=S_2(n,\ k).$$

따라서 $f\in C[0,\ 1]$, $n\in\mathbb{Z}_+$에 대하여 q-Bernstein 연산자를 차분 연산자를 써서 다음과 같이 나타낼 수 있다.

$$\boldsymbol{B}_{n,q}(f\,|\,x)=\sum_{k=0}^{n}\binom{n}{k}[x]_q^k\triangle^k f\left(\frac{0}{n}\right).$$

특별히 $f(x)=x^m\ \ (m\in\mathbb{Z}_+)$일 때, $x\in[0,\ 1]$이다.

$$n^m\boldsymbol{B}_{n,q}(x^m\,|\,x)=\sum_{k=0}^{n}\binom{n}{k}[x]_q^k\triangle^k 0^m,\quad n^m\boldsymbol{B}_{n,q}(x^m\,|\,x)=\sum_{k=0}^{n}\binom{n}{k}[x]_q^k k!\,S_2(m,\ k).$$

q-Bernstein 다항식의 생성함수 정의를 선적분을 해서 계산하면 다음과 같이 q-Bernstein 다항식 $B_{k,n}(x,\ q)$에 대한 표현이 된다([10]).

$$B_{k,n}(x,\ q)=\binom{n}{k}[x]_q^k[1-x]_{\frac{1}{q}}^{n-k}.$$

이 표현을 볼 때, 앞의 Kim의 q-Bernstein 다항식의 생성함수 정의가 자연스러운 것이라 생각할 수 있다.

q-Bernstein 다항식을 더 높은 차수의 다항식의 합으로 나타낼 수 있다.

$$\left(\frac{n+1-k}{n+1}\right)B_{k,n+1}(x,\ q)+\left(\frac{k+1}{n+1}\right)B_{k+1,n+1}(x,\ q)=B_{k,n}(x,\ q).$$

또한 q-Bernstein 다항식을 $\{[x]_q^1,\ [x]_q^2,\ \cdots,\ [x]_q^n\}$의 일차결합으로 나타낼 수 있다.

$$B_{k,n}(x,\ q)=\sum_{l=k}^{n}\binom{l}{k}\binom{n}{l}(-1)^{l-k}[x]_q^l.$$

역으로 $[x]_q$를 q-Bernstein 다항식으로 표현하면 다음과 같다.

$$\sum_{k=1}^{n}\left(\frac{k}{n}\right)B_{k,n}(x,\ q)=\sum_{k=0}^{n-1}\binom{n-1}{k}[x]_q^{k+1}[1-x]_{\frac{1}{q}}^{n-k-1}=[x]_q,$$

$$\sum_{k=2}^{n}\frac{\binom{k}{2}}{\binom{n}{2}}B_{k,n}(x,\ q)=\sum_{k=0}^{n-2}\binom{n-2}{k}[x]_q^{k+2}[1-x]_{\frac{1}{q}}^{n-2-k}=[x]_q^2.$$

위 과정을 계속하면 일반적인 $[x]_q^j$를 다음과 같이 표현할 수 있다.

$$\sum_{k=j}^{n}\frac{\binom{k}{j}}{\binom{n}{j}}B_{k,n}(x,\ q)=[x]_q^j\quad\text{for}\quad j\in\mathbb{Z}_+.$$

Kim은 *제2종 q-Stirling 수* $S_q(n,\ q)$를 다음과 같이 정의하였다.

$$S_q(n,\ k)=\frac{q^{-\binom{k}{2}}}{[k]_q!}\sum_{j=0}^{k}(-1)^j q^{\binom{j}{2}}\binom{k}{j}_q[k-j]_q^n,$$

$$\text{단, } \binom{k}{j}_q!=\frac{[k]_q!}{[j]_q![k-j]_q!},\quad [k]_q!=\prod_{i=0}^{k}[i]_q.$$

또한 $[x]_q^n$을 q-Stirling 수로도 표현하였다.

$$[x]_q^n=\sum_{k=0}^{n}q^{\binom{k}{2}}\binom{x}{k}_q[k]_q!S_q(k,\ n-k)$$

따라서, q-Bernstein 다항식과 제2종 q-Stirling 수의 관계식을 얻어 낼 수 있다.

$$\sum_{k=j}^{n}\frac{\binom{k}{j}}{\binom{n}{j}}B_{k,n}(x,\ q)=\sum_{k=0}^{j}q^{\binom{k}{2}}\binom{x}{k}_q[k]_q!S_q(k,\ j-k).$$

q-Bernstein 다항식의 fermionic p-진 적분 표현

$q\in\mathbb{C}_p$, $|1-q|_p<1$을 가정하자. q-Bernstein 다항식의 항 중에서 $[1-x]_{\frac{1}{q}}^n$를 $\mathbb{Z}_p$ 위에서 fermionic p-진 적분값을 구하면 다음과 같다.

$n\in\mathbb{N}$,

$$\int_{\mathbb{Z}_p}[1-x]_{\frac{1}{q}}^n d\mu_{-1}(x)=\int_{\mathbb{Z}_p}(1-[x]_q)^n d\mu_{-1}(x)=2+\int_{\mathbb{Z}_p}[x]_{\frac{1}{q}}^n d\mu_{-1}(x).$$

q-Bernstein 다항식을 fermionic p-진 적분을 해 보면 다음과 같다.

$$\int_{\mathbb{Z}_p}B_{k,n}(x,\ q)d\mu_{-1}(x)=\binom{n}{k}\int_{\mathbb{Z}_p}[x]_q^k[1-x]_{\frac{1}{q}}^{n-k}d\mu_{-1}(x)$$

$$=\binom{n}{k}\sum_{l=0}^{n-k}\binom{n-k}{l}(-1)^l\int_{\mathbb{Z}_p}[x]_q^{k+l}d\mu_{-1}(x)=\binom{n}{k}\sum_{l=0}^{n-k}\binom{n-k}{l}(-1)^l E_{k+l,q}.$$

따라서 $n>k$인 경우 다음과 같이 쓸 수 있다.

$$\begin{aligned}\int_{\mathbb{Z}_p} B_{k,n}(x,\ q)d\mu_{-1}(x) &= \binom{n}{k}\sum_{j=0}^{k}\binom{k}{j}(-1)^{k+j}\left(2+\int_{\mathbb{Z}_p}[x]_{\frac{1}{q}}^{n-j}d\mu_{-1}(x)\right)\\ &= \begin{cases} 2+E_{n,\frac{1}{q}} & \text{if } k=0,\\ \binom{n}{k}\sum_{j=0}^{k}\binom{k}{j}(-1)^{k+j}E_{n-j,\frac{1}{q}} & \text{if } k>0.\end{cases}\end{aligned}$$

$m,\ n,\ k\in\mathbb{Z}_+,\ m+n>2k$일 때 $\mathbb{Z}_p$ 위에서 fermionic p-진 적분을 두 개의 q-Bernstein 다항식의 곱을 취하면 다음과 같다.

$$\int_{\mathbb{Z}_p} B_{k,n}(x,\ q)B_{k,m}(x,\ q)\,d\mu_{-1}(x)=\binom{n}{k}\binom{m}{k}\sum_{j=0}^{n+m-2k}\binom{n+m-2k}{j}(-1)^{j}E_{j+2k,q}.$$

2. 무게 실린 q-Bernstein 다항식

$f\in C(\mathbb{Z}_p)$에 대하여 *무게 α가 실린 q-Bernstein 연산자*를 다음과 같이 정의한다. 이것은 앞에서 정의한 Kim의 q-Bernstein 연산자에서 아이디어를 확장한 것이다([10, 11, 13]). 여기에서는 Kim이 연구한 주요 결과를 소개한다([11]).

$$\begin{aligned}\boldsymbol{B}_n^{(\alpha)}(f:x) &= \sum_{k=0}^{n} f\left(\frac{k}{n}\right)\binom{n}{k}[x]_{q^\alpha}^{k}[1-x]_{\frac{1}{q^\alpha}}^{n-k}\\ &= \sum_{k=0}^{n} f\left(\frac{k}{n}\right)\widetilde{B}_{k,n}^{(\alpha)}(x,\ q).\end{aligned}$$

$\boldsymbol{B}_n^{(\alpha)}(f:x)$는 f에 대한 차수 n인 무게 실린 q-Bernstein 연산자라 부른다. $k,\ n\in\mathbb{Z}^+$에 대하여, *무게 실린 차수 n인 q-Bernstein 다항식*은 다음과 같이 정의한다.

$$\widetilde{B}_{k,n}^{(\alpha)}(x)=\binom{n}{k}[x]_{q^\alpha}^k[1-x]_{\frac{1}{q^\alpha}}^{n-k}.$$

$f\in C(\mathbb{Z}_p)$에 대하여, $\mathbb{Z}_p$ 위에서 *f 의 fermionic p-진 적분은* Kim에 의해서 다음과 같이 정의되었다.

$$I(f)=\int_{\mathbb{Z}_p} f(x)\,d\mu_{-1}(x)=\lim_{N\to\infty}\sum_{x=0}^{p^N-1} f(x)(-1)^x.$$

Kim과 그의 동료들에 의해서 *무게 α 를 갖는 modified q-Euler 수*가 정의되고 연구되었다.

$$\begin{aligned}\widetilde{E}_{n,q}^{(\alpha)} &= \int_{\mathbb{Z}_p}[x]_{q^\alpha}^n\,d\mu_{-1}(x)\\ &=\frac{1-q}{(1-q^\alpha)^n}\sum_{l=0}^{n}\binom{n}{l}(-1)^l\frac{1}{1+q^{\alpha l}}\\ &=2\sum_{m=0}^{\infty}(-1)^m[m]_{q^\alpha}^n.\end{aligned}$$

무게 α 를 갖는 q-Euler 다항식과 q-Euler 수의 관계식은 다음과 같다.

$$\begin{aligned}\widetilde{E}_{n,q}^{(\alpha)}(x) &= \sum_{l=0}^{n}\binom{n}{l}(-1)^l[x]_{q^\alpha}^{n-k}q^{\alpha l x}\widetilde{E}_{l,q}^{(\alpha)}\\ &=\left([x]_{q\alpha}+q^{\alpha l}\widetilde{E}_q^{(\alpha)}\right)^n.\end{aligned}$$

$\left(\widetilde{E}_q^{(\alpha)}\right)^n$은 $\widetilde{E}_{n,q}^{(\alpha)}$로 기록한다. 무게 α를 갖는 q-Euler 수의 점화식은 다음과 같다.

$$\widetilde{E}_{0,q}^{(\alpha)}=1,\quad \text{and}\quad \left(q^\alpha\widetilde{E}_q^{(\alpha)}+1\right)^n+\widetilde{E}_{n,q}^{(\alpha)}=0,\ \ n>0.$$

무게 α 인 q-Euler 다항식의 정의를 이용하여 다음 결과가 나온다.

$$\widetilde{E}^{(\alpha)}_{n,q}(2)=\widetilde{E}^{(\alpha)}_{n,q}+2,\quad n>0,$$

$$\begin{aligned}\widetilde{E}^{(\alpha)}_{n,q^{-1}}(1-x) &= \int_{\mathbb{Z}_p}[1-x+x_1]^n_{q^{-\alpha}}d\mu_{-1}(x_1)\\ &=(-1)^n q^{\alpha n}\int_{\mathbb{Z}_p}[x+x_1]^n_{q^{\alpha}}d\mu_{-1}(x_1)\\ &=(-1)^n q^{\alpha n}\widetilde{E}^{(\alpha)}_{n,q}(x).\end{aligned}$$

$[1-x]^n_{q^{-\alpha}}$ 항을 $\mathbb{Z}_p$ 위에서 fermionic p-진 적분을 하면 다음과 같다.

$$\begin{aligned}\int_{\mathbb{Z}_p}[1-x]^n_{q^{-\alpha}}d\mu_{-1}(x) &= \int_{\mathbb{Z}_p}\left(1-[x]_{q^{\alpha}}\right)^n d\mu_{-1}(x)\\ &=(-1)^n q^{\alpha n}\int_{\mathbb{Z}_p}[x-1]^n_{q^{\alpha}}d\mu_{-1}(x).\end{aligned}$$

따라서 다음 계산식이 얻어진다.

$$\int_{\mathbb{Z}_p}[1-x]^n_{q^{-\alpha}}d\mu_{-1}(x)=(-1)^n q^{\alpha n}\widetilde{E}^{(\alpha)}_{n,q}(-1)=\widetilde{E}^{(\alpha)}_{n,q^{-1}}(2),$$

$$\begin{aligned}\int_{\mathbb{Z}_p}[1-x]^n_{q^{-\alpha}}d\mu_{-1}(x) &= 2+\int_{\mathbb{Z}_p}[x]^n_{q^{-\alpha}}d\mu_{-1}(x)\\ &=\int_{\mathbb{Z}_p}\left(1-[x]_{q^{\alpha}}\right)^n d\mu_{-1}(x).\end{aligned}$$

무게 α 인 q-Bernstein 다항식을 $\mathbb{Z}_p$ 위에서 fermionic p-진 적분을 해 보자.

$$\begin{aligned}\int_{\mathbb{Z}_p}\widetilde{B}^{(\alpha)}_{k,n}(x,q)d\mu_{-1}(x) &= \binom{n}{k}\int_{\mathbb{Z}_p}[x]^k_{q^{\alpha}}[1-x]^{n-k}_{q^{-\alpha}}d\mu_{-1}(x)\\ &=\binom{n}{k}\sum_{l=0}^{n-k}\binom{n-k}{l}(-1)^l\int_{\mathbb{Z}_p}[x]^{k+l}_{q^{\alpha}}d\mu_{-1}(x)\\ &=\binom{n}{k}\sum_{l=0}^{n-k}\binom{n-k}{l}(-1)^l\widetilde{E}^{(\alpha)}_{k+l,q}.\end{aligned}$$

무게 α 인 q-Bernstein 다항식은 다음과 같이 대칭성을 갖고 있다.

$$\widetilde{B}_{k,n}^{(\alpha)}(x,\, q)= \widetilde{B}_{n-k,n}^{(\alpha)}(1-x,\, 1/q).$$

$n,\ k\in\mathbb{Z}_{+}$ 위의 대칭성을 써서 $\widetilde{B}_{n,q}^{(\alpha)}(x,q)$를 계산하면 다음과 같다.

$$\begin{aligned}\int_{\mathbb{Z}_p}\widetilde{B}_{k,n}^{(\alpha)}(x,\, q)d\mu_{-1}(x) &= \int_{\mathbb{Z}_p}\widetilde{B}_{n-k,n}^{(\alpha)}(1-x,\, 1/q)d\mu_{-1}(x)\\ &=\binom{n}{k}\sum_{l=0}^{k}\binom{k}{l}(-1)^{k+l}\int_{\mathbb{Z}_p}[1-x]_{q^{-\alpha}}^{n-l}d\mu_{-1}(x)\\ &=\binom{n}{k}\sum_{l=0}^{k}\binom{k}{l}(-1)^{k+l}\widetilde{E}_{n-l,q^{-1}}^{(\alpha)}(2).\end{aligned}$$

따라서 두 식의 양변을 비교하면 무게 α 인 q-Euler 수 $\widetilde{E}_{n,q}^{(\alpha)}$에서 재미있는 관계식이 나온다.

$$\sum_{l=0}^{n-k}\binom{n-k}{l}(-1)^{k+l}\widetilde{E}_{k+l,q}^{(\alpha)}=\sum_{l=0}^{k}\binom{k}{l}(-1)^{k+l}\widetilde{E}_{n-l,q^{-1}}^{(\alpha)}(2).$$

$n>k$ 일 때,

$$\sum_{l=0}^{n-k}\binom{n-k}{l}(-1)^{l}\widetilde{E}_{k+l,q}^{(\alpha)}=\sum_{l=0}^{k}\binom{k}{l}(-1)^{k+l}\widetilde{E}_{n-l,q^{-1}}^{(\alpha)}(2).$$

$k>0$ 일 때,

$$\sum_{l=0}^{n}\binom{n}{l}(-1)^{l}\widetilde{E}_{l,q}^{(\alpha)}=2+\widetilde{E}_{n,q^{-1}}^{(\alpha)}.$$

$m,\ n,\ k\in\mathbb{Z}_{+},\ m,\ n>k$ 일 때, m차 n차 두 개의 무게 실린 q-Bernstein 다항식을 fermionic p-진 적분을 해 보자.

$$\int_{\mathbb{Z}_p} \widetilde{B}^{(\alpha)}_{k,n}(x,\, q)\widetilde{B}^{(\alpha)}_{k,m}(x,\, q)d\mu_{-1}(x)$$

(1)

$$\begin{aligned}
&= \binom{n}{k}\binom{m}{k}\int_{\mathbb{Z}_p}[x]^{2k}_{q^{\alpha}}[1-x]^{n+m-2k}_{q^{-\alpha}}d\mu_{-1}(x) \\
&= \binom{n}{k}\binom{m}{k}\sum_{l=0}^{2k}\binom{2k}{l}(-1)^{l+2k}\int_{\mathbb{Z}_p}[1-x]^{n+m-l}_{q^{-\alpha}}d\mu_{-1}(x) \\
&= \binom{n}{k}\binom{m}{k}\sum_{l=0}^{2k}\binom{2k}{l}(-1)^{l+2k}\widetilde{E}^{(\alpha)}_{n+m-l,q^{-1}}(2),
\end{aligned}$$

(2)

$$\begin{aligned}
\int_{\mathbb{Z}_p} \widetilde{B}^{(\alpha)}_{k,n}(x,\, q)\widetilde{B}^{(\alpha)}_{k,m}(x,\, q)d\mu_{-1}(x) &= \binom{n}{k}\binom{m}{k}\int_{\mathbb{Z}_p}[x]^{2k}_{q^{\alpha}}[1-x]^{n+m-2k}_{q^{-\alpha}}d\mu_{-1}(x) \\
&= \binom{n}{k}\binom{m}{k}\sum_{l=0}^{n+m-2k}\binom{n+m-2k}{l}(-1)^{l}\widetilde{E}^{(\alpha)}_{l+2k,q}.
\end{aligned}$$

위 (1) 식에서 $\widetilde{E}^{(\alpha)}_{n,q}(2)$ 계산식을 이용해서 다음을 얻어 낸다.

$$\begin{aligned}
\int_{\mathbb{Z}_p} \widetilde{B}^{(\alpha)}_{k,n}(x,\, q)\widetilde{B}^{(\alpha)}_{k,m}(x,\, q)d\mu_{-1}(x) &= \binom{n}{k}\binom{m}{k}\sum_{l=0}^{2k}\binom{2k}{l}(-1)^{l+2k}\left(2+\widetilde{E}^{(\alpha)}_{n+m-l,q^{-1}}\right) \\
&= \binom{n}{k}\binom{m}{k}\sum_{l=0}^{2k}\binom{2k}{l}(-1)^{l+2k}\widetilde{E}^{(\alpha)}_{n+m-l,q^{-1}}.
\end{aligned}$$

(2) 식에서 계수 조정을 하여 다음 식을 얻는다.

$$\int_{\mathbb{Z}_p} \widetilde{B}^{(\alpha)}_{k,n}(x,\, q)\widetilde{B}^{(\alpha)}_{k,m}(x,\, q)d\mu_{-1}(x) = \binom{n}{k}\binom{m}{k}\sum_{l=0}^{n+m-2k}\binom{n+m-2k}{l}(-1)^{l}\widetilde{E}^{(\alpha)}_{l+2k,q}.$$

따라서 $m,\ n,\ k \in \mathbb{Z}_+,\ m,\ n > k$ 일 때, 두 식의 계수를 비교하면 다음과 같다.

$$\sum_{l=0}^{n+m-2k}\binom{n+m-2k}{l}(-1)\widetilde{E}^{(\alpha)}_{l+2k,q} = \sum_{l=0}^{2k}\binom{2k}{l}(-1)^{2k+l}\widetilde{E}^{(\alpha)}_{n+m-l,q^{-1}}\ ,\ k>0.$$

특별히 $k=0$일 때,

$$\sum_{l=0}^{n+m}\binom{n+m}{l}(-1)^l\widetilde{E}_{l,q}^{(\alpha)}=2+\widetilde{E}_{n+m,q^{-1}}^{(\alpha)}$$

이다.

3. q-Bernstein 다항식에 대한 공식과 q-이항분포

먼저 이 절에서 q-Bernstein 연산자와 q-Bernstein 다항식의 정의가 앞에서의 정의와 다르다는 것을 염두해 두고 있어야 한다.

$q\in\mathbb{C}$, $|q|<1$에 대하여 *Gauss 이항계수*(또는 q-이항계수)를 다음과 같이 정의한다([6, 12]).

$$\binom{n}{k}_q=\frac{[n]_q!}{[k]_q![n-k]_q!}=\frac{[n]_q[n-1]_q\cdots[n-k+1]_q}{[k]_q!},\quad n,\ \ k\in\mathbb{N}.$$

다음은 q-이항계수가 이항계수의 q-화임을 보여 준다.

$$\lim_{q\to1}\binom{n}{k}_q=\binom{n}{k}=\frac{n(n-1)\cdots(n-k+1)}{k!}.$$

Gauss 이항계수는 다음 점화식을 만족한다.

$$(3)\qquad \binom{n+1}{k}_q=\binom{n}{k-1}_q+q^k\binom{n}{k}_q=q^{n-k}\binom{n}{k-1}_q+\binom{n}{k}_q.$$

q-이항전개는 다음과 같이 잘 알려져 있다.

(4)

$$(1-b)_q^n = (b:q)_n = \prod_{i=1}^{n}(1-bq^{i-1}) = \sum_{i=0}^{n}\binom{n}{i}q^{\binom{i}{2}}(-1)^i b^i,$$

$$\frac{1}{(1-b)_q^n} = \frac{1}{(b:q)_n} = \frac{1}{\prod_{i=1}^{n}(1-bq^{i-1})} = \sum_{i=0}^{\infty}\binom{n+i-1}{i}b^i.$$

Kim은 q-*지수함수* $e_q(x(1-q))$를 다음과 같이 정의한다.

(5) $$\lim_{n\to\infty}\frac{1}{(x:q)_n} = \lim_{n\to\infty}\sum_{k=0}^{\infty}\binom{n+k-1}{k}x^k = \sum_{k=0}^{\infty}\frac{x^k(1-q)^k}{[k]!} = e_q(x(1-q)).$$

$f \in C[0,\ 1]$에 대하여 Phillips는 q-정수에 기반을 둔 q-Bernstein 연산자와 q-Bernstein 다항식을 다음과 같이 정의하였다([22]).

$$\boldsymbol{B}_{n,q}(f \mid x) = \sum_{k=0}^{n} B_{k,n}(x,\ q) f\left(\frac{[k]_q}{[n]_q}\right) = \sum_{k=0}^{n} f\left(\frac{[k]_q}{[n]_q}\right)\binom{n}{k}x^k(1-x)_q^{n-k}.$$

여기에서 $\boldsymbol{B}_{n,q}(f \mid x)$를 f에 대한 차수 n인 q-Bernstein 연산자라 부른다.
$k,\ n \in \mathbb{Z}_+$에 대한 차수 n인 q-Bernstein 다항식은 다음과 같다.

$$B_{k,n}(x,\ q) = \binom{n}{k}_q x^k(1-x)_q^{n-k},\quad x \in [0,\ 1].$$

예를 들면, $B_{0,1}(x,\ q) = 1-x$, $B_{1,1}(x,\ q) = x$, and $B_{0,2}(x,\ q) = 1-[2]_q x + qx^2, \cdots$이다.
또한 $B_{k,n}(x,\ q) = 0,\ k > n$이다. 왜냐하면 $\binom{n}{k}_q = 0$이기 때문이다.
Gupta, Kim, Choi, Kim은 q-Bernstein 다항식에 대한 생성함수를 q-지수함수를 이용하여 다음과 같이 구성하였다([6]). 이 절에서는 이들의 연구 결과를 소개한다.

$$F_q^{(k)}(t,\ x) = \frac{x^k t^k}{[k]_q!}e_q((1-x)_q t) = \sum_{n=0}^{\infty} B_{k,n}(x,\ q)\frac{t^n}{[n]_q!}.$$

여기에서 차수 n인 q-Bernstein 다항식은 다음과 같다.

$$B_{k,n}(x,\ q)=\begin{cases}\binom{n}{k}x^k(1-x)_q^{n-k} & \text{if } n\geq k\\ 0 & \text{if } n<k\end{cases},\quad n,\ k\in\mathbb{Z}_+.$$

$q\to 1$일 때, 위 생성함수는 Bernstein 다항식 $B_{k,n}(x)$를 생성하게 된다.

$$\lim_{q\to 1}F_q^{(k)}(t,\ x)=\frac{x^kt^k}{k!}e^{(1-x)t}=\sum_{n=0}^{\infty}B_{k,n}(x)\frac{t^n}{n!}.$$

f에 대한 q-미분 D_qf는 다음과 같이 정의한다.

$$(D_qf)(x)=\frac{df(x)}{d_qx}=\frac{f(x)-f(qx)}{(1-q)x}.$$

q-Bernstein 연산자에 $f=1,\ f=x$를 대입하면 다음 식이 유도된다. $x\in[0,\ 1],\ n,\ k\in\mathbb{Z}_+$에 대하여,

$$\boldsymbol{B}_{n,q}(1\mid x)=\sum_{k=0}^{n}B_{k,n}(x,\ q)=\sum_{k=0}^{n}\binom{n}{k}x^k(1-x)_q^{n-k}=1,$$

$$\boldsymbol{B}_{n,q}(f\mid x)=\sum_{k=0}^{n}\left(\frac{[k]_q}{[n]_q}\right)B_{k,n}(x,\ q)=x\sum_{k=0}^{n-1}\binom{n-1}{k}x^k(1-x)_q^{n-k}=x.$$

$f\in C[0,\ 1]$에 대하여 q-Bernstein 연산자를 q-Bernstein 다항식의 전개식을 이용하여 정리하면 다음과 같이 계산된다.

$$\boldsymbol{B}_{n,q}(f\mid x)=\sum_{m=0}^{n}\binom{n}{m}_q x^m\sum_{k=0}^{m}\binom{m}{k}_q q^{\binom{m-k}{2}}(-1)^{m-k}f\left(\frac{[k]_q}{[n]_q}\right).$$

차분 연산자 $\triangle$에 의한 다음 계산식은 잘 알려져 있다.

$$\triangle^n f(0)=\sum_{k=0}^{n}\binom{n}{k}(-1)^{n-k}f(k),\ n\in\mathbb{N}.$$

위 식을 q-확장시켜 보자. Kim은 *q-차분 연산자*를 다음과 같이 정의한다([7]).

$$\triangle_q^n := (E-I)_q^n=\prod_{i=1}^{n}\left(E-Iq^{i-1}\right).$$

단, I는 항등 연산자이다. $f\in C[0,\ 1]$, $n\in\mathbb{N}$에 대하여 다음이 성립한다.

$$\triangle_q^n f(0)=\sum_{k=0}^{n}\binom{n}{k}(-1)^k q^{\binom{k}{2}}f(n-k)=\sum_{k=0}^{n}\binom{n}{k}(-1)^{n-k}q^{\binom{n-k}{2}}f(k).$$

위 식은 $q\to 1$일 때, $\triangle^n f(0)$가 된다. *제2종 q-Stirling 수*는 다음과 같이 정의된다.

$$\frac{q^{-\binom{k}{2}}}{[k]_q!}\sum_{j=0}^{k}(-1)^{k-j}\binom{k}{j}q^{\binom{k-j}{2}}e^{[j]_q t}=\sum_{n=0}^{\infty}S_2(n,\ k:\ q)\frac{t^n}{n!}.$$

따라서 다음과 같이 q-Bernstein 연산자를 표현할 수 있다.

$$\boldsymbol{B}_{n,q}(f\mid x)=\sum_{k=0}^{n}\binom{n}{k}x^k\triangle_q^k f\left(\frac{0}{[n]_q}\right).$$

위 식에 $f(x)=x^m\ (m\in\mathbb{Z}_+)$인 경우에,

$$[n]_q^m\boldsymbol{B}_{n,q}(x^m\mid x)=\sum_{k=0}^{n}\binom{n}{k}_q x^k\triangle_q^k 0^m.$$

제2종 q-Stirling 수에 대해서 다음 계산을 얻을 수 있다([6, 7, 14]).

$$\begin{aligned} S_2(n,\ k:\ q) &= \frac{q^{-\binom{k}{2}}}{[k]_q!}\sum_{j=0}^{k}(-1)^j q^{\binom{j}{2}}\binom{k}{j}_q [k-j]_q^n \\ &= \frac{q^{-\binom{k}{2}}}{[k]_q!}\sum_{j=0}^{k}(-1)^{k-j} q^{\binom{k-j}{2}}\binom{k}{j}_q [j]_q^n \\ &= \frac{q^{-\binom{k}{2}}}{[k]_q!}\triangle_q^k 0^n. \end{aligned}$$

다음 식의 의미는 제2종 q-Stirling 수는 보통 제2종 Stirling 수의 q-확장이다.

$$\lim_{q\to 1} S_2(n,\ k:\ q) = S_2(n,\ k).$$

차수 n 인 q-Bernstein 다항식을 q-미분을 취하면 차수 $n-1$ 인 다항식이 된다. 따라서 다음과 같은 q-Bernoulli 다항식에 관한 점화식과 q-미분식이 성립한다.

$$q^k(1-q^{n-k-1}x)B_{k,n-1}(x,\ q) + xB_{k-1,n-1}(x,\ q) = B_{k,n}(x,\ q),$$

$$\frac{dB_{k,n}(x,\ q)}{d_q x} = [n]_q q^{-k}\left(qB_{k-1,n-1}(qx,\ q) - B_{k,n-1}(qx,\ q)\right).$$

q-Bernstein 다항식의 정의와 생성함수를 이용하면 다음 식이 성립한다.

$$\frac{[n-k]_q}{[n]_q}B_{k,n}(x,\ q) + \frac{[k+1]_q}{[n]_q}B_{k+1,n}(x,\ q) = B_{k,n-1}(x,\ q) + x[n-k-1]_q(1-q)B_{k,n-1}(x,\ q).$$

이 식은 q-Bernstein 다항식이 차수가 더 높은 다항식의 일차 결합으로 표현된다는 의미이다. q-Bernstein 다항식의 정의를 이용하면 다음과 같이 나타낼 수 있다.

$$\begin{aligned}
&\frac{[n-k+1]_q}{[k]_q}\left(\frac{x}{1-xq^{n-k}}\right)x^{k-1}(1-x)_q^{n-k+1}\binom{n}{k-1}_q \\
=&\ \frac{[n]_q!}{[k]_q![n-k]_q!}x^k(1-x)_q^{n-k} \\
=&\ \binom{n}{k}_q x^k(1-x)_q^{n-k} \\
=&\ B_{k,n}(x,\ q).
\end{aligned}$$

다음은 차수 n 인 q-Bernstein 다항식 $B_{k,n}(x,\ q)$를 다음 기저 $\{1,\ x,\ x^2,\ \cdots,\ x^n\}$의 결합으로 나타낼 수 있음을 보인다.

$$\begin{aligned}
B_{k,n}(x,\ q)=\binom{n}{k}_q x^k(1-x)_q^{n-k} &= \binom{n}{k}_q x^k\sum_{i=0}^{n-k}\binom{n-k}{i}_q(-1)^i q^{\binom{i}{2}}x^i \\
&= \sum_{i=0}^{n-k}\binom{n-k}{i}_q\binom{n}{k}_q(-1)^i q^{\binom{i}{2}}x^{i+k} \\
&= \sum_{i=k}^{n}\binom{n-k}{i-k}_q\binom{n}{k}_q(-1)^{i-k} q^{\binom{i-k}{2}}x^{i} \\
&= \sum_{i=k}^{n}\binom{n}{i}_q\binom{i}{k}_q(-1)^{i-k} q^{\binom{i-k}{2}}x^{i}.
\end{aligned}$$

q-Bernstein 다항식의 성질로부터 다음과 같이 계수를 조절하면 재미있는 결과가 나온다.

$$\begin{aligned}
\sum_{k=1}^{n}\frac{\binom{k}{1}_q}{\binom{n}{1}_q}B_{k,n}(x,\ q) &= \sum_{k=1}^{n}\frac{[k]_q}{[n]_q}\binom{n}{k}_q x^k(1-x)_q^{n-k} \\
&= \sum_{k=1}^{n}\binom{n-1}{k-1}_q x^k(1-x)_q^{n-k} \\
&= x\sum_{k=0}^{n-1}\binom{n-1}{k}x^k(1-x)_q^{n-k-1} = x,
\end{aligned}$$

$$\sum_{k=2}^{n}\frac{\binom{k}{2}_q}{\binom{n}{2}_q}B_{k,n}(x,\ q) = \sum_{k=2}^{n}\binom{n-2}{k-2}_q x^k(1-x)_q^{n-k}$$

$$= x^2\sum_{k=0}^{n-2}\binom{n-2}{k}x^k(1-x)_q^{n-k-2} = x^2.$$

이 과정을 계속하면 다음 식이 나온다.

$$\sum_{k=i}^{n}\frac{\binom{k}{i}_q}{\binom{n}{i}_q}B_{k,n}(x,\ q)= x^i.$$

다음과 같이 위수 k 인 q-Bernoulli 수 $\beta_n{}^k(x,\ q)$ 를 생성함수를 써서 정의하자.

$$\left(\frac{z}{e^z-1}\right)^k e_q(zx)= \sum_{n=0}^{\infty}\beta_n^{(k)}(x,\ q)\frac{z^n}{[n]_q!},\quad k\in\mathbb{N}.$$

$e_q(zx)$ 정의를 써서 위 식을 전개하면 다음과 같다.

$$\beta_n^{(k)}(x,\ q)= \sum_{m=0}^{n}\binom{n}{m}_q\frac{[m]_q!}{m!}x^{n-m}B_m^{(k)}.$$

여기에서 $B_m^{(k)}$는 위수 k 인 Bernoulli 수이다. 다음 식을 관찰하자.

$$\frac{(tx)^k}{[k]_q!}e_q((1-x)_q t)= \frac{x^k(e^t-1)^k}{[k]_q!}\left(\frac{t}{e^t-1}\right)^k e_q((1-x)_q t)$$

$$= \frac{k!}{[k]_q!}x^k\left(\sum_{m=0}^{\infty}S(m,\ k)\frac{t^m}{m!}\right)\left(\sum_{n=0}^{\infty}\beta_n^{(k)}((1-x)_q,\ q)\frac{t^n}{[n]_q!}\right)$$

$$= \frac{k!}{[k]_q!}x^k\sum_{l=0}^{\infty}\left(\sum_{m=0}^{l}\frac{[m]_q!}{m!}S_2(m,\ k)\binom{l}{m}\beta_{l-m}^{(k)}((1-x)_q,\ q)\right)\frac{t^l}{[l]_q!}.$$

q-Bernstein 다항식의 생성함수를 이용하여 위의 식을 다시 쓰면 다음과 같다.

$$B_{k,l}(x,\ q)=\frac{k!}{[k]_q!}x^k\sum_{m=0}^{l}\frac{[m]_q!}{m!}S_2(m,\ k)\beta_{l-m}^{(k)}((1-x)_q,\ q)\binom{l}{m}.$$

여기에서, $\beta_l^{(k)}((1-x)_q,\ q)$는 l번째 q-Bernoulli 다항식이다. 다음은 잘 알려져 있다.

$$x^n=\sum_{k=0}^{n}\binom{x}{k}k!\,S_2(k,\ n-k).$$

따라서 q-Bernstein 다항식과 관련지으면 다음과 같다.

$$\sum_{k=0}^{i}\binom{x}{k}k!\,S_2(k,\ i-k)=\sum_{k=i}^{n}\frac{\binom{k}{i}}{\binom{n}{i}}B_{k,n}(x,\ q).$$

q-Bernstein 다항식의 행렬 표현

주어진 다항식 $B_q(x)$는 q-Bernstein 다항식 $\{B_{0,n}(x,\ q),\ B_{1,n}(x,\ q),\ \cdots,\ B_{n,n}(x,\ q)\}$을 기저로 일차결합으로 표현된다.

$$B_q(x)=C_0^qB_{0,n}(x,\ q)+C_1^qB_{1,n}(x,\ q)+\cdots+C_n^qB_{n,n}(x,\ q).$$

위 식은 다시 행렬의 곱 표현을 갖는다.

$$B_q(x)=(B_{0,n}(x,\ q),\ B_{1,n}(x,\ q),\ \cdots,\ B_{n,n}(x,\ q))\begin{pmatrix}C_0^q\\C_1^q\\\vdots\\C_n^q\end{pmatrix}$$

동치조건으로 다음과 같이 표현된다.

$$B_q(x)=(1,\ x,\ \cdots,\ x^n)\begin{pmatrix} b_{0,0}^q & 0 & \cdots & 0 \\ b_{1,0}^q & b_{1,1}^q & \cdots & 0 \\ \vdots & \vdots & \ddots & \vdots \\ b_{n,0}^q & b_{0n,1}^q & \cdots & b_{n,n}^q \end{pmatrix}\begin{pmatrix} C_0^q \\ C_1^q \\ \vdots \\ C_n^q \end{pmatrix}$$

여기에서 $b_{i,j}^q$는 각 q-Bernstein 다항식을 결정할 때 사용된 기저의 계수이다. 다음을 다시 보자.

$$B_{k,n}(x,\ q)=\binom{n}{k}_q x^k(1-x)_q^{n-k},\quad x\in[0,\ 1],$$

$$B_{0,1}(x,\ q)=1-x,\ \ B_{1,1}(x,\ q)=x,\ \text{and}\ B_{0,2}(x,\ q)=1-[2]_q x+qx^2,\ \cdots.$$

또한 $B_{k,n}(x,\ q)=0,\ k>n$ 이다. 왜냐하면 $\binom{n}{k}_q=0$이기 때문이다.

다음을 알 수 있다.

$$B_{0,2}(x,\ q)=(1-x)_q^2=\sum_{l=0}^{2}\binom{2}{l}_q(-1)^l q^{\binom{l}{2}}=1-[2]_q x+qx^2,$$

$$B_{1,2}(x,\ q)=\binom{2}{1}_q x(1-x)_q=[2]_q x(1-x)=[2]_q x-[2]_q x^2,$$

$$B_{2,2}(x,\ q)=x^2.$$

$n=2$ 경우, 행렬 표현은 다음과 같다.

$$B_q(x)=(1,\ x,\ x^2)\begin{pmatrix} 1 & 0 & 0 \\ -[2]_q & [2]_q & 0 \\ q & -[2]_q & 1 \end{pmatrix}\begin{pmatrix} C_0^q \\ C_1^q \\ C_2^q \end{pmatrix}$$

4. q-Bernstein 연산자의 확장

q-Bernstein 연산자에 대하여 재미있는 확장을 소개한다. $\alpha,\ \beta\in\mathbb{R},\ f\in[0,\ 1]$에 대한 선형 연산자를 다음과 같이 정의하자([23]).

$$B_{n,q}(f : x_1,\ x_2 | \alpha,\ \beta) = \sum_{k=0}^{n} f\left(\frac{k}{n}\right)\binom{n}{k}[x_1]_{q^\alpha}^{k}[1-x^2]_{q^{-\beta}}^{n-k}$$
$$= \sum_{k=0}^{n} f\left(\frac{k}{n}\right) B_{k,n}(x_1,\ x_2 : q | \alpha,\ \beta).$$

이 절에서는 다음을 항상 가정한다. $x_1,\ x_2 \in [0,\ 1],\ n,\ k \in \mathbb{Z}_+$

여기에서 $B_{k,n}(x_1,\ x_2 : q|\alpha,\ \beta)$를 차수 n인 확장된 Kim의 q-Bernstein 다항식 또는 *무게 (α,β)인 q-Bernstein 다항식*이라 부른다. 여기서 $x_1 = x_2,\ \alpha = \beta$인 경우는 앞에서 연구한 무게 α인 q-Berstein 연산자 및 무게 α인 q-Bernsteon 다항식이 된다.

다음 식에 의해서 $B_{k,n}(x_1,\ x_2 : q|\alpha,\ \beta)$의 생성함수를 구할 수 있다([23]).

$$\begin{aligned} F_{q;\alpha,\beta}^{(k)}(x_1,\ x_2 | t) &= \frac{\left(t[x_1]_{q^\alpha}\right)^k \exp\left(t[1-x_2]_{q^{-\beta}}\right)}{k!} \\ &= \sum_{n=0}^{\infty} \frac{[x_1]_{q^\alpha}^{k}[1-x_2]_{q^{-\beta}}^{n}}{k!n!} t^{n+k} \\ &= \sum_{n=k}^{\infty} \frac{[x_1]_{q^\alpha}^{k}[1-x_2]_{q^{-\beta}}^{n-k} n!}{k!(n-k)!} \frac{t^n}{n!} \\ &= \sum_{n=k}^{\infty} \binom{n}{k} [x_1]_{q^\alpha}^{k}[1-x_2]_{q^{-\beta}}^{n-k} \frac{t^n}{n!} \\ &= \sum_{n=k}^{\infty} B_{k,n}(x_1,\ x_2 : q|\alpha,\ \beta)\frac{t^n}{n!}. \end{aligned}$$

다음 사실은 정의로부터 알 수 있다.

$$B_{k,n}(x_1,\ x_2 : q|\alpha,\ \beta) = \begin{cases} \binom{n}{k}[x_1]_{q^\alpha}^{k}[1-x_2]_{q^{-\beta}}^{n-k} & \text{if } n \ge k, \\ 0 & \text{if } k > n. \end{cases}$$

$$B_{n-k,n}(1-x_2,\ 1-x_1 : q | -\beta,\ -\alpha) = B_{k,n}(x_1,\ x_2 : q | \alpha,\ \beta)$$

확장된 Kim의 q-Bernstein 다항식에 대하여 몇 가지 결과를 나열한다.

$$[1-x_2]_{q^{-\beta}}B_{k,n-1}(x_1,\ x_2 : q\,|\,\alpha,\ \beta)+[x_1]_{q^\alpha}B_{k-1,n-1}(x_1,\ x_2 : q\,|\,\alpha,\ \beta)$$
$$=B_{k,n}(x_1,\ x_2 : q\,|\,\alpha,\ \beta),$$

$$\frac{\partial}{\partial x_1}B_{k,n}(x_1,\ x_2 : q\,|\,\alpha,\ \beta)=\frac{\log q^\alpha}{q^\alpha-1}q^{\alpha x_1}nB_{k-1,n-1}(x_1,\ x_2 : q\,|\,\alpha,\ \beta),$$

$$\frac{\partial}{\partial x_2}B_{k,n}(x_1,\ x_2 : q\,|\,\alpha,\ \beta)=\frac{\log q^\beta}{1-q^\beta}q^{\beta x_2}nB_{k,n-1}(x_1,\ x_2 : q\,|\,\alpha,\ \beta).$$

또한 확장된 q–Bernstein 연산자에 대한 기본 성질을 나열해 보자.

$$\frac{1}{\left(1+[x_1]_{q^\alpha}-[x_2]_{q^\beta}\right)^n}\boldsymbol{B}_{n,q}(1 : x_1,\ x_2\,|\,\alpha,\ \beta)=1,$$

$$\frac{1}{\left(1+[x_1]_{q^\alpha}-[x_2]_{q^\beta}\right)^{n-1}}\boldsymbol{B}_{n,q}(t : x_1,\ x_2\,|\,\alpha,\ \beta)=[x_1]_{q^\alpha},$$

$$\boldsymbol{B}_{n,q}(t^2 : x_1,\ x_2\,|\,\alpha,\ \beta)$$
$$=\frac{n-1}{n}[x_1]_{q^\alpha}^2\left(1+[x_1]_{q^\alpha}-[x_2]_{q^\beta}\right)^{n-2}+\frac{[x_1]_{q^\alpha}}{n}\left(1+[x_1]_{q^\alpha}-[x_2]_{q^\beta}\right)^{n-1}.$$

특별히 $\alpha=\beta,\ x_1=x_2=x$ 일 때 다음이 성립한다.

$$\boldsymbol{B}_{n,q}(t^2 : x,\ x\,|\,\alpha,\ \alpha)=\frac{n-1}{n}[x]_{q^\alpha}^2+\frac{[x]_{q^\alpha}}{n}\rightarrow[x]_{q^\alpha}^2\ \ as\ \ n\rightarrow\infty.$$

다음 보조 계산을 이용하여 $f\in C[0,\ 1]$에 대한 식을 유도할 수 있다.

$$[1-x_2]_{q^{-\beta}}^{n-k}=\sum_{l=0}^{n-k}\binom{n-k}{l}(-1)^l[x_2]_{q^\beta}^l,$$

$$\boldsymbol{B}_{n,q}(f:x_1,\ x_2\mid\alpha,\ \beta)=\sum_{m=0}^{n}\binom{n}{m}[x_2]_{q^\beta}^{m}\sum_{k=0}^{m}\binom{m}{k}(-1)^{m-k}f\left(\frac{k}{n}\right)\left(\frac{[x_1]_{q^\alpha}}{[x_2]_{q^\alpha}}\right)^{k}.$$

또한 원점을 중심으로 시계반대방향으로 도는 원 C 위에서 선적분을 이용하여 Kim의 확장된 q-Bernstein 다항식을 다음과 같이 나타낼 수 있다([23]).

$$B_{k,n}(x_1,\ x_2:\ q\mid\alpha,\ \beta)=\binom{n}{k}[x_1]_{q^\alpha}^{k}[1-x_2]_{q^{-\beta}}^{n-k}.$$

여기서 $x=x_1=x_2$, $\alpha=\beta$로 두면 자연스럽게 다음 식이 된다.

$$\begin{aligned} B_{k,n}(x,x:q|\alpha,\alpha) &= \binom{n}{k}[x]_q^k[1-x]_q^{n-k} \\ &= B_{k,n}(x:q|\alpha). \end{aligned}$$

$B_{k,n}(x_1,\ x_2:\ q\mid\alpha,\ \beta)$의 정의와 이항계수공식을 이용하면 다음과 같은 식이 유도된다.

$$B_{k,n}(x_1,\ x_2:\ q\mid\alpha,\ \beta)=\left(\frac{[x_1]_{q^\alpha}}{[x_2]_{q^\alpha}}\right)^{k}\sum_{l=k}^{n}\binom{l}{k}\binom{n}{l}(-1)^{l-k}[x_2]_{q^\beta}^{l}.$$

$[x_1]_{q^\alpha}^{k}$를 Kim의 q-Bernstein 다항식의 일차결합으로 나타낼 수 있다.

$$\begin{aligned} \sum_{k=1}^{n}\frac{\binom{k}{1}}{\binom{n}{1}}B_{k,n}(x_1,\ x_2:\ q\mid\alpha,\ \beta) &= \sum_{k=1}^{n}\binom{n-1}{k-1}[x_1]_{q^\alpha}^{k}[1-x_2]_{q^{-\beta}}^{n-k} \\ &= \sum_{k=0}^{n-1}\binom{n-1}{k}[x_1]_{q^\alpha}^{k+1}[1-x_2]_{q^{-\beta}}^{n-k-1} \\ &= [x_1]_{q^\alpha}\left(1+[x_1]_{q^\alpha}-[x_2]_{q^\beta}\right)^{n-1}, \end{aligned}$$

$$\sum_{k=2}^{n}\frac{\binom{k}{2}}{\binom{n}{2}}B_{k,n}(x_1,\ x_2:\ q\mid\alpha,\ \beta)=\sum_{k=2}^{n}\frac{\binom{k}{2}}{\binom{n}{2}}\binom{n}{k}[x_1]_{q^\alpha}^{k}[1-x_2]_{q^{-\beta}}^{n-k}$$

$$=\sum_{k=0}^{n-2}\binom{n-2}{k}[x_1]_{q^\alpha}^{k+2}[1-x_2]_{q^{-\beta}}^{n-2-k}$$

$$=[x_1]_{q^\alpha}^{2}\left(1+[x_1]_{q^\alpha}-[x_2]_{q^\beta}\right)^{n-2}.$$

계속 위의 방법을 써서 계산하면 다음 식이 유도된다.

$$\frac{\sum_{k=j}^{n}\frac{\binom{k}{j}}{\binom{n}{j}}B_{k,n}(x_1,\ x_2:\ q\mid\alpha,\ \beta)}{\left(1+[x_1]_{q^\alpha}-[x_2]_{q^\beta}\right)^{n-j}}=[x_1]_{q^\alpha}^{j}.$$

위 식에 제2종 q-Stirling 수의 정의를 써서 Kim의 q-Bernstein 다항식을 다음과 같이 표현할 수 있다.

$$\frac{\sum_{k=j}^{n}\frac{\binom{k}{j}}{\binom{n}{j}}B_{k,n}(x_1,\ x_2:\ q\mid\alpha,\ \beta)}{\left(1+[x_1]_{q^\alpha}-[x_2]_{q^\beta}\right)^{n-j}}=\sum_{k=0}^{j}q^{\alpha\binom{k}{2}}\binom{x_1}{k}_{q^\alpha}[k]_{q^\alpha}!S_{q^\alpha}(k,\ j-k).$$

Kim의 q-Bernstein 다항식의 p-진 적분 표현

$\mathbb{Z}_p$ 위에 fermionic p-진 적분의 정의에 의해 다음을 알 수 있다.

$$E_{n,q^{-1}}(1-x)=\int_{\mathbb{Z}_p}[1-x+y]_{q^{-1}}^{n}d\mu_{-1}(y)=(-1)^n q^n\int_{\mathbb{Z}_p}[x+y]_q^n d\mu_{-1}(y),$$

$$\int_{\mathbb{Z}_p}[1-x]_{q^{-1}}^{n}d\mu_{-1}(x)$$
$$=q^n(-1)^n\int_{\mathbb{Z}_p}[x-1]_q^n d\mu_{-1}(x)=(-1)^n q^n E_{n,q}(-1)=E_{n,q^{-1}}(2).$$

q-Euler 정수와 다항식의 관계식에서 알 수 있는 관계식을 소개한다.

$$E_{n,q}(2)=2+E_{n,q},\ n>0.$$

따라서 $n\in\mathbb{N}$ 에 대하여 다음이 성립한다.

$$\int_{\mathbb{Z}_p}[1-x]_{q^{-1}}^n d\mu_{-1}(x)=2+\int_{\mathbb{Z}_p}[x]_{q^{-1}}^n d\mu_{-1}(x)=2+E_{n,q^{-1}}.$$

$n>k$ 에 대하여, $\mathbb{Z}_p$ 위의 fermionic p-진 이중적분을 $B_{k,n}(x_1,\ x_2:\ q\mid\alpha,\ \beta)$에 취해 보자.

$$\begin{aligned}&\int_{\mathbb{Z}_p}\int_{\mathbb{Z}_p}B_{k,n}(x_1,\ x_2:\ q\mid\alpha,\ \beta)d\mu_{-1}(x_1)d\mu_{-1}(x_2)\\&=\binom{n}{k}E_{k,q^{\alpha}}(2+E_{n-k,q^{-\beta}}).\end{aligned}$$

q-대칭성을 이용하여 Kim의 q-Bernstein 다항식을 표현하면 다음과 같다.

$$\begin{aligned}&\int_{\mathbb{Z}_p}\int_{\mathbb{Z}_p}B_{k,n}(x_1,\ x_2:\ q\mid\alpha,\ \beta)d\mu_{-1}(x_1)d\mu_{-1}(x_2)\\&=E_{n-k,q^{-\beta}}(2)+\sum_{l=0}^{k-1}\binom{k}{l}(-1)^{k+l}(2+E_{k-l,q^{-\alpha}})(2+E_{n-k,q^{-\beta}}).\end{aligned}$$

위의 결과를 종합하여 q-Euler 수의 관계식을 유도한다. $n>k$ 에 대하여,

$$\begin{aligned}&\binom{n}{k}E_{k,q^{\alpha}}(2+E_{n-k,q^{-\beta}})\\&=E_{n-k,q^{-\beta}}(2)+\sum_{l=0}^{k-1}\binom{k}{l}(-1)^{k+l}(2+E_{k-l,q^{-\alpha}})(2+E_{n-k,q^{-\beta}}).\end{aligned}$$

마찬가지로 두 개의 확장된 Kim의 q-Bernstein 다항식의 곱을 $\mathbb{Z}_p$ 위에서 fermionic p-진 이중적분을 계산하자. 이때는 $m,\ n,\ k\in\mathbb{Z}_+$, $m+n>2k$를 가정한다.

$$\int_{\mathbb{Z}_p}\int_{\mathbb{Z}_p} B_{k,n}(x_1,\ x_2 : q \mid \alpha,\ \beta) B_{k,m}(x_1,\ x_2 : q \mid \alpha,\ \beta) d\mu_{-1}(x_1) d\mu_{-1}(x_2)$$

$$= \binom{n}{k}\binom{m}{k} E_{2k, q^{\alpha}}(2 + E_{n+m-2k, q^{-\beta}}).$$

q-대칭성을 이용하여 다시 계산해 보면 다음과 같다.

$$\int_{\mathbb{Z}_p}\int_{\mathbb{Z}_p} B_{k,n}(x_1,\ x_2 : q \mid \alpha,\ \beta) B_{k,m}(x_1,\ x_2 : q \mid \alpha,\ \beta) d\mu_{-1}(x_1) d\mu_{-1}(x_2)$$

$$= E_{n+m-2k, q^{-\beta}}(2) + \sum_{l=0}^{2k-1} \binom{2k}{l} (-1)^{l+2k} (2 + E_{2k-l, q^{-\alpha}})(2 + E_{n+m-2k, q^{-\beta}}).$$

따라서 q-Euler 수에 대한 다음 관계식이 유도된다.

$$\binom{n}{k}\binom{m}{k} E_{2k, q^{\alpha}}(2 + E_{n+m-2k, q^{-\beta}})$$

$$= E_{n+m-2k, q^{-\beta}}(2) + \sum_{l=0}^{2k-1} \binom{2k}{l} (-1)^{l+2k} (2 + E_{2k-l, q^{-\alpha}})(2 + E_{n+m-2k, q^{-\beta}}).$$

5. q-Bernstein 다항식과 q-Bernoulli 수

이 절에서는 Carlitz q-Bernoulli 수와는 다른 q-Bernoulli 수와 다항식에 대하여 q-Bernstein 다항식의 p-진 q-적분값과 관련지어서 재미있는 항등식을 유도하여 본다. 여기서 Park 등이 연구한 결과를 소개한다([20]).

먼저, Carlitz q-Bernoulli 수 및 다항식과는 다른 q-Bernoulli 다항식을 생각하여 보자.

$$\tilde{\beta}_{n,q}(x) = \int_{\mathbb{Z}_p} [x+y]_q^n d\mu(y) \ \text{ for } n \in \mathbb{Z}_+.$$

위의 오른쪽 적분값은 다음과 같이 수렴값이 나온다.

$$\tilde{\beta}_{n,q}(x) = \frac{\log q}{(1-q)^{n-1}} \sum_{l=0}^{n} \binom{n}{l} (-1)^{l-1} q^{l-1} \frac{l}{[l]_q}.$$

특별히 $x=0$인 경우, $\widetilde{\beta}_{n,q}(0)=\widetilde{\beta}_{n,q}$를 n번째 q-Bernoulli 수라 한다.
q-Bernoulli 다항식과 q-Bernoulli 수의 관계식은 다음과 같다.

$$\widetilde{\beta}_{n,q}(x)=\sum_{l=0}^{n}\binom{n}{l}[x]_q^{n-l}q^{lx}\widetilde{\beta}_{l,q}=\left([x]_{q+q}^{x}\widetilde{\beta}_q\right)^n.$$

$\mathbb{Z}_p$ 위에서 정의된 p-진 불변적분에 대한 적분방정식은 다음과 같다.

$$I(f)=\int_{\mathbb{Z}_p}f(x)d\mu(x)=\lim_{n\to\infty}\frac{1}{p^n}\sum_{x=0}^{p^n-1}f(x),$$

$$I(f_1)=I(f)+f'(0),\ \text{단},\ f_1(x)=f(x+1).$$

$f(x)=[x]_q^n$를 적분방정식에 적용하여 보면 다음과 같다.

$$\int_{\mathbb{Z}_p}[x+1]_q^n d\mu(x)-\int_{\mathbb{Z}_p}[x]_q^n d\mu(x)=n[0]_q^{n-1}\left(\frac{\log q}{q-1}\right),$$

$$\widetilde{\beta}_{0,q}=1,\ \widetilde{\beta}_{n,q}(1)-\widetilde{\beta}_{n,q}=\begin{cases}\dfrac{\log q}{q-1} & \text{if } n=1,\\ 0 & \text{if } n>1.\end{cases}$$

$\widetilde{\beta}_{n,q}(1)$에 대한 점화식 계산을 하여 위의 식을 다시 써 보면 다음과 같다.

$$\widetilde{\beta}_{0,q}=1,\ \left(q\widetilde{\beta}_{q+1}\right)-\widetilde{\beta}_{n,q}=\frac{\log q}{q-1}\delta_{1,n}.$$

p-진 불변적분에 대하여 일반화된 적분방정식은 다음과 같음이 잘 알려져 있다.

$$I(f_n)-I(f)=\sum_{l=0}^{n-1}f'(l),\ f_n(x)=f(x+n),\ n\in\mathbb{N}.$$

위의 식에 $f(x)=[x]_q^n$을 대입하여 계산하면 다음 식이 유도된다.

$$\frac{\tilde{\beta}_{n,q}(n)-\tilde{\beta}_{m,q}}{m}=\left(\frac{q-1}{\log q}\right)\sum_{l=0}^{n-1}l^{m-1},\ \ m,\ n\in\mathbb{N}.$$

따라서 $n\in\mathbb{Z}_+$인 경우 다음 식이 성립한다.

$$\tilde{\beta}_{n,q}(2)=\frac{\log q}{q-1}(nq+\delta_{1,n})+\tilde{\beta}_{n,q}.$$

특별히 $n\in\mathbb{N}$인 경우에는 다음 식이 성립한다.

$$\tilde{\beta}_{n,q}(2)=nq\frac{\log q}{q-1}+\tilde{\beta}_{n,q}.$$

q-Bernoulli 다항식의 정의에 의해 다음과 같이 특수한 경우를 생각해 보자.

$$\begin{aligned}\tilde{\beta}_{n,q-1}(1-x)&=\int_{\mathbb{Z}_p}[1-x+y]^{n_{q^{-1}}}d\mu(y)\\&=q^{n(-1)^n}\int_{\mathbb{Z}_p}[x+y]_q^n d\mu(y)\\&=q^n(-1)^n\tilde{\beta}_{n,q}(x).\end{aligned}$$

다음 보조 계산식을 관찰해 보자.

$$\begin{aligned}\int_{\mathbb{Z}_p}[1-x]_{q^{-1}}^n d\mu(x)&=\int_{\mathbb{Z}_p}(1-[x]_q)^n d\mu(x)\\&=(-1)^n q^n\int_{\mathbb{Z}_p}[x-1]_q^n d\mu(x).\end{aligned}$$

위의 두 식에 의하여 $\beta_{n,q^{-1}}(2)$에 대한 적분 표현이 얻어진다.

$$\int_{\mathbb{Z}_p}[1-x]_{q^{-1}}^n d\mu(x)=(-1)^n q^n\beta_{n,q}(-1)=\beta_{n,q^{-1}}(2).$$

위 식의 좌변을 상세히 계산하여 보면 다음과 같다.

$$\begin{aligned}\int_{\mathbb{Z}_p}[1-x]^n_{q^{-1}}d\mu(x) &= \frac{q\log q^{-1}}{1-q}(nq^{-1}+\delta_{1,n})+\int_{\mathbb{Z}_p}[x]^n_{q^{-1}}d\mu(x)\\ &=\int_{\mathbb{Z}_p}(1-[x]_q)^{nd}\mu(x).\end{aligned}$$

다음 식은 q-Bernstein 다항식에 대한 p-진 불변적분을 하여, q-Bernoulli 수와 관련성을 보이는 식이 유도된다.

$$\begin{aligned}\int_{\mathbb{Z}_p}B_{k,n}(x,q)d\mu(x) &= \binom{n}{k}\int_{\mathbb{Z}_p}[x]^k_q[1-x]^{n-k}_{q-1}d\mu(x)\\ &=\binom{n}{k}\sum_{l=0}^{n-k}\binom{n-k}{l}(-1)^l\int_{\mathbb{Z}_p}[x]^{k+l}_q d\mu(x)\\ &=\binom{n}{k}\sum_{l=0}^{n-k}\binom{n-k}{l}(-1)^l\tilde{\beta}_{k+l,q}.\end{aligned}$$

q-Bernstein 다항식은 정의에 의해 다음과 같은 반대칭식이 성립한다.

$$B_{k,n}(x,q)=B_{n-k,n}\left(1-x,\frac{1}{q}\right),\ k,n\in\mathbb{Z}_+,\ x\in\mathbb{Z}_p.$$

다항식을 이용하여 q-Bernstein 다항식의 p-진 불변적분을 계산하여 보면 다음 식이 유도된다.

$$n,\ k\in\mathbb{Z}_+\text{에 대하여, }\int_{\mathbb{Z}_p}B_{k,n}(x,q)d\mu(x)=\binom{n}{k}\sum_{l=0}^{k}\binom{k}{l}(-1)^{k+l}\tilde{\beta}_{n-l,q^{-1}}(2).$$

특별히 $n>k+1$인 경우에는 다음이 성립한다.

$$\int_{\mathbb{Z}_p}B_{k,n}(x,q)d\mu(x)=\binom{n}{k}\sum_{l=0}^{k}\binom{k}{l}(-1)^{k+l}\left(\tilde{\beta}_{n-l,q^{-1}}-\frac{\log q}{1-q}(n-l)\right).$$

위의 식들에서 q-Bernoulli 수에 대한 다음 항등식이 성립한다.

$n,\ k\in\mathbb{Z}_+$에 대하여,

$$\sum_{l=0}^{n-k}\binom{n-k}{l}(-1)^l\tilde{\beta}_{k+l,q}=\sum_{l=0}^{k}\binom{k}{l}(-1)^{k+l}\left(\tilde{\beta}_{n-l,q^{-1}}-\frac{\log q}{1-q}(n-l)\right).$$

특별히 $k=0$인 경우에는 다음 항등식이 유도된다.

$$\sum_{l=0}^{n}\binom{n}{l}(-1)^l\tilde{\beta}_{k+l,q}=\tilde{\beta}_{n,q^{-1}}-n\frac{\log q}{1-q}.$$

두 개의 q-Bernstein 다항식의 곱들

p-진 적분을 이용하여 계산하면 다음과 같은 항등식이 유도된다.

$n,m>k+1$인 $n,m,k\in\mathbb{Z}_+$에 대하여,

$$\begin{aligned}\int_{\mathbb{Z}_p}B_{k,n}(x,q)B_{k,m}(x,q)d\mu(x)&=\binom{n}{k}\binom{m}{k}\sum_{l=0}^{2k}\binom{2k}{l}(-1)^{l+2k}\tilde{\beta}_{n+m-l,q^{-1}}(2)\\&=\binom{n}{k}\binom{m}{k}\sum_{l=0}^{2k}\binom{2k}{l}(-1)^{l+2k}\left(\frac{(n+m-l)\log q}{q-1}+\tilde{\beta}_{n+m-l,q^{-1}}\right)\\&=\binom{n}{k}\binom{m}{k}\sum_{l=0}^{n+m-2k}\binom{n+m-2k}{l}(-1)^l\tilde{\beta}_{l+2k,q}.\end{aligned}$$

특별히 $k=0$일 때 다음 식이 성립한다.

$$\sum_{l=0}^{n+m}\binom{n+m}{l}(-1)^l\tilde{\beta}_{l,q}=\frac{\log q}{q-1}(n+m)+\tilde{\beta}_{n+m,q^{-1}}.$$

위 식에서 다음과 같이 s개의 q-Bernstein 수의 곱에서 유도될 수 있는 다음 항등식이 성립한다.

$$\sum_{l=0}^{n_1+\cdots+n_s-sk}\binom{n_1+\cdots+n_s-sk}{l}(-1)^l\tilde{\beta}_{l+sk,q}$$

$$=\sum_{l=0}^{sk}\binom{sk}{l}(-1)^{l+sk}\left(\frac{(n_1+\cdots+n_s-l)\log q}{q-1}+\tilde{\beta}_{n_1+\cdots+n_s-l,q^{-1}}\right).$$

특별히 $k=0$인 경우에 q-Bernoulli 수에 대한 항등식이 다음과 같이 유도된다.

$$\sum_{l=0}^{n_1+\cdots+n_s}\binom{n_1+\cdots+n_s}{l}(-1)^l\tilde{\beta}_{l+sk,q}=\frac{(n_1+\cdots+n_s)\log q}{q-1}+\tilde{\beta}_{n_1+\cdots+n_s,q^{-1}}.$$

6. q-Bernstein 다항식과 q-Genocchi 수

이 절에서는 q-Bernstein 다항식에 대한 fermionic p-진 적분값과 q-Bernstein 다항식에 대한 q-Genocchi 수와 다항식과 관련된 항등식을 보여 준다. Rim 등이 연구한 결과를 소개한다([26]).

q-Genocchi 다항식의 정의는 다음과 같이 알려져 있다

$$t\int_{\mathbb{Z}_p}e^{[x+y]_q t}d\mu_{-1}(y)=\sum_{n=0}^{\infty}G_{n,q}(x)\frac{t^n}{n!}.$$

특별히 $x=0$일 때, $G_{n,q}(0)=G_{n,q}$는 n *번째 q-Genocchi 수*라 한다.

$\mathbb{Z}_p$ 위에서 fermionic p-진 적분 표현을 써서 q-Genocchi 다항식을 표현하면 다음과 같다.

$$\begin{aligned}\sum_{n=0}^{\infty}G_{n,q}(x)\frac{t^n}{n!}&=t\int_{\mathbb{Z}_p}e^{[x+y]_q t}d\mu_{-1}(y)\\&=\sum_{m=0}^{\infty}\left(\frac{2}{(1-q^n)}\sum_{l=0}^{n}\binom{n}{l}(-1)^l\frac{q^{lx}}{1+q^l}\right)\frac{t^n}{n!}.\end{aligned}$$

위의 q-Genocchi 다항식의 정의와 fermionic p-진 적분 표현으로부터 다음 사실을 유도할 수 있다.

$$t\int_{\mathbb{Z}_p} e^{[x+y]_q t} d\mu_{-1}(y) = t\sum_{n=0}^{\infty} \frac{G_{n+1,q}(x)}{n+1}\frac{t^n}{n!},$$

$$t\int [\mathbb{Z}_p e^{[1-x+y]_{q^{-1}} t} d\mu_{-1}(y) = t\sum_{n=0}^{\infty} \frac{G_{n+1,q^{-1}}(1-x)}{n+1}\frac{t^n}{n!}.$$

따라서 다음이 성립한다.

$$\frac{G_{n+1,q^{-1}}(1-x)}{n+1} = (-1)^n q^n \frac{G_{n+1,q}(x)}{n+1}.$$

Fermionic p-진 적분에서 $f(x) = [x]_{q^{-1}}^m$에 대하여 적분방정식을 적용하여 보면 다음 식이 성립한다.

$$\frac{G_{m+1,q^{-1}}(n)}{m+1} = (-1)^n \frac{G_{m+1,q^{-1}}}{m+1} + 2\sum_{l=0}^{n-1}(-1)^{n-1-l}[l]_{q^{-1}}^m.$$

특별히, $n=2$일 때를 관찰하여 보자.

$$\frac{G_{m+1,q^{-1}}(2)}{m+1} = \begin{cases} \dfrac{G_{m+1,q^{-1}}}{m+1} & \text{if } m=0, \\ 2+\dfrac{G_{m+1,q^{-1}}}{m+1} & \text{if } m>1. \end{cases}$$

위의 결과를 $n\in\mathbb{N}$에 대하여 fermionic p-진 적분으로 표현하면 다음과 같이 나타낼 수 있다.

$$\begin{aligned}\int_{\mathbb{Z}_p}[1-x]_{q^{-1}}^n d\mu_{-1}(x) &= 2+\frac{G_{n+1,q^{-1}}}{n+1} \\ &= \frac{G_{n+1,q^{-1}}(2)}{n+1}.\end{aligned}$$

위의 내용은 $\mathbb{Z}_p$ 위에 q-Bernstein 다항식에 대한 p-진 q-적분을 q-Genocchi 수로 나타낼

수 있음을 다음과 같이 보여 준다.

$$\begin{aligned}\int_{\mathbb{Z}_p} B_{nk,n}(x,q)d\mu_{-1}(x) &= \int_{\mathbb{Z}_p}\binom{n}{k}[x]_1^k[1-x]_{q^{-1}}^{n-k}d\mu_{-1}(x)\\ &=\binom{n}{k}\sum_{j=0}^{n-k}\binom{n-k}{j}(-1)^{n-k-j}\int_{\mathbb{Z}_p}[x]_q^{n-j}d\mu_{-1}(x)\\ &=\binom{n}{k}\sum_{j=0}^{n-k}\binom{n-k}{j}(-1)^{n-k-j}\frac{G_{n+1-j,q}}{k+1+j}.\end{aligned}$$

q-Bernstein 다항식의 대칭성을 이용하여 위의 계산을 다시 해 보면 $k, n\in\mathbb{Z}_+$ 일 때 다음과 같은 결과가 성립한다.

$$\int_{\mathbb{Z}_p} B_{k,n}(x,q)d\mu_{-1}(x)=\begin{cases} 2+\dfrac{G_{n+1,q^{-1}}}{n+1} & \text{if } k=0,\\ \dbinom{n}{k}\displaystyle\sum_{j=0}^{k}\binom{k}{j}(-1)^{k-j}\frac{G_{n+1-j,q^{-1}}}{n+1-j} & \text{if } k>0.\end{cases}$$

$m, n, k\in\mathbb{Z}_+$ 이고 $m+n>2k$일 때, 두 개의 q-Bernstein 다항식의 곱을 $\mathbb{Z}_p$ 위에서 fermionic p-진 불변적분을 하여 q-Genocchi 수와 관련지어 보면 다음 결과가 유도된다.

$$\int_{\mathbb{Z}_p} B_{k,n}(x)B_{k,m}(x)d\mu_{-1}(x)=\begin{cases} 2+\dfrac{G_{n+m+1,q^{-1}}}{n+m+1} & \text{if } k=0,\\ \dbinom{n}{k}\dbinom{m}{k}\displaystyle\sum_{j=0}^{2k}\binom{2k}{j}(-1)^{2k-j}\frac{G_{n+m-j,q^{-1}(2)}}{n+m-j+1} & \text{if } k>0.\end{cases}$$

특별히 $m, n\in\mathbb{Z}_+$ 일 경우에만 계산을 하면 다음 식이 유도된다.

$$\int_{\mathbb{Z}_p} B_{k,n}(x)B_{k,m}(x)d\mu_{-1}(x)=\binom{n}{k}\binom{m}{k}\sum_{j=0}^{n+m-2k}\binom{n+m-2k}{j}(-1)^j\frac{G_{j+2k+1,q}}{j+2k+1}.$$

따라서 $m, n, k \in \mathbb{Z}_+$, $m+n > 2k$일 때, q-Genocchi 수에 대하여 다음 결과가 유도된다.

$$\sum_{j=0}^{n+m-2k} \binom{n+m-2k}{j} (-1)^j \frac{G_{j+2k+1,q}}{j+2k+1} = \sum_{j=0}^{2k} \binom{2k}{j} (-1)^{j+2k} \frac{G_{n+m+1-j,q^{-1}}(2)}{n+m+1-j}.$$

7. p-진 Bernstein 다항식과 q-Euler, q-Bernoulli 다항식

이 절에서는 p-진 Bernstein 다항식 $B_{k,n}(x)$를 연구한다. 즉, $x \in \mathbb{Z}_p$에 제한을 두고 p-진 적분식과 관련지어서 q-Euler 수 및 q-Bernstein 수와 관련식을 구성한다. Bayad와 Kim의 연구결과를 소개한다([4]).

이 절에서 다루는 q-Bernoulli 수 및 q-Euler 수에 대한 정의를 먼저 해 두고 출발하자. 이 q-Bernoulli 수 및 q-Euler 수는 Kim에 의해서 정의되고 연구되었다.

p는 홀수인 소수라 하자.

$q \in \mathbb{C}$일 때, $|q| < 1$, $q \in \mathbb{C}_p$일 때는 $|1-q|_p < 1$을 항상 가정한다.

$$C_{p^n} = \{ \xi \,|\, \xi^{p^n} = 1 \}$$

은 위수 p^n인 순환군이다. 이때, p-진 국소 상수공간을 다음과 같이 정의한다.

$$T_p = \lim_{n \to \infty} C_{p^n} .$$

$UD(\mathbb{Z}_p)$는 $\mathbb{Z}_p$ 상에서 일양미분 가능한 함수 집합이라 하자. $f \in UD(\mathbb{Z}_p)$에 대한 *bosonic p-진 불변적분*의 정의는 다음과 같다.

$$I_1(f) = \int_{\mathbb{Z}_p} f(x) d\mu(x) = \lim_{N \to \infty} \sum_{x=0}^{p^N-1} f(x) \mu(x + p^N \mathbb{Z}_p) = \lim_{N \to \infty} \frac{1}{p^N} \sum_{x=0}^{p^N-1} f(x).$$

위 정의에 의한 적분방정식은 다음과 같다.

$$I_1(f_1)=\int_{\mathbb{Z}_p} f(x+1)d\mu(x)=\int_{\mathbb{Z}_p} f(x)d\mu(x)+f'(0),\ \ f_1(x)=f(x+1).$$

$f\in UD(\mathbb{Z}_p)$에 대하여 *fermionic* p-진 *적분*이 Kim에 의하여 다음과 같이 정의하였다.

$$\begin{aligned}I_{-1}(f)&=\int_{\mathbb{Z}_p} f(x)d\mu_{-1}(x)=\lim_{N\to\infty}\sum_{x=0}^{p^N-1} f(x)\mu_{-1}\left(x+p^N\mathbb{Z}_p\right)\\&=\lim_{N\to\infty}\sum_{x=0}^{p^N-1} f(x)(-1)^x.\end{aligned}$$

이때, 적분방정식은 다음과 같다.

$$I_{-1}(f_1)=-I_{-1}(f)+2f(0).$$

$C[0,\ 1]=\{f\,|\,f:[0,\ 1]\to\mathbb{C}$ 연속함수$\}$라 하자. $f\in C[0,\ 1]$에 대하여, Bernstein은 선형연산자를 $\mathbb{R}$ 위의 선형 공간 $C[0,\ 1]$에서 다음과 같이 정의하였다.

$$\boldsymbol{B}_n(f\,|\,x)=\sum_{k=0}^{n} f(k/n)\binom{n}{k}x^k(1-x)^{n-k}=\sum_{k=0}^{n} f(k/n)B_{k,n}(x),$$

단, $\binom{n}{k}=\dfrac{n(n-1)\cdots(n-k+1)}{k!}=\dfrac{n!}{k!(n-k)!}$.

여기에 나오는 $\boldsymbol{B}_n(f\,|\,x)$를 f에 대한 위수 n인 Bernstein 연산자라고 부른다. $k,\ n\in\mathbb{Z}_+$에 대하여, 차수 n인 Bernstein 다항식은 다음과 같이 정의된다.

$$B_{k,n}(x)=\binom{n}{k}x^k(1-x)^{n-k},\ \ x\in[0,\ 1].$$

특별히 $x\in\mathbb{Z}_p$일 때 p-진 Bernstein 다항식을 같은 형태로 정의한다.

$$B_{k,n}(x)=\binom{n}{k}x^k(1-x)^{n-k}, \text{ 단 } k,\ n\in\mathbb{Z}_+.$$

특별히, $q\in T_p$ 에 대하여 생각한다. 왜냐하면 원래 Bernstein 다항식의 정의가 $[0,\ 1]$ 에서 제한되어 있기 때문에 p-진 적분도 p-진 국소 상수공간에 제한하기 위해서이다.

$f(x)=q^x e^{xt}$를 적분방정식에 대입하여 q-Bernoulli 수 $B_n(q)$를 다음과 같이 정의한다.

$$\int_{\mathbb{Z}_p} f(x)\,d\mu(x)=\frac{t}{qe^t-1}=e^{B(q)t}=\sum_{n=0}^{\infty}B_n(q)\frac{t^n}{n!}.$$

여기에서 두 번째 식에서 exponential 전개 시 $B^n(q)$를 세 번째 식에서 $B_n(q)$로 기록한다. q-Bernoulli 수에 대한 Witt의 공식과 점화식은 다음과 같다.

$$\int_{\mathbb{Z}_p} q^x x^n d\mu(x)=B_n(q),\quad n\in\mathbb{Z}_+,$$

$$B_0(q)=0,\ q(B(q)+1)^n-B_n(q)=\begin{cases}1 & \text{if } n=1,\\ 0 & \text{if } n>1.\end{cases}$$

q-Bernoulli 다항식 $B_n(x|q)$는 생성함수에 의한 표현과 Kim의 p-진 q-적분을 이용하여 다음과 같이 정의한다.

$$\frac{t}{qe^t-1}e^{xt}=e^{B(x|q)t}=\sum_{n=0}^{\infty}B_n(x|q)\frac{t^n}{n!}=\int_{\mathbb{Z}_p} q^y e^{(x+y)t}d\mu(y).$$

여기에서 $B^n(x|q)$를 $B_n(x|q)$로 기록한다. q-Bernoulli 다항식의 Witt 공식과 q-Bernoulli 수의 관계식은 다음과 같다.

$$\int_{\mathbb{Z}_p} q^y(x+y)^n d\mu(y)=B_n(x|q),\quad n\in\mathbb{Z}_+,$$

$$B_n(x|q)=\sum_{l=0}^{n}\binom{n}{l}x^{n-l}B_l(q)=(x+B(q))^n,\quad n\in\mathbb{Z}_+.$$

다음 계산은 유용하다.

$$\frac{t}{qe^t-1}=\left(\frac{t}{q(1-q^{-1})}\right)\left(\frac{1-q^{-1}}{e^t-q^{-1}}\right)=\frac{1}{q(1-q^{-1})}\sum_{n=0}^{\infty}H_n(q^{-1})(n+1)\frac{t^{n+1}}{(n+1)!}.$$

여기에서 $H_n(q^{-1})$는 Frobenius-Euler 수이다.
$n\in\mathbb{Z}_+$에 대하여 위의 식에 의하여 다음이 성립된다.

$$\frac{B_{n+1}(q)}{n+1}=\frac{H_n(q^{-1})}{q(1-q^{-1})}=\frac{H_n(q^{-1})}{q-1}.$$

q-Bernoulli 다항식의 정의를 변형하여 다음 관계식이 유도된다.

$$\frac{qt}{qe^t-1}e^{(1-x)t}=\frac{-t}{q^{-1}e^{-t}-1}e^{-xt}=\sum_{n=0}^{\infty}B_n(x\,|\,q^{-1})(-1)^n\frac{t^n}{n!},$$

$$\frac{qt}{qe^t-1}e^{(1-x)t}=qe^{B(1-x\,|\,q)t}=q\sum_{n=0}^{\infty}B_n(1-x\,|\,q)\frac{t^n}{n!}.$$

위 두 식의 계수를 비교하면 다음 사실이 나온다.

$n\in\mathbb{Z}_+$에 대하여, $qB_n(1-x\,|\,q)=(-1)^nB_n(x\,|\,q^{-1})$.

q-Bernoulli 수의 점화식과 q-Bernoulli 다항식의 관계식에서 다음 계산을 하자.

$$\begin{aligned}B_n(2\,|\,q)&=(B(q)+1+1)^n=\sum_{l=0}^{n}\binom{n}{l}B_l(1\,|\,q)\\&=B_0(q)+nB_l(1\,|\,q)+\frac{1}{q}\sum_{l=2}^{n}\binom{n}{l}qB_l(1\,|\,q)\\&=\frac{1}{q}\sum_{l=2}^{n}\binom{n}{l}B_l(q)+\frac{n}{q}(1+B_1(q))\\&=\frac{n}{q}+\frac{1}{q^2}qB_n(1\,|\,q)=\frac{n}{q}+\frac{1}{q^2}B_n(q)\ \text{ for } n>1.\end{aligned}$$

여기에서 유용한 결과는 다음과 같다.

$n \in \mathbb{Z}_+$, $n > 1$, q-Bernoulli 수와 q-Bernoulli 다항식의 Witt 공식으로부터 다음을 알 수 있다.

$$\begin{aligned}\int_{\mathbb{Z}_p} q^{-x}(1-x)^n\,d\mu(x) &= (-1)^n \int_{\mathbb{Z}_p} q^{-x}(x-1)^n\,d\mu(x) \\ &= q\int_{\mathbb{Z}_p}(x+2)^n q^x\,d\mu(x) = \frac{1}{q}\int_{\mathbb{Z}_p} x^n q^x\,d\mu(x) + n.\end{aligned}$$

$f(x) = q^x e^{xt}$ 를 적분방정식에 대입하여 q-Euler 수 $E_n(q)$ 를 정의한다. 동시에 p-진 q-적분 형태로 표현하면 다음과 같다.

$$\int_{\mathbb{Z}_p} q^x e^{xt}\,d\mu_{-1}(x) = \frac{2}{qe^t+1} = e^{E(q)t} = \sum_{n=0}^{\infty} E_n(q)\frac{t^n}{n!}.$$

단, $E^n(q)$를 $E_n(q)$로 기록한다. q-Euler 다항식 $E_n(x|q)$를 표현해 보면 다음과 같다.

$$\frac{2}{qe^t+1}e^{xt} = e^{E(x|q)t} = \sum_{n=0}^{\infty} E_n(x|q)\frac{t^n}{n!} = \int_{\mathbb{Z}_p} q^y e^{(x+y)t}\,d\mu_{-1}(y).$$

q-Euler 다항식의 Witt의 공식 사이에는 다음과 같은 관계식이 성립한다.

$$\int_{\mathbb{Z}_p} q^y (x+y)^n d\mu_{-1}(y) = E_n(x|q) \quad \text{for } n \in \mathbb{Z}_+.$$

$$E_n(x|q) = \sum_{l=0}^{n}\binom{n}{l}x^{n-l}E_{l,q} = (x+E(q))^n.$$

$E^n(q)$은 $E_n(q)$로 기록한다. Kim에 의해서 알려진 두 개의 식을 소개한다.

$$qE_n(2|q)=2+\frac{1}{q}E_n(q),$$

$$\int_{\mathbb{Z}_p} q^{-x}(1-x)^n d\mu_{-1}(x)=2+\frac{1}{q}\int_{\mathbb{Z}_p} x^n q^x d\mu_{-1}(x).$$

$x\in\mathbb{Z}_p$에 대한 p-진 Bernstein 다항식 정의를 $1-x$에 대하여 전개해 보자.

$$B_n(1-x|q)=\sum_{l=0}^{n}\binom{n}{l}(1-x)^{n-l}B_l(q)=\sum_{l=0}^{n}\binom{n}{l}(1-x)^{n-l}x^l B_l(q)x^{-l}$$
$$=\sum_{l=0}^{n}B_{l,n}(x)B_l(q)x^{-l}.$$

여기에서 $B_{l,n}(x)$는 차수 n인 p-진 Bernstein 다항식이다. q-Bernoulli 수와 q-Euler 수의 생성함수의 곱을 생각해 보자. 재미있는 식이 전개된다.

$$\int_{\mathbb{Z}_p}\int_{\mathbb{Z}_p} q^{x+y}e^{(x+y)t}d\mu_{-1}(x)\,d\mu(y)=\frac{2t}{q^2e^{2t}-1},$$

$$\frac{2t}{q^2e^{2t}-1}=e^{B(q^2)2t}=\sum_{n=0}^{\infty}2^n B_n(q^2)\frac{t^n}{n!}.$$

위 식의 계수 비교에서 p-진 q-적분식의 값을 구하는 식이 유도된다.

$n\in\mathbb{Z}_+$일 때, $\frac{1}{2^n}\int_{\mathbb{Z}_p}\int_{\mathbb{Z}_p} q^{x+y}(x+y)^{n+1}d\mu_{-1}(x)\,d\mu(y)=B_n(q^2)$이다.

좌변은 q-Bernoulli 및 q-Euler 수의 Witt 공식의 곱이 된다. 따라서 $B_n(q^2)$의 값이 다음과 같이 표현된다.

$n\in\mathbb{Z}_+$에 대하여, $\frac{1}{2^n}\sum_{l=0}^{n}\binom{n}{l}E_l(q)B_{n-l}(q)=B_n(q^2).$

p-진 Bernstein 다항식도 정의에 의하여 다음과 같은 반사대칭식을 만족한다.

$$B_{k,n}(x)= B_{n-k,n}(1-x),\ \ n,\ k\in\mathbb{Z}_+.$$

따라서 다음 값이 계산된다.

$$B_{k,\,n}\left(\frac{1}{2}\right)= B_{n-k,n}\left(\frac{1}{2}\right)= \binom{n}{k}\left(\frac{1}{2}\right)^{n-k}\left(\frac{1}{2}\right)^{k} = \left(\frac{1}{2}\right)^{n}\binom{n}{k}.$$

위의 식과 정리를 연결하면 다음이 나온다.

$$n\in\mathbb{Z}_+,\ B_n(q^2)= \frac{1}{2^n}\sum_{l=0}^{n}\binom{n}{l}E_l(q)B_{n-l}(q)= \sum_{l=0}^{n}B_{l,\,n}\left(\frac{1}{2}\right)E_l(q)B_{n-l}(q).$$

q-Bernoulli 수와 q-Euler 수의 생성함수 적분 표현식에서 다음 식이 유도된다.

$$\begin{aligned}\frac{2t}{q^2e^{2t}-1} &=- 2t\sum_{m=0}^{\infty}q^{2m}e^{2mt} =- 2t\sum_{n=0}^{\infty}\left(2^n\sum_{m=0}^{\infty}q^{2m}m^n\right)\frac{t^n}{n!}\\ &= \sum_{n=0}^{\infty}\left(- 2^{n+1}(n+1)\sum_{m=0}^{\infty}q^{2m}m^n\right)\frac{t^{n+1}}{(n+1)!}.\end{aligned}$$

$B_0(q^2)= 0$ 이 되고, 계수비교를 하자. $n\in\mathbb{Z}_+$ 에 대하여 다음 식이 유도된다.

$$-\frac{1}{2^{(n+1)}(n+1)}\int_{\mathbb{Z}_p}\int_{\mathbb{Z}_p}q^{x+y}(x+y)^n d\mu_{-1}(x)\,d\mu(y)= \sum_{m=0}^{\infty}q^{2m}m^n,$$

$$\sum_{m=0}^{\infty}q^{2m}m^n =- \frac{1}{2^{(n+1)}(n+1)}\sum_{l=0}^{n+1}\binom{n+1}{l}E_l(q)B_{n+1-l}(q),$$

$$\sum_{m=0}^{\infty}q^{2m}m^n =- \frac{1}{n+1}\sum_{l=0}^{n+1}B_{n+1,l}\left(\frac{1}{2}\right)E_l(q)B_{n+1-l}(q),$$

위는 bosonic과 fermionic p-진 이중적분의 유용성을 보여 주는 식들이다.

특별히 p-진 Bernstein 다항식과의 관계를 설명하는 데 유용하다. p-진 Bernstein 다항식에 대하여 bosonic p-진 적분을 취해 보자.

$$\begin{aligned}\int_{\mathbb{Z}_p} B_{k,n}(x)q^x d\mu(x) &= \int_{\mathbb{Z}_p}\binom{n}{k}(1-x)^{n-k}x^k q^x d\mu(x) = \binom{n}{k}\sum_{l=0}^{n-k}\binom{n-k}{l}(-1)^l\int_{\mathbb{Z}_p} x^{k+l}q^x d\mu(x)\\ &= \binom{n}{k}\sum_{l=0}^{n-k}\binom{n-k}{l}(-1)^l B_{k+l}(q).\end{aligned}$$

위 식에 $B_{k,n}(x)$의 반사 대칭관계를 이용하였다. 즉,

$$B_{k,n}(x) = B_{n-k,n}(1-x),\ \text{단},\ n,\ k \in \mathbb{Z}_+ \text{이다}.$$

$n,\ k(>1)(\in \mathbb{Z}_+),\ n > k+1$. n차 p-진 Bernstein 다항식에 대하여 무게 q^x를 실은 bosonic p-진 적분을 해 보자.

$$\begin{aligned}\int_{\mathbb{Z}_p} B_{k,n}(x)q^x d\mu(x) &= \int_{\mathbb{Z}_p} B_{n-k,n}(1-x)q^x d\mu(x) = \binom{n}{k}\sum_{l=0}^{k}\binom{k}{l}(-1)^{k-l}\int_{\mathbb{Z}_p}(1-x)^{n-l}q^x d\mu(x)\\ &= q\binom{n}{k}\sum_{l=0}^{k}\binom{k}{l}(-1)^{k-l}\left(q\int_{\mathbb{Z}_p} q^{-x}x^{n-l}d\mu(x)+n-l\right)\\ &= q\binom{n}{k}\sum_{l=0}^{k}\binom{k}{l}(-1)^{k-l}B_{n-l}(q^{-1}).\end{aligned}$$

따라서 위와 같은 $n,\ k$조건에서 다음이 성립한다.

$$\int_{\mathbb{Z}_p} B_{k,n}(x)q^{1-x} d\mu(x) = 2^k\binom{n}{k}\sum_{l=0}^{k}B_{l,k}\left(\frac{1}{2}\right)(-1)^{k-l}B_{n-l}(q),$$

$$2^{2k}\binom{n}{k}B_{l,k}\left(\frac{1}{2}\right)(-1)^{k-l}B_{n-l}(q) = 2^n q\sum_{l=0}^{n-k}B_{l,n-k}\left(\frac{1}{2}\right)(-1)^l B_{k+l}(q).$$

위의 방법을 n차, m차인 두 개의 p-진 Bernstein 다항식의 곱을 무게 q^{-x}를 실은 bosonic p-진 적분을 해 보자.

$$\int_{\mathbb{Z}_p} B_{k,n}(x)B_{k,m}(x)q^{-x}d\mu(x) = \binom{n}{k}\binom{m}{k}\sum_{l=0}^{2k}\binom{2k}{l}(-1)^{l+2k}\int_{\mathbb{Z}_p} q^{-x}(1-x)^{n+m-l}d\mu(x)$$

$$= \binom{n}{k}\binom{m}{k}\sum_{l=0}^{2k}\binom{2k}{l}(-1)^{l+2k}q\int_{\mathbb{Z}_p} q^{x}(x+2)^{n+m-l}d\mu(x)$$

$$= \binom{n}{k}\binom{m}{k}\sum_{l=0}^{2k}\binom{2k}{l}(-1)^{l+2k}\left(\frac{1}{q}B_{n+m-l}(q)+n+m-l\right).$$

$m,\ n,\ k(>1)\in\mathbb{Z}_+,\ m+n>k+1$에 대하여 다음이 성립한다.

$$\int_{\mathbb{Z}_p} B_{k,n}(x)B_{k,m}(x)q^{1-x}\,d\mu(x)=\binom{n}{k}\binom{m}{k}2^{2k}\sum_{l=0}^{2k}B_{l,2k}\left(\frac{1}{2}\right)(-1)^{l+2k}B_{n+m-l}(q),$$

$$\int_{\mathbb{Z}_p} B_{k,n}(x)B_{k,m}(x)q^{1-x}d\mu(x) = \binom{n}{k}\binom{m}{k}\sum_{l=0}^{n+m-2k}\binom{n+m-2k}{l}(-1)^{l}\int_{\mathbb{Z}_p} x^{l+2k}q^{1-x}\,d\mu(x)$$

$$= q\binom{n}{k}\binom{m}{k}\sum_{l=0}^{n+m-2k}\binom{n+m-2k}{l}(-1)^{l}B_{l+2k}\left(\frac{1}{q}\right).$$

여기에서 $q\in\mathbb{C},\ |q|<1$을 가정한다. q-Euler 및 q-Bernoulli 다항식을 위의 생성함수를 이용하여 정의한다.

$$F_q^E(t,\ x)=\frac{2}{qe^t+1}e^{xt}=\sum_{n=0}^{\infty}E_n(q\,|\,x)\frac{t^n}{n!},\qquad |t+\log\ q|<\pi,$$

$$F_q^B(t,\ x)=\frac{t}{qe^t-1}e^{xt}=\sum_{n=0}^{\infty}B_n(q\,|\,x)\frac{t^n}{n!},\qquad |t+\log\ q|<2\pi.$$

특별히 $x=0$ 일 때, $E_n(0|q)=E_n(q),\ B_n(0|q)=B_n(q)$는 각각 n 번째 q-Euler 수, n번째 q-Bernoulli 수라 부른다. q-Euler 수 $E_n(q)$와 q-Bernoulli 수 $B_n(q)$의 생성함수는 편의상 다음과 같이 적는다.

$$F_q^B(t,\ 0)=F_q^B(t),\quad F_q^E(t,\ 0)=F_q^E(t).$$

$s \in \mathbb{C}$에 대하여,

$$\frac{q}{\Gamma(s)}\int_0^\infty F_q^B(-t,\ 1)t^{s-2}dt$$

$$=\frac{q}{\Gamma(s)}\int_0^\infty \frac{e^{-t}}{1-qe^{-t}}t^{s-1}dt=\sum_{m=0}^\infty q^{m+1}\frac{1}{\Gamma(s)}\int_0^\infty e^{-(m+1)t}t^{s-1}dt$$

$$=\sum_{m=0}^\infty \frac{q^{m+1}}{(m+1)^s}=\sum_{m=1}^\infty \frac{q^m}{m^s}$$

위 식의 값을 $|q|<1$에 대하여 q-*제타함수*로 다음과 같이 정의한다.

$$\zeta_q(s)=\sum_{m=1}^\infty \frac{q^m}{m^s}.$$

$\zeta_q(s)$는 $\mathbb{C}$ 위에서 해석적이다. 다음 관계식이 성립한다.

$$\zeta_q(1-n)=(-1)^n\frac{qB_n(1|q)}{n}=\begin{cases} -\left(1+B_1(q)\right) & \text{if } n=1, \\ (-1)^n\dfrac{B_n(q)}{n} & \text{if } n>1. \end{cases}$$

다음과 같이 q-Euler 수와 q-Bernoulli 수의 생성함수 곱을 나타내 보자.

$$\left(\frac{2}{qe^t+1}\right)\left(\frac{t}{qe^t-1}\right)=\frac{2t}{q^2e^{2t}-1}=\sum_{n=0}^\infty 2^nB_n(q^2)\frac{t^n}{n!},$$

$$\left(\frac{2}{qe^t+1}\right)\left(\frac{t}{qe^t-1}\right)=e^{(B(q)+E(q))t}=\sum_{n=0}^\infty (B(q)+E(q))^n\frac{t^n}{n!}.$$

두 식을 비교하면 다음과 같이 재미있는 식이 나온다.

$$2^n B_n(q^2) = (B(q) + E(q))^n = \sum_{l=0}^{n} \binom{n}{l} B_l(q) E_{n-l}(q).$$

여기에서 $B^n(q)$를 $B_n(q)$로 기록한다. 위 식에서 $B_n(q^2)$의 값은 다음과 같다.

$$B_n(q^2) = \frac{1}{2^n} \sum_{l=0}^{n} \binom{n}{l} B_l(q) E_{n-l}(q).$$

따라서 $\zeta_{q^2}(-n)$의 값이 다음 방정식으로 유도된다.

$$\zeta_{q^2}(-n) = (-1)^{n+1} \frac{q^2 B_{n+1}(q^2)}{n+1} = -(-1)^n \frac{B_{n+1}(q^2)}{n+1},$$

$$-(-1)^n \frac{1}{2^{n+1}(n+1)} \sum_{l=0}^{n+1} \binom{n+1}{l} B_l(q^2) E_{n+1-l}(q^2).$$

참고문헌

1. M. Açikgöz, D. Erdal, S. Araci, A new approach to *q-Bernoulli numbers and q-Bernoulli polynomials related to q-Bernstein polynomials*, Adv. Difference Equ. 2010, Art. ID 951764, 9 pp.
2. S. Araci, and M. Acikgoz, *A note on the Frobenius-Euler numbers and polynomials associated with Bernstein polynomials*, Adv. Styd. Contemp. Math. 22 (2012), 399-406.
3. S. Araci, D. Erdal and J. J. Seo, *A study on the fermionic p-adic q-integral representation on $\mathbb{Z}_p$ associated with weighted q-Bernstein and q-Genocchi polynomials*, Abstr. Appl. Anal. 2011, Art. ID 649248, 10 pp.
4. A. Bayad and T. Kim, *Identities involving values of Bernstein, q-Bernoulli, and q-Euler polynomials*,

Russ. J. Math. Phys. 18 (2011), no. 2, 133-143.

5. A. Bayad, T. Kim, B. Lee and S.-H. Rim, *Some identities on Bernstein polynomials associated with q-Euler polynomials*. Abstr. Appl. Anal. 2011, Art. ID 294715, 10 pp.
6. V. Gupta, T. Kim, J. Choi and Y. H. Kim, *Generating function for q-Bernstein, q-Meyer-König-Zeller and q-Beta basis*, Automation computers Applied Mathematics, 19 (2010), 7-11.
7. T. Kim, *q-Volkenborn integration*, Russ. J. Math. Phys. 9, (2002), 288-299.
8. T. Kim, *q-Bernoulli numbers and polynomials associated with Gaussian binomial coefficients*, Russ. J. Math. Phys., 15, (2008), 51-57.
9. T. Kim, *Some identities on the q-Euler polynomials of higher order and q-Stirling numbers by the fermionic p-adic integral on* $\mathbb{Z}_p$, Russ. J. Math. Phys. 16 (2009), 484-491.
10. T. Kim, *A note on q-Bernstein polynomials*, Russ. J. Math. Phys. 18 (2011), no. 1, 73-82.
11. T. Kim, *Identities on the weighted q-Euler numbers and q-Bernstein polynomials*. Adv. Stud. Contemp. Math. 22 (2012), no. 1, 7-12.
12. T. Kim, *Some formulae for the q-Bernstein polynomials and q-deformed binomial distributions*. J. Comput. Anal. Appl. 14 (2012), no. 5, 917-933.
13. T. Kim, A. Bayad and Y. H. Kim, *A study on the p-adic q-Integral representation on* $\mathbb{Z}_p$ *associated with the Weighted q-Bernstein and q-Bernoulli polynomials*, J. Inequal. Appl., 2011 (2011) Article ID 513821, 15.
14. T. Kim, J. Choi and Y. H. Kim, *q-Bernstein polynomials associated with q-Stirling numbers and Carlitz's q-Bernoulli numbers*, Abstr. Appl. Anal. 2010 (2010), Art. ID 150975, 11 pp.
15. T. Kim, J. Choi and Y. H. Kim, *Some identities on the q-Bernstein polynomials, q-Stirling numbers and q-Bernoulli numbers*, Adv. Stud. Contemp. Math. 20 (2010), 335-341.
16. T. Kim, J. Choi, Y. H. Kim and C. S. Ryoo, *On the fermionic p-adic integral representation of Bernstein polynomials associated with Euler numbers and polynomials*, J. Inequal. Appl., 2010(2010), Art. ID 864248, 12 pp.
17. T. Kim, B. Lee, J. Choi, Y. H. Kim and S. H. Rim, *On the q-Euler numbers and weighted q-Bernstein polynomials*, Adv. Stud. Contemp. Math. 21 (2011), no. 1, 13-18.
18. T. Kim, B. Lee, J. Choi, Y. H. Kim and S. H. Rim, *A new approach of q-Euler numbers and polynomials*, Proc. Jangjeon Math. Soc., 14 (2011) 7-14.
19. T. Kim, B. Lee and C. S. Ryoo, *Some relationship between q-Bernstein polynomials and extended q-Euler numbers*. J. Comput. Anal. Appl. 14 (2012), no. 3, 507-515.
20. J. W. Park, H. K. Park, T. Kim, S. H. Rim and S. H. Lee, *A note on the q-Bernoulli numbers and q-Bernstein polynomials*, J. Comput. Anal. Appl. 15 (2013), no. 4, 722-729.
21. G. M. Philips, On generalized Bernstein polynomials, Griffiths, D. F., Watson, G. A. (eds): Nemerical

Analysis, Singapole : World Scientific, 263-269, 1996.

22. G. M. Philips, *Bernstein polynomials based on the q-integers*, Ann. Numerical Anal., 4 (1997), 511-514.

23. S.-H. Rim, L. C. Jang, J. Choi, Y. H. Kim, B. Lee and T. Kim, *On the extended Kim's q-Bernstein polynomials*. J. Comput. Anal. Appl. 13 (2011), no. 2, 282-295.

24. S.-H. Rim and J. Jeong, *On the modified q-Euler numbers of higher order with weight*, Adv. Stud. Contemp. Math. 22 (2012), 93-98.

25. S.-H. Rim, J. Joung, J.-H. Jin and S.-J. Lee, *A note on the weighted Carlitz's type q-Euler numbers and q-Bernstein polynomials*, Proc. Jangjeon Math. Soc. 15 (2012) 195-201.

26. S. H. Rim, J. H. Jeong, S. J. Lee, J. H. Jin and E. J. Moon, *q-Bernstein polynomials associated with q-Genocchi numbers and polynomials*, J. Comput. Anal. Appl. 14 (2012), no. 6, 1006-1013.

27. C. S. Ryoo, *A note on the weight q-Euler numbers and polynomials*, Adv. Stud. Contemp. Math., 21 (2011), 49-54.

제6장

P-진 q-적분의 응용

1. p-진 q-초함수의 Lebesgue-Radon-Nikodym 정리
2. q-Euler 수에 대한 von Staudt-Clausen 정리
3. 비선형 미분방정식으로부터 발생하는 Frobenius-Euler 다항식에 관한 항등식

제6장 | p-진 q-적분의 응용

1. p-진 q-초함수의 Lebesgue-Radon-Nikodym 정리

p-진 q-초함수의 Lebesgue-Radon-Nikodym 정리

Radon-Nikodym 정리의 다양한 증명은 측도론, 해석학 그리고 확률론의 많은 책에서 알려져 있다. 일반적으로 그 증명은 Hahn의 부호측도에 관한 분할정리, Hilbert 공간에서 Rietz 표현 정리 또는 마팅게일(martingale) 이론을 이용한다([17]). 최근에 몇몇 저자들은 Lebesgue-Radon-Nikodym 정리와 관련된 이론들을 연구해 왔다.

이 장에서는 Kim에 의하여 정의된 $\mathbb{Z}_p$ 위의 p-진 q-불변 초함수에 의한 Lebesgue-Radon-Nikodym 정리의 아날로그를 소개하고자 한다([6]). 여기에 적용된 아이디어를 이용하여, 계속되는 여러 종류의 q-수와 관련지어서 Lebesgue-Radon-Nikodym 정리의 아날로그를 유도해 나갈 것이다([3, 4, 15]).

(1) 이 절에서 필요한 기호를 약속하고자 한다.

p을 고정된 소수라 하자.

$\mathbb{Z}$, $\mathbb{Z}_p$, $\mathbb{Q}_p$, $\mathbb{C}_p$을 각각 유리정수의 환, p-진 정수환, p-진 유리수 체, 그리고 $\mathbb{Q}_p$의 대수적 폐포의 완비화로 두자.

v_p을 $|p|_p = p^{-v_p(p)} = p^{-1}$를 만족하는 $\mathbb{C}_p$의 정규 지수값이라 하고
$a + p^N\mathbb{Z}_p = \{x \in \mathbb{Z}_p \mid x \equiv a \pmod{p^N}\}$라 하자.

$0 \leq a \leq p^N$인 정수 a를 잡자.

이때, $q \in \mathbb{C}_p$이면 $|1-q|_p < p^{-\frac{1}{p-1}}$라 가정하자.

또한, $[x]_q = [x:q] = \dfrac{1-q^x}{1-q}$라 하자.

$C(\mathbb{Z}_p, \mathbb{C}_p)$은 $\mathbb{Z}_p$에서 $\mathbb{C}_p$로의 모든 연속함수들의 공간,

$C^{(1)}(\mathbb{Z}_p, \mathbb{C}_p)$은 $\mathbb{Z}_p$에서 $\mathbb{C}_p$로의 모든 $C^{(1)}$-함수,

$Lip(\mathbb{Z}_p, \mathbb{C}_p)$은 모든 리프시츠 함수(또는 -함수)의 $\mathbb{C}_p$-선형사상이라 하자.

(2) μ_q는 $\mathbb{Z}_p$ 위의 p-진 q-불변 초함수와 Kim의 p-진 q-불변적분이다.

임의의 자연수 $\mathbb{N}$에 대하여

$$\mu_q(a+p^N Z_p) = \frac{q^a}{[p^N]_q}$$

로 정의하고, 이것은 $\mathbb{Z}_p$ 위의 초함수로 확장할 수 있다.

이 장에서는 μ_q는 $\mathbb{Z}_p$ 위의 p-진 q-불변 초함수로 두자.

$f \in C^{(1)}(\mathbb{Z}_p, \mathbb{C}_p) = \{f \mid f : \mathbb{Z}_p \to \mathbb{C}_p,\ C^{(1)} - \text{함수}\}$에 대하여, p-진 q-불변적분은 Kim에 의하여 다음과 같이 정의된다.

$$I_q(f) = \int_{Z_p} f(x) d\mu_q(x) = \lim_{N \to \infty} \frac{1}{[p^N]_q} \sum_{x=0}^{p^N-1} f(x) q^x .$$

(3) q-Bernoulli 수 및 다항식

q-Bernoulli 수를 다음과 같이 정의한다.

$$\beta_{m,q} = \int_{Z_p} q^{-x} [x]_q^m d\mu_q(x), \quad m \geq 0,$$

$$\beta_{o,q} = \frac{q-1}{\log q}, \quad \beta_{m,q} = \frac{1}{(1-q)^m} \sum_{i=0}^{\infty} \binom{m}{i} \frac{i}{[i]_q}.$$

또한, q-Bernoulli 다항식을 다음과 같이 정의한다.

$$\beta_{n,q}(x) = \int_{Z_p} q^{-y}[x+y]_q^n d\mu_q(x)$$
$$= \sum_{k=0}^{n} \binom{n}{k} q^{kx} \beta_{k,q}[x]_q^{n-k}, \quad n \geq 0.$$

(문제의식) 이 개념이 왜 설명되었는지, 왜 필요한 지를 파악해 보자.

(4) 노름 $\| f \|_\infty =$ 이라면, 임의의 $x, m (\in \mathbb{Z}_p, m \neq 0)$에 대하여

$\triangle_1 f(m,x) = \dfrac{f(x+m) - f(x)}{m}$, $(x, m \in \mathbb{Z}_p, m \neq 0)$이라 하자.

임의의 $m (\in \mathbb{Z}_p \setminus \{0\})$과 $x \in Z_p$에 대하여 $|\triangle_1 f(m,x)| \leq M$을 만족하는 상수 $M > 0$이 존재한다면, 함수 $f : \mathbb{Z}_p \to \mathbb{C}_p$을 *리프시츠(Lipschitz) 함수*라 한다.

$Lip(\mathbb{Z}_p, \mathbb{C}_p)$(또는 $C^{(1)}(\mathbb{Z}_p, \mathbb{C}_p)$) 이 공간은 노름 $\| f \|_1 = \| f \|_\infty \vee \| \triangle_1 f \|_\infty$에 관한 바나흐 공간이다.

(5) p-진 q-불변 초함수 μ_q의 q-Volkenborn 적분 확장

$$\left| [p^n]_q \mu_q(a + p^n \mathbb{Z}_p) - [p^{n+1}]_q \mu_q(a + p^{n+1} \mathbb{Z}_p) \right| \leq \delta_n$$

이다. 여기서 $\delta_n \to 0$, $a \in \mathbb{Z}$이다. 그리고 δ_n은 a에 의존할 때 μ_q를 $\mathbb{Z}_p$ 위의 *약 p-진 q-불변 초함수*라 한다.

특별히 δ_n은 a에 의존하지 않을 때 μ_q를 $\mathbb{Z}_p$ 위의 *강 p-진 q-불변 초함수*라 한다.

$f(x)$을 $\mathbb{Z}_p$ 위의 함수라 하자. 그러면 $\mathbb{Z}_p$ 위의 약 μ_q에 의한 f의 q-Volkenborn 적분의 극한이 존재한다면

$$\int_{Z_p} f(x) d\mu_q(x) = \lim_{N \to \infty} \sum_{x=0}^{p^N - 1} f(x) \mu_q(x + p^N \mathbb{Z}_p).$$

이 경우, f를 μ_q에 의해 확장된 *q-Volkenborn 적분 가능 함수*라 한다. 만약,

(6) $\mathbb{Z}_p$ 위의 초함수 μ_q가

$$|\mu_q(a+p^N\mathbb{Z}_p)| \le \frac{q^a}{|[p^N]_q|}c_n, \ c_n \to 0$$

이면 *1-admissible*이라 한다.

다음 사실은 증명 없이 받아들이도록 한다.

(6-1) 만일 μ_q가 $\mathbb{Z}_p$ 위에서 1-admissible이면, μ_q가 $\mathbb{Z}_p$ 위에서 약 p-진 q-불변 초함수이다.

(6-2) μ_q을 $\mathbb{Z}_p$ 위에서 약 p-진 q-불변 초함수라 하자. 그러면 임의의 $x \in \mathbb{Z}_p$에 대하여 $\lim_{N\to\infty}[p^N]_q\mu_q(x+\mathbb{Z}_p)$가 존재하고, x에 대하여 평등하게 수렴한다.

(7) μ_q의 Radon-Nikodym 도함수의 q-아날로그 f_{μ_q}라 기록하고 다음과 같이 정의한다.

Kim은 $\mathbb{Z}_p$ 위에서 약 p-진 q-불변 초함수에 대하여 *Radon-Nikodym 도함수의 q-아날로그*를 다음과 같이 정의하였다.

$$f_{\mu_q}(x) = \lim_{N\to\infty}[p^N]_q\mu_q(x+p^N\mathbb{Z}_p).$$

(8) μ_q가 $\mathbb{Z}_p$ 위의 강 p-진 q-불변 초함수라 하자. 그러면 $f_{\mu_q} \in Lip(\mathbb{Z}_{p,}\mathbb{C}_p)$가 된다.

증명 $x, y \in \mathbb{Z}_p$에 대하여, $|x-y|_p = p^{-m}$라 하자.

μ_q가 $\mathbb{Z}_p$ 위의 강 p-진 q-불변 초함수라 하자. 그러면 $f_{\mu_q} \in Lip(\mathbb{Z}_{p,}\mathbb{C}_p)$가 된다.

그러면, $x+p^m\mathbb{Z}_p = y+p^m\mathbb{Z}_p$이다. 따라서 다음이 성립한다.

$$\begin{aligned} |f_{\mu_q}(x) - f_{\mu_q}(y)| = \Big| & f_{\mu_q}(x) - [p^n]_q\mu_q(x+p^n\mathbb{Z}_p) - f_{\mu_q}(y) \\ & + [p^n]_q\mu_q(y+p^n\mathbb{Z}_p) + [p^n]_q\mu_q(x+p^n\mathbb{Z}_p) \\ & - [p^m]_q\mu_q(x+p^n\mathbb{Z}_p) - [p^n]_q\mu_q(y+p^n\mathbb{Z}_p) \\ & + [p^m]_q\mu_q(y+p^n\mathbb{Z}_p) \Big| \end{aligned}$$

만약, μ_q가 $\mathbb{Z}_p$ 위에서 강 p-진 q-불변 초함수이면, 어떤 상수 C와 $m < n$에 대하여

$$\left|[p^n]_q\mu_q(x+p^n\mathbb{Z}_p)-[p^m]_q\mu_q(x+p^m\mathbb{Z}_p)\right| \le Cp^{-m}$$

임을 알 수 있다.

$n \gg 0$에 대하여, $|f_{\mu_q}(x)-f_{\mu_q}(y)| \le C_1p^{-m} = C_1|x-y|$, 여기서 C_1은 양의 실수인 상수이다.

(9) $f \in C^{(1)}(\mathbb{Z}_p, \mathbb{C}_p)$에 대한, 새로운 p-진 q-불변 초함수 $\mu_{f,q}$

$f \in C^{(1)}(\mathbb{Z}_p, \mathbb{C}_p)$이라 하자. $a < p^n$인 임의의 자연수 a에 대하여 다음과 같이 새로운 p-진 q-불변 초함수 $\mu_{f,q}$를 정의하자.

$$\mu_{f,q}(a+p^n\mathbb{Z}_p) = \int_{a+p^n\mathbb{Z}_p} q^{-xp^n-a} f(x)d\mu_q(x).$$

여기서 우변의 적분은 q-Volkenborn 적분이다. 아울러,

$$\begin{aligned}\mu_{f,q}(a+p^n\mathbb{Z}_p) &= \lim_{m\to\infty}\frac{1}{[p^{m+n}]_q}\sum_{x=0}^{p^m-1} f(a+p^nx) \\ &= \lim_{m\to\infty}\frac{1}{[p^m]_q}\sum_{x=0}^{p^{m-n}-1} f(a+p^nx) \\ &= \frac{1}{[p^n]_q}\int_{\mathbb{Z}_p} q^{-p^nx} f(a+p^nx)d\mu_{q^{p^n}}(x)\end{aligned}$$

임을 알 수 있다.

새로운 p-진 q-불변 초함수 $\mu_{f,q}$를 작은 open ball에서 정의를 하여 우변의 식처럼 $\mathbb{Z}_p$ 위의 q-Volkenborn 적분으로 표현하였다.

(9)의 계산식에서, 다음 사실을 확인할 수 있다.

(10) $f, g \in C^{(1)}(\mathbb{Z}_p, \mathbb{C}_p)$에 대하여 다음이 성립한다.

$$\mu_{\alpha f+\beta g, q}=\alpha\mu_{f,q}+\beta\mu_{g,q},$$

$$|\mu_{f,g}(a+p^n\mathbb{Z}_p)|\le \| f \|_1 \left|\frac{1}{[p^n]_q}\right|.$$

(11) 임의의 q-다항식 $P(x)\in\mathbb{C}_p[[x]_q]$에 대하여, $\mu_{p,q}$는 $\mathbb{Z}_p$ 위의 강 p-진 q-불변 초함수이다.

증명 이것은 $P(x)=[x]_q^k$에 대한 명제를 증명하는 것으로도 충분하다. 먼저, a을 $0\le a<p^n$인 정수라 하면,

$$\begin{aligned}(*)\quad \mu_{P,q}(a+p^n\mathbb{Z}_p) &= \lim_{m\to\infty}\frac{1}{[p^m]_q}\sum_{i=0}^{p^{m-n}-1}[a+ip^n]_q^k\\ &= \lim_{m\to\infty}\frac{1}{[p^m]_q}(p^{m-n}[a]_q^k+k[a]_q^{k-1}q^a[p^a]_q\sum_{i=0}^{p^{m-n}-1}[i]_{q^{p^n}}\\ &\quad +\cdots+[p^n]_q^kq^{ak}\sum_{i=0}^{p^{m-n}-1}[i]_{q^{p^n}})\end{aligned}$$

임을 알 수 있다. 왜냐하면, $[a+ip^n]_q=([a]_q+q^a[p^n]_q[i]_{q^{p^n}})$이기 때문이다. (3)으로부터,

$$\beta_{n,q}=\int_{\mathbb{Z}_p}q^{-x}[x]_q^n d\mu_q(x)=\lim_{m\to\infty}\frac{1}{[p^m]_q}\sum_{i=0}^{p^{m-1}}[i]_q^n$$

임을 알 수 있다. 따라서, 다음이 성립한다.

$$\begin{aligned}&[p^n]_q\mu_{P,q}(a+p^n\mathbb{Z}_p)\\ &=-\frac{1-q^{p^n}}{p^n\log q}[a]^k+[p^n]_qq^ak[a]_q^{k-1}\beta_{1,q^{p^n}}+[p]_q^kq^{ak}\beta_{k,q^{p^n}}\\ &=\sum_{i=0}^{\infty}\frac{P^{(i)}(a)}{i!}\beta_{i,q^{p^n}}[p^n]_q^iq^{ai},\end{aligned}$$

여기서 $P^{(i)}(a)=\left(\frac{d}{d[x]_q}\right)^iP(x)|_{x=a}$이다.

위의 식을 다음과 같이 다시 쓸 수 있다.

$$\mu_{P,q}(a+p^n\mathbb{Z}_p)\equiv\frac{P(a)}{[p^n]_q}\beta_{0,q^{p^n}}+q^a\beta_{1,q^{p^n}}P'(a)\pmod{[p^n]_q}.$$

$x \equiv x_{n+1} \pmod{p^{n+1}}$, $x \equiv x_n \pmod{p^n}$인 x를 $\mathbb{Z}_p$ 위의 임의의 수라 하고, 여기서 x_n, x_{n+1}은 $0 < x_n < p^n$, $0 < x_{n+1} < p^{n+1}$인 자연수이다. 그러면

$$\begin{aligned}&\left|[p^n]_q \mu_{P,q}(x+p^n\mathbb{Z}_p) - [p^{n+1}]_q \mu_{P,q}(x+p^{n+1}\mathbb{Z}_p)\right| \\ &= \left|\sum_{i=0}^{\infty} \frac{P^{(i)}(x_n)}{i!}\beta_{i,q^{p^n}}[p^n]_q^i q^{ai} - \sum_{i=0}^{\infty} \frac{P^{(i)}(x_{n+1})}{i!}\beta_{i,(q^n)^{p^n}}[p^n]_{q^p}^i q^{ai}\right|\end{aligned}$$

이다. 따라서 어떤 상수 C_2에 대하여,

$$\left|[p^n]_q \mu_{P,q}(x+p^n\mathbb{Z}_p) - [p^{n+1}]_q \mu_{P,q}(x+p^{n+1}\mathbb{Z}_p)\right| \le C_2 p^{-n}.$$

(12) $\mu_{p,q}$의 Radon-Nikodym 도함수의 q-아날로그 $f_{\mu_{P,q}}(x) = P(x)$ $|1-q|_p < p^{-\frac{1}{p-1}}$에 대하여, $\lim_{n\to\infty} q^{p^n} = 1$이기 때문에,

$$\begin{aligned}f_{\mu_{P,q}}(a) &= \lim_{n\to\infty}[p^n]_q \mu_{P,q}(a+p^n\mathbb{Z}_p) \\ &= \lim_{n\to\infty}\left(\frac{q^{p^n}}{\log q^{p^n}}[a]^{k_q} + [p^n]_q q^a [a]_q^{k-1}\binom{k}{1}\beta_{1,q^{p^n}} + \cdots + [p^n]_q^k q^{ka}\beta_{k,q^{p^n}}\right) \\ &= [a]_q^k = P(a)\end{aligned}$$

임을 알 수 있다. 임의의 $x \in \mathbb{Z}_p$에 대하여, $f_{\mu_{P,q}}(x)$가 연속이기 때문에 $f_{\mu_{P,q}}(x) = P(x)$가 성립한다.

(13) 임의의 $g \in C^{(1)}(\mathbb{Z}_p, \mathbb{C}_p)$에 대하여 다음이 성립한다.

$$\int_{\mathbb{Z}_p} g(x)d\mu_{P,q}(x) = \int_{\mathbb{Z}_p} g(x)P(x)q^{-x}d\mu_q(x).$$

여기서 오른쪽 적분은 q-Volkenborn 적분이다.

증명 $\displaystyle\int_{\mathbb{Z}_p} g(x)d\mu_{P,q}(x) = \lim_n \sum_{i=0}^{p^n-1} g(i)\mu_{P,q}(i+p^n\mathbb{Z}_p)$

$$= \lim_n \frac{1}{[p^n]_q}\sum_{i=0}^{p^n-1} g(i)\sum_{j=0}^{k}\binom{k}{j} j\beta_{j,q^{p^n}}[p^n]_q^j q^{ij}[i]_q^{k-j}$$

$$= \sum_{j-0}^{k}\binom{k}{1}\left(\lim_n \beta_{j,q^{p^n}}\frac{[p^n]_q^j}{[p^n]_q}\sum_{i=0}^{p^n-1} g(i)q^{ij}[i]_q^{k-j}\right)$$

$$= \lim_n \beta_{0,q^{p^n}}\frac{1}{[p^n]_q}\sum_{i=0}^{p^n-1} g(i)[i]_q^{k-j}$$

$$= \int_{\mathbb{Z}_p} g(x)[x]_q^k q^{-x} d\mu_q(x).$$

(14) $f \in C^{(1)}(\mathbb{Z}_{p,}\mathbb{C}_p)$에 대하여, $\mu_{f,q}$는 $\mathbb{Z}_p$ 위의 강 p-진 q-불변 초함수이다.

증명 $f(x) = \sum_{n=0}^{\infty} a_{n,q}\binom{x}{n}_q$을 $C^{(1)}$-함수 f의 q-말러 전개라 하자. 여기서,

$$\binom{x}{n}_q = \frac{[x]_q[x-1]_q\cdots[x-n+1]_q}{[n]_q[n-1]_q\cdots[2]_q[1]_q}$$

이다. 그러면, $\lim_n |a_{n,q}| = 0$이다. 최근에 q-말러 전개는 K. Conrad에 의해 소개되었다([13]).

$f_m(x) = \sum_{i=0}^{m} a_{i,q}\binom{x}{i}_q \in \mathbb{C}_p[[x]_q]$을 생각해 보자.

그러면 $\| f - f_m \| \le \sup_{n \ge m}|a_{n,q}|$이다. 여기서 $f = f_m + (f - f_m)$로 쓰자. 식 (*)에 의하여 다음이 성립함을 알 수 있다.

$$\left|[p^n]_q\mu_{f,q}(a+p^n\mathbb{Z}_p) - [p^{n+1}]_q\mu_{f,q}(a+p^{n+1}\mathbb{Z}_p)\right|$$

$$\le \max\left\{\begin{array}{l}\left|[p^n]_q\mu_{f_m,q}(a+p^n\mathbb{Z}_p) - [p^{n+1}]_q\mu_{f_m,q}(a+p^{n+1}\mathbb{Z}_p)\right|, \\ \left|[p^n]_q\mu_{f-f_m,q}(a+p^n\mathbb{Z}_p) - [p^{n+1}]_q\mu_{f-f_m,q}(a+p^{n+1}\mathbb{Z}_p)\right|\end{array}\right\}.$$

(2)로부터 $\mathbb{Z}_p$ 위의 $\mu_{f_m,q}$는 강 p-진 q-불변 초함수임을 알 수 있다.

더욱이 $m \gg 0$이면, $\left|[p^n]_q\mu_{f-f_m,q}(a+p^n\mathbb{Z}_p)\right| \le \| f - f_m \|_1 \le C_3 p^{-n}$이다. 여기서 C_3는

어떤 양의 실수이다. 또한 $m \gg 0$에 대하여 $\| f \|_1 = \| f_m \|_1$이고, 따라서 다음을 얻을 수 있다.

$$\left| [p^n]_q \mu_{f_m, q}(a + p^n \mathbb{Z}_p) - [p^{n+1}]_q \mu_{f_m, q}(a + p^{n+1} \mathbb{Z}_p) \right| \le C_4 p^{-n}.$$

여기서 C_4는 어떤 양의 실수이다.

(15) $\mu_{f,q}$의 Radon-Nikodym 도함수의 q-아날로그

$$f_{\mu_{f,q}}(x) = f(x)$$

이다.

증명

$$\begin{aligned}
& \left| f(a) - [p^n] \mu_{f,q}(a + p^n \mathbb{Z}_p) \right| \\
= & \left| f(a) - f_m(a) + f_m(a) - [p^m] \mu_{f_m, q}(a + p^n \mathbb{Z}_p)| - [p^n]_q \mu_{f - f_m, q}(a + p^n \mathbb{Z}_p) \right| \\
\le & \max \left\{ \begin{aligned} & |f(a) - f_m(a)|, |f_m(a) - [p^n] \mu_{f_m, q}(a + p^n \mathbb{Z}_p)|, \\ & |[p^n]_q \mu_{f - f_m, q}(a + p^n \mathbb{Z}_p)| \end{aligned} \right\} \\
\le & \max \left\{ |f(a) - f_m(a)|, |f_m(a) - [p^n] \mu_{f_m, q}(a + p^n \mathbb{Z}_p)|, \|f - f_m\|_1 \right\}.
\end{aligned}$$

만일, $\epsilon > 0$과 $\|f - f_m\|_1 \le \epsilon$인 m을 고정하면, 임의의 $n \gg 0$에 대하여 다음을 얻을 수 있다.

$$|f(a) - [p^n]_q \mu_{f,q}(a + p^n \mathbb{Z}_p)| \le \epsilon.$$

다시 말해서,

$$f_{\mu_{f,q}}(a) = \lim_{n \to \infty} \mu_{f,q}(a + p^n \mathbb{Z}_p) = f(a).$$

(16) 임의의 $g \in C^{(1)}(\mathbb{Z}_{p,} \mathbb{C}_p)$에 대하여 다음이 성립한다.

$$\int_{\mathbb{Z}_p} g(x) d\mu_{f,q}(x) = \int_{\mathbb{Z}_p} g(x) f(x) q^{-x} d\mu_q(x).$$

여기서 오른쪽 적분은 q-Volkenborn 적분이다.

증명 m을 $\|f - f_m\|_1 \le p^{-2n}$인 충분히 큰 수라 하자. 그러면 다음이 성립함을 알 수 있다.

$$|\mu_{f-f_m,q}(a + p^n Z_p)| \le \frac{1}{|[p^n]_q|} \|f - f_m\|_1 \le [p^n]_q p^{-2n} \le p^{-n}.$$

따라서, 다음이 성립함을 알 수 있다.

$$\begin{aligned}
\mu_{f,q}(a + p^n \mathbb{Z}_p) = & = \mu_{f_m,q}(a + p^n \mathbb{Z}_p) + \mu_{f-f_m,q}(a + p^n \mathbb{Z}_p) \\
& \equiv \mu_{f_m,q}(a + p^n \mathbb{Z}_p) \\
& \equiv \frac{f_m(a)}{[p^n]_q} \beta_{0,q^{p^n}} - \beta_{1,q^{p^n}} f_m'(a) \\
& \equiv \frac{f(a)}{[p^n]_q} \beta_{0,q^{p^n}} - \beta_{1,q^{p^n}} f'(a) \pmod{[p^n]_q}.
\end{aligned}$$

$\lim_{n \to \infty} \beta_{k,q^n} = B_k$이기 때문에, 여기서 B_k는 일반적인 k번째 Bernoulli 수이다.

$$\begin{aligned}
\int_{\mathbb{Z}_p} g(x) d\mu_{f,q}(x) &= \lim_n \sum_{i=0}^{p^n-1} g(i) d\mu_{f,q}(i + p^n \mathbb{Z}_p) \\
&= \lim_n \sum_{i=0}^{p^n-1} g(i) \left(\frac{f(i)}{[p^n]_q} \beta_{0,q^{p^n}} - \beta_{1,q^{p^n}} f'(i) \right) \\
&= \lim_n \left(\frac{1}{[p^n]_q} \sum_{i=0}^{p^n-1} g(i) f(i) - \frac{1}{2} \sum_{i=0}^{p^n-1} g(i) f'(i) \right) \\
&= \int_{\mathbb{Z}_p} g(x) f(x) q^{-x} d\mu_q(x).
\end{aligned}$$

(17) 위의 식을 해석해 보자.

$g(x)=1$을 위의 식에 대입해 보자.

$$\int_{\mathbb{Z}_p} d\mu_{f,q}(x)=\int_{\mathbb{Z}_p} f(x)q^{-x}d\mu_q(x).$$

이 식은 μ_q에 대하여 $\mu_{f,q}$의 anti-derivative 형태가 존재함을 보이고 있다. 복소수나 실수에서는 적분 기호와 미분 기호가 서로 역연산으로 해석되어 바로 $d\mu_{f,q}/d\mu_q$를 구성하여 Radon-Nikodym 도함수 이론을 설명하였다. 그러나 p-진 해석학에서는 피적분함수에 대한 원시함수의 존재성이 보장되지 않는다. 그래서 다음과 같은 접근을 시도하였다.

δ을 $C^{(1)}(\mathbb{Z}_p,\mathbb{C}_p)$에서 $Lip(\mathbb{Z}_p,\mathbb{C}_p)$로의 함수로 $\mathbb{Z}_p$ 상의 Radon-Nikodym 도함수에 anti-derivative를 설명하는 p-진 q-불변 초함수를 대응시키는 함수라 하자.

즉, 우리의 경우에는 $f_{\mu_{f,q}}(x)$에 대응하는 anti-derivative를 설명하는 p-진 q-불변 초함수 $\delta(f_{\mu_{f,q}})$라 둘 수 있다.

μ_q는 Z_p 위의 강 p-진 q-불변 초함수이다. 이때, Radon-Nikodym 도함수의 q-아날로그 $f_{\mu_q}(\mu_{1,q}=\delta(f_{\mu_q}))$와 그에 대응되는 초함수의 $\mu_{1,q}$의 관계를 알아보자.

(18) f_{μ_q}와 $\mu_{1,q}$의 관계식

임의의 자연수 n에 대하여

$$|f_{\mu_q}(a)-[p^n]_q\mu_q(a+p^n\mathbb{Z}_p)|\le Cp^{-n}$$

이 성립한다. $\mu_{1,q}$는 $\mathbb{Z}_p$ 위의 강 p-진 q-불변 초함수와 관련되어 있다.

그러면 $n\gg 0$에 관하여 다음이 성립한다.

$$\begin{aligned}&\left|[p^n]_q\mu_{1,q}(a+p^n\mathbb{Z}_p)-f_{\mu_q}(a)\right|\\ &\le \max\left\{p^{-n},p^{-n}|\beta_{0,q^{p^n}}f'(a)|\right\}\le C_5p^{-n}.\end{aligned}$$

여기서 C_5는 어떤 양의 실수이다. 왜냐하면, $[p^n]_q\equiv 0 \pmod{p^n}$이기 때문이다.

(19) $\mu_q - \mu_{1,q}$는 초함수이고 유계이다.

증명 이것은 충분히 큰 n에 대하여

$$\begin{aligned}
&\left|\mu_q(a+p^n\mathbb{Z}_p)-\mu_{1,q}(a+p^n\mathbb{Z}_p)\right| \\
=&\ \frac{1}{\left|[p^n]_q\right|}\left|[p^n]_q\mu_q(a+p^n\mathbb{Z}_p)-f_{\mu_q}(a)+f_{\mu_q}(a)-[p^n]_q\mu_{1,q}(a+p^n\mathbb{Z}_p)\right| \\
\leq&\ \max\left\{p^n p^{-n}C_6, p^n p^{-n}C_7\right\} \leq M
\end{aligned}$$

임을 알 수 있다. 여기서 C_6, C_7, M는 어떤 양의 실수이다.

$\mu_q - \mu_{1,q}$는 초함수이고 유계이다. $\mu_q - \mu_{1,q}$는 $\mathbb{Z}_p$ 상에서 측도이다. 이에 의해 다음의 정리를 얻게 된다.

[정리] μ_q는 $\mathbb{Z}_p$ 상에서 강 p-진 q-불변 초함수이고, $\mathbb{Z}_p$ 상의 Radon-Nikodym 도함수 f_{μ_q}가 $C^{(1)}$-함수라 하자. $\mu_{1,q}$는 $f_{\mu_q}(\mu_{1,q}=\delta(f_{\mu_q}))$와 관련된 강 p-진 q-불변 초함수라 가정하자. 그러면 다음 식을 만족하는 $\mathbb{Z}_p$ 상의 측도 $\mu_{2,q}$가 존재한다.

$$\mu_q = \mu_{1,q} + \mu_{2,q}.$$

식 $\mu_q = \mu_{1,q} + \mu_{2,q}$는 $\mathbb{Z}_p$ 상의 강한 p-진 q-불변 초함수에 의한 Lebesgue 분해의 p-진 아날로그이다.

p-진 q-초함수와 관련된 Lebesgue-Radon-Nikodym 정리의 새로운 접근

앞 장에서 보여 준 정리에 다른 방법으로 접근하는 내용이다. 내용이 같은 것은 생략하고, 필요한 사실만 새롭게 증명하고 설명하였다(참고 [15]).

(20) 이 절에서 필요한 기호는 앞 절과 같다.

(21) q-Bernoulli 수가 다음과 같이 정의되어 있다. 다음에 필요하기 때문에 여기에 기록해 두자.

$$B_{m,q} = \int_{\mathbb{Z}_p} q^{-x} x_q^m d\mu_q(x), \quad m \geq 0.$$

이 절에서의 목표는 $\mathbb{C}_p[x]$에서 말러 확장 다항식을 사용한 Kim의 결과를 재증명하는 것이다. B_m은 원래의 m번째 Bernoulli 수로서 다음을 알고 있다.

$$B_{0,q} = \frac{q-1}{\log q} B_0, \; B_{m,q} = \frac{q-1}{\log q} B_m.$$

또한, q-Bernoulli 다항식을 다음과 같이 정의한다.

$$\begin{aligned} B_{n,q}(x) &= \int_{Z_p} q^{-y} (x+y)_q^n d\mu_q(x) \\ &= \sum_{k=0}^{m} \binom{m}{k} B_{k,q} x_q^{m-k}, \quad m \geq 0. \end{aligned}$$

(22) μ_q의 Radon-Nikodym 도함수의 q-아날로그 f_{μ_q}를 다음과 같이 정의하였다.

$$f_{\mu_q}(x) = \lim_{N \to \infty} [p^N]_q \mu_q (x + p^N \mathbb{Z}_p).$$

(23) μ_q가 $\mathbb{Z}_p$ 위의 강 p-진 q-불변 초함수라 하자. 그러면 $f_{\mu_q} \in Lip(\mathbb{Z}_{p,} \mathbb{C}_p)$가 된다.

(24) $f \in C^{(1)}(\mathbb{Z}_{p,} \mathbb{C}_p)$에 대한, 새로운 p-진 q-불변 초함수 $\mu_{f,q}$는 다음과 같다.

$$\mu_{f,q}(a + p^n \mathbb{Z}_p) = \int_{a+p^n\mathbb{Z}_p} q^{-xp^n - a} f(x) d\mu_q(x).$$

여기서 우변의 적분은 q-불변적분이다.

(25) 임의의 q-다항식 $P(x) \in \mathbb{C}_p[[x]_q]$에 대하여, $\mu_{p,q}$는 $\mathbb{Z}_p$ 위의 강 p-진 q-불변 초함수이다.

증명 $P(x) = x^k$에 대한 명제를 증명하는 것으로도 충분하다. 먼저, a을 $0 \le a < p^n$인 정수라 하면, 다음을 알 수 있다.

$$\begin{aligned}\mu_{P,q}\left(a+p^n\mathbb{Z}_p\right) &= \lim_{m\to\infty}\frac{1}{[p^m]_q}\sum_{i=0}^{p^{m-n}-1}(a+ip^n)^k \\ &= \lim_{m\to\infty}\frac{1}{[p^m]_q}\left(p^{m-n}a^k + ka^{k-1}p^n\sum_{i=0}^{p^{m-n}-1} i + \cdots + p^{nk}\sum_{i=0}^{p^{m-n}-1} i^k\right).\end{aligned}$$

또한 식 (21)로부터 오른쪽 식의 극한값이 존재함을 알 수 있다.

$$B_{n,q} = \int_{\mathbb{Z}_p} q^{-x}x^n d\mu_q(x) = \lim_{m\to\infty}\frac{1}{[p^m]_q}\sum_{i=0}^{p^{m-1}} i^n.$$

따라서 다음이 성립한다.

$$\begin{aligned}[p^n]_q\mu_{P,q}\left(a+p^n\mathbb{Z}_p\right) &= \int_{\mathbb{Z}_p} q^{-x}P(x)d\mu_{q^{p^n}}(x) \\ &= \int_{\mathbb{Z}_p} q^{-x}(a+p^nx)^k d\mu_{q^{p^n}}(x) \\ &= \frac{q^{p^n}-1}{\log q^{p^n}}\left(a^kB_0 + p^n\binom{k}{1}a^{k-1}B_1 + \cdots + p^{nk}B_k\right) \\ &= \frac{q^{p^n}-1}{\log q^{p^n}}\sum_{i=0}^{\infty}\frac{P^{(i)}(a)}{i!}B_i p^{ni},\end{aligned}$$

여기서 $P^{(i)}(a) = \left(\frac{d}{dx}\right)^i P(x)|_{x=a}$을 알 수 있다.
위 식을 나시 표현하년 다음과 같다.

$$\mu_{P,a}(a+p^n\mathbb{Z}_p) \equiv \frac{P(a)}{[p^n]_q}\frac{q^{p^n}-1}{\log q^{p^n}} \pmod{p^n}.$$

$x \equiv x_{n+1} \pmod{p^{n+1}}$, $x \equiv x_n \pmod{p^n}$인 x를 $\mathbb{Z}_p$ 위의 임의의 수라 하자. 여기서 x_n, x_{n+1}은 $0 < x_n < p^n$, $0 < x_{n+1} < p^{n+1}$인 자연수이다. 그러면 다음을 알 수 있다.

$$
\begin{aligned}
&\left|[p^n]_q \mu_{p,q}(x + p^n \mathbb{Z}_p) - [p^{n+1}]_q \mu_{P,q}(x + p^{n+1}\mathbb{Z}_p)\right| \\
&= \left| \frac{q^{p^n} - 1}{\log q^{p^n}} \sum_{i=0}^{\infty} \frac{P^{(i)}(x_n)}{i!} B_i p^{ni} - \frac{q^{p^{n+1}} - 1}{\log q^{p^{n+1}}} \sum_{i=0}^{\infty} \frac{P^{(i)}(x_{n+1})}{i!} B_i p^{(n+1)i} \right|.
\end{aligned}
$$

따라서, 어떤 상수 C_2에 대하여 다음을 알 수 있다.

$$
\left|[p^n]_q \mu_{P,q}(x + p^n \mathbb{Z}_p) - [p^{n+1}]_q \mu_{P,q}(x + p^{n+1}\mathbb{Z}_p)\right| \le C_2 p^{-n}.
$$

(26) $\mu_{p,q}$의 Radon–Nikodym 도함수의 q–아날로그

$$
f_{\mu_{P,q}}(x) = P(x)
$$

이다.

증명 $|1-q|_p < p^{-\frac{1}{p-1}}$ 에 대하여, $\lim_{n\to\infty} q^{p^n} = 1$이므로 다음이 성립한다.

$$
\begin{aligned}
f_{\mu_{P,q}}(a) &= \lim_{n\to\infty} [p^n]_q \mu_{P,q}(a + p^n \mathbb{Z}_p) \\
&= \lim_{n\to\infty} \left(\frac{q^{p^n} - 1}{\log q^{p^n}} a^k B_0 + p^n a^{k-1} B_1 + \cdots + p^{nk} B_k \right) \\
&= a^k = P(a).
\end{aligned}
$$

임의의 $x \in Z_p$에 대하여, $f_{\mu_{P,q}}(x)$가 식 (26)으로부터 연속이므로 $f_{\mu_{P,q}}(x) = P(x)$가 성립한다.

(27) 임의의 $g \in C^{(1)}(\mathbb{Z}_{p,} \mathbb{C}_p)$에 대하여 다음이 성립한다.

$$\int_{\mathbb{Z}_p} g(x) d\mu_{P,q}(x) = \int_{\mathbb{Z}_p} g(x) P(x) q^{-x} d\mu_q(x).$$

여기서 오른쪽 적분은 q-Volkenborn 적분이다.

증명 $g \in C^{(1)}(\mathbb{Z}_p, \mathbb{C}_p)$이라 하자. 다음을 알 수 있다.

$$\begin{aligned}
\int_{\mathbb{Z}_p} g(x) d\mu_{P,q}(x) &= \lim_{n \to \infty} \sum_{i=0}^{p^n-1} g(i) \mu_{P,q}(i + p^n \mathbb{Z}_p) \\
&= \lim_{n \to \infty} \frac{1}{[p^n]_q} \sum_{i=0}^{p^n-1} g(i) \sum_{j=0}^{k} \binom{k}{j} B_j i^{k-j} p^{nj} \\
&= \sum_{j=0}^{k} \binom{k}{1} B_j \lim_{n \to \infty} \frac{1}{[p^n]_q} \sum_{i=0}^{p^n-1} g(i) i^{k-j} \\
&= B_0 \lim_{n \to \infty} \frac{1}{[p^n]_q} \sum_{i=0}^{p^n-1} g(i) i^k \\
&= \int_{\mathbb{Z}_p} g(x) x^k q^{-x} d\mu_q(x),
\end{aligned}$$

여기서 마지막의 적분은 앞에서 Kim에 의하여 정의된 $\mathbb{Z}_p$ 위의 q-Volkenborn 적분이다.

(28) $f \in C^{(1)}(\mathbb{Z}_{p,} \mathbb{C}_p)$에 대하여, $\mu_{f,q}$는 $\mathbb{Z}_p$ 위의 강 p-진 q-불변 초함수이다.

증명 $f(x) = \sum_{n=0}^{\infty} a_n \binom{x}{n}$을 평등미분 가능 함수 f의 말러 확장이라고 하자. 여기서 $\binom{x}{n}$은 이항계수이다. 그러면, $\lim_{n \to \infty} n|a_n| = 0$이다.

$f_m(x) = \sum_{i=0}^{m} a_i \binom{x}{i} \in \mathbb{C}_p[x]$을 생각해 보자. 그러면 다음이 성립한다.

$$\| f - f_m \| \le \sup_{n \ge m} |a_{n,q}|.$$

여기서 $f=f_m+(f-f_m)$로 쓰자. 식 (*)에 의하여 다음을 얻을 수 있다.

$$\begin{aligned}&\left|[p^n]_q\mu_{f,q}(a+p^n\mathbb{Z}_p)-[p^{n+1}]_q\mu_{f,q}(a+p^{n+1}\mathbb{Z}_p)\right|\\ \le\ &\max\left\{\begin{array}{l}\left|[p^n]_q\mu_{f_m,q}(a+p^n\mathbb{Z}_p)-[p^{n+1}]_q\mu_{f_m,q}(a+p^{n+1}\mathbb{Z}_p)\right|,\\ \left|[p^n]_q\mu_{f-f_m,q}(a+p^n\mathbb{Z}_p)-[p^{n+1}]_q\mu_{f-f_m,q}(a+p^{n+1}\mathbb{Z}_p)\right|\end{array}\right\},\end{aligned}$$

$$\left|[p^n]_q\mu_{f-f_m,q}(a+p^n\mathbb{Z}_p)\right|\le \| f-f_m \|_1 \le C_3p^{-n}.$$

또한 $m\gg 0$에 대하여 $\| f \|_1 = \| f_m \|_1$이고, 따라서 다음을 얻을 수 있다.

$$\left|[p^n]_q\mu_{f_m,q}(a+p^n\mathbb{Z}_p)-[p^{n+1}]_q\mu_{f_m,q}(a+p^{n+1}\mathbb{Z}_p)\right|\le C_4p^{-n}.$$

여기서 C_4는 어떤 양의 실수이다.

(29) $\mu_{f,q}$의 Radon-Nikodym 도함수의 q-아날로그

$$f_{\mu_{f,q}}(x)=f(x)$$

이다.

증명

$$\begin{aligned}&\left|f(a)-[p^n]\mu_{f,q}(a+p^n\mathbb{Z}_p)\right|\\ =\ &\left|f(a)-f_m(a)+f_m(a)-[p^m]\mu_{f_m,q}(a+p^n\mathbb{Z}_p)|-[p^n]_q\mu_{f-f_m,q}(a+p^n\mathbb{Z}_p)\right|\\ \le\ &\max\left\{\begin{array}{l}|f(a)-f_m(a)|,|f_m(a)-[p^n]\mu_{f_m,q}(a+p^n\mathbb{Z}_p)|,\\ |[p^n]_q\mu_{f-f_m,q}(a+p^n\mathbb{Z}_p)|\end{array}\right\}\\ \le\ &\max\left\{|f(a)-f_m(a)|,|f_m(a)-[p^n]\mu_{f_m,q}(a+p^n\mathbb{Z}_p)|,\|f-f_m\|_1\right\}.\end{aligned}$$

만일, $\epsilon > 0$과 $\|f - f_m\|_1 \le \epsilon$인 m을 고정하면, 임의의 $n \gg 0$에 대하여 다음을 알 수 있다.

$$|f(a) - [p^n]_q \mu_{f,q}(a + p^n \mathbb{Z}_p)| \le \epsilon.$$

다시 말해서,

$$f_{\mu_{f,q}}(a) = \lim_{n \to \infty} \mu_{f,q}(a + p^n \mathbb{Z}_p) = f(a)\text{이다.}$$

m을 $\|f - f_m\|_1 \le p^{-2n}$인 충분히 큰 수라 하자. 그러면 다음이 성립함을 알 수 있다.

$$|\mu_{f - f_m, q}(a + p^n \mathbb{Z}_p)| \le \frac{1}{|[p^n]_q|} \|f - f_m\|_1 \le [p^n]_q p^{-2n} \le p^{-n}.$$

따라서, 다음이 성립한다.

$$\begin{aligned}
\mu_{f,q}(a + p^n \mathbb{Z}_p) &= \mu_{f_m,q}(a + p^n \mathbb{Z}_p) + \mu_{f - f_m, q}(a + p^n \mathbb{Z}_p) \\
&\equiv \mu_{f_m,q}(a + p^n \mathbb{Z}_p) \\
&\equiv \frac{f_m(a)}{[p^n]_q} \frac{q^{p^n} - 1}{\log q^{p^n}} \\
&\equiv \frac{f(a)}{[p^n]_q} \frac{q^{p^n} - 1}{\log q^{p^n}} \pmod{p^n}.
\end{aligned}$$

(30) 임의의 $g \in C^{(1)}(\mathbb{Z}_p, \mathbb{C}_p)$에 대하여 다음이 성립한다.

$$\int_{Z_p} g(x) d\mu_{f,q}(x) = \int_{Z_p} g(x) f(x) q^{-x} d\mu_q(x).$$

여기서 오른쪽 적분은 q-Volkenborn 적분이다.

증명 $g \in C^{(1)}(\mathbb{Z}_p, \mathbb{C}_p)$이라 두면, $\lim_{n\to\infty} \frac{q^{p^n}-1}{\log q^{p^n}} = 1$이므로 다음이 성립한다.

$$\begin{aligned}
\int_{\mathbb{Z}_p} g(x) d\mu_{f,q}(x) &= \lim_{n\to\infty} \sum_{i=0}^{p^n-1} g(i) d\mu_{f,q}(i+p^n Z_p) \\
&= \lim_{n\to\infty} \sum_{i=0}^{p^n-1} g(i) \frac{f(i)}{[p^n]_q} \frac{q^{p^n}-1}{\log q^{p^n}} \\
&= \lim_{n\to\infty} \frac{1}{[p^n]_q} \sum_{i=0}^{p^n-1} g(i) f(i) \\
&= \int_{\mathbb{Z}_p} g(x) f(x) q^{-x} d\mu_q(x).
\end{aligned}$$

μ_q는 $\mathbb{Z}_p$ 위의 강 p-진 q-불변 초함수이다. 이때, Radon-Nikodym 도함수의 q-아날로그 $f_{\mu_q}(\mu_{1,q} = \delta(f_{\mu_q}))$와 그에 대응되는 초함수를 $\mu_{1,q}$의 관계를 알아보자.

(31) f_{μ_q}와 $\mu_{1,q}$의 관계식

$$|[p^n]_q \mu_{1,q}(a+p^n\mathbb{Z}_p) - f_{\mu_q}(a)| \le C_5 p^{-n}.$$

(32) $\mu_q - \mu_{1,q}$는 초함수이고 유계이다.

따라서 똑같은 내용의 다음과 같은 정리를 얻게 된다.

[정리] μ_q는 Z_p 상에서 강 p-진 q-불변 초함수이고, $\mathbb{Z}_p$ 상의 Radon-Nikodym 도함수 f_{μ_q}가 $C^{(1)}$-함수라 하자. $\mu_{1,q}$는 $f_{\mu_q}(\mu_{1,q} = \delta(f_{\mu_q}))$와 관련된 강 p-진 q-불변 초함수라 가정하자. 그러면 다음 식을 만족하는 $\mathbb{Z}_p$ 상의 측도 $\mu_{2,q}$가 존재한다.

$$\mu_q = \mu_{1,q} + \mu_{2,q}.$$

식 $\mu_q = \mu_{1,q} + \mu_{2,q}$는 $\mathbb{Z}_p$ 상의 강한 p-진 q-불변 초함수에 의한 Lebesgue 분해의 p-진 아날로그이다.

[참고] $P(x)=[x]_q^k$일 때와 $P(x)=x^k$일 때, $\mu_{p,q}$의 Radon-Nikodym 도함수의 계수에 식 (12) 및 (26)에 의해서 서로 다른 값이 유도된다. 즉 $[a]_q^k$와 a^k이다. 그러나 $f\in C^{(1)}(\mathbb{Z}_p,\mathbb{C}_p)$에 대해서는 $x=a$에서 Radon-Nikodym 도함수가 (15)와 (29) 식에 의해서 같이 나오므로, 그 이후의 정리는 일치하게 된다.

$\mathbb{Z}_p$ 위에서 페르미오닉(fermionic) p-진 불변적분과 관련된 Lebesgue-Radon-Nikodym 정리

Kim에 의해서 연구된 $\mathbb{Z}_p$ 위에서 페르미오닉(fermionic) p-진 불변적분과 관련된 Lebesgue-Radon-Nikodym 정리를 소개한다([7]).

(33) 이 절에서 필요한 기호를 약속하고자 한다.

p을 홀수인 소수라 하자.

$\mathbb{Z}$, $\mathbb{Z}_p$, $\mathbb{Q}_p$, $\mathbb{C}_p$을 각각 유리정수의 환, p-진 정수환, p-진 유리수 체, 그리고 $\mathbb{Q}_p$의 대수적 폐포의 완비화로 두자.

v_p을 $|p|_p=p^{-v_p(p)}=p^{-1}$를 만족하는 $\mathbb{C}_p$의 정규 지수값이라 하고

$a+p^N\mathbb{Z}_p=\{x\in\mathbb{Z}_p|x\equiv a \pmod{p^N}\}$라 하자.

$0\le a\le p^N$인 정수 a를 잡자.

이때, $q\in\mathbb{C}_p$이면 $|1-q|_p<p^{-\frac{1}{p-1}}$라 가정하자.

또한, $[x]_q=[x:q]=\dfrac{1-q^x}{1-q}$라 하자.

$C(\mathbb{Z}_p,\mathbb{C}_p)$은 $\mathbb{Z}_p$에서 $\mathbb{C}_p$로의 모든 연속함수들의 공간

$C^{(1)}(\mathbb{Z}_p,\mathbb{C}_p)$은 $\mathbb{Z}_p$에서 $\mathbb{C}_p$로의 모든 $C^{(1)}$-함수

$Lip(\mathbb{Z}_p,\mathbb{C}_p)$은 모든 리프시츠 함수의 $\mathbb{C}_p$-선형사상

$UD(\mathbb{Z}_p)$는 모든 평등미분 가능한 함수의 집합

(34) μ_q는 $\mathbb{Z}_p$ 위의 p-진 q-불변 초함수와 Kim의 p-진 q-불변적분

f가 $a\in\mathbb{Z}_p$에서 평등미분 가능한 함수라는 것은 가 $(x,y)\to(a,a)$일 때 극한 $l=f'(a)$를 가지는 것이다. 기호는 $UD(\mathbb{Z}_p)$이다.

임의의 자연수 $\mathbb{N}$ 에 대하여, T. Kim에 의하여 $\mathbb{Z}_p$ 위에서 p-진 q-측도가 $\mu_{-q}(a+dp^N\mathbb{Z}_p)=\frac{(-q)^a}{[dp^N]_{-q}}$ 로 정의되었고, $\mathbb{Z}_p$ 위에서 fermionic p-진 q-적분은 다음과 같이 정의된 다. $f\in UD(\mathbb{Z}_p)$ 에 대하여

$$I_{-q}(f)=\int_{\mathbb{Z}_p} f(x)d\mu_{-q}(x)=\lim_{N\to\infty}\frac{1}{[p^N]_{-q}}\sum_{x=0}^{p^N-1}f(x)(-q)^x .$$

또한, $\mathbb{Z}_p$ 위에서 fermionic p-진 적분은 다음과 같이 정의된다.

$$I_{-1}(f)=\lim_{q\to 1}\int_{\mathbb{Z}_p} f(x)d\mu_{-q}(x)=\int_{\mathbb{Z}_p} f(x)d\mu_{-1}(x)$$

로 정의하고, 이것은 $\mathbb{Z}_p$ 위의 초함수로 확장할 수 있다.

(35) p-진 q-불변 초함수 μ_q의 q-Volkenborn 적분 확장

$\mathbb{Z}_p$ 위의 강 fermionic p-진 불변 측도의 정의를 이 단원의 주제에 맞도록 생각해 보자. 만약 $n\to\infty$ 일 때 $\delta_n\to 0$이고, δ_n이 a에 의존할 때 μ_{-1}이 부등식 $|\mu_{-1}(a+p^n\mathbb{Z}_p)-\mu_{-1}(a+p^{n+1}\mathbb{Z}_p)|\le\delta_n$ 을 만족하면 μ_{-1} 을 $\mathbb{Z}_p$ 위의 약 fermionic p-진 불변 측도로 간주한다. 한편, μ_{-1} 이 c가 상수인 cp^{-n} 이면 μ_{-1} 을 $\mathbb{Z}_p$ 위의 강 fermionic p-진 불변 측도로 정의, 즉 δ_n이 a에 의존하지 않을 때이다.

$f(x)$을 $\mathbb{Z}_p$ 위의 함수라 하자. 그러면 $\mathbb{Z}_p$ 위의 약 μ_q에 의한 f의 fermionic p-진 적분의 극한이 존재한다면

$$\int_{\mathbb{Z}_p} f(x)d\mu_{-1}(x)=\lim_{N\to\infty}\sum_{x=0}^{p^N-1}f(x)\mu_{-1}(x+p^N\mathbb{Z}_p).$$

이 경우, f를 μ_q에 의한 확장된 fermionic p-진 적분 가능 함수라 한다.

(36) μ_{-1}의 Radon-Nikodym 도함수의 q-아날로그 $f_{\mu_{-1}}$를 다음과 같이 정의한다.

$$f_{\mu_q}(x) = \lim_{N\to\infty}(-1)^x\mu_{-1}(x+p^N\mathbb{Z}_p).$$

(37) μ_q가 $\mathbb{Z}_p$ 위의 강 p-진 불변 초함수라 하자. 그러면 $f_{\mu_{-1}}\in Lip(\mathbb{Z}_{p,}\mathbb{C}_p)$가 된다.

증명 $x, y\in\mathbb{Z}_p$에 대하여, $|x-y|_p = p^{-m}$라 하자.

μ_{-1}가 Z_p 위의 강 p-진 q-불변 초함수라 하자. 그러면 $f_{\mu_{-1}}\in Lip(\mathbb{Z}_{p,}\mathbb{C}_p)$가 된다.

그러면, $x+p^m\mathbb{Z}_p = y+p^m\mathbb{Z}_p$이다. 따라서 다음이 성립한다.

$$\begin{aligned}|f_{\mu_{-1}}(x)-f_{\mu_{-1}}(y)| = (-1)\Bigg|&f_{\mu_{-1}}(x)-(-1)^x\mu_{-1}(x+p^n\mathbb{Z}_p)-f_{\mu_{-1}}(y)\\&+(-1)^x\mu_{-1}(y+p^n\mathbb{Z}_p)+(-1)^x\mu_{-1}(x+p^n\mathbb{Z}_p)\\&-(-1)^x\mu_{-1}(x+p^n\mathbb{Z}_p)-(-1)^x\mu_{-1}(y+p^n\mathbb{Z}_p)\\&+(-1)^x\mu_{-1}(y+p^n\mathbb{Z}_p)\Bigg|.\end{aligned}$$

만약, μ_{-1}가 $\mathbb{Z}_p$ 위에서 강 p-진 불변 초함수이면, 어떤 상수 C와 $m<n$에 대하여

$$|(-1)^x\mu_{-1}(x+p^n\mathbb{Z}_p)-(-1)^x\mu_{-1}(x+p^m\mathbb{Z}_p)|\leq Cp^{-m}$$

임을 알 수 있다.

$n\gg 0$에 대하여, $|f_{\mu_{-1}}(x)-f_{\mu_{-1}}(y)|\leq C_1p^{-m} = C_1|x-y|$, 여기서 C_1은 양의 실수인 상수이다.

(38) $f\in UD(\mathbb{Z}_p)$에 대한, 새로운 p-진 q-불변 초함수 $\mu_{f,-1}$

$0\leq a<p^n$를 만족하는 임의의 정수 a와 n에 대하여

$$\mu_{f,-1}(a+p^n\mathbb{Z}_p) = \int_{a+p^n\mathbb{Z}_p} f(x)d\mu_{-1}(x)$$

이다. 단, 여기서의 적분은 $\mathbb{Z}_p$ 위의 fermionic p-진 불변적분이다.

$$\begin{aligned}\mu_{f,-1}(a+p^n\mathbb{Z}_p) &= \lim_{m\to\infty}\sum_{x=0}^{p^m-1} f(a+p^n x)(-1)^{a+p^n x} \\ &= (-1)^a \lim_{m\to\infty}\sum_{x=0}^{p^{m-n}-1} f(a+p^n x)(-1)^x \\ &= (-1)^a \int_{\mathbb{Z}_p} f(a+p^n x)d\mu_{-1}(x).\end{aligned}$$

새로운 p-진 q-불변 초함수 $\mu_{f,-1}$를 작은 개집합 $a+p^n\mathbb{Z}_p$에서 정의를 하여 우변의 식처럼 $\mathbb{Z}_p$ 위의 fermionic p-진 불변적분으로 표현하였다.

(38)의 계산식에서, 다음 사실을 확인할 수 있다.

(39) $f, g \in C^{(1)}(\mathbb{Z}_{p,}\mathbb{C}_p)$에 대하여 다음이 성립한다.

$$\mu_{\alpha f+\beta g, q} = \alpha\mu_{f,q} + \beta\mu_{g,q},$$

$$|\mu_{f,-1}(a+p^n\mathbb{Z}_p)| \le \| f \|_\infty.$$

(40) 임의의 $p(x) \in \mathbb{C}_p[[x]]$ 에 대하여, $\mu_{P,-1}$이 $\mathbb{Z}_p$ 위의 강 fermionic p-진 q-불변 측도이다.

증명 이것은 $P(x)=x^k$에 대한 명제를 증명하는 것으로 충분하다.

a를 $0 \le a < p^n$인 정수라 하자. 그러면

$$\mu_{P,-1}(a+p^n\mathbb{Z}_p) = \lim_{m\to\infty}(-1)^a \sum_{i=0}^{p^{m-n}-1}(a+ip^n)_q^k(-1)^i,$$

$$(a+ip^n)^k = \sum_{l=0}^{k} a^{k-1}\binom{k}{l}(ip^n)^l = a^k + \binom{k}{1}a^{k-1}p^n i + \cdots + p^{nk}i^k$$

이고, 식 (40)에 의하여 다음을 얻는다.

$$\mu_{P,-1}(a+ip^n\mathbb{Z}_p)=\lim_{m\to\infty}(-1)^a$$
$$\times\left\{a^k+ka^{k-1}p^n\sum_{i=0}^{p^{m-n}-1}i(-1)^i+\cdots+p^{nk}\sum_{i=0}^{p^{m-n}-1}i^k(-1)^i\right\}.$$

오른쪽 식의 극한값의 존재성은 Euler 수의 정의로부터 가능하다. 즉,

$$E_n=\int_{\mathbb{Z}_p}x^n d\mu_{-1}(x)=\lim_{m\to\infty}\sum_{i=0}^{p^m-1}i^n(-1)^i,$$

$$\mu_{P,-1}\left(a+p^n\mathbb{Z}_p\right)\equiv(-1)^a a^k E_0 \pmod{p^n}$$
$$\equiv(-1)^a P(a)E_0 \pmod{p^n}$$

이다.

$x\equiv x_{n+1} \pmod{p^{n+1}}$, $x\equiv x_n \pmod{p^n}$인 x를 $\mathbb{Z}_p$ 위의 임의의 수라 하고, 여기서 x_n, x_{n+1}은 $0\le x_n<p^n$, $0\le x_{n+1}<p^{n+1}$인 자연수이다. 그러면 어떤 상수 C와 $n(\ge 0)$에 대하여

$$\left|\mu_{P,-1}(x+p^n\mathbb{Z}_p)-\mu_{P,-1}(x+p^{n+1}\mathbb{Z}_p)\right|\le Cp^{-n}$$

이다.

(41) $\mu_{P,-1}$의 Radon–Nikodym 도함수의 q-아날로그

$$f_{\mu_{P,-1}}(x)=(-1)^x P(x)$$

이다.

증명 $f_{\mu_{P,-1}}(a)=\lim_{n\to\infty}\mu_{P,-1}(a+p^n\mathbb{Z}_p)$이라 하자. 그러면 다음을 유도한다.

$$f_{\mu_{P,-1}}(a)=(-1)^a\lim_{n\to\infty}\left\{a^k+ka^{k-1}p^nE_1+\cdots+p^{n^k}E_k\right\}$$
$$=(-1)^a a^k=(-1)^a P(a).$$

이것은 $f_{\mu_{P,-1}}(x)$가 연속이므로 모든 $x \in \mathbb{Z}_p$에 대하여 다음을 유도한다.

$$f_{\mu_{P,-1}}(x) = (-1)^x P(x).$$

(42) $g \in UD(\mathbb{Z}_p)$에 대하여 $\int_{\mathbb{Z}_p} g(x) d\mu_{P,-1}(x) = \int_{\mathbb{Z}_p} g(x) x^k d\mu_{-1}(x)$
단, 두 번째 적분은 $\mathbb{Z}_p$ 위의 fermionic p-진 불변적분이다.

증명

$$\begin{aligned}\int_{\mathbb{Z}_p} g(x) d\mu_{P,-1}(x) &= \lim_{n\to\infty} \sum_{i=0}^{p^n-1} g(i) \mu_{P,-1}(i + p^n \mathbb{Z}_p) \\ &= \lim_{n\to\infty} \sum_{i=0}^{p^n-1} g(i)(-1)^i i^k = \int_{\mathbb{Z}_p} g(x) x^k d\mu_{-1}(x).\end{aligned}$$

(43) $f \in C^{(1)}(\mathbb{Z}_p, \mathbb{C}_p)$에 대하여, $\mu_{f,-1}$는 $\mathbb{Z}_p$ 위의 강 p-진 q-불변 초함수이다.

증명 $f(x) = \sum_{n=0}^{\infty} a_n \binom{x}{n}$를 f의 평등미분 가능 함수의 말러(Mahler) 확장이라 하자. 단, $\binom{x}{n}$은 이항 계수이다. 여기서는 $\lim_{n\to\infty} n|a_n| = 0$이다. $f_m(x) = \sum_{i=0}^{m} a_i \binom{x}{i} \in \mathbb{C}_p[[x]]$이라 하자. 그러면 다음을 얻는다.

$$\| f - f_m \|_{\infty} \leq \sup_{n \geq m} n|a_n|.$$

여기서 $f = f_m + f - f_m$로 쓰면서 다음이 성립함을 알 수 있다.

$$\begin{aligned}&|\mu_{f,-1}(a + p^n \mathbb{Z}_p) - \mu_{f,-1}(a + p^{n+1} \mathbb{Z}_p)| \\ &\leq \max \left\{ \begin{array}{l} |\mu_{f_m,-1}(a + p^n \mathbb{Z}_p) - \mu_{f_m,-1}(a + p^{n+1} \mathbb{Z}_p)|, \\ |\mu_{f-f_m,-1}(a + p^n \mathbb{Z}_p) - \mu_{f-f_m,-1}(a + p^{n+1} \mathbb{Z}_p)| \end{array} \right\},\end{aligned}$$

어떤 상수 C_1에 대하여 다음을 알 수 있다.

$$\left|\mu_{f-f_m,-1}(a+p^n\mathbb{Z}_p)\right| \le \|f-f_m\|_\infty \le C_1p^{-n}.$$

더욱이 $m \gg 0$이면, $\|f\|_\infty = \|f_m\|_\infty$이 되므로

$$\left|\mu_{f_m,-1}(a+p^n\mathbb{Z}_p) - \mu_{f_m,-1}(a+p^{n+1}\mathbb{Z}_p)\right| \le C_2p^{-n}$$

이다. 여기서 C_2는 어떤 양의 실수이다.

(44) $\mu_{f,-1}$의 Radon-Nikodym 도함수의 아날로그

$$f_{\mu_{f,-1}}(a) = (-1)^a f(a)$$

이다.

증명 $|f(a) - \mu_{f,-1}(a+p^n\mathbb{Z}_p)|$

$$\le \max\left\{\begin{matrix}|f(a)-f_m(a)|, |f_m(a) - \mu_{f_m,-1}(a+p^n\mathbb{Z}_p)|, \\ |\mu_{f-f_m,-1}(a+p^n\mathbb{Z}_p)|\end{matrix}\right\}$$

$$\le \max\left\{|f(a)-f_m(a)|, |f_m(a) - \mu_{f_m,-1}(a+p^n\mathbb{Z}_p)|, \|f-f_m\|_\infty\right\}.$$

만일, $\epsilon > 0$과 $\|f-f_m\|_\infty \le \epsilon$인 m을 고정하면, 임의의 $n \gg 0$에 대하여

$$|f(a) - \mu_{f,-1}(a+p^n\mathbb{Z}_p)| \le \epsilon$$

이다. 그러므로 다음이 성립한다.

$$f_{\mu_{f,-1}}(a) = \lim_{n\to\infty} \mu_{f,-1}(a+p^n\mathbb{Z}_p) = (-1)^a f(a).$$

(45) 임의의 $g \in C^{(1)}(\mathbb{Z}_{p,} \mathbb{C}_p)$에 대하여 다음이 성립한다.

$$\int_{\mathbb{Z}_p} g(x) d\mu_{f,-1}(x) = \int_{\mathbb{Z}_p} f(x) g(x) d\mu_{-1}(x).$$

여기서 오른쪽 적분은 q-Volkenborn 적분이다.

증명 m을 $\|f - f_m\|_\infty \leq p^{-n}$를 만족하는 충분히 큰 수라 하자. 그러면

$$|\mu_{f-f_m,q}(a + p^n \mathbb{Z}_p)| \leq \frac{1}{|[p^n]_q|} \|f - f_m\|_1 \leq [p^n]_q p^{-2n} \leq p^{-n}$$

이고 따라서 다음이 성립함을 알 수 있다.

$$\begin{aligned} \mu_{f,-1}(a + p^n \mathbb{Z}_p) &= \mu_{f_m,-1}(a + p^n \mathbb{Z}_p) + \mu_{f-f_m,-1}(a + p^n \mathbb{Z}_p) \\ &\equiv \mu_{f_m,-1}(a + p^n \mathbb{Z}_p) \equiv (-1)^a f(a) E_0 \pmod{p^n} \end{aligned}$$

$g \in UD(\mathbb{Z}_p, \mathbb{C}_p)$이라 하면

$$\int_{\mathbb{Z}_p} g(x) d\mu_{f,-1}(x) = \int_{\mathbb{Z}_p} f(x) g(x) d\mu_{-1}(x).$$

(46) 위의 식을 해석해 보자.

μ_{-1}는 $\mathbb{Z}_p$ 상에서 강 p-진 q-불변 초함수이고, $f_{\mu_{f,-1}}(x) = f(x)$는 $\mathbb{Z}_p$ 상의 Radon-Nikodym 도함수로서 $C^{(1)}$-함수였다. 이때 (45) 사실에서 μ_{-1} 대하여 $\mu_{f,-1}$의 anti-derivative 형태가 존재 함을 보였다. 이때 $f_{\mu_{f,-1}}(x) = f(x)$에 대응하는 anti-derivative를 설명하는 p-진 fermionic 불변 초함수 $\delta(f_{\mu_{f,-1}})$라 둘 수 있다. 단, δ는 $UD(\mathbb{Z}_p, \mathbb{C}_p)$에서 $Lip(\mathbb{Z}_{p,} \mathbb{C}_p)$로의 함수, 즉 $\mathbb{Z}_p$ 상의 Radon-Nikodym 도함수에 anti-derivative를 설명하는 p-진 q-불변 초함수를 대응시키는 함수이다. 위 (45)는 그러한 q-불변 초함수가 존재함을 설명하는 식이고 그 증명이다.

μ_{-1}은 $\mathbb{Z}_p$ 위의 강 fermionic p-진 불변 측도이고, 양의 정수 n과 어떤 상수 C_4에 대하여 다음이 성립함을 알고 있다.

$$\left|f_{\mu_{-1}}(a)-\mu_{-1}(a+p^n\mathbb{Z}_p)\right|\le C_4p^{-n}.$$

만일, $\mu_{1,-1}$이 $\mathbb{Z}_p$ 위의 강 fermionic p-진 불변 측도라면, $n\gg 0$과 어떤 상수 C_5에 대하여 다음이 성립한다.

$$\left|\mu_{1,-1}(a+p^n\mathbb{Z}_p)-f_{\mu_{-1}}(a)\right|\le C_5p^{-n}$$

이고, μ_{-1}는 $\mathbb{Z}_p$ 위의 강 p-진 q-불변 초함수이다. 이때 Radon-Nikodym 도함수의 아날로그 $f_{\mu_{-1}}(\mu_{1,-1}=\delta(f_{\mu_{-1}}))$와 그에 대응되는 초함수의 $\mu_{1,-1}$의 관계를 알아보자.

(47) $f_{\mu_{-1}}$와 $\mu_{1,-1}$의 관계식

임의의 자연수 n에 대하여 $|f_{\mu_{-1}}(a)-(-1)^x\mu_q(a+p^n\mathbb{Z}_p)|\le Cp^{-n}$이 성립한다.

$\mu_{1,-1}$는 $\mathbb{Z}_p$ 위의 강 p-진 q-불변 초함수와 관련되어 있다.

(48) $\mu_{-1}-\mu_{1,-1}$는 초함수이고 유계이다.

따라서, 충분히 큰 n과 상수 K에 대하여 다음이 성립한다.

$$\begin{aligned}&\left|\mu_{-1}(a+p^n\mathbb{Z}_p)-\mu_{1,-1}(a+p^n\mathbb{Z}_p)\right|\\&\le\left|\mu_{-1}(a+p^n\mathbb{Z}_p)-f_{\mu_{-1}}(a)\right|+\left|f_{\mu_{-1}}(a)-\mu_{1,-1}(a+p^n\mathbb{Z}_p)\right|\le K.\end{aligned}$$

그러므로 $\mu_{-1}-\mu_{1,-1}$은 $\mathbb{Z}_p$ 위의 측도이다.

따라서 다음의 정리를 얻게 된다.

[정리] μ_{-1}은 $\mathbb{Z}_p$ 위의 강 fermionic p-진 불변 측도라 하자. $\mathbb{Z}_p$ 위의 fermionic Radon-Nikodym 도함수 $f_{\mu_{-1}}$은 평등미분 가능 함수라 하자. 그리고 $\mu_{1,-1}$이 $f_{\mu_{-1}}$와 관련된 강 fermionic p-진 불변 측도라고 가정하자. 그러면 다음 식을 만족하는 $\mathbb{Z}_p$ 상의 측도 $\mu_{2,-1}$가 존재한다.

$$\mu_{-1} = \mu_{1,-1} + \mu_{2,-1}$$

위 정리는 $\mathbb{Z}_p$ 상의 강한 fermionic p-진 불변 측도에 의한 Lebesgue 분해의 p-진 아날로그이다.

2. *q*-Euler 수에 대한 von Staudt-Clausen 정리

von Staudt-Clausen 정리

이 절에서는 Kim이 연구한 q-Euler 수에 대한 von Staudt-Clausen 정리를 소개한다([9]).

(1) 먼저 Euler 수의 정의를 생각해 보자.

$$\frac{2}{e^t+1} = e^{Et} = \sum_{n=0}^{\infty} E_n \frac{t^n}{n!}, \quad (|t| < \pi).$$

여기서 E^n을 E_n으로 기록한다($n \in \mathbb{Z}_+$). 정의로부터 다음과 같은 E_n 값의 계산 공식이 유도된다.

$$E_0 = 1, \quad (E+1)^n + E_n = 2\delta_{0,n}$$

단, $\delta_{o,n}$은 Kronecker 기호이다.

(2) $x \in \mathbb{Q}_p$(또는 $x \in \mathbb{R}$)에 대하여 Kim이 연구한 q-*Euler* 수를 소개한다.

$$E_{0,q} = \frac{[2]_q}{2}, \quad (qE+1)^n + E_{n,q} = [2]_q \delta_{0,n}.$$

첫 번째 전개식에서 E^n은 $E_{n,q}$로 기록한다.
참고로 $\lim_{q \to 1} E_{n,q} = E_n$이 된다.

(3) p는 홀수인 소수라 하자.

$d \in \mathbb{N}$, $(d,p)=1$이라 하고, 다음 기호를 약속하자.

$$X = X_d = \lim_{\overleftarrow{N}} \mathbb{Z}/dp^n\mathbb{Z},\ X_1 = \mathbb{Z}_p,$$

$$X^* = \bigcup_{\substack{o < a < dp \\ (a,p)=1}} a + dp\mathbb{Z}_p,$$

$$a + dp^N\mathbb{Z}_p = \{x \in X \mid x \equiv a \pmod{dp^N}\},$$

단, $a \in \mathbb{Z}_p$, $0 \le a < dp^N$이다.

(4) Kim의 *Bosonic p-진 q-적분*을 생각해 보자.

$f \in UD(\mathbb{Z}_p)$일 때, 다음이 성립한다.

$$I_q(f) = \int_{\mathbb{Z}_p} f(x) d\mu_q(x) = \lim_{N \to \infty} \frac{1}{[dp^N]_q} \sum_{0 \le n \le dp^N} f(x) q^x .$$

Kim의 *fermionic p-진 q-적분*은 다음과 같다.

$$I_{-q}(f) = \int_{\mathbb{Z}_p} f(x) d\mu_{-q}(x) = \lim_{N \to \infty} \frac{1}{[p^N]_{-q}} \sum_{x=0}^{p^N-1} f(x)(-q)^x .$$

(5) Fermionic p-진 q-적분의 적분방정식은 다음과 같다.

$$qI_{-q}(f_1) + I_{-q}(f) = [2]_q f(0),\ \text{단},\ f_1(x) = f(x+1).$$

위 식에 $f(x) = e^{[x]_q t}$를 이용하면 q-Euler 수 $E_{n,q}$의 Witt 공식이 다음과 같이 유도된다.

$$\int_{\mathbb{Z}_p} e^{[x+y]_q t} q^{-y} d\mu_{-q}(y) = e^{[x]_q t} \int_{\mathbb{Z}_p} e^{q^x [y]_q t} q^{-y} d\mu_{-q}(y) = \sum_{n=0}^{\infty} E_{n,q}(x) \frac{t^n}{n!} .$$

q-Euler 다항식 $E_{n,q}(x)$와 q-Euler 수의 관계식은 다음과 같다.

$$E_{n,q}(x)=\sum_{k=0}^{n}\binom{n}{k}[x]_q^{n-k}q^{xk}E_{k,q},\ \text{단,}\ \binom{n}{k}=n(n-1)\cdots\frac{(n-k+1)}{k!}.$$

(6) $F_q(t,x)$를 q-Euler 다항식의 생성함수라 하자. 즉, 다음과 같이 표현할 수 있다.

$$F_q(t,x)=\sum_{n=0}^{\infty}E_{n,q}(x)\frac{t^n}{n!}=[2]_q\sum_{k=0}^{\infty}(-1)^k e^{[k+x]_q t}.$$

(7) χ를 홀수인 도수 d를 갖는 Dirichlet 표수라 하고, χ를 갖는 일반화된 q-Euler 인 $E_{n,\chi,q}$를 정의하자. Dirichlet 표수를 갖는 경우 분포 함수식이 다음과 같다.

$$E_{n,\chi,q}=\int_X [x]_q^n q^{-x}\chi(x)d\mu_{-q}(x)=[d]_q^n\frac{[2]_q}{[2]_{q^d}}\sum_{a=0}^{d-1}\chi(a)(-1)^a E_{n,q^d}\left(\frac{a}{d}\right).$$

$E_{n,\chi,q}$의 생성함수를 $F_{\chi,q}(t)$라 하면, 다음과 같은 표현을 할 수 있다.

$$F_{\chi,q}(t)=\sum_{n=0}^{\infty}E_{n,\chi,q}\frac{t^n}{n!}=[2]_q\sum_{n=0}^{\infty}\chi(x)(-1)^n e^{[n]_q t}.$$

다음은 잘 알려진 von Staudt-Clauser의 정리를 소개한다.

[정리] $n\in\mathbb{N}$(짝수)에 대하여

$$B_n+\sum_{(p-1)|n}\frac{1}{p}\in\mathbb{Z}.$$

즉, $pB_n\in\mathbb{Z}_p$이다.

이 절에서는 Kim에 의해서 밝혀진 q-Euler 수에 대한 von Staudt-Clauser 정리를 상세히 소개한다. 즉, $\frac{2}{[2]_q}E_{n,q}\in\mathbb{Z}_p$를 보인다. 그리고 q-Euler 수에 대한 Kummer 형태의 합동관계식을 설명한다.

q-Euler 수와 다항식

q-Euler 수 $E_{n,q}$의 정의에서 출발해 보자.

$$E_{n,q}=\int_{\mathbb{Z}_p}q^{-x}[x]_q^n d\mu_{-q}(x)=\frac{[2]_q}{2}\int_{\mathbb{Z}_p}[x]_q^n d\mu_{-1}(x).$$

따라서

$$\lim_{q\to 1}E_{n,q}=E_n=\int_{\mathbb{Z}_p}x^n d\mu_{-1}.$$

$q\in\mathbb{C}_p$, $|1-q|_p<p^{-\frac{1}{p-1}}$일 때, 다음이 성립한다.

$$\begin{aligned}(-1)^j[j]_q-j(-1)^j &=(-1)^j\left(\frac{q^j-1}{q-1}-j\right)=(-1)^j\left(\frac{(q-1+1)^j-1}{q-1}-j\right)\\ &=(-1)^j\times\left(\frac{\sum_{l=0}^{\infty}\binom{j}{l}(q-1)^l-1}{q-1}-j\right)=(-1)^j\sum_{l=2}^{j}\binom{j}{l}(q-1)^{l-1}.\end{aligned}$$

따라서 다음 사실이 성립한다.

$$|(-1)^j([j]_q-j)|_p\le \max_{2\le l\le j}(|(q-1)|_p^{l-1})=|q-1|_p.$$

위 사실을 이용하여 다음을 알 수 있다.

$$\begin{aligned}\left|\sum_{j=0}^{p-1}(-1)^j[j]_q\right|_p &=\left|\sum_{j=0}^{p-1}(-1)^j([j]_q-j)+\sum_{j=0}^{p-1}(-1)^j j\right|_p\\ &=\left|\sum_{j=0}^{p-1}(-1)^j([j]_q-j)+\frac{p-1}{2}\right|_p\le 1.\end{aligned}$$

$k \geq 1$에 대하여, q-수의 교대합을 생각하자.

$$T_n(k) = \sum_{x=0}^{p^k-1} (-1)^x [x]_q^n = [0]_q^n - [1]_q^n + \cdots + [p^k - 1]_q^n.$$

이때, 다음이 성립한다.

$$\lim_{k \to \infty} T_n(k) = \frac{2}{[2]_q} E_{n,q}.$$

$T_n(k+1)$을 q-수의 교대합을 이용해 계산하여 $\left(\bmod [p^k]_q\right)$로 읽으면 다음 식이 성립한다.

$$T_n(k+1) \equiv \sum_{i=0}^{p^k-1} [i]_q^n (-1)^i \pmod{[p^k]_q}.$$

$T_n(k+1)$을 상세히 계산해 보자.

$$\begin{aligned} T_n(k+1) &= \sum_{x=0}^{p^{k+1}-1} (-1)^x [x]_q^n = \sum_{i=0}^{p^k-1}\sum_{j=0}^{p-1} [i+jp^k]_q^n (-1)^{i+jp^k} = \sum_{i=0}^{p^k-1}\sum_{j=0}^{p-1} ([i]_q + q^i [jp^k]_q)^n (-1)^{i+jp^k} \\ &= \sum_{i=0}^{p^k-1}\sum_{j=0}^{p-1}\sum_{l=0}^{n} \binom{n}{l} [i]_q^{n-l} q^{il} [jp^k]_q^l (-1)^{i+jp^k} = \sum_{i=0}^{p^k-1}\sum_{j=0}^{p-1}\sum_{l=0}^{n} \binom{n}{l} [i]_q^{n-l} q^{il} [p^k]_q^l [j]_{q^{p^k}}^l (-1)^{i+j} \\ &= \sum_{j=0}^{p^k-1} [i]_q^n (-1)^i + \sum_{i=0}^{p^k-1}\sum_{j=0}^{p-1}\sum_{l=1}^{n} \binom{n}{l} [i]_q^{n-l} q^{il} [p^k]_q^l [j]_{q^{p^k}}^l \end{aligned}$$

이고

$$\begin{aligned} &\sum_{x=0}^{p^{k+1}-1} [x]_q^n (-1)^x = \sum_{j=0}^{p-1}\sum_{i=0}^{p^k-1} [j+ip]_q^n (-1)^{j+ip} = \sum_{j=0}^{p-1} (-1)^j \sum_{i=0}^{p^k-1} (-1)^i \sum_{l=0}^{n} \binom{n}{l} [j]_q^{n-l} q^{jl} [p]_q^l [i]_{q^p}^l \\ &= \sum_{j=0}^{p-1} (-1)^j [j]_q^n + \sum_{j=0}^{p-1} (-1)^j \sum_{i=0}^{p^k-1} (-1)^i \sum_{l=1}^{n} \binom{n}{l} [j]_q^{n-l} q^{jl} [p]_q^l [i]_{q^p}^l \equiv \sum_{j=0}^{p-1} (-1)^j [j]_q^n \pmod{[p]_q}. \end{aligned}$$

이다. 위 식을 $\left(\bmod [p]_q\right)$로 읽으면 다음과 같다.

$$\sum_{x=0}^{p^{k+1}-1} (-1)^x [x]_q^n \equiv \sum_{j=0}^{p-1} (-1)^j [j]_q^n \pmod{[p]_q}.$$

따라서 $(\mathrm{mod}\,[p]_q)$에 의하여 다음 사항이 성립한다.

$$\sum_{j=0}^{p-1}(-1)^j[j]_q^n \equiv \frac{2}{[2]_q}\int_X [x]_q^n q^{-x}\,d\mu_{-q}(x) = \frac{2}{[2]_q}E_{n,q}(\mathrm{mod}\,[p]_q).$$

따라서

$$\sum_{j=0}^{p-1}(-1)^j[j]_q^n \equiv \frac{2}{[2]_q}E_{n,q}(\mathrm{mod}\,[p]_q)$$

이다. 위의 사실에서 다음 정리가 성립한다.

[정리 1] $n \geq 0$에 대하여 다음이 성립한다.

$$\sum_{j=0}^{p-1}(-1)^j[j]_q^n \equiv \frac{2}{[2]_q}E_{n,q}(\mathrm{mod}\,[p]_q).$$

따라서 다음 사실이 설명된다.

[따름정리 2] $n \geq 0$에 대하여, 다음이 성립한다.

$$\frac{2}{[2]_q}E_{n,q}+\sum_{j=0}^{p-1}(-1)^{j+1}[j]_q^n \in \mathbb{Z}_p.$$

$n \geq 0$일 때, 다음이 성립한다.

$$\begin{aligned}\left|\frac{2}{[2]_q}E_{n,q}\right|_p &= \left|\frac{2}{[2]_q}E_{n,q}-\sum_{j=0}^{p-1}(-1)^{j[j]_q^n}+\sum_{j=1}^{p-1}(-1)^j[j]_q^n\right|_p \\ &\leq \max\left(\left|\frac{2}{[2]_q}E_{n,q}-\sum_{j=0}^{p-1}(-1)^j[j]_q^n\right|_p, \left|\sum_{j=1}^{p-1}(-1)^j[j]_q^n\right|_p\right).\end{aligned}$$

따라서

[따름정리 3] $n \geq 0$에 대하여,

$$\frac{2}{[2]_q}E_{n,q} \in \mathbb{Z}_p.$$

일반화된 *q*-Euler 수와 다항식

χ는 홀수의 도수 $d(\in \mathbb{N})$을 갖는 Dirichlet 표수라 하자. χ가 붙은 일반화된 q-Euler 수는 다음과 같이 정의된다.

$$\sum_{n=0}^{\infty} E_{n,\chi,q}\frac{t^n}{n!} = [2]_q \sum_{n=0}^{\infty} \chi(n)(-1)^n e^{[n]_q t} = \int_X \chi(x) e^{[x]_q t} q^{-x} d\mu_{-q}(x).$$

$\bar{d}$는 d와 p의 최소 공배수라 하자.
일반화된 q-Euler 수 $\dfrac{2}{[2]_q}E_{n,\chi,q}$ 값을 계산해 보자.

$$\begin{aligned}\frac{2}{[2]_q}E_{n,\chi,q} &= \frac{2}{[2]_q}\int_X [x]_q^n q^{-x}\chi(x)d\mu_{-q}(x) = \lim_{N\to\infty}\sum_{x=0}^{dp^N-1}[x]_q^n \chi(x)(-1)^x \\ &= \lim_{\rho\to\infty}\sum_{\substack{1\le x\le \bar{d}p^\rho \\ (x,p)=1}} \chi(x)(-1)^x[x]_q^n + \lim_{\rho\to\infty}\sum_{y=1}^{\bar{d}p^{\rho-1}}\chi(p)\chi(y)[p]_q^n[y]_{q^p}^n(-1)^y \\ &= \lim_{\rho\to\infty}\sum_{\substack{1\le x\le \bar{d}p^\rho \\ (x,p)=1}} \chi(x)(-1)^{x[x]_q^n} + \chi(p)[p]_q^n \lim_{\rho\to\infty}\sum_{y=1}^{\bar{d}p^{\rho-1}}\chi(y)[y]_{q^p}^n(-1)^y.\end{aligned}$$

따라서 다음 식이 성립한다.

$$\frac{2}{[2]_q}E_{n,\chi,q} - \chi(p)[p]_q^n\frac{2}{[2]_{q^p}}E_{n,\chi,q^p} = \lim_{\rho\to\infty}\sum_{\substack{1\le x\le \bar{d}p^\rho \\ (x,p)=1}}\chi(x)(-1)^x[x]_q^n.$$

ω는 mod$p$에 대한 Teichüller 표수라 하자.

$x \in X^*$에 대하여 다음을 약속한다.

$$< x > = < x : q > = \frac{[x]_q}{\omega(x)}.$$

$s \in \mathbb{Z}_p$에 대하여, $< x >^s = \exp(s \log_p < x >)$일 때, 다음이 성립한다.

$$|< x > - 1|_p < p^{-\frac{1}{p-1}}.$$

이때, $E_{n,\chi,q}$에 대한 p-진 q-L-함수를 다음과 같이 정의한다.

$$L_{p,q,E}(s,\chi) = \lim_{\rho \to \infty} \sum_{\substack{1 \le x \le dp^\rho \\ (x,p)=1}} \chi(x)(-1)^x < x >^{-s}.$$

$k \geq 0$에 대하여 음의 정수에서 p-진 q-L 함수의 값을 계산해 보자.

$$\begin{aligned} L_{p,q,E}(-k,\chi\omega^k) &= \lim_{\rho \to \infty} \sum_{\substack{1 \le x \le dp^\rho \\ (x,p)=1}} \chi(x)(-1)^x [x]_q^k \\ &= \frac{2}{[2]_q} \int_X [x]_q^k \chi(x) q^{-x} d\mu_{-q}(x) - \frac{2}{[2]_{q^p}} \int_{pX} [x]_q^k \chi(x) q^{-x} d\mu_{-q}(x) \\ &= \frac{2}{[2]_q} \int_X [x]_q^k \chi(x) q^{-x} d\mu_{-q}(x) - \chi(p)[p]_q^k \frac{2}{[2]_{q^p}} \int_X [x]_{q^p}^k \chi(x) q^{-px} d\mu_{-q^p}(x) \\ &= \frac{2}{[2]_q} E_{k,\chi,q} - \chi(p)[p]_q^k \frac{2}{[2]_{q^p}} E_{k,\chi,q^p}. \end{aligned}$$

$(\mathrm{mod}\, p^n)$일 때,

$$< x >^{p^n} \equiv 1 \pmod{p^n}$$

이다. 따라서, $k \equiv k' (\mathrm{mod}\, p^n(p-1))$일 때, 다음이 성립한다.

$$L_{p,q,E}(-k,\chi) = \lim_{\rho\to\infty} \sum_{\substack{1 \le x \le \bar{d}p^{\rho} \\ (x,p)=1}} \chi(x)(-1)^x < x >^k$$
$$\equiv \lim_{\rho\to\infty} \sum_{\substack{1 \le x \le \bar{d}p^{\rho} \\ (x,p)=1}} \chi(x)(-1)^x < x >^{k'} (\mathrm{mod}\, p^n).$$

즉,

$$L_{p,q,E}(-k,\chi\omega^k) \equiv L_{P,q,E}(-k',\chi(\omega^{k'}))\ (\mathrm{mod}\, p^n)$$

이다. 따라서 다음 정리가 성립한다.

[정리 4] (Kummer 합동식) $k \equiv k' (\mathrm{mod}\, p^n(p-1))$일 때, 다음이 성립한다.

$$\frac{2}{[2]_q}E_{k,\chi,q} - \chi(p)[p]_q^k \frac{2}{[2]_{q^p}}E_{k,\chi,q^p} \equiv \frac{2}{[2]_q}E_{k',\chi,q} - \chi(p)[p]_q^{k'} \frac{2}{[2]_{q^p}}E_{k',\chi,q^p} (\mathrm{mod}\, p^n).$$

특별히, χ가 원시 Dirichlet 표수 p일 때, 위의 식들은 다음과 같이 계산된다.

$$\sum_{x=0}^{p^{N+1}-1} \chi(x)(-1)^x [x]_q^n = \sum_{a=0}^{p-1}\sum_{x=0}^{p^N-1} \chi(a+px)(-1)^{a+px}[a+px]_q^n$$
$$= \sum_{a=0}^{p-1}\chi(a)(-1)^a \sum_{x=0}^{p^N-1}(-1)^x([a]_q + q^a[p]_q[x]_{q^p})^n$$
$$= \sum_{a=0}^{p-1}\chi(a)(-1)^a \sum_{x=0}^{p^N-1}(-1)^x \sum_{l=0}^{n}\binom{n}{l}[a]_q^{n-l}q^{al}[p]_q^l[x]_{q^p}^l \equiv \sum_{a=0}^{p-1}\chi(a)(-1)^a[a]_q^n\ (\mathrm{mod}[p]_q).$$

이때, $\rho\to\infty$이면, $(\mathrm{mod}[p]_q)$일 때 다음이 성립한다.

$$\frac{2}{[2]_q}\int_X \chi(x)(-1)^x [x]_q^n q^{-x} d\mu_{-q}(x) \equiv \sum_{a=0}^{p-1}\chi(a)(-1)^a[a]_q^n (\mathrm{mod}[p]_q).$$

즉, 다음 식이 성립한다.

$$\frac{2}{[2]_q}E_{n,\chi,q} \equiv \sum_{a=0}^{p-1}\chi(a)(-1)^a[a]_q^n (\mathrm{mod}[p]_q).$$

위 식은 $q \to 1$일 때 새로운 결과를 보여 준다.

$$E_{n,\chi} \equiv \sum_{a=0}^{p-1} \chi(a)(-1)^a a^n \pmod{p}.$$

약화된 무게 실린 q-Euler 수에 대한 von Staudt-Clausen 정리

이 절에서는 Kim이 von Staudt-Clauser 정리를 약화된 무게 실린 q-Euler 수에 적용하여 연구한 결과를 소개한다([16]). 즉, $\frac{2}{[2]_q}\epsilon_{n,q} \in \mathbb{Z}_p$를 보인다. 그리고 약화된 무게 실린 q-Euler 수에 대한 Kummer 형태의 합동관계식을 설명한다.

약화된 무게 실린 q-Euler 수 $\epsilon_{n,q}^{(\alpha)}$의 정의에서 출발해 보자.

$$\epsilon_{n,q}^{(\alpha)} = \int_{\mathbb{Z}_p} q^{-x} [x]_{q^\alpha}^n d\mu_{-q}(x) = \frac{[2]_q}{2} \int_{\mathbb{Z}_p} [x]_{q^\alpha}^n d\mu_{-1}(x).$$

따라서

$$\lim_{q \to 1} \epsilon_{n,q}^{(\alpha)} = E_n = \int_{\mathbb{Z}_p} x^n d\mu_{-1}$$

이다. $q \in \mathbb{C}_p$, $|1-q^\alpha|_p < p^{-\frac{1}{p-1}}$일 때, 다음이 성립한다.

$$\begin{aligned}(-1)^j [j]_{q^\alpha} - j(-1)^j &= (-1)^j \left(\frac{q^j - 1}{q-1} - j \right) = (-1)^j \left(\frac{(q^\alpha - 1 + 1)^j - 1}{q^\alpha - 1} - j \right) \\ &= (-1)^j \times \left(\frac{\sum_{l=0}^{\infty} \binom{j}{l} (q^\alpha - 1)^l - 1}{q^\alpha - 1} - j \right) = (-1)^j \sum_{l=2}^{j} \binom{j}{l} (q^\alpha - 1)^{l-1}.\end{aligned}$$

따라서 다음 사실이 성립한다.

$$|(-1)^j ([j]_{q^\alpha} - j)|_p \leq \max_{2 \leq l \leq j} (|(q^\alpha - 1)|_p^{l-1}) = |q^\alpha - 1|_p.$$

위 사실을 이용하여 다음을 알 수 있다.

$$\left|\sum_{j=0}^{p-1}(-1)^j [j]_{q^\alpha}\right|_p = \left|\sum_{j=0}^{p-1}(-1)^j ([j]_{q^\alpha} - j) + \sum_{j=0}^{p-1}(-1)^j j\right|_p$$

$$= \left|\sum_{j=0}^{p-1}(-1)^j ([j]_{q^\alpha} - j) + \frac{p-1}{2}\right|_p \leq 1.$$

$k \geq 1$에 대하여, q-수의 교대합을 생각하자.

$$S_n(k) = \sum_{x=0}^{p^k-1}(-1)^x [x]_{q^\alpha}^n = [0]_{q^\alpha}^n - [1]_{q^\alpha}^n + \cdots + [p^k-1]_{q^\alpha}^n.$$

이때, 다음이 성립한다.

$$\lim_{k\to\infty} S_n(k) = \frac{2}{[2]_q}\epsilon_{n,q}^{(\alpha)}.$$

$S_n(k+1)$을 q-수의 교대합을 이용해 계산하여 $\left(\bmod [p^k]_q\right)$로 읽으면 다음 식이 성립한다.

$$S_n(k+1) \equiv \sum_{i=0}^{p^k-1}[i]_{q^\alpha}^n(-1)^i (\bmod [p^k]_{q^\alpha}).$$

$S_n(k+1)$을 상세히 계산해 보자.

$$S_n(k+1) = \sum_{x=0}^{p^{k+1}-1}(-1)^x [x]_{q^\alpha}^n = \sum_{i=0}^{p^k-1}\sum_{j=0}^{p-1}[i+jp^k]_{q^\alpha}^n(-1)^{i+jp^k} = \sum_{i=0}^{p^k-1}\sum_{j=0}^{p-1}([i]_q + q^i [jp^k]_q)^n(-1)^{i+j}$$

$$= \sum_{i=0}^{p^k-1}\sum_{j=0}^{p-1}\sum_{l=0}^{n}\binom{n}{l}[i]_q^{n-l}q^{il}[jp^k]_q^l(-1)^{i+jp^k} = \sum_{i=0}^{p^k-1}\sum_{j=0}^{p-1}\sum_{l=0}^{n}\binom{n}{l}[i]_q^{n-l}q^{il}[p^k]_q^l[j]_{q^{p^k}}^l(-1)^{i+j}$$

$$= \sum_{j=0}^{p^k-1}[i]_q^n(-1)^i + \sum_{i=0}^{p^k-1}\sum_{j=0}^{p-1}\sum_{l=1}^{n}\binom{n}{l}[i]_q^{n-l}q^{il}[p^k]_{q^\alpha}^l[j]_{q^{p^k}}^l(-1)^{i+j}$$

이고

$$\sum_{x=0}^{p^{k+1}-1}[x]_{q^\alpha}^n(-1)^x=\sum_{j=0}^{p-1}\sum_{i=0}^{p^k-1}[j+ip]_{q^\alpha}^n(-1)^{j+ip}=\sum_{j=0}^{p-1}(-1)^j\sum_{i=0}^{p^k-1}(-1)^i\sum_{l=0}^{n}\binom{n}{l}[j]_{q^\alpha}^{n-l}q^{jl}[p]_q^l[i]_{q^p}^l$$

$$=\sum_{j=0}^{p-1}(-1)^j[j]_{q^\alpha}^n+\sum_{j=0}^{p-1}(-1)^j\sum_{i=0}^{p^k-1}(-1)^i\sum_{l=1}^{n}\binom{n}{l}[j]_{q^\alpha}^{n-l}q^{jl}[p]_{q^\alpha}^l[i]_{q^{\alpha p}}^l\equiv\sum_{j=0}^{p-1}(-1)^j[j]_{q^\alpha}^n\left(\mathrm{mod}[p]_{q^\alpha}\right)$$

이다. 위 식을 $\left(\mathrm{mod}[p]_{q^\alpha}\right)$로 읽으면 다음과 같다.

$$\sum_{x=0}^{p^{k+1}-1}(-1)^x[x]_{q^\alpha}^n\equiv\sum_{j=0}^{p-1}(-1)^j[j]_{q^\alpha}^n\left(\mathrm{mod}[p]_{q^\alpha}\right).$$

따라서 $\left(\mathrm{mod}[p]_{q^\alpha}\right)$에 의하여 다음 사항이 성립한다.

$$\sum_{j=0}^{p-1}(-1)^j[j]_{q^\alpha}^n\equiv\frac{2}{[2]_q}\int_X[x]_{q^\alpha}^n q^{-x}d\mu_{-q}(x)=\frac{2}{[2]_q}\epsilon_{n,q}^{(\alpha)}\left(\mathrm{mod}[p]_{q^\alpha}\right).$$

따라서

$$\sum_{j=0}^{p-1}(-1)^j[j]_{q^\alpha}^n\equiv\frac{2}{[2]_q}\epsilon_{n,q}^{(\alpha)}\left(\mathrm{mod}[p]_{q^\alpha}\right)$$

이다. 위의 사실에서 다음 정리가 성립한다.

[정리 1] $n\geq 0$에 대하여 다음이 성립한다.

$$\sum_{j=0}^{p-1}(-1)^j[j]_{q^\alpha}^n\equiv\frac{2}{[2]_q}\epsilon_{n,q}^{(\alpha)}\left(\mathrm{mod}[p]_{q^\alpha}\right).$$

따라서 다음 사실이 설명된다.

[따름정리 2] $n\geq 0$에 대하여, 다음이 성립한다.

$$\frac{2}{[2]_q}\epsilon_{n,q}^{(\alpha)}+\sum_{j=0}^{p-1}(-1)^{j+1}[j]_{q^\alpha}^n\in\mathbb{Z}_p.$$

$n\geq 0$일 때, 다음이 성립한다.

$$\begin{aligned}\left|\frac{2}{[2]_q}\epsilon_{n,q}^{(\alpha)}\right|_p&=\left|\frac{2}{[2]_q}\epsilon_{n,q}^{(\alpha)}-\sum_{j=0}^{p-1}(-1)^j[j]_{q^\alpha}^n+\sum_{j=1}^{p-1}(-1)^j[j]_{q^\alpha}^n\right|_p\\&\leq\max\left(\left|\frac{2}{[2]_q}\epsilon_{n,q}^{(\alpha)}-\sum_{j=0}^{p-1}(-1)^j[j]_{q^\alpha}^n\right|_p,\left|\sum_{j=1}^{p-1}(-1)^j[j]_{q^\alpha}^n\right|_p\right).\end{aligned}$$

따라서

[따름정리 3] $n\geq 0$에 대하여, 다음이 성립한다.

$$\frac{2}{[2]_q}\epsilon_{n,q}^{(\alpha)}\in\mathbb{Z}_p.$$

일반화된 약화된 q-Euler 수와 다항식

χ는 홀수의 도수 $d(\in\mathbb{N})$을 갖는 Dirichlet 표수라 하자. χ가 붙은 일반화된 약화된 무게 실린 q-Euler 수는 다음과 같이 정의된다.

$$\sum_{n=0}^{\infty}\epsilon_{n,\chi,q}^{(\alpha)}\frac{t^n}{n!}=[2]_q\sum_{n=0}^{\infty}\chi(n)(-1)^n e^{[n]_{q^\alpha}t}=\int_X\chi(x)e^{[x]_{q^\alpha}t}q^{-x}d\mu_{-q}(x).$$

$\bar{d}$는 d와 p의 최소 공배수라 하자.
일반화된 약화된 무게 α인 q-Euler 수 $\frac{2}{[2]_q}\epsilon_{n,\chi,q}^{(\alpha)}$ 값을 계산해 보자.

$$\begin{aligned}\frac{2}{[2]_q}\epsilon_{n,\chi,q}^{(\alpha)} &= \frac{2}{[2]_q}\int_X [x]_{q^\alpha}^n q^{-x}\chi(x)d\mu_{-q}(x) = \lim_{N\to\infty}\sum_{x=0}^{dp^N-1}[x]_{q^\alpha}^n\chi(x)(-1)^x \\ &= \lim_{\rho\to\infty}\sum_{\substack{1\le x\le \bar{d}p^\rho \\ (x,p)=1}}\chi(x)(-1)^x[x]_{q^\alpha}^n + \lim_{\rho\to\infty}\sum_{y=1}^{\bar{d}p^{\rho-1}}\chi(p)\chi(y)[p]_{q^\alpha}^n[y]_{q^{\alpha p}}^n(-1)^y \\ &= \lim_{\rho\to\infty}\sum_{\substack{1\le x\le \bar{d}p^\rho \\ (x,p)=1}}\chi(x)(-1)^x[x]_{q^\alpha}^n + \chi(p)[p]_{q^\alpha}^n\lim_{\rho\to\infty}\sum_{y=1}^{\bar{d}p^{\rho-1}}\chi(y)[y]_{q^{\alpha p}}^n(-1)^y.\end{aligned}$$

따라서 다음 식이 성립한다.

$$\frac{2}{[2]_q}\epsilon_{n,\chi,q}^{(\alpha)} - \chi(p)[p]_{q^\alpha}^n\frac{2}{[2]_{q^p}}\epsilon_{n,\chi,q^p}^{(\alpha)} = \lim_{\rho\to\infty}\sum_{\substack{1\le x\le \bar{d}p^\rho \\ (x,p)=1}}\chi(x)(-1)^x[x]_{q^\alpha}^n.$$

ω는 $\mathrm{mod}\, p$에 대한 Teichüller 표수라 하자.

$x\in X^*$에 대하여 다음을 약속한다.

$$< x >_\alpha = < x : q >_\alpha = \frac{[x]_{q^\alpha}}{\omega(x)}.$$

$s\in\mathbb{Z}_p$에 대하여, $< x >_\alpha^s = \exp(s\log_p < x >_\alpha)$일 때, 다음이 성립한다.

$$|< x >_\alpha - 1|_p < p^{-\frac{1}{p-1}}.$$

이때, $\epsilon_{n,\chi,q}^{(\alpha)}$에 대한 p-진 q-L-함수를 다음과 같이 정의한다.

$$L_{p,q,\epsilon}^{(\alpha)}(s,\chi) = \lim_{\rho\to\infty}\sum_{\substack{1\le x\le \bar{d}p^\rho \\ (x,p)=1}}\chi(x)(-1)^x < x >^{-s}.$$

$k\ge 0$에 대하여 음의 정수에서 p-진 q-L 함수의 값을 계산해 보자.

$$
\begin{aligned}
L_{p,q,\epsilon}^{(\alpha)}(-k,\chi\omega^{k}) &= \lim_{\rho\to\infty}\sum_{\substack{1\le x\le \bar{d}p^{\rho}\\(x,p)=1}}\chi(x)(-1)^{x}[x]_{q^{\alpha}}^{k}\\
&= \frac{2}{[2]_q}\int_X [x]_{q^{\alpha}}^{k}\chi(x)q^{-x}d\mu_{-q}(x)-\frac{2}{[2]_{q^p}}\int_{pX}[x]_{q^{\alpha}}^{k}\chi(x)q^{-x}d\mu_{-q}(x)\\
&= \frac{2}{[2]_q}\int_X [x]_{q^{\alpha}}^{k}\chi(x)q^{-x}d\mu_{-q}(x)-\chi(p)[p]_{q^{\alpha}}^{k}\frac{2}{[2]_{q^p}}\int_{X}[x]_{q^{\alpha p}}^{k}\chi(x)q^{-px}d\mu_{-q^p}(x)\\
&= \frac{2}{[2]_q}\epsilon_{k,\chi,q}^{(\alpha)}-\chi(p)[p]_{q^{\alpha}}^{k}\frac{2}{[2]_{q^p}}\epsilon_{k,\chi,q^p}^{(\alpha)}.
\end{aligned}
$$

$(\mathrm{mod}\, p^n)$일 때,

$$
<x>_{\alpha}^{p^n}\equiv 1\ (\mathrm{mod}\, p^n)
$$

이다. 따라서, $k\equiv k^{'}(\mathrm{mod}\, p^n(p-1))$일 때, 다음이 성립한다.

$$
\begin{aligned}
L_{p,q,\epsilon}^{(\alpha)}(-k,\chi) &= \lim_{\rho\to\infty}\sum_{\substack{1\le x\le \bar{d}p^{\rho}\\(x,p)=1}}\chi(x)(-1)^{x}<x>_{\alpha}^{k}\\
&\equiv \lim_{\rho\to\infty}\sum_{\substack{1\le x\le \bar{d}p^{\rho}\\(x,p)=1}}\chi(x)(-1)^{x}<x>_{\alpha}^{k^{'}}(\mathrm{mod}\, p^n).
\end{aligned}
$$

즉,

$$
L_{p,q,\epsilon}^{(\alpha)}(-k,\chi\omega^{k})\equiv L_{p,q,\epsilon}^{(\alpha)}(-k^{'},\chi\omega^{k^{'}})\ (\mathrm{mod}\, p^n).
$$

이다. 따라서 다음 정리가 성립한다.

[정리 4] (Kummer 합동식) $k\equiv k^{'}(\mathrm{mod}\, p^n(p-1))$일 때, 다음이 성립한다.

$$
\frac{2}{[2]_q}\epsilon_{k,\chi,q}^{(\alpha)}-\chi(p)[p]_{q^{\alpha}}^{k}\frac{2}{[2]_{q^p}}\epsilon_{k,\chi,q^p}^{(\alpha)}\equiv\frac{2}{[2]_q}\epsilon_{k^{'},\chi,q}^{(\alpha)}-\chi(p)[p]_{q^{\alpha}}^{k^{'}}\frac{2}{[2]_{q^{\alpha p}}}\epsilon_{k^{'},\chi,q^p}^{(\alpha)}(\mathrm{mod}\, p^n).
$$

특별히, χ가 원시 Dirichlet 표수 p일 때, 위의 식들은 다음과 같이 계산된다.

$$\sum_{x=0}^{p^{N+1}-1}\chi(x)(-1)^x[x]_{q^\alpha}^n=\sum_{a=0}^{p-1}\sum_{x=0}^{p^N-1}\chi(a+px)(-1)^{a+px}[a+px]_{q^\alpha}^n$$

$$=\sum_{a=0}^{p-1}\chi(a)(-1)^a\sum_{x=0}^{p^N-1}(-1)^x([a]_{q^\alpha}+q^{\alpha a}[p]_{q^\alpha}[x]_{q^{\alpha p}})^n$$

$$=\sum_{a=0}^{p-1}\chi(a)(-1)^a\sum_{x=0}^{p^N-1}(-1)^x\sum_{l=0}^{n}\binom{n}{l}[a]_{q^\alpha}^{n-l}q^{\alpha al}[p]_{q^\alpha}^l[x]_{q^{\alpha p}}^l\equiv\sum_{a=0}^{p-1}\chi(a)(-1)^a[a]_{q^\alpha}^n\,(\mathrm{mod}[p]_{q^\alpha}).$$

이때, $\rho\to\infty$ 이면, $(\mathrm{mod}[p]_q)$일 때 다음이 성립한다.

$$\frac{2}{[2]_q}\int_X\chi(x)(-1)^x[x]_{q^\alpha}^nq^{-x}d\mu_{-q}(x)\equiv\sum_{a=0}^{p-1}\chi(a)(-1)^a[a]_{q^\alpha}^n(\mathrm{mod}[p]_{q^\alpha}).$$

즉, 다음 식이 성립한다.

$$\frac{2}{[2]_q}\epsilon_{n,\chi,q}^{(\alpha)}\equiv\sum_{a=0}^{p-1}\chi(a)(-1)^a[a]_{q^\alpha}^n(\mathrm{mod}[p]_{q^\alpha}).$$

위 식은 $q\to1$일 때 새로운 결과를 보여 준다.

$$E_{n,\chi}\equiv\sum_{a=0}^{p-1}\chi(a)(-1)^aa^n\ (\mathrm{mod}p).$$

무게 실린 q-Euler 수에 대한 von Staudt-Clausen 정리

이 절에서는 무게 실린(weighted) q-Euler 수에 대한 von Staudt-Clauser 정리를 상세히 소개한다([16]). 즉, $\frac{2}{[2]_{q^\alpha}}E_{n,q}^{(\alpha)}\in\mathbb{Z}_p$를 보인다. 그리고 무게 실린 q-Euler 수에 대한 Kummer 형태의 합동관계식을 설명한다. 특별히 $\alpha=1$인 경우, Kim에 의해 밝혀진 $\frac{2}{[2]_q}E_{n,q}\in\mathbb{Z}_p$가 유도된다.

무게 α인 q-Euler 수 $E_{n,q}^{(\alpha)}$의 정의에서 출발해 보자.

$$E_{n,q}^{(\alpha)}=\int_{\mathbb{Z}_p}q^{-x}[x]_q^nd\mu_{-q^\alpha}(x)=\frac{[2]_{q^\alpha}}{2}\int_{\mathbb{Z}_p}[x]_q^nd\mu_{-1}(x).$$

따라서 다음이 성립한다.

$$\lim_{q\to 1} E_{n,q}^{(\alpha)} = E_n = \int_{\mathbb{Z}_p} x^n d\mu_{-1}.$$

$\alpha = 1$인 경우, $E_{n,q}^{(1)} = E_{n,q}$이다.

$q \in \mathbb{C}_p$, $|1-q|_p < p^{-\frac{1}{p-1}}$을 가정한다.

$k \geq 1$에 대하여, 무게 실린 q-수의 교대합을 생각하자.

$$T_n^{(\alpha)}(k) = \sum_{x=0}^{p^k-1} (-1)^x [x]_q^n = [0]_q^n q^{-\alpha} - [1]_q^n q^0 + [2]_q^n q^{\alpha} + \cdots + [p^k-1]_q^n q^{\alpha(k-1)}.$$

이때, 다음이 성립한다.

$$\lim_{k\to\infty} T_n^{(\alpha)}(k) = \frac{2}{[2]_{q^\alpha}} E_{n,q}^{(\alpha)}.$$

$T_n^{(\alpha)}(k+1)$을 무게 실린 q-수의 교대합을 이용해 계산하여 $\left(\bmod [p^k]_q\right)$로 읽으면 다음 식이 성립한다.

$$T_n^{(\alpha)}(k+1) \equiv \sum_{i=0}^{p^k-1} [i]_q^n (-1)^i q^{\alpha(i-1)} \pmod{[p^k]_q}.$$

$T_n^{(\alpha)}(k+1)$을 상세히 계산해 보자.

$$\begin{aligned}
T_n^{(\alpha)}(k+1) &= \sum_{x=0}^{p^{k+1}-1} (-1)^x [x]_q^n q^{\alpha(x-1)} = \sum_{i=0}^{p^k-1}\sum_{j=0}^{p-1} [i+jp^k]_q^n (-1)^{i+jp^k} q^{\alpha(i+jp^k-1)} \\
&= \sum_{i=0}^{p^k-1}\sum_{j=0}^{p-1} \left([i]_q + q^i [jp^k]_q\right)^n (-1)^{i+jp^k} q^{\alpha(i+jp^k-1)} \\
&= \sum_{i=0}^{p^k-1}\sum_{j=0}^{p-1}\sum_{l=0}^{n} \binom{n}{l} [i]_q^{n-l} q^{il} [jp^k]_q^l (-1)^{i+jp^k} q^{\alpha(i+jp^k-1)} \\
&= \sum_{i=0}^{p^k-1}\sum_{j=0}^{p-1}\sum_{l=0}^{n} \binom{n}{l} [i]_q^{n-l} q^{il} [p^k]_q^l [j]_{q^{p^k}}^l (-1)^{i+j} q^{\alpha(i+jp^k-1)} \\
&= \sum_{j=0}^{p^k-1} [i]_q^n (-1)^i q^{\alpha(i-1)} + \sum_{i=0}^{p^k-1}\sum_{j=0}^{p-1}\sum_{l=1}^{n} \binom{n}{l} [i]_q^{n-l} q^{il} [p^k]_q^l [j]_{q^{p^k}}^l q^{\alpha(i-1)} q^{jp^k} (-1)^{i+j}
\end{aligned}$$

이고

$$\begin{aligned}
&\sum_{x=0}^{p^{k+1}-1}[x]_q^n(-1)^x q^{\alpha(x-1)}=\sum_{j=0}^{p-1}\sum_{i=0}^{p^k-1}[j+ip]_q^n(-1)^{j+ip}q^{\alpha(j+ip-1)}\\
=&\sum_{j=0}^{p-1}(-1)^j\sum_{i=0}^{p^k-1}(-1)^i\sum_{l=0}^{n}\binom{n}{l}[j]_q^{n-l}q^{jl}[p]_q^l[i]_{q^p}^l q^{\alpha(j-1)}q^{\alpha ip}\\
=&\sum_{j=0}^{p-1}(-1)^j[j]_q^n q^{\alpha(j-1)}+\sum_{j=0}^{p-1}(-1)^j\sum_{i=0}^{p^k-1}(-1)^i\sum_{l=1}^{n}\binom{n}{l}[j]_q^{n-l}q^{jl}[p]_q^l[i]_{q^p}^l q^{\alpha(j-1)}q^{\alpha ip}\\
\equiv&\sum_{j=0}^{p-1}(-1)^j[j]_q^n q^{\alpha(i-1)}(\mathrm{mod}[p]_q)
\end{aligned}$$

이다. 위 식을 $(\mathrm{mod}[p]_q)$로 읽으면 다음과 같다.

$$\sum_{x=0}^{p^{k+1}-1}(-1)^x[x]_q^n q^{\alpha(x-1)}\equiv\sum_{j=0}^{p-1}(-1)^j[j]_q^n q^{\alpha(j-1)}(\mathrm{mod}[p]_q).$$

따라서 $(\mathrm{mod}[p]_q)$에 의하여 다음 사항이 성립한다.

$$\sum_{j=0}^{p-1}(-1)^j[j]_q^n q^{\alpha(j-1)}\equiv\frac{2}{[2]_{q^\alpha}}\int_X[x]_q^n q^{-x}d\mu_{-q^\alpha}(x)=\frac{2}{[2]_{q^\alpha}}E_{n,q}^{(\alpha)}(\mathrm{mod}[p]_q).$$

따라서

$$\sum_{j=0}^{p-1}(-1)^j[j]_q^n q^{\alpha(j-1)}\equiv\frac{2}{[2]_{q^\alpha}}E_{n,q}^{(\alpha)}(\mathrm{mod}[p]_q)$$

이다. 위의 사실에서 다음 정리가 성립한다.

[정리 1] $n\ge 0$에 대하여 다음이 성립한다.

$$\sum_{j=0}^{p-1}(-1)^j[j]_q^n q^{\alpha(j-1)}\equiv\frac{2}{[2]_{q^\alpha}}E_{n,q}^{(\alpha)}(\mathrm{mod}[p]_q).$$

따라서 다음 사실이 설명된다.

[따름정리 2] $n \ge 0$에 대하여, 다음이 성립한다.

$$\frac{2}{[2]_{q^\alpha}} E_{n,q}^{(\alpha)} + \sum_{j=0}^{p-1} (-1)^{j+1} [j]_q^n q^{\alpha(j-1)} \in \mathbb{Z}_p.$$

$n \ge 0$일 때, 다음이 성립한다.

$$\left|\frac{2}{[2]_{q^\alpha}} E_{n,q}^{(\alpha)}\right|_p = \left|\frac{2}{[2]_{q^\alpha}} E_{n,q}^{(\alpha)} - \sum_{j=0}^{p-1} (-1)^j [j]_q^n q^{\alpha(j-1)} + \sum_{j=1}^{p-1} (-1)^j [j]_q^n q^{\alpha(j-1)}\right|_p$$

$$\le \max\left(\left|\frac{2}{[2]_{q^\alpha}} E_{n,q}^{(\alpha)} - \sum_{j=0}^{p-1} (-1)^j [j]_q^n q^{\alpha(j-1)}\right|_p \left|q^{\alpha(j-1)}\right|_p, \left|\sum_{j=1}^{p-1} (-1)^j [j]_q^n\right|_p \left|q^{\alpha(j-1)}\right|_p\right) \le 1 \ .$$

따라서

[따름정리 3] $n \ge 0$에 대하여, 다음이 성립한다.

$$\frac{2}{[2]_{q^\alpha}} E_{n,q}^{(\alpha)} \in \mathbb{Z}_p.$$

일반화된 무게 α인 q-Euler 수와 다항식

χ는 홀수의 도수 $d(\in \mathbb{N})$을 갖는 Dirichlet 표수라 하자. *χ가 붙은 일반화된 무게 α인 q-Euler 수*는 다음과 같이 정의된다.

$$\sum_{n=0}^{\infty} E_{n,\chi,q}^{(\alpha)} \frac{t^n}{n!} = [2]_{q^\alpha} \sum_{n=0}^{\infty} \chi(n)(-1)^n e^{[n]_q t} q^{\alpha(x-1)} = \int_X \chi(x) e^{[x]_q t} q^{-x} d\mu_{-q^\alpha}(x).$$

$\overline{d}$는 d와 p의 최소 공배수라 하자.

일반화된 무게 α인 q-Euler 수 $\frac{2}{[2]_{q^{\alpha}}}E_{n,\chi,q}^{(\alpha)}$ 값을 계산해 보자.

$$\begin{aligned}\frac{2}{[2]_{q^{\alpha}}}E_{n,\chi,q}^{(\alpha)} &= \frac{2}{[2]_{q^{\alpha}}}\int_X [x]_q^n q^{-x}\chi(x)d\mu_{-q^{\alpha}}(x) = \lim_{N\to\infty}\sum_{x=0}^{dp^N-1}[x]_q^n\chi(x)(-1)^x q^{\alpha(x-1)} \\ &= \lim_{\rho\to\infty}\sum_{\substack{1\le x\le \bar{d}p^{\rho}\\(x,p)=1}}\chi(x)(-1)^x[x]_q^n q^{\alpha(x-1)} + \lim_{\rho\to\infty}\sum_{y=1}^{\bar{d}p^{\rho-1}}\chi(p)\chi(y)[p]_q^n[y]_{q^p}^n(-1)^y q^{\alpha(py-1)} \\ &= \lim_{\rho\to\infty}\sum_{\substack{1\le x\le \bar{d}p^{\rho}\\(x,p)=1}}\chi(x)(-1)^x[x]_q^n q^{\alpha(x-1)} + \chi(p)[p]_q^n\lim_{\rho\to\infty}\sum_{y=1}^{\bar{d}p^{\rho-1}}\chi(y)[y]_{q^p}^n(-1)^y(q^p)^{\alpha(y-1)}.\end{aligned}$$

따라서 다음 식이 성립한다.

$$\frac{2}{[2]_{q^{\alpha}}}E_{n,\chi,q}^{(\alpha)} - \chi(p)[p]_q^n\frac{2}{[2]_{q^{\alpha p}}}E_{n,\chi,q^p}^{(\alpha)} = \lim_{\rho\to\infty}\sum_{\substack{1\le x\le \bar{d}p^{\rho}\\(x,p)=1}}\chi(x)(-1)^x[x]_q^n q^{\alpha(x-1)}.$$

ω는 $\mathrm{mod}\,p$에 대한 Teichüller 표수라 하자.

$x\in X^*$에 대하여 다음을 약속한다.

$$<x>=<x:q>=\frac{[x]_q}{\omega(x)}.$$

$s\in\mathbb{Z}_p$에 대하여, $<x>^s=\exp(s\log_p<x>)$일 때, 다음이 성립한다.

$$|<x>-1|_p<p^{-\frac{1}{p-1}}.$$

이때, $E_{n,\chi,q}^{(\alpha)}$에 대한 p-진 q-L 함수를 다음과 같이 정의한다.

$$L_{p,q,E}^{(\alpha)}(s,\chi)=\lim_{\rho\to\infty}\sum_{\substack{1\le x\le \bar{d}p^{\rho}\\(x,p)=1}}\chi(x)(-1)^x<x>^{-s}q^{\alpha(x-1)}.$$

$k\ge 0$에 대하여 음의 정수에서 p-진 q-L 함수의 값을 계산해 보자.

$$\begin{aligned} L_{p,q,E}^{(\alpha)}(-k,\chi\omega^k) &= \lim_{\rho\to\infty}\sum_{\substack{1\le x\le \bar{d}p^\rho \\ (x,p)=1}} \chi(x)(-1)^x[x]_q^k q^{\alpha(x-1)} \\ &= \frac{2}{[2]_{q^\alpha}}\int_X [x]_q^k\chi(x)q^{-x}d\mu_{-q^\alpha}(x) - \frac{2}{[2]_{q^{\alpha p}}}\int_X [x]_q^k\chi(x)q^{-x}d\mu_{-q^\alpha}(x) \\ &= \frac{2}{[2]_{q^\alpha}}\int_X [x]_q^k\chi(x)q^{-x}d\mu_{-q^\alpha}(x) - \chi(p)[p]_q^k\frac{2}{[2]_{q^{\alpha p}}}\int_X [x]_{q^p}^k\chi(x)q^{-px}d\mu_{-q^{\alpha p}}(x) \\ &= \frac{2}{[2]_{q^\alpha}}E_{k,\chi,q}^{(\alpha)} - \chi(p)[p]_q^k\frac{2}{[2]_{q^{\alpha p}}}E_{k,\chi,q^p}^{(\alpha)}. \end{aligned}$$

$(\mathrm{mod}\,p^n)$일 때,

$$< x >^{p^n} \equiv 1 \ (\mathrm{mod}\,p^n)$$

이다. 따라서, $k \equiv k' \,(\mathrm{mod}\,p^n(p-1))$일 때, 다음이 성립한다.

$$\begin{aligned} L_{p,q,E}^{(\alpha)}(-k,\chi) &= \lim_{\rho\to\infty}\sum_{\substack{1\le x\le \bar{d}p^\rho \\ (x,p)=1}} \chi(x)(-1)^x < x >^k q^{\alpha(x-1)} \\ &\equiv \lim_{\rho\to\infty}\sum_{\substack{1\le x\le \bar{d}p^\rho \\ (x,p)=1}} \chi(x)(-1)^x < x >^{k'} q^{\alpha(x-1)} (\mathrm{mod}\,p^n). \end{aligned}$$

즉,

$$L_{p,q,E}(-k,\chi\omega^k) \equiv L_{P,q,E}(-k',\chi\omega^{k'}) \ (\mathrm{mod}\,p^n).$$

따라서 다음 정리가 성립한다.

[정리 4] (Kummer 합동식) $k \equiv k' \,(\mathrm{mod}\,p^n(p-1))$일 때, 다음이 성립한다.

$$\begin{aligned} &\frac{2}{[2]_{q^\alpha}}E_{k,\chi,q}^{(\alpha)} - \chi(p)[p]_q^k\frac{2}{[2]_{q^{\alpha p}}}E_{k,\chi,q^p}^{(\alpha)} \\ \equiv\ &\frac{2}{[2]_{q^\alpha}}E_{k',\chi,q}^{(\alpha)} - \chi(p)[p]_q^{k'}\frac{2}{[2]_{q^{\alpha p}}}E_{k',\chi,q^p}^{(\alpha)} (\mathrm{mod}\,p^n). \end{aligned}$$

특별히, χ가 원시 Dirichlet 표수 p일 때, 위의 식들은 다음과 같이 계산된다.

$$\begin{aligned}&\sum_{x=0}^{p^{N+1}-1}\chi(x)(-1)^x[x]_q^n q^{\alpha(x-1)}=\sum_{a=0}^{p-1}\sum_{x=0}^{p^N-1}\chi(a+px)(-1)^{a+px}[a+px]_q^n q^{\alpha(a+px-1)}\\ &=\sum_{a=0}^{p-1}\chi(a)(-1)^a\sum_{x=0}^{p^N-1}(-1)^x([a]_q+q^a[p]_q[x]_{q^p})^n q^{\alpha(a+px-1)}\\ &=\sum_{a=0}^{p-1}\chi(a)(-1)^a\sum_{x=0}^{p^N-1}(-1)^x\sum_{l=0}^{n}\binom{n}{l}[a]_q^{n-l}q^{al}[p]_q^l[x]_{q^p}^l q^x q^{\alpha(a-1)}\\ &\equiv\sum_{a=0}^{p-1}\chi(a)(-1)^a[a]_q^n q^{\alpha(a-1)}(\mathrm{mod}[p]_q).\end{aligned}$$

이때 $\rho\to\infty$ 이면, $(\mathrm{mod}[p]_q)$일 때 다음이 성립한다.

$$\frac{2}{[2]_q}\int_X\chi(x)(-1)^x[x]_q^n q^{-x}d\mu_{-q^\alpha}(x)\equiv\sum_{a=0}^{p-1}\chi(a)(-1)^a[a]_q^n q^{\alpha(a-1)}(\mathrm{mod}[p]_q).$$

즉, 다음 식이 성립한다.

$$\frac{2}{[2]_{q^\alpha}}E_{n,\chi,q}^{(\alpha)}\equiv\sum_{a=0}^{p-1}\chi(a)(-1)^a[a]_q^n q^{\alpha(a-1)}(\mathrm{mod}[p]_q).$$

특별히 $\alpha=1$일 때, 다음 사실이 확인된다.

$$\frac{2}{[2]_q}E_{n,\chi,q}\equiv\sum_{a=0}^{p-1}\chi(a)(-1)^a[a]_q^n(\mathrm{mod}[p]_q).$$

위 식은 $q\to1$일 때 새로운 결과를 보여 준다.

$$E_{n,\chi}\equiv\sum_{a=0}^{p-1}\chi(a)(-1)^a a^n\ (\mathrm{mod}p).$$

3. 비선형 미분방정식으로부터 발생하는 Frobenius-Euler 다항식에 관한 항등식

여기에서는 Frobenius-Euler 다항식과 관련된 비선형 미분방정식을 소개한다. Kim에 의해서 유도된 이 미분방정식을 이용하여 Frobenius-Euler 다항식 및 고위의 Frobenius-Euler 다항식의 곱과 합에 관한 새로운 항등식을 소개한다([8, 10]).

Frobenius-Euler 다항식

또한 $u \in \mathbb{C} \backslash \{1\}$, Frobenius-Euler 다항식은 생성함수를 이용하여 다음과 같이 정의된다.

$$F_n(u,t) = \frac{1-u}{e^t - u} e^{xt} = \sum_{n=0}^{\infty} H_n(x|u) \frac{t^n}{n!}.$$

특별히 $x=0$인 경우에 $H_n(0|u) = H_n(u)$는 n *번째 Frobenius-Euler* 수라 부른다.

$n \in \mathbb{Z}^+$일 때, *Frobenius-Euler 다항식* $H_n(x|u)$에 대해 다음 관계식과 점화식이 성립한다.

$$H_n(x|u) = \sum_{l=0}^{n} \binom{n}{l} x^{n-l} H_l(u) \text{ for } n \in \mathbb{Z}_+ = \mathbb{N} \cup \{0\},$$

$$H_0(u) = 0, \ (H(u)+1)^n - uH_n(u) = \begin{cases} 1-u & \text{if } n=0, \\ 0 & \text{if } n>0. \end{cases}$$

$H^n(u)$를 $H_n(u)$로 기록한다.

Bernoulli와 Euler 다항식은 다음과 같이 정의된다.

$$\frac{t}{e^t - 1} e^{xt} = \sum_{n=0}^{\infty} B_n(x) \frac{t^n}{n!}, \quad \frac{2}{e^t + 1} e^{xt} = \sum_{n=0}^{\infty} E_n(x) \frac{t^n}{n!}.$$

특별히 $x=0$인 경우 $B_n(0) = B_n$은 n번째 Bernoulli 수, $E_n(0) = E_n$은 n번째 Euler 수라 부른다.

두 개의 Bernoulli 다항식의 곱에 대한 다음 공식은 알려져 있다.

$$B_m(x)B_n(x) = \sum_{r=0}^{\infty}\left(\binom{m}{2r}n + \binom{n}{2r}m\right)\frac{B_{2r}B_{m+n-2r}(x)}{m+n-2r}$$
$$+(-1)^{m+1}\frac{m!n!}{(m+n)!}B_{m+n},$$

단, $m+n \geq 2$이고 $\binom{m}{n} = \dfrac{m!}{n!(m-n)!} = \dfrac{m(m-1)\cdots(m-n+1)}{n!}$.

Frobenius-Euler 다항식의 생성함수를 이용한 정의로부터 $H_n(x|-1) = E_n(x)$이다. Nielson은 $E_n(x)E_m(x)$와 $B_n(x)E_m(x)$에 대한 유사한 연구 결과를 도출하였다. Carlitz 역시 Frobenius-Euler 다항식에 대한 다음 항등식을 연구하였다.

$$H_m(x|\alpha)H_n(x|\beta) = H_{m+n}(x|\alpha\beta) = \frac{(1-\alpha)(1-\beta)}{1-\alpha\beta}$$
$$+\frac{\alpha(1-\beta)}{1-\alpha\beta}\sum_{r=0}^{m}\binom{m}{r}H_r(\alpha)H_{m+n-r}(x|\alpha\beta)$$
$$+\frac{\beta(1-\beta)}{1-\alpha\beta}\sum_{s=0}^{n}\binom{n}{s}H_s(\beta)H_{m+n-s}(x|\alpha\beta).$$

단, $\alpha, \beta \in \mathbb{C}$, $\alpha \neq 1$이고 $\alpha\beta \neq 1$.
특별히, $\alpha \neq 1$, $\alpha\beta = 1$이면, 다음이 성립한다.

$$H_m(x|\alpha)H_m(x|\alpha^{-1}) = -(1-\alpha)\sum_{r=1}^{m}\binom{m}{r}H_r(\alpha)\frac{B_{m+n-r+1}(x)}{m+n-r+1}$$
$$-(1-\alpha^{-1})\sum_{s=1}^{n}\binom{n}{s}H_s(\alpha^{-1})\frac{B_{m+n-s+1}(x)}{m+n-s+1}$$
$$+(-1)^{n+1}\frac{m!n!}{(m+n+1)!}(1-\alpha)H_{m+n+1}(\alpha).$$

$r \in \mathbb{N}$에 대하여, 위수 r을 갖는 n번째 Frobenius-Euler 다항식은 생성함수에 의하여 다음과 같이 정의된다.

$$
\begin{aligned}
{F_u}^r(t,x) &= \underbrace{F_u(t,x)\times F_u(t,x)\times\cdots\times F_u(t,x)}_{r\text{번}} \\
&= \underbrace{\left(\frac{1-u}{e^t-u}\right)\times\left(\frac{1-u}{e^t-u}\right)\times\cdots\times\left(\frac{1-u}{e^t-u}\right)}_{r\text{번}}e^{xt} \\
&= \sum_{n=0}^{\infty} H_n^{(r)}(x|u)\frac{t^n}{n!} \text{ for } u\in\mathbb{C} \text{ with } u\neq 1.
\end{aligned}
$$

특별히, $x=0$, $H_n^{(r)}(0|u)=H_n^{(r)}(u)$는 위수 r을 갖는 Frobenius-Euler 수라 부른다.

Frobenius-Euler 수와 다항식의 곱의 합의 계산

이 절에서는 공업수학 책 또는 학부용 미분방정식 책에서 나오는 비선형 미분방정식의 해를 구하는 기초적인 방법을 이용하고자 한다. 고위의 Frobenius-Euler 다항식을 이용한 미분방정식의 구성과 그 해를 구하면서, 고위의 Frobenius-Euler 다항식에 대한 항등식을 구한다.

다음 기호를 약속하자.

$$
\frac{1}{u-e^t}=F(t), \text{ and } F^N(t,n)=\underbrace{F\times\cdots\times F}_{N\text{번}}e^{xt} \text{ for } N\in\mathbb{N}.
$$

위 식에서 일차 미분을 취하여 다시 정리해 보자.

$$
F^{(1)}=\frac{dF(t)}{dt}=\frac{-e^t}{(e^t-u)^2}=-\frac{1}{e^t-u}+\frac{u}{(e^t-u)^2}=-F+uF^2,
$$

$$
F^{(1)}(t,x)=F^{(1)}(t)e^{tx}=-F(t,x)+uF^2(t,x), \text{ and } F^{(1)}+F=uF^2.
$$

순차적 미분을 하여 다음과 같이 정리해 보자.

$$
2uFF'=F''+F',
$$

$$
2!u^2F^3-2uF^2=F''+F'.
$$

위 식을 다음과 같이 정리해 보자.

$$2!u^2F^3 = F^{(2)} + 3F' + 2F,\quad F^{(2)} = \frac{d^2F}{dt^2}.$$

위 식을 t에 관하여 미분한 후, 정리해 보자.

$$2!u^2 3F^2F' = F^{(3)} + 3F^{(2)} + 2F^{(1)},\quad F^{(1)} = uF^2 - F,$$

$$3!u^3F^4 = F^{(3)} + 6F^{(2)} + 11F^{(1)} + 6F,$$

$$3!u^3F^4(t,x) = F^{(3)}(t,x) + 6F^{(2)}(t,x) + 11F^{(1)}(t,x) + 6F(t,x).$$

이 과정을 계속하여 다음 일반식이 나오게 된다.

$$(N-1)!u^{N-1}F^N = \sum_{k=0}^{N-1} a_k(N)F^{(k)}.$$

단, $F^{(k)} = \frac{d^kF}{dt^k}$, $N \in \mathbb{N}$ 이다.
계수 $a_k(N)$의 값을 구하고자 한다. 위 식을 t에 관하여 미분하면 다음과 같다.

$$N!u^{N-1}F^{N-1}F^{(1)} = \sum_{k=0}^{N-1} a_k(N)F^{(k+1)} = \sum_{k=1}^{N} a_{k-1}(N)F^{(k)},$$

$$\begin{aligned} N!u^{N-1}F^{N-1}F^{(1)} &= N!u^{N-1}F^{N-1}(uF^2 - F) \\ &= N!u^NF^{N+1} - N!u^{N-1}F^N. \end{aligned}$$

위 식을 정리하여 보자.

$$
\begin{aligned}
N!u^N F^{N+1} &= N(N-1)!u^{N-1}F^N + \sum_{k=1}^{N} a_{k-1}(N)F^{(k)} \\
&= N\sum_{k=0}^{N-1} a_k(N)F^{(k)} + \sum_{k=1}^{N} a_{k-1}(N)F^{(k)}.
\end{aligned}
$$

$(N-1)!u^{N-1}F^N = \sum_{k=0}^{N-1} a_k(N)F^{(k)}$에서 N 대신 $N+1$을 대입하여 보자.

$$
N!u^N F^{N+1} = \sum_{k=0}^{N} a_k(N+1)F^{(k)}.
$$

그러면 다음 식이 성립한다.

$$
\begin{aligned}
\sum_{k=0}^{N} a_k(N+1)F^{(k)} &= n!u^N F^{N+1} \\
&= N\sum_{k=0}^{N-1} a_k(N)F^{(k)} + \sum_{k=1} Na_{k-1}(N)F^{(k)}.
\end{aligned}
$$

위에서 양변의 계수를 비교하여 보자.

$$
\begin{aligned}
&Na_0(N) = a_0(N-1), \\
&a_N(N+1) = a_{N-1}(N).
\end{aligned}
$$

$1 \le k \le N-1$인 경우에는 다음이 성립한다.

$$
a_k(N+1) = Na_0(N) + a_{k-1}(N).
$$

단, $a_k(N) = 0$이다($k \ge N$ 또는 $k < 0$).

위 점화식에서 다음 사실을 알 수 있다.

$$
\begin{aligned}
a_0(N+1) &= Na_0(N) = N(N-1)a_0(N-1) \\
&= \cdots = N(N-1)\cdots 2a_0(2).
\end{aligned}
$$

처음 미분방정식에서 다음 식이 성립한다.

$$F+F' = uF^2 = \sum_{k=0}^{N} a_k(2)F^{(k)} = a_0(2)F + a_1(2)F^{(1)}.$$

양변의 계수를 비교하여 보자.

$$a_0(2)=1, \text{ 그리고 } a_1(2)=1.$$

위 식에서 $a_0(N)=(N-1)!$이 된다.

$a_N(N+1)=a_{N-1}(N)$에서 다음을 알 수 있다.

$$a_N(N+1)=a_{N-1}(N)=a_{N-2}(N-1)=\cdots=a_1(2)=1.$$

결국 $a_k(N)$은 점화식으로부터 구할 수 있다.

$a_k(N)$을 계수로 하는 s,t에 관한 이변수 함수를 생각해 보자.

$$(*) \quad g(t,s) = \sum_{N\geq 1} \sum_{0\leq k\leq N-1} a_k(N)\frac{t^N}{N!}s^k, \quad |t|<1.$$

점화식과 $(*)$에서 다음이 성립한다.

$$\begin{aligned}
&\sum_{N\geq 1} \sum_{0\leq k\leq N-1} a_{k+1}(N+1)\frac{t^N}{N!}s^k \\
&= \sum_{N\geq 1} \sum_{0\leq k\leq N-1} Na_{k+1}(N)\frac{t^N}{N!}s^k + \sum_{N\geq 1} \sum_{0\leq k\leq N-1} a_k(N)\frac{t^N}{N!}s^k \\
&= \sum_{N\geq 1} \sum_{0\leq k\leq N-1} Na_{k+1}(N)\frac{t^n}{N!} + g(t,s).
\end{aligned}$$

위의 식을 해석해 보자.

$$\sum_{N \geq 1} \sum_{0 \leq k \leq N-1} Na_{k+1}(N) \frac{t^N}{N!} s^k$$

$$= \frac{1}{s} \sum_{N \geq 1} \sum_{0 \leq k \leq N-1} Na_{k+1}(N) \frac{t^n}{N!} s^{k+1}$$

$$= \frac{1}{s} \sum_{N \geq 1} \sum_{0 \leq k \leq N-1} a_k(N) \frac{t^N}{(N-1)!} s^k$$

$$= \frac{1}{s} \sum_{N \geq 1} \left(\sum_{0 \leq k \leq N-1} a_k(N) \frac{t^N s^k}{(N-1)!} - \frac{a_0(N) t^N}{(N-1)!} \right)$$

$$= \frac{1}{s} \sum_{N \geq 1} \left(\sum_{0 \leq k \leq N-1} a_k(N) \frac{t^N}{(N-1)!} s^k - t^N \right)$$

$$= \frac{t}{s} \left(\sum_{N \geq 1} \sum_{0 \leq k \leq N-1} a_k(N) \frac{t^{N-1} s^k}{(n-1)!} - \frac{1}{1-t} \right)$$

$$= \frac{t}{s} \left(g'(t,s) - \frac{1}{1-t} \right).$$

위 식에서 다음 방정식을 얻을 수 있다.

$$\sum_{N \geq 1} \sum_{0 \leq k \leq N-1} a_{k+1}(N+1) \frac{t^N s^k}{N!}$$

$$= \frac{t}{s} \left(g'(t,s) - \frac{1}{1-t} \right) + g(t,s).$$

위 등식에서 좌변을 계산해 보자.

$$= \sum_{N \geq 2} \sum_{1 \leq k \leq N-1} a_{k+1}(N) \frac{t^{N-1}}{N!} s^k$$

$$= \sum_{N \geq 2} \sum_{1 \leq k \leq N-1} a_k(N) \frac{t^{N-1} s^{k-1}}{(N-1)!}$$

$$= \frac{1}{s} \left(\sum_{N \geq 2} \sum_{1 \leq k \leq N-1} a_k(N) \frac{t^{N-1}}{(N-1)!} s^k \right)$$

$$= \frac{1}{s} \left(\sum_{N \geq 2} \left(\sum_{0 \leq k \leq N-1} a_k(N) \frac{t^{N-1}}{(N-1)!} s^k - a_0(N) \frac{t^{N-1}}{(N-1)!} \right) \right)$$

$$
\begin{aligned}
&= \frac{1}{s}\left(\sum_{N \geq 2}\sum_{0 \leq k \leq N-1} a_k(N)\frac{t^{N-1}}{(N-1)!}s^k - \frac{t}{1-t}\right) \\
&= \frac{1}{s}\left(\sum_{N \geq 1}\sum_{0 \leq k \leq N-1} a_k(N)\frac{t^{N-1}}{(N-1)!}s^k - a_0(1) - \frac{t}{1-t}\right) \\
&= \frac{1}{s}\left(g'(t,s) - \frac{1}{1-t}\right).
\end{aligned}
$$

이상을 정리해 두자.

$$
g(t,s) + \frac{t}{s}\left(g'(t,s) - \frac{1}{1-t}\right) = \frac{1}{s}\left(g'(t,s) - \frac{1}{1-t}\right).
$$

위 미분방정식을 정리하면 다음과 같다.

$$
\begin{aligned}
0 &= g(t,s) + \frac{t-1}{s}g'(t,s) + \frac{1-t}{s(1-t)} \\
&= g(t,s) + \frac{t-1}{s}g'(t,s) + \frac{1}{s},
\end{aligned}
$$

$$
(**) \qquad g(t,s) + \frac{t-1}{s}g'(t,s) = -\frac{1}{s}.
$$

미분방정식을 풀기 위하여 다음 제1차 미분방정식의 해를 생각해 보자.

$$
0 = g(t,s) + \frac{t-1}{s}g'(t,s),
$$

$$
-g(t,s) = \frac{t-1}{s}g'(t,s),
$$

$$
\frac{g'(t,s)}{g(t,s)} = \frac{s}{1-t}.
$$

위 미분방정식에서 다음 해가 나온다.

$$\log g(t,s) = -s\log(1-t) + C,$$

$$g(t,s) = e^{-s\log(1-t)}\lambda, \quad \lambda = e^{C}.$$

상수변수법(the variant of constant)을 이용하여 다음과 같이 설정한다.

$$\lambda = \lambda(t,s).$$

따라서 다음 식이 나온다.

$$\begin{aligned} g'(t,s) &= \frac{dg(t,s)}{dt} \\ &= \lambda'(t,s)e^{-s\log(1-t)} + \frac{\lambda(t,s)e^{-s\log}(1-t)}{1-t}s \\ &= \lambda'(t,s)e^{-s\log(1-t)} + \frac{g(t,s)}{1-t}s. \end{aligned}$$

위 식의 양변에 $\dfrac{t-1}{s}$을 곱해 보자.

$$\frac{t-1}{s}g'(t,s) + g(t,s) = \lambda'\frac{t-1}{s}e^{-s\log(1-t)}.$$

(**)와 위 식으로부터 다음과 같은 식이 나온다.

$$-\frac{1}{s} = \lambda'\frac{t-1}{s}e^{-s\log(1-t)},$$

$$\lambda' = \lambda'(t,s) = (1-t)^{s-1}.$$

양변에 부정적분을 취해 주자.

$$\lambda = \int \lambda' dt = \int (1-t)^{s-1}dt = -\frac{1}{s}(1-t)^{s} + C_1.$$

λ값이 구해졌으므로, $g(t,s)$식이 결정된다.

$$g(t,s)=e^{s-\log(1-t)}\left(-\frac{1}{s}(1-t)^{s}+C_1\right).$$

$t=0$을 대입하여 보자. (*)와 위 식에 의하여 다음 값이 나온다.

$$0=-\frac{1}{s}+C_1,\quad C_1=\frac{1}{s}.$$

따라서 $g(t,s)$는 결정된다.

$$\begin{aligned}g(t,s)&=e^{-s\log(1-t)}\left(\frac{1}{s}-\frac{1}{s}(1-t)^{s}\right)\\&=\frac{1}{s}(1-t)^{-s}(1-(1-t)^{s})\\&=\frac{(1-t)^{-s}-1}{s}=\frac{1}{s}\left(e^{-s\log(1-t)}-1\right).\end{aligned}$$

위 식에서 Taylor 전개를 해 보자.

$$\begin{aligned}g(t,s)&=\frac{1}{s}\sum_{n\geq 1}\frac{s^{n}}{n!}(-\log(1-t))^{n}=\sum_{n\geq 1}\frac{s^{n-1}}{n!}\left(\sum_{l=1}^{\infty}\frac{t^{l}}{l}\right)^{n}\\&=\sum_{n\geq 1}\frac{s^{n-1}}{n!}\left(\sum_{l_1=1}^{\infty}\frac{t^{l_1}}{l_1}\times\cdots\times\sum_{l_n=1}^{\infty}\frac{t^{l_n}}{l_n}\right)\\&=\sum_{n\geq 1}\frac{s^{n-1}}{n!}\sum_{N\geq n}\left(\sum_{l_1+\cdots+l_n=N}\frac{1}{l_1l_2\cdots l_n}\right)t^{N},\end{aligned}$$

$$\begin{aligned}g(t,s)&=\sum_{k\geq 0}\frac{s^{k}}{(k+1)!}\sum_{0\leq k\leq N-1}\left(\sum_{l_1+\cdots+l_{k+1}=N}\frac{1}{l_1l_2\cdots l_{k+1}}\right)t^{N}\\&=\sum_{N\geq 1}\left(\sum_{0\leq k\leq N-1}\frac{N!}{(k+1)!}\sum_{l_1+\cdots+l_{k+1}=N}\frac{1}{l_1l_2\cdots l_{k+1}}\right)\frac{t^{N}}{N!}s^{k}.\end{aligned}$$

(*)로부터 다음 계수 $a_k(N)$의 값이 나온다.

$$a_k(N)=\frac{N!}{(k+1)!}\sum_{l_1+\cdots+l_{k+1}=N}\frac{1}{l_1 l_2\cdots l_{k+1}}.$$

따라서 다음 미분방정식과 그 해가 구해진다.

$u\in\mathbb{C}\setminus\{1\}$, $N\in\mathbb{N}$, t에 관한 다음 비선형 미분방정식

$$F^N(t)=\frac{N}{u^{N-1}}\sum_{k=0}^{N-1}\frac{1}{(k+1)!}\sum_{l_1+\cdots+l_{k+1}=N}\frac{1}{l_1 l_2\cdots l_{k+1}}F^{(k)}(t).$$

단, $F^{(k)}(t)=\frac{d^kF(t)}{dt^k}$, $F^N(t)=\underbrace{F(t)\times\cdots\times F(t)}_{N\text{번}}$일 때, $F(t)=\frac{1}{e^t-u}$는 위 미분방정식의 해이다.

다음과 같이 약속하자.

$$F^{(k)}(t,x)=F^{(k)}(t)e^{tx}.$$

$N\in\mathbb{N}$에 대하여

$$F^N(t,x)=\frac{N}{u^{N-1}}\sum_{k=0}^{N}\frac{1}{(k+1)!}\sum_{l_1+\cdots+l_{k+1}=N}\frac{1}{l_1 l_2\cdots l_{k+1}}F^{(k)}(t,x)$$

라 한다면, $\frac{e^{tx}}{e^t-u}$은 위 미분방정식의 해이다.

위수 r인 Frobenius-Euler 다항식의 정의로부터 다음 정의를 생각하자.

$$\frac{1-u}{e^t-u}=\sum_{n=0}^{\infty}H_n(u)\frac{t^n}{n!},$$

$$\underbrace{\left(\frac{1-u}{e^t-u}\right)\times\left(\frac{1-u}{e^t-u}\right)\times\cdots\times\left(\frac{1-u}{e^t-u}\right)=\sum_{n=0}^{\infty}H_n^{(N)}(u)\frac{t^n}{n!}}_{N\text{번}}.$$

단, $H_n^{(N)}(u)$는 위수 N인 Frobenius-Euler 수이다.

그럼, 다음 식이 성립한다.

$$F^{(N)}(t)=\underbrace{\left(\frac{1}{e^t-u}\right)\times\left(\frac{1}{e^t-u}\right)\times\cdots\times\left(\frac{1}{e^t-u}\right)}_{N\text{번}}$$

$$=\frac{1}{(1-u)^N}\underbrace{\left(\frac{1-u}{e^t-u}\right)\times\left(\frac{1-u}{e^t-u}\right)\times\cdots\times\left(\frac{1-u}{e^t-u}\right)}_{N\text{번}}$$

$$=\frac{1}{(1-u)^N}\sum_{l=0}^{\infty}H_l^{(N)}(u)\frac{t^l}{l!}.$$

그리고

$$F(t)=\left(\frac{1-u}{e^t-u}\right)\left(\frac{1}{1-u}\right)=\frac{1}{1-u}\sum_{l=0}^{\infty}H_l(u)\frac{t^l}{l!}.$$

위 식을 정리해 두자.

$$F^{(k)}(t)=\frac{d^kF(t)}{dt^k}=\sum_{l=0}^{\infty}H_{l+k}(u)\frac{t^l}{l!}.$$

이상으로부터 다음 사실을 알 수 있다.

$N\in\mathbb{N}$, $n\in\mathbb{Z}_+$일 때,

$$H^{(N)}(u)=N\left(\frac{1-u}{u}\right)^{N-1}\sum_{k=0}^{N-1}\frac{1}{(k+1)!}\sum_{l_1+\cdots+l_{k+1}=N}\frac{H_{n+k}(u)}{l_1l_2\cdots l_{k+1}}$$

이다. $F^{(N)}(t)$ 계산으로부터 다음을 유도할 수 있다.

$$\sum_{n=0}^{\infty}H^{(N)}(u)\frac{t^n}{n!}=\underbrace{\left(\frac{1}{e^t-u}\right)\times\left(\frac{1}{e^t-u}\right)\times\cdots\times\left(\frac{1}{e^t-u}\right)}_{N\text{번}}$$

$$=\left(\sum_{l_1=0}^{\infty}H_{l_1}(u)\frac{t^{l_1}}{l_1!}\right)\times\cdots\times\left(\sum_{l_N=0}^{\infty}H_{l_N}(u)\frac{t^{l_N}}{l_N!}\right)$$

$$=\sum_{n=0}^{\infty}\left(\sum_{l_1+\cdots+l_N=0}\frac{H_{l_1}(u)H_{l_2}(u)\cdots H_{l_N}(u)n!}{l_1!l_2!\cdots l_N!}\right)\frac{t^n}{n!}$$

$$=\sum_{n=0}^{\infty}\left(\sum_{l_1+\cdots+l_N=0}\binom{n}{l_1,\ldots,l_N}H_{l_1}(u)\cdots H_{l_N}(u)\right)\frac{t^n}{n!}.$$

위 식으로부터 다음 사실을 유도할 수 있다.

$N\in\mathbb{N}$, $n\in\mathbb{Z}_+$일 때,

$$\sum_{l_1+\cdots+l_N=n}\binom{n}{l_1,\ldots,l_N}H_{l_1}(u)H_{l_2}(u)\cdots H_{l_N}(u)$$

$$=N\left(\frac{1-u}{n}\right)^{N-1}\sum_{k=0}^{N-1}\frac{1}{(k+1)!}\sum_{l_1+\cdots+l_{k+1}=N}\frac{H_{n+k}(u)}{l_1l_2\cdots l_{k+1}}$$

이다. $F^{(N)}(t)$의 계산으로부터 다음이 성립한다.

$N\in\mathbb{N}$, $n\in\mathbb{Z}_+$에 대하여,

$$\begin{aligned}H_n^{(N)}(x|u) &= N\left(\frac{1-u}{n}\right)^{N-1}\sum_{k=0}^{N-1}\frac{1}{(k+1)!}\sum_{l_1+\cdots+l_{k+1}=N}\frac{1}{l_1l_2\cdots l_{k+1}}\\ &\quad\times\sum_{m=0}^{n}\binom{n}{m}H_{m+k}(u)x^{n-m}\end{aligned}$$

이다. 위수 N인 Frobenius-Euler 다항식의 정의로부터 다음 사실이 성립한다.

$$\begin{aligned}\sum_{n=0}^{\infty}H_n^{(N)}(x|u)\frac{t^n}{n!} &= \underbrace{\left(\frac{1-u}{e^t-u}\right)\times\left(\frac{1-u}{e^t-u}\right)\times\cdots\times\left(\frac{1-u}{e^t-u}\right)}_{N\text{번}}e^{xt}\\ &=\left(\sum_{n=0}^{\infty}H_n^{(N)}(u)\frac{t^n}{n!}\right)\left(\sum_{m=0}^{\infty}x^m\frac{t^m}{m!}\right)\\ &=\sum_{n=0}^{\infty}\left(\sum_{l=0}^{n}\binom{n}{l}x^{n-l}H_l^{(N)}(u)\right)\frac{t^n}{n!}.\end{aligned}$$

위 식에서 양변의 계수를 비교해 보자.

$$H_n^{(N)}(x|u)=\sum_{l=0}^{n}\binom{n}{l}x^{n-l}H_l^{(N)}(u).$$

기호 약속에 따라 다시 써 보자.

$$
\begin{aligned}
F^{(k)}(t,x) = F^{(k)}(t)e^{tx} &= \left(\sum_{l=0}^{\infty} H_{l+k}(u)\frac{t^l}{l!}\right)\left(\sum_{m=0}^{\infty}\frac{x^m}{m!}t^m\right) \\
&= \sum_{n=0}^{\infty}\left(\sum_{l=0}^{n}\binom{n}{l}H_{l+k}(u)x^{n-l}\right)\frac{t^n}{n!}.
\end{aligned}
$$

위수 k인 Frobenius-Euler 다항식 정의로부터 다음 사실이 성립한다.

$$
\begin{aligned}
\sum_{n=0}^{\infty} H_n^{(N)}(x|u)\frac{t^n}{n!} &= \underbrace{\left(\frac{1-u}{e^t-u}\right)\times\left(\frac{1-u}{e^t-u}\right)\times\cdots\times\left(\frac{1-u}{e^t-u}\right)}_{N\text{번}} e^{xt} \\
&= \left(\sum_{l_1=0}^{\infty}\frac{H_{l_1}(u)}{l_1!}t^{l_1}\right)\times\cdots\times\left(\sum_{l_N=0}^{\infty}\frac{H_{l_N}(u)}{l_1!}t^{l_1}\right)\sum_{m=0}^{x^m} t^m \\
&= \sum_{n=0}^{\infty}\left(\sum_{l_1+\cdots+l_N+m=n}\frac{H_{l_1}(u)H_{l_2}(u)\cdots H_{l_N}(u)}{l_1!l_2!\cdots l_N!}x^m n!\right)\frac{t^n}{n!} \\
&= \sum_{n=0}^{\infty}\left(\sum_{l_1+\cdots+l_N+m=n}\binom{n}{l_1,\ldots,l_N,m}H_{l_1}(u)\cdots H_{l_N}(u)x^m\right)\frac{t^n}{n!}.
\end{aligned}
$$

위 식의 양변의 계수를 비교해 보자. 그럼 다음이 성립한다.

$$
H_n^{(N)}(x|u) = \sum_{l_1+\cdots+l_N+m=n}\binom{n}{l_1,\ldots,l_N,m}H_{l_1}(u)\cdots H_{l_N}(u)x^m.
$$

비선형 미분방정식으로부터 발생하는 Euler 다항식에 관한 항등식

여기에서는 앞 절에서 소개한 비선형 미분방정식을 이용하여 Euler 다항식 및 고위의 Euler 다항식의 곱과 합에 관한 새로운 항등식을 소개한다. 주된 아이디어는 앞에서 소개한 T. Kim의 미분방정식의 해를 구하는 방법과 계수 조절의 기술이다. S. Rim, J. Jeong 및 J. Park의 연구결과를 소개한다([14]).

Euler 다항식은 생성함수를 이용하여 다음과 같이 정의한다.

$$\frac{2}{e^t+1}e^{xt} = \sum_{n=0}^{\infty} E_{n(x)}\frac{t^n}{n!}.$$

특별히 $x=0$인 경우에 $E_n(0)=E_n$는 n번째 Euler 수라 부른다.

$n\in\mathbb{Z}^+$일 때, Euler 다항식 $E_n(x)$에 대한 다음 관계식과 점화식이 성립한다.

$$E_{n(x)} = \sum_{l=0}^{\infty}\binom{n}{l}x^{n-l}E_l \ , \ n\in\mathbb{Z}_+ = \mathbb{N}\cup\{0\},$$

$$E_0=1,\ (E+1)^n+E_n = \begin{cases} 2 & \text{if } n=0, \\ 0 & \text{if } n>0. \end{cases}$$

E^n를 E_n로 기록한다.

Euler 다항식은 다음과 같이 정의된다.

$$\frac{2}{e^t+1}e^{xt} = \sum_{n=0}^{\infty} E_n(x)\frac{t^n}{n!}.$$

특별히 $x=0$인 경우, $E_n(0)=E_n$은 n번째 Euler 수라 부른다.

두 개의 Euler 다항식에의 곱에 대한 다음과 같은 공식이 알려져 있다.

$$\begin{aligned} E_m(x)E_n(x) &= 2\sum_{r=1}^{m}\binom{m}{r}E_r\frac{B_{m+n-r+1}(x)}{m+n-r+1} \\ &\quad + 2\sum_{s=1}^{n}\binom{n}{s}E_s\frac{B_{m+n-s+1}(x)}{m+n-s+1} + \\ &\quad + (-1)^{n+1}2\frac{m!n!}{(m+n+1)!}E_{m+n+1} \end{aligned}$$

단, $m+n\geq 2$이고 $\binom{m}{n}=\frac{m!}{n!(m-n)!}=\frac{m(m-1)\cdots(m-n+1)}{n!}$.

$r\in\mathbb{N}$에 대하여, 위수 r을 갖는 n번째 Euler 다항식은 생성함수에 의하여 다음과 같이 정의된다.

$$\underbrace{\left(\frac{2}{e^t+1}\right)\times\left(\frac{2}{e^t+1}\right)\times\cdots\times\left(\frac{2}{e^t+1}\right)}_{r\text{번}}e^{xt}$$

$$=\sum_{n=0}^{\infty}E_n^{(r)}(x)\frac{t^n}{n!}.$$

특별히, $x=0$, $E_n^{(r)}(0)=E_n^{(r)}$는 위수 r을 갖는 Euler 수라 부른다.
이 절에서는 다음 기호를 약속하자.

$$\frac{1}{e^t+1}=F(t),\ \text{and}\ F^N(t,x)=\underbrace{F\times\cdots\times F}_{N\text{번}}e^{xt}\ \text{for}\ N\in\mathbb{N}.$$

위 식에서 일차 미분을 취하여 다시 정리해 보자.

$$F^{(1)}=\frac{dF(t)}{dt}=-F+F^2,$$

$$F^{(1)}+F=F^2.$$

순차적 미분을 하여 다음과 같은 정리를 해 보자.

$$2FF'=F''+F',$$

$$2!F^3-2F^2=F''+F'.$$

위 식을 다음과 같이 정리해 보자.

$$2!F^3=F^{(2)}+3F'+2F,\ \ F^{(2)}=\frac{d^2F}{dt^2}.$$

위 식을 t에 관하여 미분한 후, 정리해 보자.

$$2!3F^2F' = F^{(3)} + 3F^{(2)} + 2F^{(1)},\ \ F^{(1))} = F^2 - F,$$

$$3!F^4 = F^{(3)} + 6F^{(2)} + 11F^{(1)} + 6F.$$

앞 절에서 사용한 방법대로 계속하여 미분을 하면 다음 일반식이 나오게 된다.

$$(N-1)!F^N = \sum_{k=0}^{N-1} a_k(N)F^{(k)}.$$

단, $F^{(k)} = \frac{d^kF}{dt^k}$, $N \in \mathbb{N}$.
계수 $a_k(N)$의 값을 구해 보고자 한다. 위 식을 t에 관하여 미분하면 다음과 같다.

$$N!F^{N-1}F^{(1)} = \sum_{k=0}^{N-1} a_k(N)F^{(k+1)} = \sum_{k=1}^{N} a_{k-1}(N)F^{(k)},$$

$$\begin{aligned} N!F^{N-1}F^{(1)} &= N!F^{N-1}(F^2 - F) \\ &= N!F^{N+1} - N!F^N. \end{aligned}$$

식을 정리하여 보자.

$$\begin{aligned} N!F^{N+1} &= N(N-1)!F^N + \sum_{k=1}^{N} a_{k-1}(N)F^{(k)} \\ &= N\sum_{k=0}^{N-1} a_k(N)F^{(k)} + \sum_{k=1}^{N} a_{k-1}(N)F^{(k)}. \end{aligned}$$

$(N-1)!F^N = \sum_{k=0}^{N-1} a_k(N)F^{(k)}$에서 N 대신 $N+1$을 대입하여 보자.

$$N!F^{N+1} = \sum_{k=0}^{N} a_k(N+1)F^{(k)}.$$

그러면 다음 식이 성립한다.

$$\sum_{k=0}^{N} a_k(N+1)F^{(k)} = N\sum_{k=0}^{N-1} a_k(N)F^{(k)} + \sum_{k=1}^{N} a_{k-1}(N)F^{(k)}.$$

위 식에서 양변의 계수를 비교하여 보자.

$$a_0(N+1) = Na_0(N),$$

$$a_k(N+1) = Na_{k(N)} + a_{k-1}(N), \quad (1 \le k \le N-1),$$

$$a_N(N+1) = a_{N-1}(N).$$

$1 \le k \le N-1$인 경우에 다음 점화식이 성립한다.

$$a_k(N+1) = Na_0(N) + a_{k-1}(N).$$

단, $a_k(N) = 0$, $(k \ge N$ 또는 $k < 0)$.

$$a_k(N) = \frac{N!}{(k+1)!} \sum_{l_1+\cdots+l_{k+1}=N} \frac{1}{l_1 l_2 \cdots l_{k+1}}.$$

따라서 다음 결과가 기록된다.

$N \in \mathbb{N}$, t에 관한 다음 비선형 미분방정식

$$F^N(t) = N\sum_{k=0}^{N-1} \frac{1}{(k+1)!} \sum_{l_1+\cdots+l_{k+1}=N} \frac{1}{l_1 l_2 \cdots l_{k+1}} F^{(k)}(t).$$

단, $F^{(k)}(t) = \frac{d^k F(t)}{dt^k}$, $F^N(t) = \underbrace{F(t) \times \cdots \times F(t)}_{N\text{번}}$일 때, $F(t) = \frac{1}{e^t+1}$는 위 미분방정식의 해이다.

위수 r인 Euler 다항식을 연구하기 위하여, 다음과 같이 약속하자.

$$F^N(t,x) = \underbrace{F(t) \times \cdots \times F(t)}_{N\text{번}} e^{xt}, \quad F^{(k)}(t,x) = F^{(k)}(t)e^{tx}.$$

$N \in \mathbb{N}$에 대하여

$$F^N(t,x) = N\sum_{k=0}^{N} \frac{1}{(k+1)!} \sum_{l_1+\cdots+l_{k+1}=N} \frac{1}{l_1 l_2 \cdots l_{k+1}} F^{(k)}(t,x)$$

라 한다면, $\frac{e^{tx}}{e^t+1}$은 위 미분방정식의 해이다.

다음 정의를 생각하자.

$$\frac{2}{e^t+1} = \sum_{n=0}^{\infty} E_n^{(N)} \frac{t^n}{n!},$$

$$\underbrace{\left(\frac{2}{e^t+1}\right) \times \left(\frac{2}{e^t+1}\right) \times \cdots \times \left(\frac{2}{e^t+1}\right) = \sum_{n=0}^{\infty} E_n^{(N)}(u) \frac{t^n}{n!}}_{N\text{번}}.$$

단, $E_n^{(N)}$는 위수 N인 Euler 수이다.

그럼, 다음 식이 성립한다.

$$\begin{aligned} F^N(t) &= \underbrace{\left(\frac{1}{e^t+1}\right) \times \left(\frac{1}{e^t+1}\right) \times \cdots \times \left(\frac{1}{e^t+1}\right)}_{N\text{번}} \\ &= \frac{1}{2^N} \underbrace{\left(\frac{2}{e^t+1}\right) \times \left(\frac{2}{e^t+1}\right) \times \cdots \times \left(\frac{2}{e^t+1}\right)}_{N\text{번}} \\ &= \frac{1}{2^N} \sum_{l=0}^{\infty} E_l^{(N)}(u) \frac{t^l}{l!}. \end{aligned}$$

그리고 위 식을 k번 미분하여 보자.

$$F^{(k)}(t) = \frac{d^k F(t)}{dt^k} = \sum_{l=0}^{\infty} E_{l+k}(u) \frac{t^l}{l!}.$$

위 식으로부터 다음 사실을 알 수 있다.

$N \in \mathbb{N}$, $n \in \mathbb{Z}_+$일 때, 다음이 성립한다.

$$E^{(N)}(u) = N2^{N-1}\sum_{k=0}^{N-1}\frac{1}{(k+1)!}\sum_{l_1+\cdots+l_{k+1}=N}\frac{E_{n+k}(u)}{l_1 l_2 \cdots l_{k+1}}.$$

다음을 유도할 수 있다.

$$\begin{aligned}\sum_{n=0}^{\infty}E_n^{(N)}\frac{t^n}{n!} &= \underbrace{\left(\frac{1}{e^t+1}\right)\times\left(\frac{1}{e^t+1}\right)\times\cdots\times\left(\frac{1}{e^t+1}\right)}_{N\text{번}} \\ &= \left(\sum_{l_1=0}^{\infty}E_{l_1}(u)\frac{t^{l_1}}{l_1!}\right)\times\cdots\times\left(\sum_{l_N=0}^{\infty}E_{l_N}(u)\frac{t^{l_N}}{l_N!}\right) \\ &= \sum_{n=0}^{\infty}\left(\sum_{l_1+\cdots+l_N=0}\frac{E_{l_1}(u)E_{l_2}(u)\cdots E_{l_N}(u)n!}{l_1!l_2!\cdots l_N!}\right)\frac{t^n}{n!} \\ &= \sum_{n=0}^{\infty}\left(\sum_{l_1+\cdots+l_N=0}\binom{n}{l_1,\ldots,l_N}E_{l_1}(u)\cdots E_{l_N}(u)\right)\frac{t^n}{n!}.\end{aligned}$$

위 식으로부터 다음을 유도할 수 있다.

$N \in \mathbb{N}$, $n \in \mathbb{Z}_+$일 때, 다음이 성립한다.

$$\begin{aligned}&\sum_{l_1+\cdots+l_N=n}\binom{n}{l_1,\ldots,l_N}E_{l_1}(u)E_{l_2}(u)\cdots E_{l_N}(u) \\ &= N2^{N-1}\sum_{k=0}^{N-1}\frac{1}{(k+1)!}\sum_{l_1+\cdots+l_{k+1}=N}\frac{E_{n+k}(u)}{l_1 l_2\cdots l_{k+1}},\end{aligned}$$

$$\begin{aligned}F^{(k)}(t,x) = F^{(k)}(t)e^{tx} &= \frac{1}{2}\left(\sum_{l=0}^{\infty}E_{l+k}\frac{t^l}{l!}\right)\left(\sum_{m=0}^{\infty}\frac{x^m}{m!}t^m\right) \\ &= \frac{1}{2}\sum_{n=0}^{\infty}\left(\sum_{l=0}^{n}\binom{n}{l}E_{l+k}x^{n-l}\right)\frac{t^n}{n!}.\end{aligned}$$

또한 $F^N(t,x)$와 $E_n^{(N)}(x)$의 관계식은 다음과 같다.

$$2^N F^N(t,x) = \sum_{n=0}^{\infty} E^{(N)}(x)\frac{t^n}{n!}.$$

위의 식과 미분방정식으로부터 다음과 같이 $E_n^{(N)}(x)$를 표현하는 식이 성립한다.
$N \in \mathbb{N}$, $n \in \mathbb{Z}_+$에 대하여,

$$E_n^{(N)}(x) = N2^{N-1}\sum_{k=0}^{N-1}\frac{1}{(k+1)!}\sum_{l_1+\cdots+l_{k+1}=N}\frac{1}{l_1 l_2 \cdots l_{k+1}}\sum_{m=0}^{n}\binom{n}{m}E_{m+k}x^{n-m}$$

이다. 위수 N인 Euler 다항식의 정의로부터 다음 사실이 성립한다.

$$\begin{aligned}\sum_{n=0}^{\infty} E_n^{(N)}(x|u)\frac{t^n}{n!} &= \underbrace{\left(\frac{2}{e^t+1}\right)\times\left(\frac{2}{e^t+1}\right)\times\cdots\times\left(\frac{2}{e^t+1}\right)}_{N\text{번}}e^{xt} \\ &= \left(\sum_{n=0}^{\infty} E_n^{(N)}\frac{t^n}{n!}\right)\left(\sum_{m=0}^{\infty} x^m\frac{t^m}{m!}\right) \\ &= \sum_{n=0}^{\infty}\left(\sum_{l=0}^{n}\binom{n}{l}x^{n-l}E_l^{(N)}(u)\right)\frac{t^n}{n!}.\end{aligned}$$

위 식에서 양변의 계수를 비교해 보자.

$$E_n^{(N)}(x) = \sum_{l=0}^{n}\binom{n}{l}x^{n-l}E_l^{(N)}(u).$$

기호 약속에 따라 다시 써 보면 다음 사실이 성립한다.

$$\sum_{n=0}^{\infty} E_n^{(N)}(x)\frac{t^n}{n!} = \underbrace{\left(\frac{2}{e^t+1}\right)\times\left(\frac{2}{e^t+1}\right)\times\cdots\times\left(\frac{2}{e^t+1}\right)}_{N\text{번}}e^{xt}$$

$$= \left(\sum_{l_1=0}^{\infty} \frac{E_{l_1}}{l_1!} t^{l_1} \right) \times \cdots \times \left(\sum_{l_N=0}^{\infty} \frac{E_{l_N}}{l_1!} t^{l_1} \right) \sum_{m=0}^{x^m} t^m$$

$$= \sum_{n=0}^{\infty} \left(\sum_{l_1+\cdots+l_N+m=n} \frac{E_{l_1} E_{l_2} \cdots E_{l_N}}{l_1! l_2! \cdots l_N!} x^m n! \right) \frac{t^n}{n!}$$

$$= \sum_{n=0}^{\infty} \left(\sum_{l_1+\cdots+l_N+m=n} \binom{n}{l_1, \ldots, l_N, m} E_{l_1} \cdots E_{l_N} x^m \right) \frac{t^n}{n!} .$$

위 식의 양변의 계수를 비교해 보자. 그럼 다음이 성립한다.

$$E_n^{(N)}(x) = \sum_{l_1+\cdots+l_N+m=n} \binom{n}{l_1, \ldots, l_N, m} E_{l_1} \cdots E_{l_N} x^m .$$

참고문헌

1. L. Carlitz, *An analogue of the von Staudt-Clausen theorem*, Duke Math. J. 3, (1937) 503-517.
2. L. Carlitz, *An analogue of the von Staudt-Clausen theorem*, Duke Math. J. 7, (1940) 62-67.
3. J. H. Jeong, J. W. Park and S. H. Rim, *New approach to the analogue of Lebesgue-Radon-Nikodym theorem*, J. Comput. Anal. Appl. 15 (2013), no. 7, 1301-1316.
4. J. H. Jeong, J. W. Park and S. H. Rim, *Some identities involving Euler polynomials arising from a non-linear differential equation*, submitted.
5. T. Kim, *q-Volkenborn integration*, Russ. J. Math. Phys. 9, (2002), 288-299.
6. T. Kim, *Lebesgue-Radon-Nikodym theorem with respect to q-Volkenborn distribution on μ_q*, Appl. Math. Compu., 187 (2007) 266-271.
7. T. Kim, *Lebesgue-Radon-Nikodým theorem with respect to fermionic p-adic invariant measure on* $\mathbb{Z}_p$. Russ. J. Math. Phys. 19 (2012), no. 2, 193-196.
8. T. Kim, *Identities involving Frobenius-Euler polynomials arising from non-linear differential equations*, J. Number Theory 132 (2012), 2854-2865.

9. T. Kim, *On the von Staudt–Clausen's theorem for the q–Euler numbers*, Russ. J. Math. Phys. 20, (2013), no. 1, 34–39.

10. T. Kim, *Corrigendum to "Identities involving Frobenius–Euler polynomials arising from non–linear differential equations"* [J. Number Theory 132 (12) (2012) 2854–2865]. J. Number Theory 133 (2013), no. 2, 822–824.

11. T. Kim, J. Choi and H. M. Kim, *A note on the weighted Lebesgue–Radon–Nikodym theorem with respect to p–adic invariant integral on* $\mathbb{Z}_p$, J. Appl. Math. Inform. 30 (2012), no. 1–2, 211–217.

12. T. Kim, D. V. Dolgy, S. H. Lee and C. S. Ryoo, *Analogue of Lebesgue–Radon–Nikodym theorem with respect to p–adic q–measure on* $\mathbb{Z}_p$, Abstr. Appl. Anal. 2011, Art. ID 637634, 7 pp.

13. T. Kim, D. S. Kim and D. W. Park, *On uniform differentiability and q–Mahler expansion*, Adv. Stud. Contemp. Math. 4 (2001), no. 1, 35–41.

14. S. H. Rim, J. Jeong and J. W. Park, *Identities involving Euler polynomials arising from non–linear differential equations*, Preprint.

15. S. H. Rim, J. H. Jeong and J. W. Park, *New approach to the Lebesgue–Radon–Nikodym theorem with respect to q–Volkenborm distribution on* μ_q, preprint.

16. S. H. Rim, J. Jeong amd J. W. Park, *On the von Staudt–Clausen's theorem for the weighted and weak weighted q–Euler numbers*, Preprint.

17. H. L. Royden, Real Analysis, Prentice–Hall, 1998.

찾아보기

[ㅈ]

[ㅊ]

[ㅌ]

[ㅍ]

[ㅎ]